深智數位
股份有限公司

前言
Preface

感謝

首先感謝大家的信任。

作者僅是在學習應用資料科學和機器學習演算法時，多讀了幾本數學書，多做了一些思考和知識 整理而已。知者不言，言者不知。知者不博，博者不知。由於作者水準有限，斗膽把自己所學所思與大家分享，作者權當無知者無畏。希望大家在 Github 多提意見，讓這套書成為作者和 讀者共同參與創作的作品。

特別感謝清華大學出版社的欒大成老師。從選題策劃、內容創作到裝幀設計，欒老師事無巨細、一路陪伴。每次與欒老師交流，都能感受到他對優質作品的追求、對知識分享的熱情。

出來混總是要還的

曾幾何時，考試是我們學習數學的唯一動力。考試是頭懸樑的繩，是錐刺股的錐。我們中的大多數人從小到大為各種考試埋頭題海，數學味同嚼蠟，甚至讓人恨之入骨。

數學所帶來了無盡的「折磨」。我們甚至恐懼數學，憎恨數學，恨不得一走出校門就把數學拋之腦後，老死不相往來。

可悲可笑的是，我們很多人可能會在畢業的五年或十年以後，因為工作需要，不得不重新學習微積分、線性代數、機率統計，悔恨當初沒有學好數學，甚至遷怒於教材和老師。

這一切不能都怪數學，值得反思的是我們學習數學的方法和目的。

再給自己一個學數學的理由

為考試而學數學，是被逼無奈的舉動。而為數學而數學，則又太過高尚而遙不可及。

相信對絕大部分的我們來說，數學是工具、是謀生手段，而非目的。我們主動學數學，是想用數學工具解決具體問題。

現在，這套書給大家一個「學數學、用數學」的全新動力－資料科學、機器學習。

資料科學和機器學習已經深度融合到我們生活的各方面，而數學正是開啟未來大門的鑰匙。不是所有人生來都握有一副好牌，但是掌握「數學＋程式設計＋機器學習」的知識絕對是王牌。這次，學習數學不再是為了考試、分數、升學，而是投資時間、自我實現、面向未來。

未來已來，你來不來？

本書如何幫到你

為了讓大家學數學、用數學，甚至愛上數學，作者可謂頗費心機。在創作這套書時，作者儘量克服傳統數學教材的各種弊端，讓大家學習時有興趣、看得懂、有思考、更自信、用得著。

為此，叢書在內容創作上突出以下幾個特點。

- **數學 + 藝術**——全彩圖解，極致視覺化，讓數學思想躍然紙上、生動有趣、一看就懂，同時提高大家的資料思維、幾何想像力、藝術感。

- **零基礎**——從零開始學習 Python 程式設計，從寫第一行程式到架設資料科學和機器學習應用，儘量將陡峭學習曲線拉平。

- **知識網路**——打破數學板塊之間的門檻，讓大家看到數學代數、幾何、線性代數、微積分、機率統計等板塊之間的聯繫，編織一張綿密的數學知識網路。

- **動手**——授人以魚不如授人以漁，和大家一起寫程式、創作數學動畫、互動 App。

- **學習生態**——建構自主探究式學習生態環境「紙質圖書 + 程式檔案 + 視覺化工具 + 思維導圖」，提供各種優質學習資源。

- **理論 + 實踐**——從加減乘除到機器學習，叢書內容安排由淺入深、螺旋上升，兼顧理論和實踐；在程式設計中學習數學，學習數學時解決實際問題。

雖然本書標榜「從加減乘除到機器學習」，但是建議讀者朋友們至少具備高中數學知識。如果讀者正在學習或曾經學過大學數學（微積分、線性代數、機率統計），這套書就更容易讀懂了。

聊聊數學

數學是工具。錘子是工具，剪刀是工具，數學也是工具。

數學是思想。數學是人類思想高度抽象的結晶體。在其冷酷的外表之下，數學的核心實際上就是人類樸素的思想。學習數學時，知其然，更要知其所以然。不要死記硬背公式定理，理解背後的數學思想才是關鍵。如果你能畫一幅圖、用大白話描述清楚一個公式、一則定理，這就說明你真正理解了它。

數學是語言。就好比世界各地不同種族有自己的語言，數學則是人類共同的語言和邏輯。數學這門語言極其精準、高度抽象，放之四海而皆準。雖然我們中大多數人沒有被數學「女神」選中，不能為人類對數學認知開疆擴土；但是，這絲毫不妨礙我們使用數學這門語言。就好比，我們不會成為語言學家，我們完全可以使用母語和外語交流。

　　數學是系統。代數、幾何、線性代數、微積分、機率統計、最佳化方法等，看似一個個孤島，實際上都是數學網路的一條條織線。建議大家學習時，特別關注不同數學板塊之間的聯繫，見樹，更要見林。

　　數學是基石。拿破崙曾說「數學的日臻完善和國強民富息息相關。」數學是科學進步的根基，是經濟繁榮的支柱，是保家衛國的武器，是探索星辰大海的航船。

　　數學是藝術。數學和音樂、繪畫、建築一樣，都是人類藝術體驗。透過視覺化工具，我們會在看似枯燥的公式、定理、資料背後，發現數學之美。

　　數學是歷史，是人類共同記憶體。「歷史是過去，又屬於現在，同時在指引未來。」數學是人類的集體學習思考，它把人的思維符號化、形式化，進而記錄、累積、傳播、創新、發展。從甲骨、泥板、石板、竹簡、木牘、紙草、羊皮卷冊、活字印刷、紙質書，到數字媒介，這一過程持續了數千年，至今綿延不息。

　　數學是無窮無盡的**想像力**，是人類的**好奇心**，是自我挑戰的**毅力**，是一個接著一個的**問題**，是看似荒誕不經的**猜想**，是一次次膽大包天的**批判性思考**，是敢於站在前人臂膀之上的**勇氣**，是孜孜不倦地延展人類認知邊界的**不懈努力**。

家園、詩、遠方

諾瓦利斯曾說：「哲學就是懷著一種鄉愁的衝動到處去尋找家園。」

在紛繁複雜的塵世，數學純粹得就像精神的世外桃源。數學是，一束光，一條巷，一團不滅的希望，一股磅礡的力量，一個值得寄託的避風港。

打破陳腐的鎖鏈，把功利心暫放一邊，我們一道懷揣一分鄉愁，心存些許詩意，踩著藝術維度，投入數學張開的臂膀，駛入它色彩斑斕、變幻無窮的深港，感受久違的歸屬，一睹更美、更好的遠方。

致謝
Acknowledgement

To my parents.

謹以此書獻給我的母親父親。

使用本書
How to Use the Book

本書資源

本書提供的搭配資源如下：

- 紙質圖書。

- 每章提供思維導圖，全書圖解海報。

- Python 程式檔案，直接下載運行，或者複製、貼上到 Jupyter 運行。

- Python 程式中包含專門用 Streamlit 開發數學動畫和互動 App 的檔案。

本書約定

書中為了方便閱讀以及查詢相關資源，特別設計了以下區塊。

- 數學家、科學家、藝術家等大家語錄

- 搭配 Python 程式完成核心計算和製圖

- 引出本書或本系列其他圖書相關內容

- 相關數學家生平貢獻介紹

- 程式中核心 Python 函式庫函式和講解

- 用 Streamlit 開發製作 App 應用

- 提醒讀者需要格外注意的基礎知識

- 每章總結或昇華本章內容

- 思維導圖總結本章脈絡和核心內容

- 介紹數學工具與機器學習之間的聯繫

- 核心參考和推薦閱讀文獻

App 開發

本書搭配多個用 Streamlit 開發的 App，用來展示數學動畫、資料分析、機器學習演算法。

Streamlit 是個開放原始碼的 Python 函式庫，能夠方便快捷地架設、部署互動型網頁 App。Streamlit 簡單易用，很受歡迎。Streamlit 相容目前主流的 Python 資料分析函式庫，比如 NumPy、Pandas、Scikit-learn、PyTorch、TensorFlow 等等。Streamlit 還支援 Plotly、Bokeh、Altair 等互動視覺化函式庫。

大家可以參考以下頁面，了解更多 Streamlit：

- https://streamlit.io/gallery

- https://docs.streamlit.io/library/api-reference

實踐平臺

本書作者撰寫程式時採用的 IDE（Integrated Development Environment）是 Spyder，目的是給大家提供簡潔的 Python 程式檔案。

但是，建議大家採用 JupyterLab 或 Jupyter Notebook 作為本書搭配學習工具。

簡單來說，Jupyter 集合「瀏覽器 + 程式設計 + 檔案 + 繪圖 + 多媒體 + 發佈」眾多功能於一身，非常適合探究式學習。

執行 Jupyter 無須 IDE，只需要瀏覽器。Jupyter 容易分塊執行程式。Jupyter 支援 inline 列印結果，直接將結果圖片列印在分塊程式下方。Jupyter 還支援很多其他語言，如 R 和 Julia。

使用 Markdown 檔案編輯功能，可以程式設計同時寫筆記，不需要額外建立檔案。在 Jupyter 中插入圖片和視訊連結都很方便，此外還可以插入 Latex 公式。對於長檔案，可以用側邊欄目錄查詢特定內容。

Jupyter 發佈功能很友善，方便列印成 HTML、PDF 等格式檔案。

Jupyter 也並不完美，目前尚待解決的問題有幾個：Jupyter 中程式偵錯不是特別方便。Jupyter 沒有 variable explorer，可以 inline 列印資料，也可以將資料寫到 CSV 或 Excel 檔案中再打開。Matplotlib 影像結果不具有互動性，如不能查看某個點的值或旋轉 3D 圖形，此時可以考慮安裝 (jupyter matplotlib)。注意，利用 Altair 或 Plotly 繪製的影像支援互動功能。對於自訂函式，目前沒有快速鍵直接跳躍到其定義。但是，很多開發者針對這些問題正在開發或已經發佈相應外掛程式，請大家留意。

大家可以下載安裝 Anaconda。JupyterLab、Spyder、PyCharm 等常用工具，都整合在 Anaconda 中。下載 Anaconda 的位址為：

- https://www.anaconda.com/

程式檔案

在以下 GitHub 位址備份更新：

- https://github.com/Visualize-ML

Python 程式檔案會不定期修改，請大家注意更新。圖書原始創作版本 PDF（未經審校和修訂，內容和紙質版略有差異，方便行動終端碎片化學習以及對

照程式）和紙質版本勘誤也會上傳到這個 GitHub 帳戶。因此，建議大家註冊 GitHub 帳戶，給書稿資料夾標星（Star）或分支複製（Fork）。

考慮再三，作者還是決定不把程式全文印在紙質書中，以便減少篇幅，節約用紙。

本書程式設計實踐例子中主要使用「鳶尾花資料集」，資料來源是 Scikit-learn 函式庫、Seaborn 函式庫。

學習指南

大家可以根據自己的偏好制定學習步驟，本書推薦以下步驟。

1. 瀏覽本章思維導圖，把握核心脈絡

2. 下載本章搭配 Python 程式檔案

3. 用 Jupyter 建立筆記，程式設計實踐

4. 嘗試開發數學動畫、機器學習 App

5. 翻閱本書推薦參考文獻

學完每章後，大家可以在社交媒體、技術討論區上發佈自己的 Jupyter 筆記，進一步聽取朋友們的意見，共同進步。這樣做還可以提高自己學習的動力。

另外，建議大家採用紙質書和電子書配合閱讀學習，學習主陣地在紙質書上，學習基礎課程最重要的是沉下心來，認真閱讀並記錄筆記，電子書可以配合查看程式，相關實操性內容可以直接在電腦上開發、執行、感受，Jupyter 筆記同步記錄起來。

強調一點：**學習過程中遇到困難，要嘗試自行研究解決，不要第一時間就去尋求他人幫助。**

意見建議

歡迎大家對本書提意見和建議,叢書專屬電子郵件位址為:

- jiang.visualize.ml@gmail.com

也歡迎大家在 Github 留言互動。

目錄
Contents

第 1 篇 基礎

1 萬物皆數

1.1 數字和運算：人類思想的偉大飛躍 1-3

1.2 數字分類：從複數到自然數 1-6

1.3 加減：最基本的數學運算 1-13

1.4 向量：數字排成行、列 1-16

1.5 矩陣：數字排列成長方形 1-18

1.6 矩陣：一組列向量，或一組行向量 1-23

1.7 矩陣形狀：每種形狀都有特殊性質和用途 1-26

1.8 矩陣加減：形狀相同，對應位置，批次加減 1-28

2 乘除

2.1 算術乘除：先乘除，後加減，括號內先算 2-3

2.2 向量乘法：純量乘法、向量內積、逐項積 2-8

2.3 矩陣乘法：最重要的線性代數運算規則 2-11

2.4 矩陣乘法第一角度 2-17

2.5　矩陣乘法第二角度..2-20

2.6　矩陣除法：計算反矩陣.......................................2-24

3　幾何

3.1　幾何緣起：根植大地，求索星空..........................3-3

3.2　點動成線，線動成面，面動成體.........................3-8

3.3　角度和弧度...3-17

3.4　畢氏定理到三角函式...3-19

3.5　圓周率估算初賽：割圓術....................................3-23

4　代數

4.1　代數的前世今生：薪火相傳..................................4-3

4.2　集合：確定的一堆東西..4-5

4.3　從代數式到函式...4-9

4.4　巴斯卡三角：代數和幾何的完美合體................4-15

4.5　排列組合讓二項式係數更具意義.......................4-19

4.6　巴斯卡三角隱藏的數字規律..............................4-23

4.7　方程式組：求解雞兔同籠問題..........................4-25

第 2 篇　座標系

5　笛卡兒座標系

5.1　笛卡兒：我思故我在..5-3

5.2　座標系：代數視覺化，幾何參數化.....................5-4

5.3 圖解「雞兔同籠」問題 5-12

5.4 極座標：距離和夾角 5-16

5.5 參數方程式：引入一個參數 5-17

5.6 座標系必須是「橫平垂直的方格」？ 5-18

6 三維座標系

6.1 三維直角座標系 6-3

6.2 空間平面：三元一次方程 6-4

6.3 空間直線：三元一次方程組 6-10

6.4 不等式：劃定區域 6-13

6.5 三大類不等式：約束條件 6-18

6.6 三維極座標 6-26

第 3 篇 解析幾何

7 距離

7.1 距離：未必是兩點間最短線段 7-2

7.2 歐氏距離：兩點間最短線段 7-5

7.3 點到直線的距離 7-12

7.4 等距線：換個角度看距離 7-18

7.5 距離間的量化關係 7-20

8 圓錐曲線

8.1 圓錐曲線外傳 8-2

8.2　圓錐曲線：對頂圓錐和截面相交 8-6

8.3　正圓：特殊的橢圓 8-8

8.4　橢圓：機器學習的多面手 8-11

8.5　旋轉橢圓：幾何變換的結果 8-15

8.6　拋物線：不止是函式 8-21

8.7　雙曲線：引力彈弓的軌跡 8-23

▌9　深入圓錐曲線

9.1　圓錐曲線：探索星辰大海 9-3

9.2　離心率：聯繫不同類型圓錐曲線 9-5

9.3　一組有趣的圓錐曲線 9-6

9.4　特殊橢圓：和給定矩形相切 9-9

9.5　超橢圓：和範數有關 9-14

9.6　雙曲函式：基於單位雙曲線 9-20

9.7　圓錐曲線的一般形式 9-22

第 ⬡**4** 篇　**函式**

▌10　函式

10.1　當代數式遇到座標系 10-3

10.2　一元函式：一個引數 10-5

10.3　一元函式性質 10-8

10.4　二元函式：兩個引數 10-16

10.5　降維：二元函式切一刀得到一元函式 10-20

10.6　等高線：由函式值相等點連成 10-24

11 代數函式

11.1　初等函式：數學模型的基礎 11-3

11.2　一次函式：一條斜線 11-5

11.3　二次函式：一條拋物線 11-10

11.4　多項式函式：從疊加角度來看 11-15

11.5　冪函式：底數為引數 11-18

11.6　分段函式：不連續函式 11-24

12 超越函式

12.1　指數函式：指數為引數 12-3

12.2　對數函式：把連乘變成連加 12-5

12.3　高斯函式：高斯分佈之基礎 12-9

12.4　邏輯函式：在 0 和 1 之間設定值 12-12

12.5　三角函式：週期函式的代表 12-17

12.6　函式變換：平移、縮放、對稱 12-20

13 二元函式

13.1　二元一次函式：平面 13-3

13.2　正圓拋物面：等高線為正圓 13-9

13.3　橢圓拋物面：等高線為橢圓 13-13

13.4　雙曲拋物面：馬鞍面 13-17

13.5　山谷和山脊：無數極值點 13-18

13.6　錐面：正圓拋物面開方 13-21

13.7　絕對值函式：與超橢圓有關 13-24

13.8　邏輯函式：從一元到二元 13-27

13.9　高斯函式：機器學習的多面手 13-30

14　數列

14.1　芝諾悖論：阿基里斯追不上烏龜 14-3

14.2　數列分類 14-7

14.3　等差數列：相鄰兩項差相等 14-7

14.4　等比數列：相鄰兩項比值相等 14-11

14.5　費氏數列 14-14

14.6　累加：大寫西格瑪 14-16

14.7　數列極限：微積分的一塊基石 14-30

14.8　數列極限估算圓周率 14-33

第 5 篇　微積分

15　極限和導數

15.1　牛頓小傳 15-3

15.2　極限：研究微積分的重要數學工具 15-5

15.3　左極限、右極限 15-7

15.4　幾何角度看導數：切線斜率 15-10

15.5　導數也是函式 15-14

16　偏導數

16.1　幾何角度看偏導數 16-3

16.2 偏導也是函式 16-9

16.3 二階偏導：一階偏導函式的一階偏導 16-10

16.4 二元曲面的駐點：一階偏導為 0 16-14

17 微分

17.1 幾何角度看微分：線性近似 17-3

17.2 泰勒級數：多項式函式近似 17-5

17.3 多項式近似和誤差 17-8

17.4 二元泰勒展開：用多項式曲面近似 17-14

17.5 數值微分：估算一階導數 17-19

18 積分

18.1 萊布尼茲：既生瑜，何生亮 18-3

18.2 從小車等加速直線運動說起 18-4

18.3 一元函式積分 18-5

18.4 高斯函式積分 18-8

18.5 誤差函式：S 型函式的一種 18-10

18.6 二重積分：類似二重求和 18-11

18.7 「偏積分」：類似偏求和 18-14

18.8 估算圓周率：牛頓法 18-16

18.9 數值積分：黎曼求積 18-21

19 最佳化入門

19.1 最佳化問題：尋找山峰、山谷 19-3

19.2 建構最佳化問題 19-5

19.3 約束條件：限定搜尋區域 19-9

19.4 一元函式的極值點判定 19-18

19.5 二元函式的極值點判定 19-23

第 6 篇 機率統計

20 機率入門

20.1 機率簡史：出身賭場 20-2

20.2 二元樹：一生二、二生三 20-4

20.3 拋硬幣：正反面機率 20-9

20.4 聊聊機率：向上還是向下 20-12

20.5 一枚質地不均勻的硬幣 20-15

20.6 隨機中有規律 20-17

21 統計入門

21.1 統計的前世今生：強國知十三數 21-3

21.2 散點圖：當資料遇到座標系 21-4

21.3 平均值：集中程度 21-8

21.4 標準差：離散程度 21-10

21.5 協方差：聯合變化程度 21-12

21.6 線性相關係數：線性關係強弱 21-16

第 **7** 篇 **線性代數**

22 向量

22.1 向量：有大小、有方向 22-2

22.2 幾何角度看向量運算 22-6

22.3 向量簡化距離運算 22-9

22.4 向量內積與向量夾角 22-11

22.5 二維到三維 22-13

22.6 投影：影子的長度 22-15

23 雞兔同籠 1

23.1 從雞兔同籠説起 23-2

23.2 「雞」向量與「兔」向量 23-4

23.3 那幾隻毛絨耳朵 23-8

23.4 「雞兔」套餐 23-10

23.5 套餐轉換：基底轉換 23-14

23.6 豬引發的投影問題 23-15

23.7 黃鼠狼驚魂夜：「雞飛兔脱」與超定方程式組 23-17

24 雞兔同籠 2

24.1 雞兔數量的有趣關係 24-2

24.2 試試比例函式：$y = ax$ 24-3

24.3 最小平方法 24-6

24.4 再試試一次函式：$y = ax + b$ 24-12

24.5 再探黃鼠狼驚魂夜：超定方程式組 24-15

24.6 統計方法求解回歸參數 24-19

▎ 25 雞兔同籠 3

25.1 雞兔互變奇妙夜 25-2

25.2 第一角度：「雞／兔→雞」和「雞／兔→兔」 25-6

25.3 第二角度：「雞→雞／兔」和「兔→雞／兔」 25-9

25.4 連續幾夜雞兔轉換 25-11

25.5 有向量的地方，就有幾何 25-15

25.6 彩蛋 25-16

緒論
Introduction

圖解＋程式設計＋實踐＋數學板塊融合＋歷史＋英文術語

本書的定位

「鳶尾花書」系列叢書有三大版塊——程式設計、數學、實踐。機器學習各種演算法都離不開數學，而本書是「數學」版塊的第一冊。

本書介紹的數學工具是整個「數學」板塊的基礎，當然也是資料科學和機器學習實踐的基礎。

本書中程式設計和視覺化無處不在，限於篇幅，本書不會專門講解程式設計基礎內容。

結構：七大板塊

本書可以歸納為七大板塊——基礎、座標系、解析幾何、函式、微積分、機率統計、線性代數。

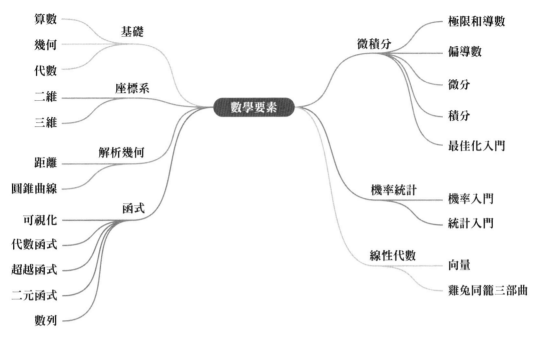

▲ 圖 0.2 本書板塊版面配置

基礎

　　基礎部分從加、減、乘、除四則運算講起。線性代數在機器學習中應用廣泛，本書第 1、2 章開門見山地介紹向量和矩陣的基本運算，也會在本冊各個板塊見縫插針地介紹線性代數基礎知識。

　　本書第 3 章回顧常用幾何知識，幾何角度是本書的一大特色。這一章有一大亮點——圓周率估算。圓周率估算是本書的一條重要線索，本書會按時間先後順序介紹如何用不同數學工具估算圓周率。

　　第 4 章回顧代數知識，其中有兩個亮點值得大家特別注意：一個是巴斯卡三角，本書後面會將巴斯卡三角和機率統計、隨機過程聯繫起來；另一個是雞兔同籠問題，本書最後三章都圍繞雞兔同籠這個話題展開。

座標系

笛卡兒座標系讓幾何和代數走到一起，本書第 5、6 兩章介紹座標系有關內容。這兩章的一大特色是——代數式視覺化，幾何體參數化。沒有座標系，就沒有函式，也不會有微積分；因此，座標系的地位毋庸置疑。

解析幾何

第 7、8、9 三章介紹解析幾何內容，其中有兩大亮點——距離度量、橢圓。距離度量中，大家要善於用等距線這個視覺化工具。此外，大家需要注意歐氏距離並不是唯一的距離度量。第二個亮點是橢圓，橢圓可謂「多面手」，相信大家很快會看到橢圓在機率統計、線性代數、資料科學、機器學習中大放異彩。

函式

第 10 章到第 14 章都是圍繞函式展開。有幾點值得強調：學習任何函式時，建議大家程式設計繪製函式線圖，以便觀察函式形狀、變化趨勢；此外，學會利用曲面、剖面線、等高線等視覺化工具觀察分析二元函式；再者，不同函式都有自身特定性質，對應獨特應用場景。第 14 章講解數列，數列可以視為特殊的函式。本章中，累加、極限這兩個基礎知識特別值得關注，它們都是微積分基礎。

微積分

第 15 章到第 19 章講解微積分以及最佳化問題內容。牛頓和萊布尼茲分別發明微積分之後，整個數學王國的版圖天翻地覆。導數、偏導數、微分、積分給我們提供了研究函式性質的量化工具。學好這四章的秘訣就是——幾何圖解。導數是切線斜率，偏導數是某個變數方向上切線斜率，微分是線性近似，泰勒展開是多項式函式疊加，積分是求面積，二重積分是求體積。資料科學、機器

學習中所有演算法都可以寫成最佳化問題，而建構、求解最佳化問題離不開微積分。因此，本書在講完微積分之後立刻安排了第 19 章，介紹最佳化問題入門知識。本書後續還會在各冊中不斷介紹最佳化方法。

機率統計

第 20、21 兩章是機率統計入門。本書專門其它書籍系統講解這個版塊，但是這不表示本書第 20、21 兩章內容毫無出彩之處；相反，這兩章亮點頗多。第 20 章機率內容實際上是代數部分巴斯卡三角的延伸，本章用二元樹這個基礎知識，將代數和機率統計串聯在一起。第 20 章的最後還介紹了隨機過程。第 21 章的關鍵字就是「圖解」，用影像視覺化資料，用影像展示機率統計定義。

線性代數

本書最後四章以線性代數收尾。第 22 章介紹視覺化向量和向量運算。第 23、24、25 三章是「雞兔同籠三部曲」，這三章虛構了一個世外桃源，說明與世隔絕的村民如何利用舶來的線性代數知識，解決村民養雞養兔時遇到的數學疑難雜症。這三章涉及線性方程式組、向量空間、投影、最小平方法線性回歸、瑪律科夫過程、特徵值分解等內容。這三章給大家展示了本書重要數學工具的應用。

 特點：知識融合

本書打破了數學板塊的藩籬，將算數、代數、線性代數、幾何、解析幾何、機率統計、微積分、最佳化方法等板塊有機結合在一起。

作為本書的核心特點，本書在內容編排上突出「圖解 + 程式設計 + 機器學習應用」。講解一些特定數學工具時，本書會穿插介紹其在資料科學和機器學習領域的應用場景，讓大家學以致用。

本書還強調數學文化，內容安排上盡可能沿著數學發展先後脈絡，為大家展現整幅歷史圖景。本書還介紹了數學史上的關鍵人物，讓大家看到數學是如何薪火相傳、接續發展的。

為了幫助大家閱讀英文文獻以及學術交流，本書還特別總結了常用數學知識的英文表述。

下面讓我們一起開始本書的學習之旅吧。

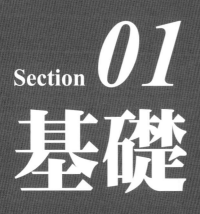

Section *01*

基礎

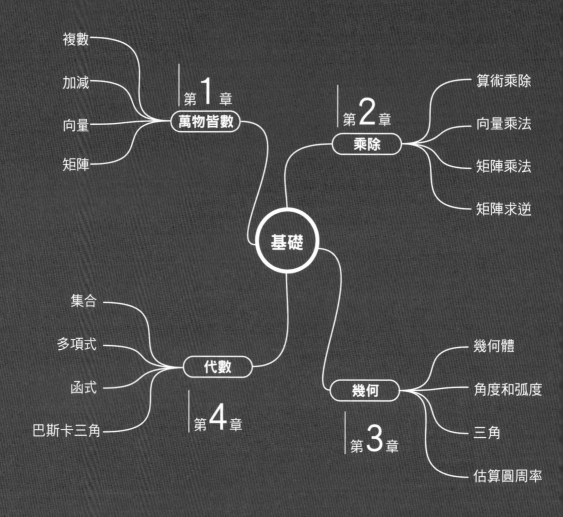

複數
加減
向量
矩陣

第1章
萬物皆數

第2章
乘除

算術乘除
向量乘法
矩陣乘法
矩陣求逆

基礎

集合
多項式
函式
巴斯卡三角

代數

第4章

幾何

第3章

幾何體
角度和弧度
三角
估算圓周率

學習地圖 | 第1板塊

All Is Number

1 萬物皆數

數字統治萬物

> 萬物皆數。
> ***All is Number.***

——畢達哥拉斯（*Pythagoras*）| 古希臘哲學家、數學家 | *570 B.C.-495 B.C.*

- % 求餘數
- float() 將輸入轉化為浮點數
- input() 函式接受一個標準輸入資料，傳回為 string 類型
- int() 將輸入轉化為整數
- is_integer() 判斷是否為整數
- lambda 建構匿名函式；匿名函式是指一類無須定義函式名稱的函式或副程式
- len() 傳回序列或資料幀的資料數量
- math.e math 函式庫中的尤拉數
- math.pi math 函式庫中的圓周率
- math.sqrt(2)math 函式庫中計算 2 的平方根
- mpmath.e mpmath 函式庫中的尤拉數
- mpmath.pi mpmath 函式庫中的圓周率
- mpmath.sqrt(2)mpmath 函式庫中計算 2 的平方根
- numpy.add() 向量或矩陣加法
- numpy.array() 建構陣列、向量或矩陣
- numpy.cumsum() 計算累計求和
- numpy.linspace() 在指定的間隔內，傳回固定步進值陣列
- numpy.matrix() 建構二維矩陣
- print() 在 console 列印
- range() 傳回的是一個可迭代物件，range(10) 傳回 0 ~ 9，等價於 range(0, 10)；range(1, 11) 傳回 1 ~ 10；range(0, -10, -1) 傳回 0 ~ -9；range(0, 10, 3) 傳回 [0, 3, 6, 9]，步進值為 3
- zip(*) 將可迭代的物件作為參數，讓物件中對應的元素打包成一個個元組，然後傳回由這些元組組成的串列。* 代表解壓縮，傳回的每一個都是元組類型，而並非是原來的資料型態

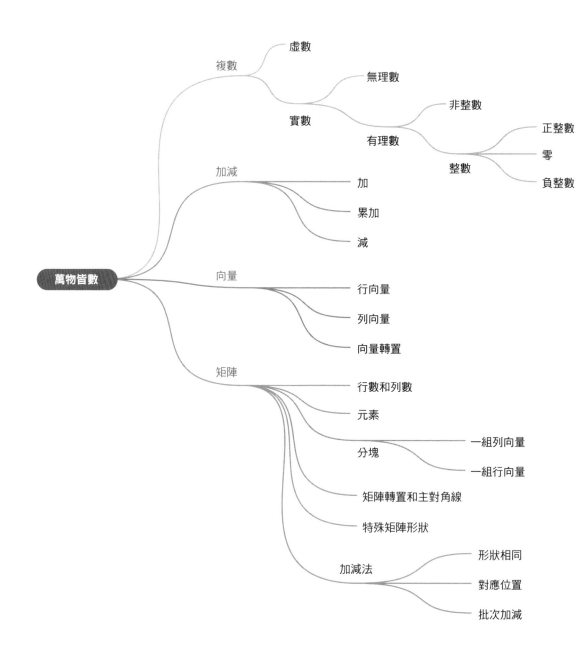

1.1 數字和運算：人類思想的偉大飛躍

數字，就是人類思想的空氣，無處不在，不可或缺。

大家不妨停止閱讀，用一分鐘時間，看看自己身邊哪裡存在數字。

舉目四望，你會發現，鍵盤上有數字，書本上印著數字，手機上顯示數字，交易媒介充滿了數字，食品有卡路里數值，時鐘上的數字提醒我們時間，購物掃碼本質上也是數字。一串串手機號碼讓人們聯通，身份證字號是我們的個體標籤……

當下，數字已經融合到人類生活的各方面。多數時候，數字像是空氣，我們認為它理所應當，甚至忽略了它的存在。

數字是萬物的絕對尺度，數字更是一種高階的思維方式。遠古時期，不同地域、不同族群的人類突然意識到，2 隻雞、2 隻兔、2 頭豬，有一個共通性，那就是——2。

2 和更多數字，以及它們之間的加、減、乘、除和更多複雜運算被抽象出來，這是人類思想的一次偉大飛躍，如圖 1.1 所示。

數字這一寶貴的人類遺產，在不同地區、不同種族之間薪火相傳。

5000 年前，古巴比倫人將各種數學計算，如倒數、平方、立方等刻在泥板上，如圖 1.2 所示。古埃及則是將大量數學知識記錄在紙草上。

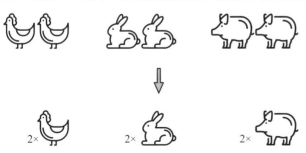

▲ 圖 1.1　數字是人類抽象思維活動的產物　　▲ 圖 1.2　古巴比倫泥板
（圖片來自 Wikipedia）

　　古巴比倫採用六十進位。不謀而合的是，中國自古便發明了使用天干地支六十甲子為一個週期來紀年。

　　今人所說的「阿拉伯數字」實際上是古印度人創造的。古印度發明了**十進位 (decimal system)**，而古阿拉伯人將它們發揚光大。中世紀末期，十進位傳入歐洲，而後成為全世界的標準。

　　有學者認為，人類不約而同地發明並廣泛使用十進位，是因為人類有十根手指。人們數數的時候，自然而然地用手指記錄。

　　雖然十進位大行其道，但是其他進位依然廣泛運用。比如，**二進位 (binary system)**、**八進位 (octal system)** 和**十六進位 (hexadecimal system)** 經常在電子系統中使用。

　　日常生活中，我們不知不覺中也經常使用其他進位。**十二進位 (duodecimal system)** 常常出現，比如十二小時制、一年十二個月、**黃道十二宮 (zodiac)**、**十二地支 (Earthly Branches)**、**十二生肖 (Chinese zodiac)**。四進位也不罕見，如一年四個季。二十四進位用在一天 24 小時、一年二十四節氣。六十進制也很常用，如一分鐘 60 秒、一小時 60 分鐘。

　　隨著科學技術持續發展，人類的計算也日趨複雜。零、負數、分數、小數、無理數、虛數被發明創造出來。與此同時，人類也在發明改進計算工具，讓計算更快、更準。

　　算盤，身為原始的計算工具，現在已經基本絕跡。隨著運算量和複雜度的不斷提高，人們對運算速度、準確度的需求激增，人類亟需擺脫手工運算，計算機應運而生。

　　1622 年，英國數學家**威廉·奧特雷德 (William Oughtred)** 發明了計算尺。早期計算尺主要用於四則運算，而後發展到可以用於求對數和三角函式。直到二十世紀後期被可攜式計算機代替之前，計算尺一度是科學和工程重要的計算工具。

　　1642 年，法國數學家**帕斯卡 (Blaise Pascal)** 發明了機械計算機，這台機器可以直接進行加減運算，如圖 1.3 所示。難以想像，帕斯卡設計自己第一台計算機時未滿 19 歲。

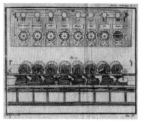

▲　圖 1.3　　帕斯卡機械計算機和原理草稿 (圖片來自 Wikipedia)

1822 年前後，英國數學家**查爾斯‧巴貝奇** (Charles Babbage)，設計完成了**差分機** (Difference Engine)。第一台差分機重達 4 噸，最高可以存 16 位數。差分機是以蒸汽機為動力的自動機械計算機，它已經很接近世界第一台電腦。因此，也有很多人將查爾斯‧巴貝奇稱為「計算機之父」。

1945 年，ENIAC 誕生。ENIAC 的全名為**電子數值積分電腦** (Electronic Numerical Integrator And Computer)。ENIAC 是一台真正意義上的電子電腦。ENIAC 重達 27 噸，佔地 167 平方公尺，如圖 1.4 所示。

20 世紀 50 年代電子電腦主要使用真空管制作，而後開始使用半導體晶體管制作。半導體使得電腦體積變得更小、成本更低、耗電更少、性能更可靠。進入 20 世紀，電腦的更新迭代，讓人目不暇接，甚至讓人感覺窒息。

▲　圖 1.4　　ENIAC 電腦 (圖片來自 Wikipedia)

20 世紀 70 年代，積體電路和微處理器先後投入大規模使用，電腦和其他智慧裝置開始逐漸步入尋常百姓家。現如今，計算的競賽愈演愈烈，量子電腦的研究進展如火如荼，如圖 1.5 所示。

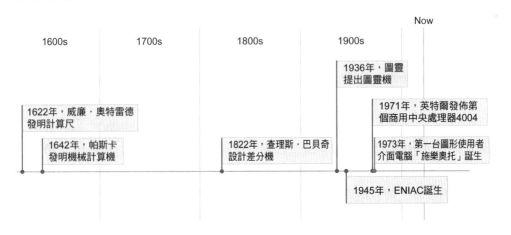

▲ 圖 1.5　計算機發展歷史時間軸

到這裡，不妨停下來，喘口氣，回望來時的路。再去看看數字最樸素、最原始、最直覺的形態。

1.2　數字分類：從複數到自然數

本節介紹數字分類，介紹的數字類型如圖 1.6 所示。

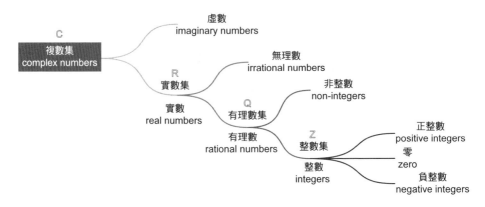

▲ 圖 1.6　數字分類

複數

複數 (complex number) 包括**實數** (real numbers) 和**虛數** (imaginary number)。**複數集** (the set of complex numbers) 的記號為 $\mathbb{C}$。

集合 (set)，簡稱**集**，是指具有某種特定性質元素 (element) 的整體。通俗地講，集合就是一堆東西組成的整體。因此，複數集是所有複陣列成的整體。

複數的具體形式為

$$a+bi \tag{1.1}$$

其中：a 和 b 是實數。

式 (1.1) 中，i 是**虛數單位** (imaginary unit)，i 的平方等於 -1，即

$$i^2 = -1 \tag{1.2}$$

笛卡兒 (René Descartes) 最先提出虛數這個概念。而後，**尤拉** (Leonhard Euler) 和**高斯** (Carl Friedrich Gauss) 等人對虛數做了深入研究。注意，根據 ISO 標準敘述單位 i 為正體，即非斜體。

有意思的是，不經意間，式 (1.1) 中便使用 a 和 b 來代表實數。用抽象字母來代表具體數值是代數的基礎。**代數** (algebra) 的研究物件不僅是數字，還包括各種抽象化的結構。

實數

實數集 (the set of real numbers) 記號為 $\mathbb{R}$。實數包括**有理數** (rational numbers) 和**無理數** (irrational numbers)。

式 (1.1) 中，$b = 0$ 時，得到的便是實數。如圖 1.7 所示，實數集合可以用**實數軸** (real number line 或 real line) 來展示。

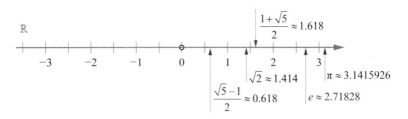

▲ 圖 1.7　實數軸

> 數軸和座標系的發明讓代數和幾何前所未有地結合在了一起,這是本書第 5、6 章要介紹的內容。

無意之間,我們又用到了解析幾何中重要的工具之一——**數軸** (number line)。 圖 1.7 這看似平凡無奇的一根數軸,實際上是人類的偉大發明創造。

數軸描述一維空間,兩根垂直並相交於原點的數軸可以張成二維直角座標系,即**笛卡兒座標系** (Cartesian coordinate system)。在二維直角座標系原點處升起一根垂直於平面的數軸,便張成了三維直角座標系。

目前,數學被分割成一個個板塊——算數、代數、幾何、解析幾何、線性代數、機率統計等。這種安排雖然有利於特定類別的數學工具學習,但是板塊之間的聯繫被人為割裂。本書的重要任務之一就是強化各個板塊之間的聯繫,讓大家看見「森林」,而非一棵棵「樹」。

有理數

有理數集合用 $\mathbb{Q}$ 表示,有理數可以表達為**兩個整數的商** (quotient of two integers),形如

$$\frac{a}{b} \tag{1.3}$$

其中：a 為**分子** (numerator)；b 為**分母** (denominator)。式 (1.3) 中**分母不為零** (The denominator is not equal to zero)。

有理數可以表達為**有限小數** (finite decimal 或 terminating decimal) 或**無限循環小數** (repeating decimal 或 recurring decimal)。小數中的小圓點叫作**小數點** (decimal separator)。

無理數

圖 1.7 所示的實數軸上除有理數以外，都是無理數。無理數不能用一個整數或兩個整數的商來表示。無理數也叫**無限不循環小數** (non-repeating decimal)。

很多重要的數值都是無理數，如圖 1.7 所示數軸上的圓周率 π(pi)、$\sqrt{2}$ (the square root of two)、**自然常數** e(exponential constant) 和**黃金分割比** (golden ratio) 等。自然常數 e 也叫**尤拉數** (Euler's number)。

執行 Bk3_Ch1_01.py 程式，可以列印出 π、e 和 $\sqrt{2}$ 的精確值。程式使用了 math 函式庫中函式，math 函式庫是 Python 提供的內建數學函式程式庫。

列印結果如下：

pi = 3.141592653589793

e = 2.718281828459045

sqrt(2)= 1.4142135623730951

下面，我們做一個有趣的實驗——列印圓周率和自然常數 e 小數點後 1,000 位數字。圖 1.8 所示為圓周率小數點後 1,000 位，圖 1.9 所示採用熱圖的形式展示圓周率小數點後 1,024 位。圖 1.10 所示為自然常數 e 小數點後 1,000 位。

中國古代南北朝時期數學家**祖沖之** (429 - 500) 曾刷新圓周率估算紀錄。他估算圓周率在 3.1415926 到 3.1415927 之間，這一記錄在之後的約 1,000 年內無人撼動。圓周率的估算是本書的一條重要線索，我們將追隨前人足跡，用不同的數學工具估算圓周率。

3.1415926535 8979323846 2643383279 5028841971 6939937510
5820974944 5923078164 0628620899 8628034825 3421170679 100 digits
8214808651 3282306647 0938446095 5058223172 5359408128
4811174502 8410270193 8521105559 6446229489 5493038196 200 digits
4428810975 6659334461 2847564823 3786783165 2712019091
4564856692 3460348610 4543266482 1339360726 0249141273 300 digits
7245870066 0631558817 4881520920 9628292540 9171536436
7892590360 0113305305 4882046652 1384146951 9415116094 400 digits
3305727036 5759591953 0921861173 8193261179 3105118548
0744623799 6274956735 1885752724 8912279381 8301194912 500 digits
9833673362 4406566430 8602139494 6395224737 1907021798
6094370277 0539217176 2931767523 8467481846 7669405132 600 digits
0005681271 4526356082 7785771342 7577896091 7363717872
1468440901 2249534301 4654958537 1050792279 6892589235 700 digits
4201995611 2129021960 8640344181 5981362977 4771309960
5187072113 4999999837 2978049951 0597317328 1609631859 800 digits
5024459455 3469083026 4252230825 3344685035 2619311881
7101000313 7838752886 5875332083 8142061717 7669147303 900 digits
5982534904 2875546873 1159562863 8823537875 9375195778
1857780532 1712268066 1300192787 6611195909 2164201989 1,000 digits

▲ 圖 1.8　圓周率小數點後 1,000 位

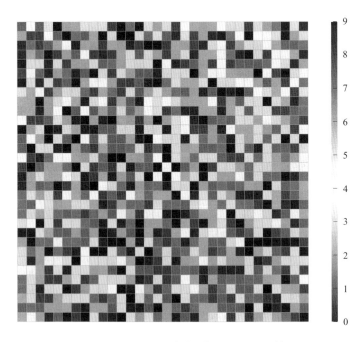

▲ 圖 1.9　圓周率小數點後 1,024 位熱圖

2.7182818284 5904523536 0287471352 6624977572 4709369995   100 digits
9574966967 6277240766 3035354759 4571382178 5251664274 ④

2746639193 2003059921 8174135966 2904357290 0334295260   200 digits
5956307381 3232862794 3490763233 8298807531 9525101901 ①

1573834187 9307021540 8914993488 4167509244 7614606680   300 digits
8226480016 8477411853 7423454424 3710753907 7744992069 ⑨

5517027618 3860626133 1384583000 7520449338 2656029760   400 digits
6737113200 7093287091 2744374704 7230696977 2093101416 ⑥

9283681902 5515108657 4637721112 5238978442 5056953696   500 digits
7707854499 6996794686 4454905987 9316368892 3009879312 ②

7736178215 4249999229 5763514822 0826989519 3668033182 5   600 digits
2886939849 6465105820 9392398294 8879332036 2509443117 ⑦

3012381970 6841614039 7019837679 3206832823 7646480429   700 digits
5311802328 7825098194 5581530175 6717361332 0698112509 ⑨

9618188159 3041690351 5988885193 4580727386 6738589422   800 digits
8792284998 9208680582 5749279610 4841984443 6346324496 ⑥

8487560233 6248270419 7862320900 2160990235 3043699418   900 digits
4914631409 3431738143 6405462531 5209618369 0888707016 ⑥

7683964243 7814059271 4563549061 3031072085 1038375051   1,000 digits
0115747704 1718986106 8739696552 1267154688 9570350354 ④

▲ 圖 1.10　自然常數 e 小數點後 1,000 位

Bk3_Ch1_02.py 列印圓周率、$\sqrt{2}$ 和自然常數 e，小數點後 1,000 位數字。
mpmath 是一個任意精度浮點運算函式庫。

目前，背誦 pi 小數點後最多位數的吉尼斯世界紀錄是 70,000 位。該紀錄由
印度人在 2015 年創造，用時近 10 小時。這一紀錄需要背誦的數字量是圖 1.8
所示的 70 倍，感興趣的讀者可以修改程式獲取，並列印儲存這些數字。計
算取決於個人電腦的算力，這一過程可能要用時很久。

觀察圖 1.8 所示的圓周率小數點後 1,000 位數字，可以發現 0 ~ 9 這十個數
字反覆隨機出現。這裡，「隨機 (random)」是指偶然、隨意、無法預測。
大家能否憑直覺猜一下哪個數字出現的次數最多？圓周率小數點後 10,000
位、100,000 位，乃至 1,000,000 位，0 ~ 9 這十個數字出現的次數又會怎樣？
答案就在 Streamlit_Bk3_Ch1_02.py 檔案中。我們用 Streamlit 創作了一個數
學動畫 App 展示圓周率小數點後 0 ~ 9 這十個數出現的次數。

整數

整數 (integers) 包括**正整數** (positive integers)、**負整數** (negative integers) 和零 (zero)。正整數**大於零** (greater than zero)；負整數**小於零** (less than zero)。整數集用 $\mathbb{Z}$ 表示。

整數的重要性質之一是——整數相加、相減或相乘的結果還是整數。

交錯性 (parity) 是整數另外一個重要性質。**能被 2 整除的整數稱為偶數** (an integer is called an even integer if it is divisible by two)；不然**該整數為奇數** (the integer is odd)。

利用以上原理，我們可以寫一段 Python 程式，判斷數字交錯性。請大家參考 Bk3_Ch1_03.py 。程式碼中，% 用於求餘數。

自然數

自然數 (natural number 或 counting number) 有時指的是正整數，有時指的是**非負整數** (nonnegative integer)，這時自然數集合包括「0」。「0」是否屬於自然數尚未達成一致意見。

至此，我們回顧了常見數字類型。表 1.1 中總結了數字類型並舉出了例子。

➜ 表 1.1　不同種類數字及舉例

英文表達	中文表達	舉例
Complex number	複數	7 + 2i
Imaginary number	虛數	2i
Real number	實數	7
Irrational number	無理數	π, e
Rational number	有理數	1.5
Integer	整數	-1, 0, 1
Natural number	自然數	9, 18

1.3 加減：最基本的數學運算

本節介紹加、減這兩種最基本算數運算。

加法

加法 (addition) 的運算元為**加號** (plus sign 或 plus symbol)；加法運算式中，**等式** (equation) 的左邊為**加數** (addend) 和**被加數** (augend 或 summand)，等式的右邊是**和** (sum)，如圖 1.11 所示。

加法的表達方式多種多樣，如「**和** (summation)」「**加** (plus)」「**增長** (increase)」「**小計** (subtotal)」和「**總數** (total)」等。

▲ 圖 1.11　加法運算

圖 1.12 所示是在數軸上視覺化 $2 + 3 = 5$ 這一加法運算。

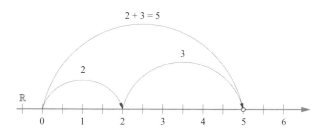

▲ 圖 1.12　$2 + 3 = 5$ 在數軸上的視覺化

Bk3_Ch1_04.py 完成圖 1.12 所示加法運算。

Bk3_Ch1_05.py 對 Bk3_Ch1_04.py 稍作調整，利用 input() 函式，讓使用者透過鍵盤輸入數值。 結果列印如下：

Enter first number: 2

Enter second number: 3

The sum of 2 and 3 is 5.0

表 1.2 總結了加法的常用英文表達。

→ 表 1.2　加法的英文表達

數學表達	英文表達
1+1=2	One plus one equals two. The sum of one and one is two. If you add one to one, you get two.
2 + 3 = 5	Two plus three equals five. Two plus three is equal to five. Three added to two makes five. If you add two to three, you get five.

累計求和

對於一行數字，**累計求和** (cumulative sum 或 cumulative total) 得到的結果不是一個總和，而是從左向右每加一個數值，得到的分步結果。比如，自然數 1 到 10 累計求和的結果為

$$1, \quad 3, \quad 6, \quad 10, \quad 15, \quad 21, \quad 28, \quad 36, \quad 45, \quad 55 \qquad (1.4)$$

式 (1.4) 累計求和計算過程為

$$
\begin{array}{l}
1+2+3+4+5+6=21 \\
\overline{1+2+3+4+5=15} \\
\overline{1+2+3+4=10} \\
\overline{1+2+3=6} \\
\overline{1+2=3} \\
\overline{1} \\
1, \quad 2, \quad 3, \quad 4, \quad 5, \quad 6, \quad 7, \quad 8, \quad ...
\end{array} \qquad (1.5)
$$

Bk3_Ch1_06.py 利用 numpy.linspace(1, 10, 10) 產生 1 ~ 10 這十個自然數，然後利用 numpy.cumsum() 函式進行累計求和。NumPy 是一個開放原始碼的 Python 函式庫，本書的大量線性代數運算都離不開 NumPy。

減法

減法 (subtraction) 是**加法的逆運算** (inverse operation of addition)，運算元為**減號** (minus sign)。如圖 1.13 所示，減法運算過程是，**被減數** (minuend) 減去**減數** (subtrahend) 得到**差** (difference)。

減法的其他表達方式包括「**減 (minus)**」「**少 (less)**」「**差 (difference)**」「**減少 (decrease)**」「**拿走 (take away)**」和「**扣除 (deduct)**」等。

▲ 圖 1.13　減法運算

圖 1.14 所示為在數軸上展示 5 - 3 = 2 的減法運算。

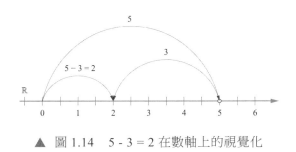

▲ 圖 1.14　5 - 3 = 2 在數軸上的視覺化

Bk3_Ch1_07.py 完成圖 1.14 所示的減法運算。

相反數

　　求 **相反數** (inverse number 或 additive inverse number) 的過程是 **改變符號** (reverses its sign)，這樣的操作常稱做 **變號** (sign change)。比如，5 的相反數為 -5(negative five)。表 1.3 舉出了減法常用的英文表達。

→ 表 1.3　減法常見英文表達

數學表達	英文表達
$5 - 3 = -2$	Five minus three equals two. Five minus three is equal to two. Three subtracted from five equals two. If you subtract three from five, you get two. If you take three from five, you get two.
$4 - 6 = -2$	Four minus six equals negative two. Four minus six is equal to negative two.

1.4 向量：數字排成行、列

　　到了本節讀者會問，明明第一章講的是算數，怎麼一下扯到了「向量」這個線性代數的概念呢？

　　向量、矩陣等線性代數概念對於資料科學和機器學習至關重要。在機器學習中，資料幾乎都以矩陣形式儲存、運算。毫不誇張地說，沒有線性代數就沒有現代電腦運算。逐漸地，大家會發現算數、代數、解析幾何、微積分、機率統計、最佳化方法並不是一個個孤島，而線性代數正是連接它們的重要橋樑之一。

　　然而，部分初學者對向量、矩陣等概念卻表現出了特別抗拒，甚至恐懼的態度。

　　基於以上考慮，本書把線性代數基礎概念穿插到各個板塊，以便突破大家對線性代數的恐懼，加強大家對這個數學工具的理解。

　　下面書歸正傳。

行向量、列向量

若干數字排成一行或一列，並且用中括號括起來，得到的陣列叫作**向量** (vector)。

排成一行的叫作**行向量** (row vector)，排成一列的叫作**列向量** (column vector)。

通俗地講，行向量就是表格的一行數字，列向量就是表格的一列數字。以下兩例分別展示了行向量和列向量，即

$$\begin{bmatrix} 1 & 2 & 3 \end{bmatrix}_{1 \times 3}, \quad \begin{bmatrix} 1 \\ 2 \\ 3 \end{bmatrix}_{3 \times 1} \tag{1.6}$$

⚠️

注意：用 numpy.array() 函式定義向量（陣列）時如果只用一層中括號 []，比如 numpy.array([1, 2, 3])，得到的結果只有一個維度；有兩層中括號 [[ ]]，numpy. array([[1, 2, 3]]) 得到的結果有兩個維度。這一點在 NumPy 函式庫矩陣運算中非常重要。

式 (1.6) 中，下標「1×3」代表「 1 行、3 列」，「3×1」代表「3 行、1 列」。本書在舉出向量和矩陣時，偶爾會以下標形式展示其形狀，如 $X_{150 \times 4}$ 代表矩陣 X 有 150 行、4 列。

利用 NumPy 函式庫，可以用 numpy.array([[1, 2, 3]]) 定義式 (1.6) 中的行向量。用 numpy.array([[1], [2], [3]]) 定義式 (1.6) 中的列向量。

轉置

本書採用的轉置符號為上標「T」。行向量**轉置** (transpose) 可得到列向量；同理，列向量轉置可得到行向量。舉例如下，有

$$\begin{bmatrix} 1 & 2 & 3 \end{bmatrix}^{\text{T}} = \begin{bmatrix} 1 \\ 2 \\ 3 \end{bmatrix}, \quad \begin{bmatrix} 1 \\ 2 \\ 3 \end{bmatrix}^{\text{T}} = \begin{bmatrix} 1 & 2 & 3 \end{bmatrix} \tag{1.7}$$

如圖 1.15 所示，轉置相當於鏡像。圖 1.15 中的紅線就是鏡像軸，紅線從第 1 行、第 1 列元素出發，朝向右下方 45°。

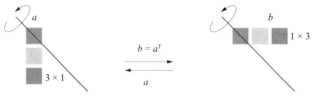

▲ 圖 1.15　向量轉置

本書用加粗、斜體小寫字母來代表向量，如圖 1.15 中的向量 **a** 和向量 **b**。

給定以下行向量 **a**，**a** 有 n 個元素，元素本身用小寫字母表示，如

$$\boldsymbol{a} = \begin{bmatrix} a_1 & a_2 & \cdots & a_n \end{bmatrix} \tag{1.8}$$

其中：下標代表向量元素的序數。$[a_1, a_2, ... a_n]$ 讀作「n row vector, a sub one, a sub two, dot dot dot, a sub n」。

Bk3_Ch1_08.py 定義行向量和列向量，並展示如何透過轉置將行向量和列向量相互轉換。

本書在介紹線性代數相關知識時，會儘量使用具體數字，而非變數符號。這樣做的考慮是，讓讀者構建向量和矩陣運算最直觀的體驗。

1.5　矩陣：數字排列成長方形

矩陣 (matrix) 將一系列數字以長方形方式排列，如

$$\begin{bmatrix} 1 & 2 & 3 \\ 4 & 5 & 6 \end{bmatrix}_{2\times3}, \quad \begin{bmatrix} 1 & 2 \\ 3 & 4 \\ 5 & 6 \end{bmatrix}_{3\times2}, \quad \begin{bmatrix} 1 & 2 \\ 3 & 4 \end{bmatrix}_{2\times2} \tag{1.9}$$

通俗地講，矩陣將數字排列成表格，有行、有列。式 (1.9) 舉出了三個矩陣，形狀分別是 2 行 3 列 (記作 2 × 3)、3 行 2 列 (記作 3 × 2) 和 2 行 2 列 (記作 2 × 2)。

本書用大寫、斜體字母代表矩陣，比如矩陣 A 和矩陣 B。

圖 1.16 所示為一個 $n × D$ (n by capital D) 矩陣 X，n 是**矩陣的行數** (number of rows in the matrix)，D 是**矩陣的列數** (number of columns in the matrix)。X 可以展開寫成表格形式，即

$$X_{n×D} = \begin{bmatrix} x_{1,1} & x_{1,2} & \cdots & x_{1,D} \\ x_{2,1} & x_{2,2} & \cdots & x_{2,D} \\ \vdots & \vdots & \ddots & \vdots \\ x_{n,1} & x_{n,2} & \cdots & x_{n,D} \end{bmatrix} \tag{1.10}$$

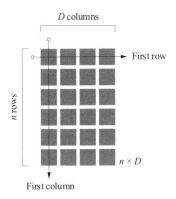

▲ 圖 1.16　n × D 矩陣 X

矩陣 X 中，**元素** (element) $x_{i,j}$ 被稱作 i,j 元素 (ij entry 或 ij element)，也可以說 $x_{i,j}$ 出現在 i 行 j 列 (appears in row i and column j)。比如，$x_{n,1}$ 是矩陣 X 的第 n 行、第 1 列元素。

⚠️

再次強調，先說行序號，再說列序號。本書資料矩陣一般採用大寫、粗體、斜體 X 表達。

表 1.4 總結了如何用英文讀矩陣和矩陣元素。

➜ 表 1.4　矩陣有關英文表達

數學表達	英文表達
$\begin{bmatrix} 1 & 2 \\ 3 & 4 \end{bmatrix}$	Two by two matrix, first row one two, second row three four
$\begin{bmatrix} a_{1,1} & a_{1,2} & ... & a_{1,n} \\ a_{2,1} & a_{2,2} & ... & a_{2,n} \\ \vdots & \vdots & \ddots & \vdots \\ a_{m,1} & a_{m,2} & ... & a_{m,n} \end{bmatrix}$	m by n matrix, first row a sub one one, a sub one two, dot dot dot, a sub one n，second row a sub two one, a sub two two, dot dot dot, a sub two n dot dot dot last row a sub m one, a sub m two, dot dot dot a sub m n
$a_{i,j}$	Lowercase(small) a sub i comma j
$a_{i,j+1}$	Lowercase a double subscript i comma j plus one
$a_{i,j-1}$	Lowercase a double subscript i comma j minus one

Bk3_Ch1_09.py 利用 numpy.array() 定義矩陣，並提取矩陣的某一列、某兩列、某一行、某一個位置的具體值。

鳶尾花資料集

絕大多數情況，資料以矩陣形式儲存、運算。舉個例子，圖 1.17 所示的鳶尾花卉資料集，全稱為**安德森鳶尾花卉資料集** (Anderson's Iris data set)，是植物學家**愛德格·安德森** (Edgar Anderson) 在加拿大魁北克加斯帕半島上擷取的 150 個鳶尾花樣本資料。這些資料都屬於鳶尾屬下的三個亞屬。每一類鳶尾花收集了 50 筆樣本記錄，共計 150 筆。

圖 1.17 中資料第一列是序號，不算作矩陣元素。但是它告訴我們，鳶尾花資料集有 150 個樣本資料，即 $n = 150$。緊隨其後的是被用作樣本定量分析的四個特徵——**花萼長度** (sepal length)、**花萼寬度** (sepal width)、**花瓣長度** (petal length) 和**花瓣寬度** (petal width)。

圖 1.17 中表格最後一列為鳶尾花分類，即**標籤** (label)。三個標籤分別為——**山鳶尾** (setosa)、**變色鳶尾** (versicolor) 和**維吉尼亞鳶尾** (virginica)。最後一列標籤算在內，矩陣有 5 列，即 $D = 5$。

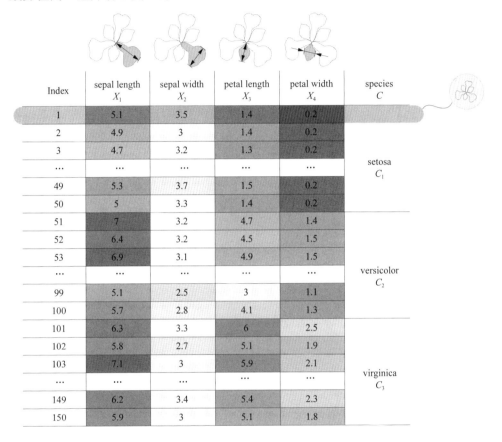

Index	sepal length X_1	sepal width X_2	petal length X_3	petal width X_4	species C
1	5.1	3.5	1.4	0.2	
2	4.9	3	1.4	0.2	
3	4.7	3.2	1.3	0.2	
...	...	...	...	...	setosa C_1
49	5.3	3.7	1.5	0.2	
50	5	3.3	1.4	0.2	
51	7	3.2	4.7	1.4	
52	6.4	3.2	4.5	1.5	
53	6.9	3.1	4.9	1.5	
...	...	...	...	...	versicolor C_2
99	5.1	2.5	3	1.1	
100	5.7	2.8	4.1	1.3	
101	6.3	3.3	6	2.5	
102	5.8	2.7	5.1	1.9	
103	7.1	3	5.9	2.1	
...	...	...	...	...	virginica C_3
149	6.2	3.4	5.4	2.3	
150	5.9	3	5.1	1.8	

▲ 圖 1.17　鳶尾花資料表格 (單位：cm)

這個 150 × 5 的矩陣的每一列，即列向量為鳶尾花一個特徵的樣本資料。矩陣的每一行，即行向量，代表某一個特定的鳶尾花樣本。

鳶尾花資料集可以說是本書最重要的資料集，沒有之一。我們將用各種數學工具從各種角度分析鳶尾花資料。圖 1.18 所示舉出了幾個例子，本書會陪著大家理解其中每幅圖的含義。

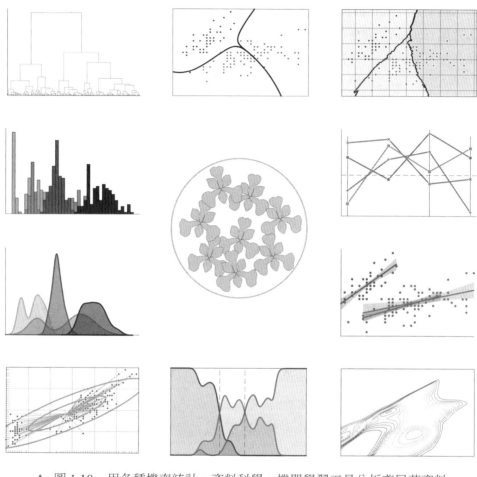

▲ 圖 1.18　用各種機率統計、資料科學、機器學習工具分析鳶尾花資料

矩陣形狀記號

　　大部分數學教科書表達矩陣形狀時採用 $m \times n$；本書表達矩陣形狀時，一般用 $n \times D$，n 表示行數，D 表示列數。

　　採用 $n \times D$ 這種記號有以下幾方面的考慮。

　　首先 m 和 n 這兩個字母區分度不高。兩者長相類似，而且發音相近，這會讓初學者辨別行、列時有很大疑惑。而 n 和 D，一個小寫字母，一個大寫字母，且發音有顯著區別，很容易辨識。

此外，在處理資料時大家會發現，比如 pandas.DataFrame 定義的資料幀中，列代表特徵，如性別、身高、體重、年齡等；行一般代表樣本，如小張、小王、小姜等。而統計中，一般用 n 代表樣本數，因此決定用 n 來代表矩陣的行數。字母 D 取自 dimension(維度) 的首字母，方便記憶。

本書橫跨代數、線性代數、機率統計幾個板塊，$n \times D$ 這種記法方便大家把矩陣運算和統計知識聯繫起來。

本書撰寫之初，也有考慮用 feature(特徵) 的首字母 F 來表達矩陣的列數，但最終放棄。一方面，是因為本書後續會用 F 代表一些特定函式；另一方面，n 和 F 的發音區分度不如 n 和 D 那麼高。

基於以上考慮，本書後續在表達樣本資料矩陣形狀時都會預設採用 $n \times D$ 這一記法，除非特別說明。

1.6 矩陣：一組列向量，或一組行向量

矩陣可以視為是，若干列向量左右排列，或若干行向量上下疊放。比如，形狀為 2×3 的矩陣可以看成是 3 個列向量左右排列，也可以看成是 2 個行向量上下疊放，如

$$\begin{bmatrix} 1 & 2 & 3 \\ 4 & 5 & 6 \end{bmatrix}_{2 \times 3} = \begin{bmatrix} \begin{bmatrix} 1 \\ 4 \end{bmatrix} & \begin{bmatrix} 2 \\ 5 \end{bmatrix} & \begin{bmatrix} 3 \\ 6 \end{bmatrix} \end{bmatrix} = \begin{bmatrix} \begin{bmatrix} 1 & 2 & 3 \end{bmatrix} \\ \begin{bmatrix} 4 & 5 & 6 \end{bmatrix} \end{bmatrix} \tag{1.11}$$

一般情況下，如圖 1.19 所示，形狀為 $n \times D$ 的矩陣 $\boldsymbol{X}$，可以寫成 D 個左右排列的列向量，即

$$\boldsymbol{X}_{n \times D} = \begin{bmatrix} \boldsymbol{x}_1 & \boldsymbol{x}_2 & \cdots & \boldsymbol{x}_D \end{bmatrix} \tag{1.12}$$

$\boldsymbol{X}$ 也可以寫成 n 個行向量上下疊放，即

$$\boldsymbol{X}_{n \times D} = \begin{bmatrix} \boldsymbol{x}^{(1)} \\ \boldsymbol{x}^{(2)} \\ \vdots \\ \boldsymbol{x}^{(n)} \end{bmatrix} \tag{1.13}$$

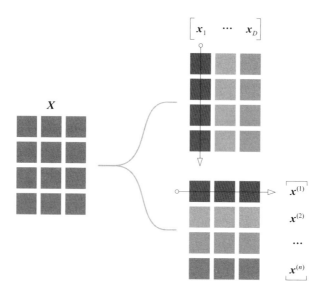

▲ 圖 1.19　矩陣可以分解成一系列行向量或列向量

◀

實際上，式 (1.12) 和式 (1.13) 蘊含著一種重要的思想 - 矩陣分塊 (block matrix 或 partitioned matrix)。

⚠

注意：為了區分含序號的列向量和行向量，本書將列向量的序號寫成下標，比如 x_1、x_2、x_i、x_D 等；將行向量的序號寫成上標加圓括號，比如 $x^{(1)}$、$x^{(2)}$、$x^{(j)}$、$x^{(n)}$ 等。列索引一般用 i，行索引一般用 j。

矩陣轉置

矩陣轉置 (matrix transpose) 指的是將矩陣的行列互換得到的新矩陣，如

$$\begin{bmatrix} 1 & 2 \\ 3 & 4 \\ 5 & 6 \end{bmatrix}_{3\times2}^{\mathrm{T}} = \begin{bmatrix} 1 & 3 & 5 \\ 2 & 4 & 6 \end{bmatrix}_{2\times3} \tag{1.14}$$

式 (1.14) 中，3×2 矩陣轉置得到矩陣的形狀為 2×3。

圖 1.20 所示為矩陣轉置示意圖，其中紅色線為**主對角線** (main diagonal)。

⚠

再次強調，主對角線是從矩陣第 1 行、第 1 列元素出發向右下方傾斜 45°
斜線。

轉置前後，矩陣主對角線元素位置不變，如式 (1.14) 的 1、4 兩個元素。向
量轉置是矩陣轉置的特殊形式。

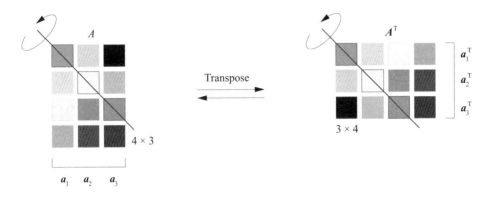

▲ 圖 1.20　矩陣轉置

如圖 1.20 所示，將矩陣 A 寫成三個列向量左右排列 $[a_1,\ a_2,\ a_3]$，對 A 轉置
得到的結果為

$$A^{\mathrm{T}} = \begin{bmatrix} a_1 & a_2 & a_3 \end{bmatrix}^{\mathrm{T}} = \begin{bmatrix} a_1^{\mathrm{T}} \\ a_2^{\mathrm{T}} \\ a_3^{\mathrm{T}} \end{bmatrix} \tag{1.15}$$

這一點對於轉置運算非常重要，再舉個具體例子。給定以下矩陣，並將其
寫成左右排列的列向量。

$$\begin{bmatrix} 1 & 4 & 7 \\ 2 & 5 & 8 \\ 3 & 6 & 9 \end{bmatrix} = \begin{bmatrix} \begin{bmatrix} 1 \\ 2 \\ 3 \end{bmatrix} & \begin{bmatrix} 4 \\ 5 \\ 6 \end{bmatrix} & \begin{bmatrix} 7 \\ 8 \\ 9 \end{bmatrix} \end{bmatrix} \tag{1.16}$$

式 (1.16) 矩陣轉置結果為

$$
\begin{bmatrix} 1 & 4 & 7 \\ 2 & 5 & 8 \\ 3 & 6 & 9 \end{bmatrix}^{\mathrm{T}} = \begin{bmatrix} 1 & 4 & 7 \\ 2 & 5 & 8 \\ 3 & 6 & 9 \end{bmatrix}^{\mathrm{T}} = \begin{bmatrix} 1 & 2 & 3 \\ 4 & 5 & 6 \\ 7 & 8 & 9 \end{bmatrix} = \begin{bmatrix} 1 & 2 & 3 \\ 4 & 5 & 6 \\ 7 & 8 & 9 \end{bmatrix} \tag{1.17}
$$

反之，將矩陣 A 寫成三個行向量上下疊放，對 A 轉置得到的結果為

$$
A^{\mathrm{T}} = \begin{bmatrix} a^{(1)} \\ a^{(2)} \\ a^{(3)} \end{bmatrix}^{\mathrm{T}} = \begin{bmatrix} a^{(1)\mathrm{T}} & a^{(2)\mathrm{T}} & a^{(3)\mathrm{T}} \end{bmatrix} \tag{1.18}
$$

請大家根據上式，代入具體值自行完成類似式 (1.17) 的驗算。

1.7 矩陣形狀：每種形狀都有特殊性質和用途

矩陣的一般形狀為長方形，但是矩陣還有很多特殊形狀。圖 1.21 所示為常見的特殊形態矩陣。

很明顯，列向量、行向量都是特殊矩陣。

如果列向量的元素都為 1，一般記作 **1**。**1** 被稱作全 1 列向量，簡稱**全 1 向量** (all-ones vector)。

如果列向量的元素都是 0，這種列向量叫作**零向量** (zero vector)，記作 **0**。

行數和列數相同的矩陣叫**方陣** (square matrix)，如 2 × 2 矩陣。

對角矩陣 (diagonal matrix) 一般是一個主對角線之外的元素皆為 0 的方陣。

單位矩陣 (identity matrix) 是主對角線元素為 1 其餘元素均為 0 的方陣，記做 **I**。

對稱矩陣 (symmetric matrix) 是元素相對於主對角線軸對稱的方陣。

零矩陣 (null matrix) 一般指所有元素皆為 0 的方陣，記做 **O**。

⚠
對角矩陣也可以不是方陣。此外，零矩陣也未必都是方陣。

◀
每一種特殊形狀矩陣在線性代數舞臺上都扮演著特殊的角色，本書會慢慢
講給大家。

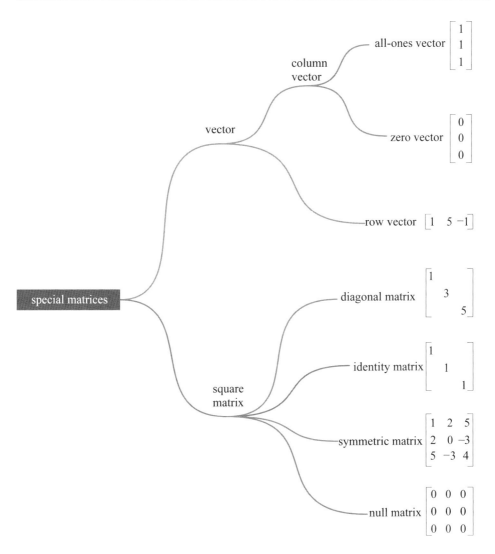

▲ 圖 1.21　常見特殊形態矩陣

1.8 矩陣加減：形狀相同，對應位置，批次加減

本節介紹矩陣加減法。矩陣相加減就是批次化完成若干加減運算。矩陣加減可以視作四則運算中加減的高階版本。

上一節說過，行向量和列向量是特殊的矩陣。兩個等長的行向量相加，為對應元素相加，得到還是一個行向量，如

$$[1 \quad 2 \quad 3] + [4 \quad 5 \quad 6] = [1+4 \quad 2+5 \quad 3+6] = [5 \quad 7 \quad 9] \tag{1.19}$$

同理，兩個等長行向量相減，就是對應元素相減，得到的也是相同長度的行向量，如

$$[1 \quad 2 \quad 3] - [4 \quad 5 \quad 6] = [1-4 \quad 2-5 \quad 3-6] = [-3 \quad -3 \quad -3] \tag{1.20}$$

式 (1.19) 和式 (1.20) 相當於一次性批次完成了三個加減法運算。

同理，兩個等長的列向量相加，得到的仍然是一個列向量，如

$$\begin{bmatrix} 1 \\ 2 \\ 3 \end{bmatrix} + \begin{bmatrix} 4 \\ 5 \\ 6 \end{bmatrix} = \begin{bmatrix} 5 \\ 7 \\ 9 \end{bmatrix} \tag{1.21}$$

圖 1.22 所示為兩個數字相加的示意圖。圖 1.23 所示為向量求和。

⚠️ 注意：兩個矩陣能夠完成加減運算的前提——形狀相同。

▲ 圖 1.22　數字求和

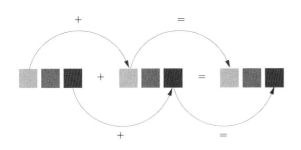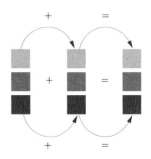

▲ 圖 1.23　向量求和

Bk3_Ch1_10.py 展示了四種計算行向量相加的方式。這四種方法中，當然首推使用 NumPy。

矩陣加減

形狀相同的兩個矩陣相加的結果還是矩陣。運算規則為，對應位置元素相加，形狀不變，如

$$\begin{bmatrix} 1 & 2 & 3 \\ 4 & 5 & 6 \end{bmatrix}_{2\times3} + \begin{bmatrix} 1 & 0 & 0 \\ 0 & 1 & 0 \end{bmatrix}_{2\times3} = \begin{bmatrix} 1+1 & 2+0 & 3+0 \\ 4+0 & 5+1 & 6+0 \end{bmatrix}_{2\times3} = \begin{bmatrix} 2 & 2 & 3 \\ 4 & 6 & 6 \end{bmatrix}_{2\times3} \tag{1.22}$$

兩個矩陣相減的運算原理完全相同，如

$$\begin{bmatrix} 1 & 2 & 3 \\ 4 & 5 & 6 \end{bmatrix}_{2\times3} - \begin{bmatrix} 1 & 0 & 0 \\ 0 & 1 & 0 \end{bmatrix}_{2\times3} = \begin{bmatrix} 1-1 & 2 & 3 \\ 4 & 5-1 & 6 \end{bmatrix}_{2\times3} = \begin{bmatrix} 0 & 2 & 3 \\ 4 & 4 & 6 \end{bmatrix}_{2\times3} \tag{1.23}$$

Bk3_Ch1_11.py 用 for 迴圈完成矩陣加法運算，這種做法並不推薦！Bk3_Ch1_12.py 利用 NumPy 完成矩陣加法。

⚠️

注意：用 for 迴圈來解決矩陣相加是最費力的辦法，比如 Bk3_Ch1_11.py 程式舉出的例子。為了讓程式運算效率提高，常用的方法之一就是──向量化 (vectorize)。也就是說，儘量採用向量/矩陣運算，以避免迴圈。

數字和數學是抽象的，它們是人類總結的規律，是人類思想的產物。

「雙兔傍地走」中的「雙」就是 2；2 這個數字對人類有意義，對兔子自身沒有意義；兩隻兔子自顧自地玩耍，一旁暗中觀察的某個人在大腦中思維活動抽象產生了「雙」這個數字概念，而且要進一步「辨雄雌」。

試想一個沒人類的自然界。那裡，天地始交，萬物並秀，山川巍峨，江河奔湧，雨潤如酥，暗香浮動，芳草萋萋，鹿鳴呦呦，鷹擊長空，魚翔淺底。

試問，這般香格里拉的夢幻世界和數字有什麼關係？

然而，本書的讀者很快就知道，微觀世界中，自然界中，天體運行中，人類透過幾千年的觀察研究發現，數字、數學規律無處不在；只是天意從來高難問，大部分規律不為人所知罷了。

這讓我們不禁追問，可感知世界萬物是否僅是表像？世界萬物創造動力和支配能量，是否就是數字和數學？我們聽到的、看到的、觸控到的，是否都是數字化的，虛擬化的？整個物質世界僅是某個巨型電腦模擬的產物嗎？這些問題讓我們不寒而慄。

老子說：「大道無形，生育天地；大道無情，執行日月。」老子是否真的參透了世間萬物？他口中的「大道」是否就是數字、數學規律？

推薦一本機器學習數學基礎的好書，*Mathematics for Machine Learning*，劍橋大學出版社。這本書給了本書很多視覺化靈感。該書作者提供全書免費下載，位址為：

◀　https://mml-book.github.io/book/mml-book.pdf

這本書橫跨線性代數、微積分、機率統計三大板塊。對於基礎薄弱的讀者，讀這本書可能會存在很多困難。

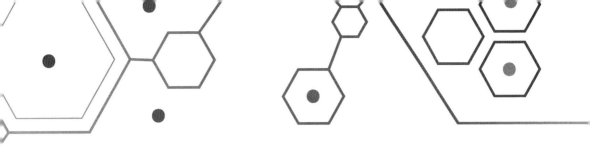

Multiplication and Division

乘除

從九九乘法到矩陣乘法

大自然只使用最長的線來編織她的圖景；因此，每根織線
都能洞見整個大自然的錦繡圖景。

Nature uses only the longest threads to weave her patterns, so that each small piece of her fabric reveals the organization of the entire tapestry.

——理查 · 費曼（*Richard P. Feynman*）| 美國理論物理學家 | *1918 - 1988*

- input() 函式接受一個標準輸入資料，傳回為字串 str 類型
- int() 將輸入轉化為整數
- math.factorial() 計算階乘
- numpy.cumprod() 計算累計乘積
- numpy.inner() 計算行向量的內積，函式輸入為兩個列向量時得到的結果為張量積
- numpy.linalg.inv() 計算方陣的逆
- numpy.linspace() 在指定的間隔內，傳回固定步進值的陣列
- numpy.math.factorial() 計算階乘
- numpy.random.seed() 固定隨機數發生器種子
- numpy.random.uniform() 產生滿足連續均勻分佈的隨機數
- numpy.sum() 求和
- scipy.special.factorial() 計算階乘
- seaborn.heatmap() 繪製熱圖

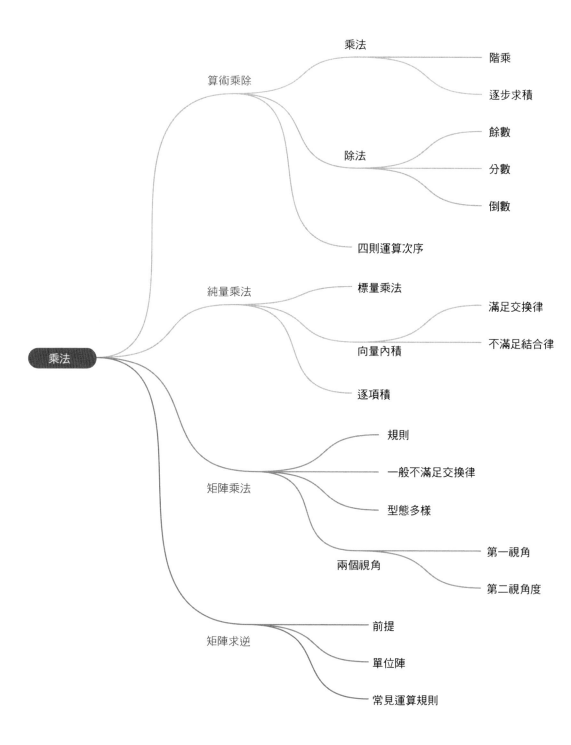

2.1 算術乘除：先乘除，後加減，括號內先算

乘法

乘法 (multiplication) 算式等號左端是**被乘數** (multiplicand) 和**乘數** (multiplier)，右端是**乘積** (product)，如圖 2.1 所示。乘法運算元讀作**乘** (times 或 multiplied by)。**乘法表** (multiplication table 或 times table) 是數字乘法運算的基礎。

▲ 圖 2.1　乘法運算

圖 2.2 所示為在數軸上視覺化 2 × 3 = 6。

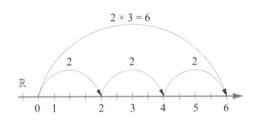

▲ 圖 2.2　2 × 3 = 6 在數軸上的視覺化

介紹幾個常用乘法符號。乘法符號 × 用於數字相乘，一般不用於兩個變數相乘。而在線性代數中，× 表示**叉乘** (cross product 或 vector product)，完全是另外一回事。

在代數中，兩個變數 a 和 b 相乘，可以寫成 ab；這種記法被稱做**隱含乘法** (implied multiplication)。ab 也可以寫成 $a \cdot b$。

一般來說圓點 · 不用在數字相乘，因為它容易和**小數點** (decimal point) 混淆。線性代數中，$a \cdot b$ 表示 a 和 b 兩個向量的**純量積** (scalar product)，這是本章後續要介紹的內容。

第 **2** 章　乘除

順道一提，乘法計算時，請大家多留意數值單位。舉個例子，正方形的邊長為 1 m，其面積數值可以透過乘法運算 1 × 1 = 1 獲得，而結果單位為平方公尺 (m^2)。

有一些數值本身**無單位** (unitless)，如個數、Z 分數。Z 分數也叫**標準分數** (standard score)，是機率統計中的概念，Z 分數是一個數與平均數的差再除以標準差的結果。

與乘法相關的常用英文表達見表 2.1。

➡ 表 2.1　乘法相關英文表達

數學表達	英文表達
2 × 3 = 6	Two times three equals six. Two multiplied by three equals six. Two cross three equals six. The product of two and three is six. If you multiply two by three, you get six.
$a \cdot b = c$	a times b equals c. a multiplied by b equals c. a dot b equals c. The product of a and b is c.

Bk3_Ch2_01.py 完成兩個數乘法。Python 中兩個數字相乘用 * (asterisk 或 star)。

階乘

某個正整數的**階乘** (factorial) 是所有小於及等於該數的正整數的積。比如，5 的階乘記作 5!，對應的運算為

$$5! = 5 \times 4 \times 3 \times 2 \times 1 \tag{2.1}$$

特別地，定義 0 的階乘為 0! = 1。本書有兩個重要的數學概念需要用到階乘——排列組合和泰勒展開。

Python 中可以用 math.factorial()、scipy.special.factorial()、numpy.math.factorial() 計算階乘。為了幫助大家理解，Bk3_Ch2_02.py 自訂函式求解階乘。

累計乘積

對於一組數字，**累計乘積** (cumulative product) 也叫**累積乘積**，得到的結果不僅是一個乘積，而是從左向右每乘一個數值得到的分步結果。比如，自然數 1 到 10 求累計乘積結果為

$$1,\ 2,\ 6,\ 24,\ 120,\ 720,\ 5040,\ 40320,\ 362880,\ 3628800 \tag{2.2}$$

對應的累計乘積過程為

$$
\begin{array}{l}
1\times2\times3\times4\times5\times6=720 \\
1\times2\times3\times4\times5=120 \\
1\times2\times3\times4=24 \\
1\times2\times3=6 \\
1\times2=2 \\
1 \\
1,\ \ 2,\ \ 3,\ \ 4,\ \ 5,\ \ 6,\ \ 7,\ \ 8,\ \ ...
\end{array} \tag{2.3}
$$

Bk3_Ch2_03.py 利用 numpy.linspace(1, 10, 10) 產生 1 ~ 10 這十個自然數，然後利用 numpy.cumprod() 函式來求累計乘積。請大家自行研究如何使用 numpy.arange()，並用這個函式生成 1 ~ 10。

除法

除法 (division) 是**乘法的逆運算** (reverse operation of multiplication)。**被除數** (dividend 或 numerator) **除以** (over 或 divided by) **除數** (divisor 或 denominator) 得到**商** (quotient)，如圖 2.3 所示。

▲ 圖 2.3　除法運算

　　除法運算有時可以**除盡** (divisible)，如 **6 可以被 3 除盡** (six is divisible by three)。除法有時得到**餘數** (remainder)，如 7 除 2 餘 1 。除法的結果一般用**分數** (fraction) 或**小數** (decimal) 來表達，詳見表 2.2。

➡ 表 2.2　除法英文表達

數學表達	英文表達
$6 \div 3 = 2$	Six divided by three equals two. If you divide six by three you get two.
$7 \div 2 = 3R1$	Seven over two is three and the remainder is one. Seven divided by two equals three with a remainder of one. Seven divided by two equals three and the remainder is one.

　　Bk3_Ch2_04.py 完成兩個數的除法運算，除法運算元為正斜線 /。

　　Bk3_Ch2_05.py 介紹如何求餘，求餘數的運算元為 %。

分數

　　最常見的**分數** (fraction) 是**普通分數** (common fraction 或 simple fraction)，由**分母** (denominator) 和**分子** (numerator) 組成，分隔兩者的是**分數線** (fraction bar) 或**正斜線** (forward slash)/。

　　非零整數 (nonzero integer)a 的**倒數** (reciprocal) 是 $1/a$。分數 b/a 的倒數是 a/b。a、b 均不為 0。

表 2.3 中總結了常用分數英文表達。

➜ 表 2.3　分數相關英文表達

數學表達	英文表達
$\frac{1}{2}$,　1/2	One half A half One over two
$1:2$	One to two
$-\frac{3}{2}$	Minus three-halves Negative three-halves
$\frac{1}{3}$,　1/3	One over three One third
$\frac{1}{4}$,　1/4	One over four One fourth One quarter One divided by four
$1\frac{1}{4}$	One and one fourth
1/5	One fifth
3/5	Three fifths
$\frac{1}{n}$,　1/n	One over n
$\frac{a}{b}$,　a/b	a over b a divided by b The ratio of a to b The numerator is a while the denominator is b

2.2 向量乘法：純量乘法、向量內積、逐項積

這一節介紹三種重要的向量乘法： ① **純量乘法** (scalar multiplication)； ② **向量內積** (inner product)； ③ **逐項積** (piecewise product)。

純量乘法

純量乘法運算中，純量乘向量的結果還是向量，相當於縮放。

純量乘法運算規則很簡單，向量 a 乘以 k，a 的每一個元素均與 k 相乘，以下例純量 2 乘行向量 $[1, 2, 3]$

$$2 \times \begin{bmatrix} 1 & 2 & 3 \end{bmatrix} = \begin{bmatrix} 2 \times 1 & 2 \times 2 & 2 \times 3 \end{bmatrix} = \begin{bmatrix} 2 & 4 & 6 \end{bmatrix} \tag{2.4}$$

再如，純量乘列向量如

$$2 \times \begin{bmatrix} 1 \\ 2 \\ 3 \end{bmatrix} = \begin{bmatrix} 2 \times 1 \\ 2 \times 2 \\ 2 \times 3 \end{bmatrix} = \begin{bmatrix} 2 \\ 4 \\ 6 \end{bmatrix} \tag{2.5}$$

圖 2.4 所示為純量乘法示意圖。

▲ 圖 2.4　純量乘法

同理，純量 k 乘矩陣 A 的結果是 k 與矩陣 A 每一個元素相乘，比如

$$2 \times \begin{bmatrix} 1 & 2 & 3 \\ 4 & 5 & 6 \end{bmatrix}_{2 \times 3} = \begin{bmatrix} 2 \times 1 & 2 \times 2 & 2 \times 3 \\ 2 \times 4 & 2 \times 5 & 2 \times 6 \end{bmatrix}_{2 \times 3} = \begin{bmatrix} 2 & 4 & 6 \\ 8 & 10 & 12 \end{bmatrix}_{2 \times 3} \tag{2.6}$$

Bk3_Ch2_06.py 完成向量和矩陣純量乘法。

向量內積

　　向量內積 (inner product) 的結果為純量。向量內積又叫**純量積** (scalar product) 或**點積** (dot product)。

　　向量內積的運算規則是：兩個形狀相同的向量，對應位置元素一一相乘後再求和。比如，下例計算兩個行向量內積

$$\begin{bmatrix}1 & 2 & 3\end{bmatrix} \cdot \begin{bmatrix}4 & 3 & 2\end{bmatrix} = 1 \times 4 + 2 \times 3 + 3 \times 2 = 4 + 6 + 6 = 16 \tag{2.7}$$

計算兩個列向量內積，比如：

$$\begin{bmatrix}1\\2\\3\end{bmatrix} \cdot \begin{bmatrix}-4\\0\\1\end{bmatrix} = 1 \times (-4) + 2 \times 0 + 3 \times 1 = -4 + 0 + 3 = 2 \tag{2.8}$$

圖 2.5 所示為向量內積規則的示意圖。

▲ 圖 2.5　向量內積示意圖

顯然，向量內積滿足**交換律** (commutative)，即

$$a \cdot b = b \cdot a \tag{2.9}$$

向量內積**對向量加法滿足分配律** (distributive over vector addition)，即

$$a \cdot (b+c) = a \cdot b + a \cdot c \tag{2.10}$$

顯然，向量內積不滿足**結合律** (associative)，即

$$(a \cdot b) \cdot c \neq a \cdot (b \cdot c) \tag{2.11}$$

Bk3_Ch2_07.py 程式用 numpy.inner() 計算行向量的內積；但是，numpy. inner() 函式輸入為兩個列向量時得到的結果為**張量積** (tensor product)。

機器學習和深度學習中，張量積是非常重要的向量運算。

下面舉幾個例子，讓大家管窺純量積的用途。

給定以下五個數字，即

$$1, \quad 2, \quad 3, \quad 4, \quad 5 \tag{2.12}$$

這五個數字求和，可以用純量積計算得到，即

$$[1 \quad 2 \quad 3 \quad 4 \quad 5] \cdot [1 \quad 1 \quad 1 \quad 1 \quad 1] = 1 \times 1 + 2 \times 1 + 3 \times 1 + 4 \times 1 + 5 \times 1 = 15 \tag{2.13}$$

前文提過，$[1, 1, 1, 1, 1]^{\mathrm{T}}$ 叫作全 1 向量。

這五個數字的平均值，也可以透過純量積得到，即

$$[1 \quad 2 \quad 3 \quad 4 \quad 5] \cdot [1/5 \quad 1/5 \quad 1/5 \quad 1/5 \quad 1/5] = 1 \times 1/5 + 2 \times 1/5 + 3 \times 1/5 + 4 \times 1/5 + 5 \times 1/5 = 3 \tag{2.14}$$

計算五個數字的平方和，有

$$[1 \quad 2 \quad 3 \quad 4 \quad 5] \cdot [1 \quad 2 \quad 3 \quad 4 \quad 5] = 1 \times 1 + 2 \times 2 + 3 \times 3 + 4 \times 4 + 5 \times 5 = 55 \tag{2.15}$$

此外，純量積還有重要的幾何意義。本書後續將介紹這方面內容。

逐項積

　　逐項積 (piecewise product)，也叫**阿達瑪乘積** (hadamard product)。兩個相同形狀向量的逐項積為對應位置元素分別相乘，結果為相同形狀的向量。

　　逐項積的運算元為 ⊙。逐項積相當於算術乘法的批次運算。

　　舉個例子，兩個行向量逐項積如

$$[1 \quad 2 \quad 3] \odot [4 \quad 5 \quad 6] = [1 \times 4 \quad 2 \times 5 \quad 3 \times 6] = [4 \quad 10 \quad 18] \tag{2.16}$$

圖 2.6 所示為向量逐項積運算示意圖。

▲ 圖 2.6　向量逐項積

同理，兩個矩陣逐項積的運算前提是——矩陣形狀相同。矩陣逐項積運算規則為對應元素相乘，結果形狀不變，如

$$\begin{bmatrix} 1 & 2 & 3 \\ 4 & 5 & 6 \end{bmatrix}_{2\times3} \odot \begin{bmatrix} 1 & 2 & 3 \\ -1 & 0 & 1 \end{bmatrix}_{2\times3} = \begin{bmatrix} 1\times1 & 2\times2 & 3\times3 \\ 4\times(-1) & 5\times0 & 6\times1 \end{bmatrix}_{2\times3} = \begin{bmatrix} 1 & 4 & 9 \\ -4 & 0 & 6 \end{bmatrix}_{2\times3} \tag{2.17}$$

Python 中，對於 numpy.array() 定義的形狀相同的向量或矩陣，逐項積可以透過 * 計算得到。請大家參考 Bk3_Ch2_08.py。

2.3　矩陣乘法：最重要的線性代數運算規則

矩陣乘法是最重要線性代數運算，沒有之一——這句話並不誇張。

矩陣乘法規則可以視作算術「九九乘法表」的進階版。

矩陣乘法規則

A 和 B 兩個矩陣相乘的前提是矩陣 A 的列數和矩陣 B 的行數相同。A 和 B 的乘積一般寫作 AB。

A 和 B 兩個矩陣相乘 AB 讀作「matrix boldface capital A times matrix boldface capital B」或「the matrix product boldface capital A and boldface capital B」。

> ⚠
> 注意：A 在左邊，B 在右邊，不能隨意改變順序。也就是說，矩陣乘法一般情況下不滿足交換律，即 $AB \neq BA$。

NumPy 中，兩個矩陣相乘的運算元為 @ ，本書一部分矩陣乘法也會採用 @ 。
比如，AB 也記做 $A@B$：

$$C_{m \times n} = A_{m \times p} B_{p \times n} = A_{m \times p} @ B_{p \times n} \tag{2.18}$$

如圖 2.7 所示，矩陣 A 的形狀為 m 行、p 列，矩陣 B 的形狀為 p 行、n 列。
A 和 B 相乘得到矩陣 C，C 的形狀為 m 行、n 列，相當於消去了 p。

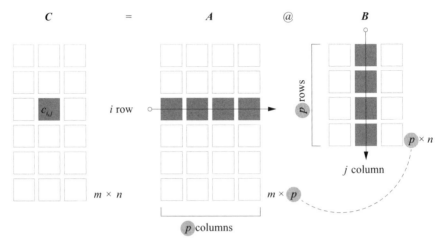

▲ 圖 2.7　矩陣乘法規則

再次強調，矩陣乘法不滿足交換律。也就是說，一般情況下下式不成立，
即

$$A_{m \times p} B_{p \times n} \neq B_{p \times n} A_{m \times p} \tag{2.19}$$

首先，B 的列數和 A 的行數很可能不匹配。即使 $m = n$，也就是 B 的列數等
於 A 的行數，BA 結果也很可能不等於 AB。

兩個 2 × 2 矩陣相乘

下面，用兩個 2 × 2 矩陣相乘講解矩陣乘法運算規則。

設矩陣 A 和 B 相乘結果為矩陣 C，有

$$C = AB = \underbrace{\begin{bmatrix} 1 & 2 \\ 3 & 4 \end{bmatrix}}_{A}\underbrace{\begin{bmatrix} 4 & 2 \\ 3 & 1 \end{bmatrix}}_{B} = \underbrace{\begin{bmatrix} 1 & 2 \\ 3 & 4 \end{bmatrix}}_{A}@\underbrace{\begin{bmatrix} 4 & 2 \\ 3 & 1 \end{bmatrix}}_{B} \tag{2.20}$$

圖 2.8 所示為兩個 2 × 2 矩陣相乘如何得到矩陣 C 的每一個元素。

矩陣 A 的第一行元素和矩陣 B 第一列對應元素分別相乘，再相加，結果為矩陣 C 的第一行、第一列元素 $c_{1,1}$。

矩陣 A 的第一行元素和矩陣 B 第二列對應元素分別相乘，再相加，得到 $c_{1,2}$。

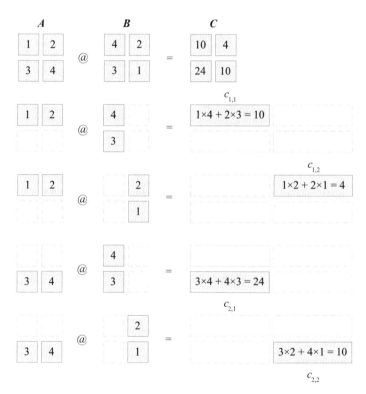

▲ 圖 2.8　矩陣乘法規則，兩個 2 × 2 矩陣相乘為例

同理，依次獲得矩陣 C 的 $c_{2,1}$ 和 $c_{2,2}$ 兩個元素。

總結來說，A 和 B 乘積 C 的第 i 行第 j 列的元素 $c_{i,j}$ 等於矩陣 A 的第 i 行的元素與矩陣 B 的第 j 列對應元素乘積再求和。

⚠️

注意：這個矩陣運算規則既是一種發明創造，也是一種約定成俗。也就是說，這種乘法規則在被法國數學家雅克·菲力浦·瑪麗·比內 (Jacques Philippe Marie Binet, 1786 - 1856) 提出之後，在長期的數學實踐中被廣為接受。矩陣乘法可謂「成人版九九乘法表」。就像大家兒時背誦九九乘法表時一樣，這裡建議大家先把矩陣乘法規則背下來，熟能生巧，慢慢地大家就會透過不斷學習意識到這個乘法規則的精妙之處。

Bk3_Ch2_09.py 展示如何完成矩陣乘法運算。

矩陣乘法形態

圖 2.9 所示舉出了常見的多種矩陣乘法形態，每一種形態對應一類線性代數問題。圖 2.9 中特別高亮顯示出矩陣乘法中左側矩陣的「列」和右側矩陣的「行」。高亮的「維度」在矩陣乘法中被「消去」。

這裡特別提醒大家，初學者對矩陣乘法會產生一種錯誤印象，認為這些千奇百怪的矩陣乘法形態就是「奇技淫巧」。這是極其錯誤的想法！在不斷學習中，大家會逐漸領略到每種矩陣乘法形態的力量所在。

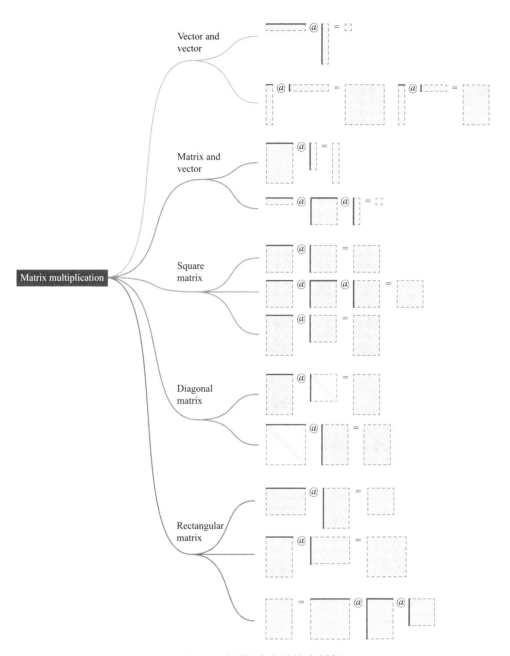

▲ 圖 2.9　矩陣乘法形態多樣性

兩個向量相乘

本節最後著重講一下圖 2.9 最上面兩種向量的乘積。這兩種特殊形態的矩陣乘法正是理解矩陣乘法規則的兩個重要角度。

向量 **a** 和 **b** 為等長列向量，**a** 轉置 (a^T) 乘 **b** 為純量，等價於 **a** 和 **b** 的純量積，即

$$a^T b = a \cdot b \tag{2.21}$$

舉個例子：

$$a^T b = \begin{bmatrix} 1 \\ 2 \\ 3 \end{bmatrix}_{3\times1}^{T} @ \begin{bmatrix} 4 \\ 3 \\ 2 \end{bmatrix}_{3\times1} = \begin{bmatrix} 1 & 2 & 3 \end{bmatrix}_{1\times3} @ \begin{bmatrix} 4 \\ 3 \\ 2 \end{bmatrix}_{3\times1} = 16 \tag{2.22}$$

列向量 **a** 乘 **b** 轉置 (b^T)，乘積結果 ab^T 為方陣，也就是行數和列數相同的矩陣，即

$$ab^T = \begin{bmatrix} 1 \\ 2 \\ 3 \end{bmatrix}_{3\times1} @ \begin{bmatrix} 4 \\ 3 \\ 2 \end{bmatrix}_{3\times1}^{T} = \begin{bmatrix} 1 \\ 2 \\ 3 \end{bmatrix}_{3\times1} @ \begin{bmatrix} 4 & 3 & 2 \end{bmatrix}_{1\times3} = \begin{bmatrix} 4 & 3 & 2 \\ 8 & 6 & 4 \\ 12 & 9 & 6 \end{bmatrix}_{3\times3} \tag{2.23}$$

如果 **a** 和 **b** 分別為不等長列向量，請大家自行計算 ab^T 的結果：

$$a = \begin{bmatrix} 1 \\ 2 \end{bmatrix}_{2\times1}, \quad b = \begin{bmatrix} 4 \\ 3 \\ 2 \end{bmatrix}_{3\times1} \tag{2.24}$$

⚠️

再次強調：使用 numpy.array() 建構向量時，np.array([1,2]) 建構的是一維陣列，不能算是矩陣。而 np.array([[1,2]]) 建構得到的相當於 1 × 2 行向量，是一個特殊矩陣。

◀

np.array([[1],[2]]) 建構的是一個 2 × 1 列向量，也是個矩陣。

2.4 矩陣乘法第一角度

這一節探討矩陣乘法的第一角度。

兩個 2× 2 矩陣相乘

上一節最後介紹，a 和 b 均是形狀為 $n \times 1$ 的列向量，$a^T b$ 結果為純量，相當於純量積 $a \cdot b$。我們可以把式 (2.20) 中 A 寫成兩個行向量 $a^{(1)}$ 和 $a^{(2)}$，把 B 寫成兩個列向量 b_1 和 b_2，即

$$A = \begin{bmatrix} \underbrace{\begin{bmatrix} 1 & 2 \end{bmatrix}}_{a^{(1)}} \\ \underbrace{\begin{bmatrix} 3 & 4 \end{bmatrix}}_{a^{(2)}} \end{bmatrix}, \quad B = \begin{bmatrix} \underbrace{\begin{bmatrix} 4 \\ 3 \end{bmatrix}}_{b_1} & \underbrace{\begin{bmatrix} 2 \\ 1 \end{bmatrix}}_{b_2} \end{bmatrix} \tag{2.25}$$

這樣 AB 矩陣乘積可以寫成

$$A @ B = \underbrace{\begin{bmatrix} \begin{bmatrix} 1 & 2 \end{bmatrix}_{a^{(1)}} \\ \begin{bmatrix} 3 & 4 \end{bmatrix}_{a^{(2)}} \end{bmatrix}}_{A} @ \underbrace{\begin{bmatrix} \begin{bmatrix} 4 \\ 3 \end{bmatrix}_{b_1} & \begin{bmatrix} 2 \\ 1 \end{bmatrix}_{b_2} \end{bmatrix}}_{B} = \begin{bmatrix} \begin{bmatrix} 1 & 2 \end{bmatrix}@\begin{bmatrix} 4 \\ 3 \end{bmatrix} & \begin{bmatrix} 1 & 2 \end{bmatrix}@\begin{bmatrix} 2 \\ 1 \end{bmatrix} \\ \begin{bmatrix} 3 & 4 \end{bmatrix}@\begin{bmatrix} 4 \\ 3 \end{bmatrix} & \begin{bmatrix} 3 & 4 \end{bmatrix}@\begin{bmatrix} 2 \\ 1 \end{bmatrix} \end{bmatrix} = \begin{bmatrix} 10 & 4 \\ 24 & 10 \end{bmatrix} \tag{2.26}$$

也就是說，將位於矩陣乘法左側的 A 寫成行向量，右側的 B 寫成列向量。然後，行向量和列向量逐步相乘，得到乘積每個位置的元素。

用符號代替具體數字，可以寫成

$$\begin{aligned} A @ B &= \begin{bmatrix} \begin{bmatrix} a_{1,1} & a_{1,2} \end{bmatrix}_{1\times 2} \\ \begin{bmatrix} a_{2,1} & a_{2,2} \end{bmatrix}_{1\times 2} \end{bmatrix} \begin{bmatrix} \begin{bmatrix} b_{1,1} \\ b_{2,1} \end{bmatrix}_{2\times 1} & \begin{bmatrix} b_{1,2} \\ b_{2,2} \end{bmatrix}_{2\times 1} \end{bmatrix} \\ &= \begin{bmatrix} a^{(1)} \\ a^{(2)} \end{bmatrix}_{2\times 1} \begin{bmatrix} b_1 & b_2 \end{bmatrix}_{1\times 2} = \begin{bmatrix} a^{(1)}b_1 & a^{(1)}b_2 \\ a^{(2)}b_1 & a^{(2)}b_2 \end{bmatrix}_{2\times 2} = \begin{bmatrix} \left(a^{(1)}\right)^T \cdot b_1 & \left(a^{(1)}\right)^T \cdot b_2 \\ \left(a^{(2)}\right)^T \cdot b_1 & \left(a^{(2)}\right)^T \cdot b_2 \end{bmatrix}_{2\times 2} \end{aligned} \tag{2.27}$$

式 (2.27) 展示的是矩陣乘法的基本角度，它直接表現出來的是矩陣乘法規則。

⚠

再次強調：$a^{(1)}$ 是行向量，b_1 是列向量。

更一般情況

矩陣乘積 AB 中，左側矩陣 A 的形狀為 $m \times p$，將矩陣 A 寫成一組上下疊放的行向量 $a^{(i)}$，即

$$A_{m \times p} = \begin{bmatrix} a^{(1)} \\ a^{(2)} \\ \vdots \\ a^{(m)} \end{bmatrix}_{m \times 1} \tag{2.28}$$

其中：行向量 $a^{(i)}$ 列數為 p，即有 p 個元素。

矩陣乘積 AB 中，右側矩陣 B 的形狀為 $p \times n$ 列，將矩陣 B 寫成左右排列的列向量，即

$$B_{p \times n} = \begin{bmatrix} b_1 & b_2 & \cdots & b_n \end{bmatrix}_{1 \times n} \tag{2.29}$$

其中：列向量 b_j 行數為 p，也有 p 個元素。

A 和 B 相乘，可以展開寫成

$$A_{m \times p} @ B_{p \times n} = \begin{bmatrix} a^{(1)} \\ a^{(2)} \\ \vdots \\ a^{(m)} \end{bmatrix}_{m \times 1} \begin{bmatrix} b_1 & b_2 & \cdots & b_n \end{bmatrix}_{1 \times n} = \begin{bmatrix} a^{(1)}b_1 & a^{(1)}b_2 & \cdots & a^{(1)}b_n \\ a^{(2)}b_1 & a^{(2)}b_2 & \cdots & a^{(2)}b_n \\ \vdots & \vdots & \ddots & \vdots \\ a^{(m)}b_1 & a^{(m)}b_2 & \cdots & a^{(m)}b_n \end{bmatrix}_{m \times n} = C_{m \times n} \tag{2.30}$$

熱圖

圖 2.10 所示為**熱圖** (heatmap) 視覺化矩陣乘法。

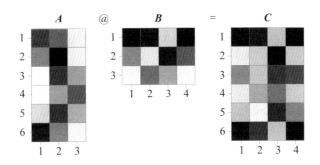

▲ 圖 2.10　矩陣乘法熱圖展示

具體如圖 2.11 所示，A 中的第 i 行向量 $a^{(i)}$ 乘以 B 中的第 j 列向量 b_j，得到純量 $a^{(i)}b_j$，對應乘積矩陣 C 中第 i 行、第 j 列元素 $c_{i,j}$，即

$$c_{i,j} = a^{(i)}b_j \tag{2.31}$$

這就是矩陣乘法的第一角度。

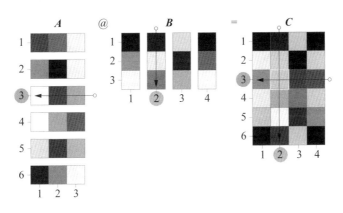

▲ 圖 2.11　矩陣乘法第一角度

程式檔案 Bk3_Ch2_ 10.py 中 Bk3_Ch2_ 10_A 部分程式用於繪製圖 2.10。程式用 numpy.random.uniform() 函式產生滿足連續均勻分佈的隨機數，並用 seaborn.heatmap() 繪制熱圖。熱圖採用的 colormap 為 'RdBu_r'，'Rd' 是紅色的意思，'Bu' 是藍色，'_r' 代表「翻轉」。

此外，我們還用 Streamlit 製作了展示矩陣乘法運算規則的 App ，請大家參考程式檔案 Streamlit_Bk3_Ch2_10.py 。檔案中還展示了如何使用 try-except 。

2.5 矩陣乘法第二角度

下面，我們聊一聊矩陣乘法的第二角度。

兩個 2×2 矩陣相乘

還是以式 (2.20) 為例，A 和 B 相乘，把左側矩陣 A 寫成兩個列向量 a_1 和 a_2，把右側矩陣 B 寫成兩個行向量 $b^{(1)}$ 和 $b^{(2)}$，即

$$A = \begin{bmatrix} \begin{bmatrix} 1 \\ 3 \end{bmatrix} & \begin{bmatrix} 2 \\ 4 \end{bmatrix} \\ {}_{a_1} & {}_{a_2} \end{bmatrix}, \quad B = \begin{bmatrix} \begin{bmatrix} 4 & 2 \end{bmatrix}_{b^{(1)}} \\ \begin{bmatrix} 3 & 1 \end{bmatrix}_{b^{(2)}} \end{bmatrix} \tag{2.32}$$

這樣 AB 乘積可以展開寫成

$$A @ B = \underbrace{\begin{bmatrix} \begin{bmatrix} 1 \\ 3 \end{bmatrix}_{a_1} & \begin{bmatrix} 2 \\ 4 \end{bmatrix}_{a_2} \end{bmatrix}}_{A} @ \underbrace{\begin{bmatrix} \begin{bmatrix} 4 & 2 \end{bmatrix}_{b^{(1)}} \\ \begin{bmatrix} 3 & 1 \end{bmatrix}_{b^{(2)}} \end{bmatrix}}_{B} = \underbrace{\begin{bmatrix} 1 \\ 3 \end{bmatrix}}_{a_1} @ \underbrace{\begin{bmatrix} 4 & 2 \end{bmatrix}}_{b^{(1)}} + \underbrace{\begin{bmatrix} 2 \\ 4 \end{bmatrix}}_{a_2} @ \underbrace{\begin{bmatrix} 3 & 1 \end{bmatrix}}_{b^{(2)}} = \begin{bmatrix} 4 & 2 \\ 12 & 6 \end{bmatrix} + \begin{bmatrix} 6 & 2 \\ 12 & 4 \end{bmatrix} = \begin{bmatrix} 10 & 4 \\ 24 & 10 \end{bmatrix} \tag{2.33}$$

在這個角度下，我們驚奇地發現矩陣乘法竟然變成了「加法」！

用符號代替數字，可以寫成

$$A @ B = \begin{bmatrix} \begin{bmatrix} a_{1,1} \\ a_{2,1} \end{bmatrix}_{2\times1} & \begin{bmatrix} a_{1,2} \\ a_{2,2} \end{bmatrix}_{2\times1} \end{bmatrix} \begin{bmatrix} \begin{bmatrix} b_{1,1} & b_{1,2} \end{bmatrix}_{1\times2} \\ \begin{bmatrix} b_{2,1} & b_{2,2} \end{bmatrix}_{1\times2} \end{bmatrix}$$

$$= \begin{bmatrix} a_1 & a_2 \end{bmatrix}_{1\times2} \begin{bmatrix} b^{(1)} \\ b^{(2)} \end{bmatrix}_{2\times1} = a_1 b^{(1)} + a_2 b^{(2)} \tag{2.34}$$

更一般情況

將矩陣 $A_{m \times p}$ 寫成一系列左右排列的列向量，即

$$A_{m \times p} = \begin{bmatrix} a_1 & a_2 & \cdots & a_p \end{bmatrix}_{1 \times p} \tag{2.35}$$

其中：列向量 a_i 元素數量為 m，即行數為 m。

將矩陣 $B_{p \times n}$ 寫成上下疊放的行向量，即

$$B_{p \times n} = \begin{bmatrix} b^{(1)} \\ b^{(2)} \\ \vdots \\ b^{(p)} \end{bmatrix}_{p \times 1} \tag{2.36}$$

其中：行向量 $b^{(i)}$ 元素數量為 n，即列數為 n。

矩陣 A 和矩陣 B 相乘，可以展開寫成 p 個 $m \times n$ 矩陣相加，即

$$A_{m \times p} @ B_{p \times n} = \begin{bmatrix} a_1 & a_2 & \cdots & a_p \end{bmatrix}_{1 \times p} \begin{bmatrix} b^{(1)} \\ b^{(2)} \\ \vdots \\ b^{(p)} \end{bmatrix}_{p \times 1} = \underbrace{a_1 b^{(1)} + a_2 b^{(2)} + \cdots a_p b^{(p)}}_{p \text{ matrices with shape of } m \times n} = C_{m \times n} \tag{2.37}$$

我們可以把 $a_k b^{(k)}$ 的結果矩陣寫成 C_k，這樣 A 和 B 的乘積 C 可以寫成 $C_k (k = 1, 2, ..., p)$ 之和，即

$$a_1 b^{(1)} + a_2 b^{(2)} + \cdots a_p b^{(p)} = C_1 + C_2 + \cdots + C_p = C \tag{2.38}$$

在這個角度下，矩陣的乘法變成了若干矩陣的疊加。這是一個非常重要的角度，資料科學和機器學習很多演算法都離不開它。

熱圖

圖 2.12 所示舉出的是圖 2.11 所示矩陣乘法第二角度的熱圖。圖 2.12 中三個形狀相同矩陣 C_1、C_2、C_3 相加得到 C。

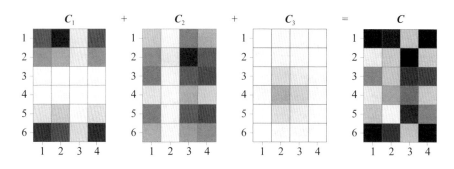

▲　圖 2.12　　矩陣乘法第二角度

　　如圖 2.13 所示，從影像角度來看，好比若干形狀相同的圖片，經過層層疊加，最後獲得了一幅完整的熱圖。式 (2.38) 中的 p 決定了參與疊加的矩陣層數。矩陣乘法中，p 所在維度被「消去」，這也相當於一種「壓縮」。

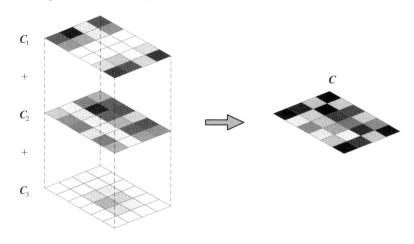

▲　圖 2.13　　三幅影像疊加得到矩陣 C 熱圖

　　圖 2.14 、圖 2.15 、圖 2.16 所示分別展示了如何獲得圖 2.12 中矩陣 C_1、C_2、C_3 的熱圖。

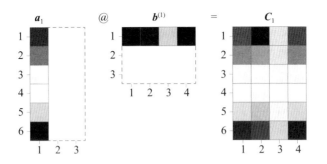

▲ 圖 2.14 獲得 C1

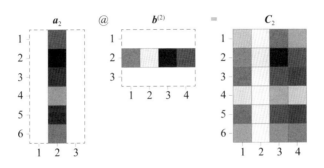

▲ 圖 2.15 獲得 C2

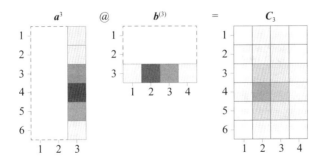

▲ 圖 2.16 獲得 C3

　　觀察熱圖可以發現一個有意思的現象,列向量乘行向量好像張起了一幅平面。張量積用的就是類似於圖 2.14、圖 2.15、圖 2.16 的運算想法。

程式檔案 Bk3_Ch2_ 10.py 中 Bk3_Ch2_ 10_B 部分為繪製圖 2.12。

▼

主成分分析 (Principal Component Analysis, PCA) 是機器學習中重要的降維演算法。這種演算法可以把可能存在線性相關的資料轉化成線性不相關的資料，並提取資料中的主要特徵。

圖 2.17 中，X 為原始資料，X_1、X_2、X_3 分別為第一、第二、第三主成分。根據熱圖顏色色差可以看出：第一主成分解釋了原始資料中最大的差異；第二成分則進一步解釋剩餘資料中最大的差異，依此類推。

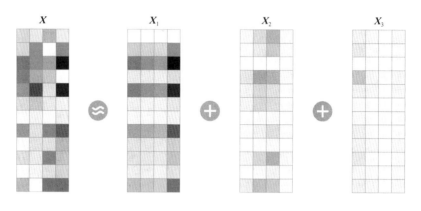

▲ 圖 2.17　用資料熱圖疊加看主成分分析

2.6 矩陣除法：計算反矩陣

實際上，並不存在所謂的矩陣除法。所謂矩陣 B 除以矩陣 A，實際上是將矩陣 A 先轉化反矩陣 A^{-1}，然後計算 B 和反矩陣 A^{-1} 乘積，即

$$BA^{-1} = B @ A^{-1} \tag{2.39}$$

A 如果**可逆** (invertible)，則僅當 A 為方陣且存在矩陣 A^{-1} 使得下式成立

$$AA^{-1} = A^{-1}A = I \tag{2.40}$$

A^{-1} 叫作**矩陣 A 的反矩陣** (the inverse of matrix A)。

式 (2.40) 中的 I 就是前文介紹過的**單位矩陣** (identity matrix)。n 階單位矩陣 (*n*-square identity matrix 或 *n*-square unit matrix) 的特點是對角線上的元素為 1，其他為 0，即

$$I_{n \times n} = \begin{bmatrix} 1 & 0 & \cdots & 0 \\ 0 & 1 & \cdots & 0 \\ \vdots & \vdots & \ddots & \vdots \\ 0 & 0 & \cdots & 1 \end{bmatrix} \tag{2.41}$$

我們可以用 numpy.linalg.inv() 計算方陣的逆。

圖 2.18 所示為方陣 A 和反矩陣 A^{-1} 相乘得到單位矩陣 I 的熱圖。

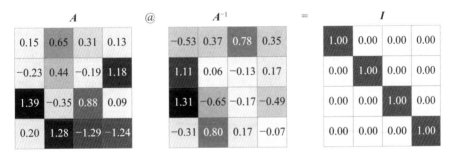

▲ 圖 2.18　方陣 A 和反矩陣 A^{-1} 相乘

⚠

注意圖中數值僅保留小數點後兩位，按圖中數值相乘不能準確得到單位矩陣。

一般情況，有

$$\left(A + B\right)^{-1} \neq A^{-1} + B^{-1} \tag{2.42}$$

請大家注意以下和矩陣逆有關的運算規則：

$$\begin{aligned} \left(A^{\mathrm{T}}\right)^{-1} &= \left(A^{-1}\right)^{\mathrm{T}} \\ \left(AB\right)^{-1} &= B^{-1}A^{-1} \\ \left(ABC\right)^{-1} &= C^{-1}B^{-1}A^{-1} \\ \left(kA\right)^{-1} &= \frac{1}{k}A^{-1} \end{aligned} \tag{2.43}$$

其中：假設 A、B、C、AB 和 ABC 逆運算存在，且 k 不等於 0。

表 2.4 總結常見矩陣逆相關的英文表達。

➔ 表 2.4 和矩陣逆相關的英文表達

數學表達	英文表達
A^{-1}	Inverse of the matrix boldface capital A. Matrix boldface capital A inverse.
$(A+B)^{-1}$	Left parenthesis boldface capital A plus boldface capital B right parenthesis superscript minus one. Inverse of the matrix sum boldface capital A plus boldface capital B.
$(AB)^{-1}$	Left parenthesis boldface capital A times boldface capital B right parenthesis superscript minus one. Inverse of the matrix product boldface capital A and boldface capital B.
ABC^{-1}	The product boldface capital A boldface capital B and boldface capital C inverse.

Bk3_Ch2_ 11.py 計算並繪製圖 2.18。

如果學完這一章，大家對矩陣乘法規則還是一頭霧水，我只有一個建議——死記硬背！

先別問為什麼。就像背誦九九乘法口訣表一樣，把矩陣乘法規則背下來。此外，再次強調矩陣乘法等運算不是「奇技淫巧」。後面，大家會逐步意識到矩陣乘法的洪荒偉力。

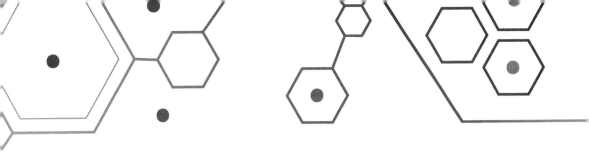

Geometry

3 幾何

音樂之美由耳朵來感受，幾何之美讓眼睛去欣賞

不懂幾何，勿入斯門。

Let no one destitute of geometry enter my doors.

——柏拉圖（*Plato*）| 古希臘哲學家 | *424/423B.C.- 348/347 B.C.*

- ax.add_patch() 繪製圖形
- math.degrees() 將弧度轉為角度
- math.radians() 將角度轉換成弧度
- matplotlib.patches.Circle() 建立正圓圖形
- matplotlib.patches.RegularPolygon() 建立正多邊形圖形
- numpy.arccos() 計算反餘弦
- numpy.arcsin() 計算反正弦
- numpy.arctan() 計算反正切
- numpy.cos() 計算餘弦值
- numpy.deg2rad() 將角度轉化為弧度
- numpy.rad2deg() 將弧度轉化為角度
- numpy.sin() 計算正弦值
- numpy.tan() 計算正切值

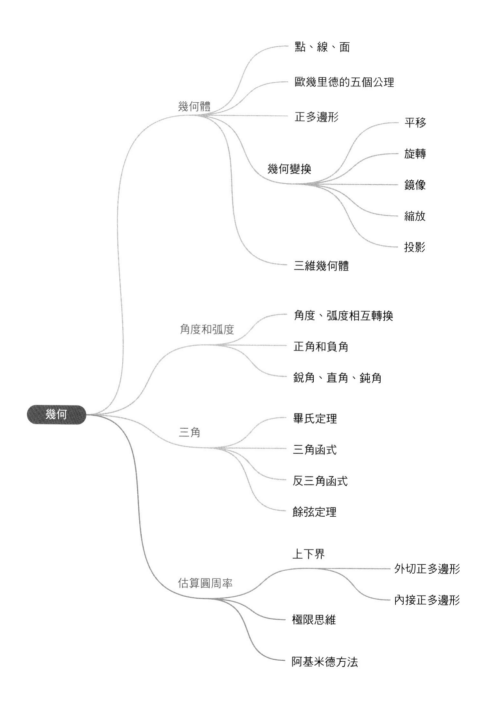

3.1 幾何緣起：根植大地，求索星空

　　毫不誇張地說，幾何思維印刻在人類基因中。生而為人，時時刻刻看到的、接觸到的都是各種各樣的幾何形體。大家現在不妨停下來看看、摸摸周圍環境中的物體，相信你一定會驚奇地發現整個物質世界就是幾何的世界。巨觀如天體，微觀至原子，幾何無處不在。正如**約翰內斯・開普勒** (Johannes Kepler, 1571 - 1630) 所言：「但凡有物質的地方，就有幾何。」

　　哪怕在遙遠的古代文明，人類活動也離不開幾何知識，丈量距離、測繪地形、估算面積、計算體積、營造房屋、設計工具、製作車輪、工藝美術 …… 無處不需要幾何這種數學工具。

　　如圖 3.1 所示，幾何濫觴於田間地頭。在古埃及，尼羅河每年都要淹沒河兩岸。當洪水退去，留下的肥沃土壤讓河流兩岸平原的農作物生長，但是洪水同樣沖走了標示不同耕地的界樁。

　　法老每年都要派大量測量員重新丈量土地。測繪員們用打結的繩子去丈量土地和角度，以便重置這些界樁。計算矩形、三角形農田的面積當然簡單。而對於複雜的幾何形體，測繪員經常將土地分割成矩形和三角形來估算土地面積。古埃及的幾何知識則隨著測量精度提高而不斷累積精進。

　　無獨有偶，中國古代重要的數學典籍之一《九章算術》的第一章名為「方田」。 這一章多數題目以丈量土地為例，講解如何計算長方形、三角形、梯形、圓形等各式幾何形狀的面積，如圖 3.2 所示。

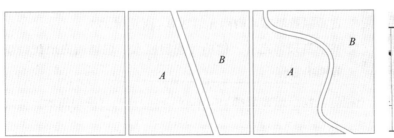

▲ 圖 3.1　各種形狀田地地塊

▲ 圖 3.2
《九章算術》
第一章開篇

幾何學的重大飛躍來自於古希臘。古希臘人創造了幾何 geometron(英文單字為 geometry) 這個詞;「geo」在希臘語裡是「大地」的意思,「metron」的意思是「測量」。

在古希臘,幾何學受到高度重視。幾何是博雅教育七藝的重要一門課程。據傳說,柏拉圖學院門口刻著這句話:「不懂幾何者,不許入內。」 圖 3.3 所示為古希臘幾何發展時間軸上重要的數學家,以及同時代的其他偉大思想家。值得注意的是,中國春秋時代的孔子和蘇格拉底、柏拉圖、亞里士多德,竟然是同屬一個時代。東西方兩條歷史軸線給人以平行時空的錯覺。

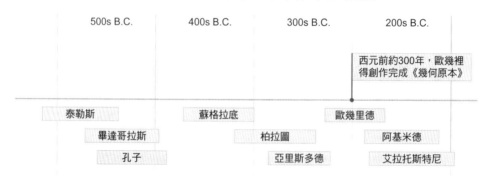

▲ 圖 3.3　古希臘幾何發展歷史時間軸

歐幾里德 (Euclid)

古希臘數學家| 約西元前 330 - 西元前 275

被稱為幾何之父,他的《幾何原本》堪稱西方現代數學的開山之作

古希臘數學家中關鍵人物是**歐幾里德** (Euclid),他的巨著**《幾何原本》**(The *Elements*) 首次嘗試將幾何歸納成一個系統。

不誇張地說，歐幾里德《幾何原本》是整個人類歷史上最成功、影響最深刻的數學教科書，沒有之一。《幾何原本》不是習題集，它引入嚴謹的推理，使得數學變得系統化。

古希臘的幾何學發展要遠遠領先於其他數學門類，可以說古希臘的算術和代數知識也都是建立在幾何學基礎之上。而代數的大發展要歸功於一位波斯數學家──花拉子密，這是下一章要介紹的人物。

中文「幾何」一詞源自於《幾何原本》的翻譯，如圖 3.4 所示。1607 年，明末科學家徐光啟和意大利傳教士**利瑪竇** (Matteo Ricci) 共同翻譯完成了《幾何原本》前六章，如圖 3.5 所示。

他們確定了包括「幾何」「點」「直線」「角」等大量中文譯名。「幾何」一詞的翻譯特別精妙，發音取自 geo，而「幾何」二字的中文又有「大小如何」的含義。《九章算術》幾乎所有的題目都以「幾何」這一提問結束，比如：「問：為田幾何？」

▲ 圖 3.4　《幾何原本》1570 年首
次被翻譯為英文版

▲ 圖 3.5　《中國圖說》(China Illustrata)
中插圖描繪利瑪竇和徐光啟

在估算圓周率的競賽中，**阿基米德 (Archimedes)** 寫下了濃墨重彩的一筆。如圖 3.6 所示，阿基米德利用圓內接正多邊形和圓外切正多邊形，估算圓周率在 223/71 和 22/7 之間，即 3.140845 和 3.142857 之間。

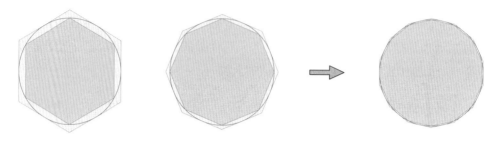

▲ 圖 3.6　圓形內接和外切正四、正八、正十六邊形

阿基米德 (Archimedes)
古希臘數學家、物理學家 | 西元前 287 - 西元前 212
常被稱作力學之父，估算圓周率

西元前 212 年，阿基米德的家鄉被羅馬軍隊攻陷時，他還在潛心研究幾何問題。羅馬士兵闖入他的家，阿基米德大聲訓斥這些不速之客，「別弄亂我的圓」。但是，羅馬士兵還是踩壞了畫在沙盤上的幾何圖形，並殺死了阿基米德。

幾何學有緯地經天之功。比如，利用相似三角形原理，古希臘數學家**艾拉托斯特尼 (Eratosthenes)** 估算出了地球直徑：正午時分，在點 A (阿斯旺) 太陽光垂直射入深井中，井底可見太陽倒影。此時，在點 B (亞歷山大港)，艾拉托斯特尼找人測量了一個石塔影子的長度。利用石塔的高度和影子的長度，艾拉托斯特尼計算得到圖 3.7 中所示的 $\theta = 7°$，也就是 A 和 B 兩點的距離為整個地球圓周的 7/360 。 艾拉托斯特尼恰好知道 AB 距離，從而估算出了地球的周長，進而計算得到地球周長在 39,690 km 到 46,620 km 之間，誤差約為 2%。

托勒密 (Claudius Ptolemy) 在約 150 年創作出了《天文學大成》(*Almagest*)。這本書可以說是代表了古希臘天文學的最高水準，它也是古希臘幾何思維在天文學領域的結晶。托勒密總結前人成果，在書中明確提出**地心說** (geocentric model)——地球位於宇宙中心，固定不動，星體繞地球運動，如圖 3.8 所示。此外，《天文學大成》中舉出了人類歷史上第一個系統建立的三角函式表。

托勒密 (Claudius Ptolemy)
希臘數學家、天文學 | 西元前 100 - 西元前 170
創作《天文學大成》，系統提出地心說

然而，托勒密的地心說被宗教思想奉為圭臬，牢牢禁錮人類長達一千兩百多年，直到**哥白尼** (Nicolaus Copernicus, 1473 - 1543) 喚醒人類沉睡的思想世界。正是利用古希臘發展的圓錐曲線知識，開普勒提出了行星運動的三定律。

圓錐曲線是本書第 8、9 章要介紹的內容。

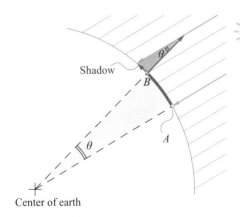

▲ 圖 3.7 艾拉托斯特尼計算地球直徑用到的幾何知識

▲ 圖 3.8 後人繪製的托勒密地心說模型

3.2 點動成線，線動成面，面動成體

　　點動成線，線動成面，面動成體——相信大家對這句話耳熟能詳。點沒有維度，線是一維，面是二維，體是三維，如圖 3.9 所示。當然，在數學的世界中，四維乃至多維都是存在的。

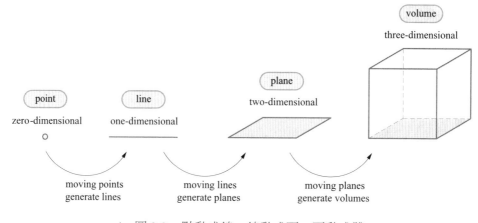

▲ 圖 3.9　點動成線，線動成面，面動成體

點

　　點確定空間的位置，點本身沒有長度、面積等幾何屬性。

　　所有幾何圖形都離不開點，圖 3.10 所示為常見的幾種點——**端點** (endpoint)、**中點** (midpoint)、**起點** (initial point)、**終點** (terminal point)、**圓心** (center)、**切點** (point of tangency)、**頂點** (vertex)、**交點** (point of intersection)。點和點之間的線段長度叫**距離** (distance)。

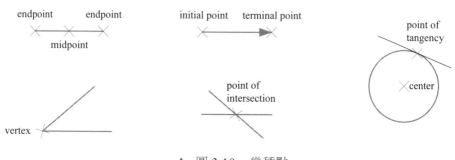

▲ 圖 3.10　幾種點

線

如圖 3.11 所示，**直線 (line)** 沿兩個方向無限延伸 (extends in both directions without end)，**沒有端點 (has no endpoints)**。

射線 (ray 或 half-line) 開始於一端點，僅沿一個方向無限延伸。

線段 (line segment) 有兩個**端點 (endpoint)**。

向量 (vector) 則是有方向的線段。

線段具有**長度 (length)** 這種幾何性質，但是沒有面積這種性質。

給定參考系，線又可以分為**水平線 (horizontal line)**、**斜線 (oblique line)** 和**垂直線 (vertical line)**。

圖 3.11 還舉出了其他幾種線：**邊 (edge)**、**曲線 (curve 或 curved line)**、**等高線 (contour line)**、**法線 (normal line)**、**切線 (tangent line)**、**割線 (secant line)** 等。

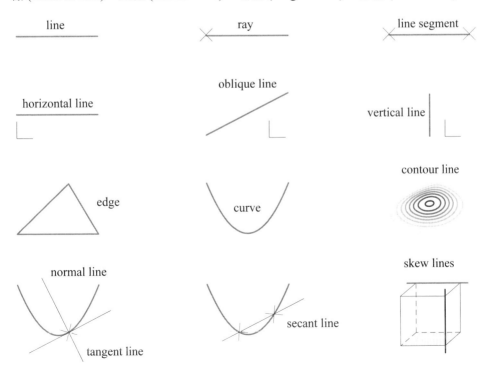

▲ 圖 3.11　幾種線

在平面上，線與線之間有四種常見的關係：**平行** (parallel)、**相交** (intersecting)、**垂直** (perpendicular) 和**重合** (coinciding)，如圖 3.12 所示。

兩條線平行可以記作 $l_1 \parallel l_2$（讀作 line l sub one is parallel to the line l sub two）。l_1 與 l_2 相交於點 P 可以讀作「line l sub one intersects the line l sub two at point capital P」。兩條線垂直可以記作 $l_1 \perp l_2$（讀作 line l sub one is perpendicular to the line l sub two）。三維空間中，兩條直線還可以互為**異面線** (skew line)。

如圖 3.13 所示，視覺化時還會用到不同樣式的線型，如**實線** (solid line 或 continuous line)、**粗實線** (heavy solid line 或 continuous thick line)、**點虛線** (dotted line)、**短畫線** (dashed line)、**點畫線** (dash-dotted line) 等。

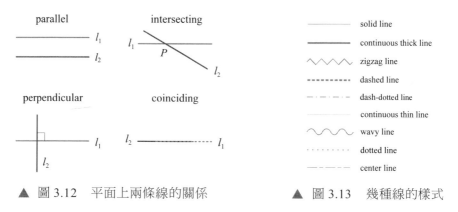

▲ 圖 3.12　平面上兩條線的關係　　　　　▲ 圖 3.13　幾種線的樣式

歐幾里德的五個公理

在《幾何原本》中，歐幾里德提出以下五個公理，如圖 3.14 所示。

- ▶ 任意兩點可以畫一條直線；
- ▶ 任意線段都可以無限延伸成一條直線；
- ▶ 給定任意線段，以該線段為半徑、一個端點為圓心，可以畫一個圓；
- ▶ 所有直角都完全相等；
- ▶ 兩直線被第三條直線所截，如果同側兩內角之和小於兩個直角之和，則兩條直線則會在該側相交。

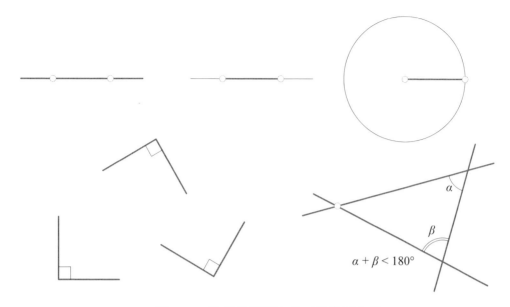

▲ 圖 3.14　歐幾里德提出的五個幾何公理

　　以五個公理為基礎，歐幾里德一步步建立起了幾何學大廈。堅持第五條定理，我們在歐幾里德幾何系統之內。而去掉第五條公理，則進入非歐幾里德幾何體系。值得一提的是，非歐幾里德幾何中的黎曼幾何為愛因斯坦的廣義相對論提供了數學工具。

正多邊形

　　正多邊形 (regular polygons) 是邊長相等的多邊形，正多邊形內角相等，如圖 3.15 所示。我們將在圓周率估算中用到正多邊形的相關知識。

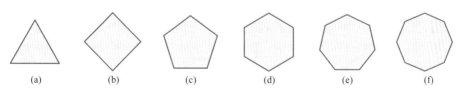

(a) equilateral triangle；(b) square；(c) pentagon；(d) hexagon；(e) heptagon；(f) octagon

▲ 圖 3.15　六個正多邊形

Bk3_Ch3_01.py 繪製圖 3.15 中的六個正多邊形。

三維幾何體

　　圖 3.16 所示為常見三維幾何體，它們依次是：**正球形** (sphere)、**圓柱體** (cylinder)、**圓錐** (cone)、**錐台** (cone frustum)、**正方體 / 正六面體** (cube)、**長方體** (cuboid)、**平行六面體** (parallelepiped)、**四棱台** (square pyramid frustum)、**四棱錐** (square-based pyramid)、**三棱錐** (triangle-based pyramid)、**三棱柱** (triangular prism)、**四面體** (tetrahedron)、**八面體** (octahedron)、**五棱柱** (pentagonal prism)、**六棱柱** (hexagonal prism) 和**五棱錐** (pentagonal pyramid)。

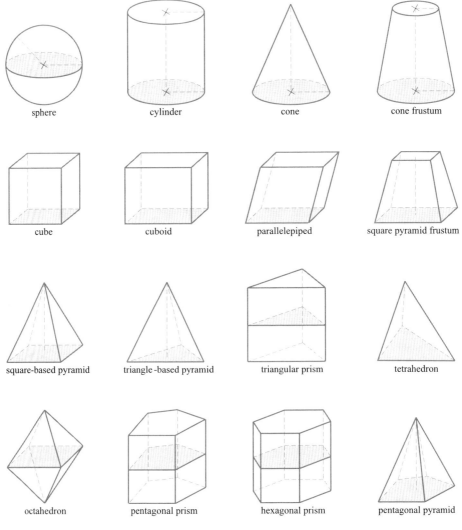

▲ 圖 3.16　常見三維幾何體

　　柏拉圖立體 (Platonic solid)，又稱正多面體。圖 3.17 所示為五個正多面體，包括**正四面體** (tetrahedron)、**正方體**、**正六面體** (cube)、**正八面體** (octahedron)、**正十二面體** (dodecahedron) 和**正二十面體** (icosahedron)。

　　正多面體的每個面完全相等，均為**正多邊形** (regular polygons)。圖 3.18 所示為五個正多面體展開得到的平面圖形。表 3.1 總結了五個正多面體的結構特徵。

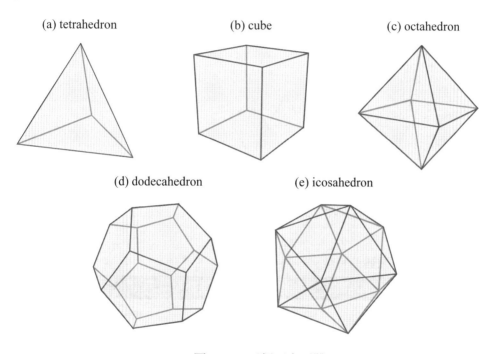

(a) tetrahedron　　　(b) cube　　　(c) octahedron

(d) dodecahedron　　　(e) icosahedron

▲ 圖 3.17　　五個正多面體

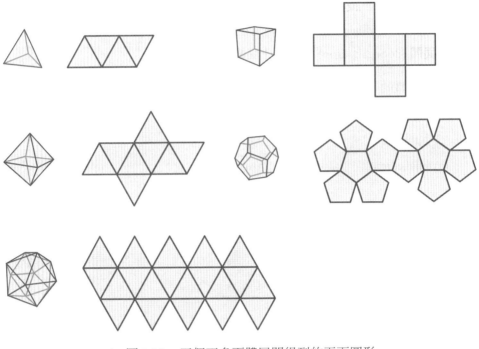

▲ 圖 3.18　五個正多面體展開得到的平面圖形

➔ 表 3.1　正多面體的特徵

正多面體	頂點數	邊數	面數	面形狀
Tetrahedron	4	6	4	Equilateral triangle
Cube	8	12	6	Square
Octahedron	6	12	8	Equilateral triangle
Dodecahedron	20	30	12	Pentagon
Icosahedron	12	30	20	Equilateral triangle

幾何變換

　　幾何變換 (geometric transformation) 是本書中的重要話題之一。我們將在函式變換、線性變換、多元高斯分佈等話題中用到幾何變換。

　　如圖 3.19 所示，在平面上，可以透過**平移** (translate)、**旋轉** (rotation)、**鏡像** (reflection)、**縮放** (scaling)、**投影** (projection) 將某個圖形變換得到新的圖形。這些幾何變換還可以按一定順序組合完成特定變換。

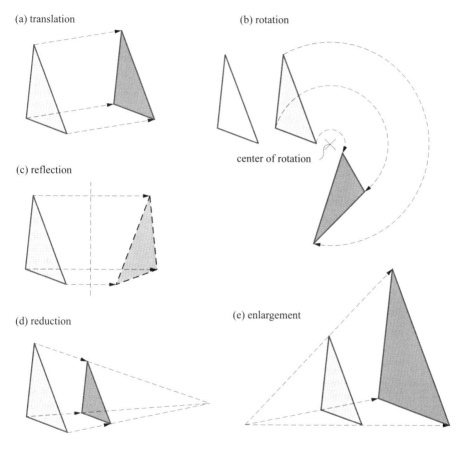

▲ 圖 3.19　常見幾何變換

投影

　　大家平時一定見過陽光和燈光下各種物體留下的影子，這就是投影。比如，圖 3.20 所示為一個馬克杯在不同角度的投影。

幾何中，投影指的是將圖形的影子投到一個面或一條線上。如圖 3.21 所示，點可以投影到直線或平面上，影子也是一個點；線段投影到平面上，得到的可以是線段。

數學中最常見的投影是正投影。正投影中，投影線 (見圖 3.21 中虛線) 垂直於投影面。線性代數中，我們管這類投影叫**正交投影** (orthogonal projection)。

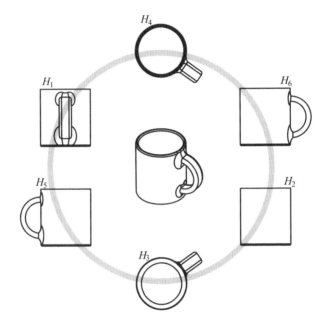

▲ 圖 3.20　咖啡杯在六個方向投影影像

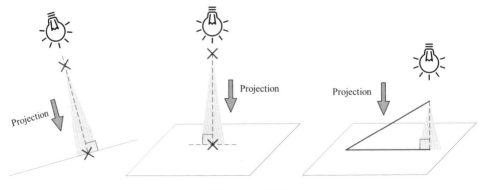

▲ 圖 3.21　投影

3.3 角度和弧度

角度

度 (degree) 是一種常用的角度度量單位。角度可以用**量角器** (protractor) 測量，如圖 3.22 所示。**一周** (afull circle、one revolution 或 one rotation) 對應 360°。1° 對應 **60 分** (minute)，即 1°= 60'。1' 對應 **60 秒** (second)，即 1'= 60"。

形如 25.1875° 的角度被稱做**小數角度** (decimal degree)，可以換算得到 25° 11'15" (twenty five degrees eleven minutes and fifteen seconds)。

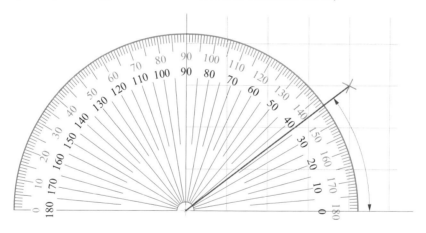

▲ 圖 3.22　量角器測量角度

弧度

弧度 (radian) 常簡寫作 rad。1 弧度相當於 1 rad ≈ 57.2958°。

在 math 函式庫中，math.radians() 函式將角度轉換成弧度；math.degrees() 將弧度轉為角度。NumPy 中，可以用 numpy.rad2deg() 函式將弧度轉化為角度，用 numpy.deg2rad() 將角度轉化為弧度。

常用弧度和角度的換算關係為

$$360° = 2\pi \text{ rad}$$
$$180° = \pi \text{ rad}$$
$$90° = \frac{\pi}{2} \text{ rad}$$
$$45° = \frac{\pi}{4} \text{ rad}$$
$$30° = \frac{\pi}{6} \text{ rad}$$

(3.1)

正角和負角

如果旋轉為**逆時鐘** (counter-clockwise)，則角度為**正角** (positive angle)；如果旋轉為**順時鐘** (clockwise)，則角度為**負角** (negative angle)，如圖 3.23 所示。

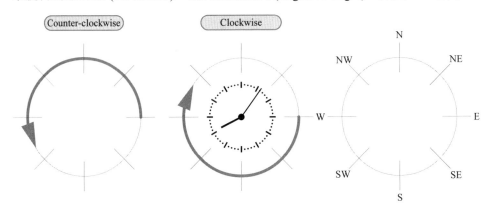

▲ 圖 3.23　逆時鐘、順時鐘和方位

銳角、直角、鈍角

銳角 (acute angle) 是指小於 90° 的角，**直角** (right angle) 是指等於 90° 的角，**鈍角** (obtuse angle) 是指大於 90° 並且小於 180° 的角，如圖 3.24 所示。

請大家特別注意這三個角度，在線性代數、資料科學中它們的內涵將得到不斷豐富。

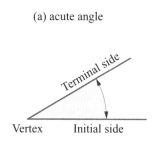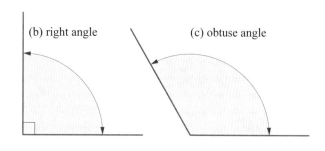

(a) acute angle   (b) right angle   (c) obtuse angle

Terminal side

Vertex   Initial side

▲ 圖 3.24   銳角、直角和鈍角

3.4 畢氏定理到三角函式

畢氏定理

《周髀算經》撰寫於西元前 1 世紀之前，其中記錄著商高與周公的一段對話。商高說：「故折矩，勾廣三，股修四，經隅五。」後人把這一發現簡化成「勾三、股四、弦五」。《九章算術》的最後一章講解的也是畢氏定理。

滿足畢氏定理的一組整數，如 (3, 4, 5)，叫作勾股數。

在西方，畢氏定理被稱做**畢達哥拉斯定理** (Pythagorean Theorem)。

古代很多文明都獨立發現了畢氏定理。原因也不難理解，古時人們在丈量土地，建造房屋時，都離不開直角。

古埃及人善於使用繩索建構特定幾何關係。比如，繩索等距打結，就可以充當帶刻度的直尺。繩索一端固定，另外一段繞固定端旋轉一周，就可以得到正圓。

古埃及人也發現 3:4:5 的直角三角形。據此，利用繩索可以輕鬆獲得直角。繩索等距打 13 個結，形成 12 段等長線段。按照 3:4:5 比例分配等距線段，3 等距和 4 等距的兩邊的夾角便是直角。

如圖 3.25 所示，畢氏定理的一般形式為

$$a^2 + b^2 = c^2 \tag{3.2}$$

其中：a 和 b 為直角邊；c 為斜邊；a^2、b^2、c^2 分別為三個正方形的面積。

三角函式

三角函式 (trigonometric function) 的引數為弧度角度，因變數為直角三角形斜邊、鄰邊、對邊中兩個長度的比值。每個比值都有其特定的名稱，如圖 3.26 所示。

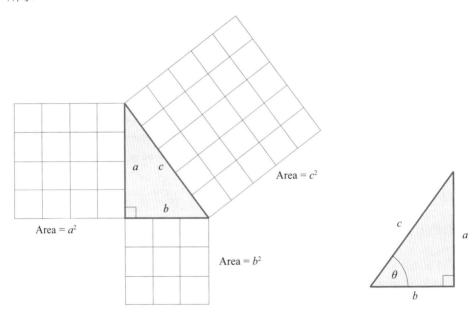

▲ 圖 3.25　圖解畢氏定理　　　　　▲ 圖 3.26　直角三角形
　　　　　　　　　　　　　　　　　　　　　　　中定義三角函式

如圖 3.26 所示，θ 的**正弦** (sine) 是對邊 a 與斜邊 c 的比值，即

$$\sin \theta = \frac{a}{c} \tag{3.3}$$

numpy.sin() 可以用來計算正弦值，輸入為弧度。

θ 的**餘弦** (cosine) 是鄰邊 b 與斜邊 c 的比值，即

$$\cos \theta = \frac{b}{c} \tag{3.4}$$

numpy.cos() 可以用來計算餘弦值，輸入同樣為弧度。

θ 的**正切** (tangent) 是對邊 a 與鄰邊 b 的比值，即

$$\tan \theta = \frac{a}{b} \tag{3.5}$$

numpy.tan() 可以用來計算正切值，輸入也為弧度。

θ 的**餘切** (cotangent) 是鄰邊 b 與對邊 a 的比值，是正切的倒數，即

$$\cot \theta = \frac{b}{a} = \frac{1}{\tan \theta} \tag{3.6}$$

θ 的**正割** (secant) 是斜邊 c 與鄰邊 b 的比值，是餘弦的倒數，即

$$\sec \theta = \frac{c}{b} = \frac{1}{\cos \theta} \tag{3.7}$$

θ 的**餘割** (cosecant) 是斜邊 c 與對邊 a 的比值，是正弦的倒數，即

$$\csc \theta = \frac{c}{a} = \frac{1}{\sin \theta} \tag{3.8}$$

反三角函式

反三角函式 (inverse trigonometric function) 是透過三角函式值來反求弧度或角度。表 3.2 所列為三個常用反三角函式中英文名稱、NumPy 函式等。

➔ 表 3.2　常用三個反三角函式

數學表達	英文表達	中文表達	NumPy 函式
$\arcsin\theta$	arc sine theta inverse sine theta	反正弦	numpy.arcsin()
$\arccos\theta$	arc cosine theta inverse cosine theta	反餘弦	numpy.arccos()
$\arctan\theta$	arc tangent theta inverse tangent theta	反正切	numpy.arctan()

餘弦定理

本節最後簡單介紹**餘弦定理** (law of cosines)。給定如圖 3.27 所示的三角形，餘弦定理的三個等式為

$$\begin{cases} a^2 = b^2 + c^2 - 2bc \cdot \cos\alpha \\ b^2 = a^2 + c^2 - 2ac \cdot \cos\beta \\ c^2 = a^2 + b^2 - 2ab \cdot \cos\gamma \end{cases} \tag{3.9}$$

當 α、β、γ 三者之一為直角時，其中的等式就變換成畢氏定理等式。

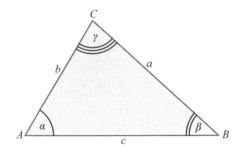

▲ 圖 3.27　餘弦定理

在機器學習和資料科學中，餘弦定理格外重要。我們會在向量加減法，方差、協方差運算，餘弦相似度等處看到餘弦定理的影子。

3.5 圓周率估算初賽：割圓術

圓周率 (pi, π) 是圓的周長和直徑之比。

估算圓周率可以看作是不同時空數學家之間的一場競賽，這場競賽的標準就是看誰估算圓周率的精度更準、效率更高。

利用不同的數學工具估算圓周率也是本書一條重要的線索，大家可以從時間維度上看到數學思維、數學工具的迭代發展。

本節介紹的數學方法相當於圓周率估算的「初賽」，這時期數學家使用的數學工具是從幾何角度出發的割圓術，如圖 3.28 所示。

古希臘阿基米德利用和圓內接正多邊形和外切正多邊形來估算 π。阿基米德最後計算到正 96 邊形，估算圓周率在 3.1408 到 3.1429 之間。

中國古代魏晉時期的數學家劉徽 (約西元 225 - 西元 295) 用不斷增加內接多邊形的方法估算圓周率，這種方法被稱為割圓術。

劉徽也用割圓術，從直徑為 2 尺的圓內接正六邊形開始割圓，依次得正十二邊形、正二十四邊形、正四十八邊形等。割得越細，正多邊形面積和圓面積差別越小。引用他的原話：「割之彌細，所失彌少，割之又割，以至於不可割，則與圓周合體而無所失矣。」這句話中，我們可以體會到「逼近」「極限」這兩個重要的數學思想。

最後，劉徽計算了正 3072 邊形的周長，估算得到的圓周率為 3.1416。

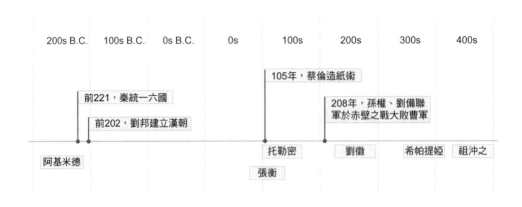

▲　圖 3.28　圓周率估算的初賽

　　劉徽之後約 200 年，中國古代南北朝時期數學家祖沖之 (429 - 500) 也是採用割圓術，最後竟然達到正 12288 邊形，估算圓周率在 3.1415926 到 3.1415927 之間。祖沖之再一次刷新了圓周率紀錄，而這一紀錄幾乎保持了一千年，直到新的估算圓周率的數學工具從天而降。

內接和外切正多邊形

　　圖 3.29 所示為正圓內接和外切正六、八、十、十二、十四、十六邊形。可以發現，正多邊形的邊數越多，內接和外切正多邊形越靠近正圓。

　　觀察圖 3.29，容易發現圓的周長大於圓內接正多邊形的邊長之和。也就是說，在估算圓周率時，內接正多邊形的邊長和可以作為圓周長的下邊界。

　　而圓外切正多邊形的邊長之和大於圓的周長，則為圓周長的上邊界。特別地，當正圓為單位圓時，單位圓的周長恰好為 2π，這方便建立 π 與正多邊形邊長的聯繫。

　　程式檔案 Bk3_Ch3_02.py 繪製圖 3.29。

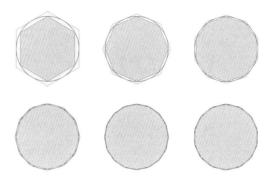

▲ 圖 3.29　正圓內接和外切正六、八、十、十二、十四、十六邊形

估算圓周率上下界

　　圖 3.30 所示給定一個單位圓，單位圓外切和內接相同邊數的正多邊形。兩個正多邊形都可以分割為 $2n$ 個三角形，這樣圓周 360°(2π) 被均分為 $2n$ 份，每一份對應的角度為

$$\theta = \frac{2\pi}{2n} = \frac{\pi}{n} \tag{3.10}$$

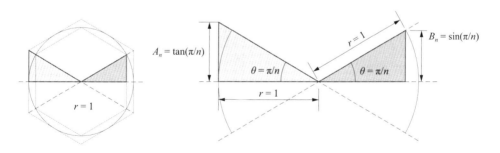

▲ 圖 3.30　圓形內接和外接估算圓周率

　　外切正多邊形的周長是估算單位圓周長的上界，有

$$2\pi < 2n \cdot \tan\frac{\pi}{n} \tag{3.11}$$

即

$$\pi < n \cdot \tan\frac{\pi}{n} \tag{3.12}$$

內接正多邊形的周長是估算單位圓周長的下界，有

$$2n \cdot \sin\frac{\pi}{n} < 2\pi \tag{3.13}$$

即

$$n \cdot \sin\frac{\pi}{n} < \pi \tag{3.14}$$

聯合式 (3.12) 和式 (3.14)，可以得到圓周率估算的上下界為

$$n \cdot \sin\frac{\pi}{n} < \pi < n \cdot \tan\frac{\pi}{n} \tag{3.15}$$

　　如圖 3.31 所示，隨著正多邊形邊數的逐步增大，圓周率估算越精確。這張圖中，n 不斷增大時，綠色和藍色兩條曲線不斷**收斂** (converge) 於紅色虛線，這個過程表現出**極限** (limit) 這一重要數學思想。

　　在數學上，收斂的意思可以是匯聚於一點、靠近一條線或向某一個值不斷靠近。而逼近則是近似，代表高度相似，但是不完全相同。

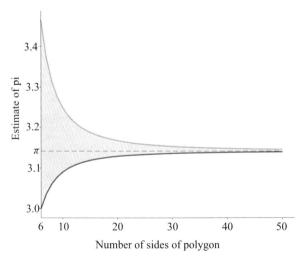

▲ 圖 3.31　隨正多邊形邊數不斷增大時圓周率的估算情況

程式檔案 Bk3_Ch3_03.py 繪製圖 3.31。

此外，我們還結合 Bk3_Ch3_02.py 和 Bk3_Ch3_03.py，用 Streamlit 製作了估算圓周率的 App，請大家參考程式檔案 Streamlit_Bk3_Ch3_03.py。

阿基米德的方法

阿基米德採用另外一種方法，他先用外切和內接正六邊形，然後逐次加倍邊數，到正十二邊形、正二十四邊形、正四十八邊形，最後到正九十六邊形。

根據圖 3.30 ，對於正 n 邊形，令

$$
B_n = n \cdot \sin \frac{\pi}{n}
$$
$$
A_n = n \cdot \tan \frac{\pi}{n}
$$

(3.16)

其中：B_n 為 π 的下限；A_n 為 π 的上限。當多邊形邊數加倍時，即從正 n 邊形加倍到正 $2n$ 邊形，阿基米德發現量化關係為

$$
A_{2n} = \frac{2A_n B_n}{A_n + B_n}
$$
$$
B_{2n} = \sqrt{A_{2n} B_n}
$$

(3.17)

利用三角恒等式，式 (3.17) 中兩式不難證明，本書此處省略推導過程。

圖 3.32 所示為阿基米德估算圓周率的結果，可見阿基米德方法收斂過程中計算效率更高。

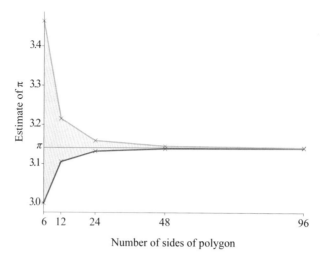

▲ 圖 3.32 阿基米德估算圓周率

　　幾何思維是刻在人類基因中的思維方式，不難理解為什麼不同時空、不同地域的數學家，在最開始估算圓周率時，都不約而同想到用正多邊形來近似求解。圓周率估算的競賽依然不斷進行，隨著數學思想和工具的不斷進步，新的方法不斷湧現。沿著數學發展歷史的脈絡，本書後續將介紹更多圓周率的估算方法。

　　Bk3_Ch3_04.py 繪製圖 3.32。

　　本章蜻蜓點水地介紹了本書後續內容會用到的幾何概念。但是，本書要說明的幾何故事不止於此。

　　不久之後，在**笛卡兒** (René Descartes, 1596 - 1650) 手裡，幾何與代數將完美結合。圓錐曲線很快便革新人類對天體執行規律的認知，顛覆人類的世界觀。

　　斯蒂芬・霍金 (Stephen Hawking, 1942 - 2018) 曾說：「等式是數學中最無聊的部分，我一直試圖從幾何角度理解數學。」本書作者也認為幾何思維是人類的天然思維方式，因此在講解數學概念、各種資料科學、機器學習演算法時，我們都會舉出幾何角度，以強化理解。

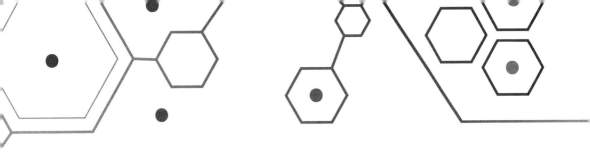

Algebra
4 代數

代數不過是公式化的幾何

代數不過是公式化的幾何；幾何不過是圖形化的代數。

Algebra is but written geometry and geometry is but figured algebra.

——索菲 · 熱爾曼（*Sophie Germain*）| 法國女性數學家 | *1776 - 1831*

- difference() 計算集合的相對補集
- interaction() 計算集合的交集
- numpy.roots() 多項式求根
- set() 建構集合
- subs() 符號代數式中替換
- sympy.abc 引入符號變數
- sympy.collect() 合併同類項
- sympy.cos() 符號運算中餘弦
- sympy.expand() 展開代數式
- sympy.factor() 對代數式進行因式分解
- sympy.simplify() 簡化代數式
- sympy.sin() 符號運算中正弦
- sympy.solvers.solve() 符號方程式求根
- sympy.symbols() 定義符號變數
- sympy.utilities.lambdify.lambdify() 將符號代數式轉化為函式
- union() 計算集合的並集

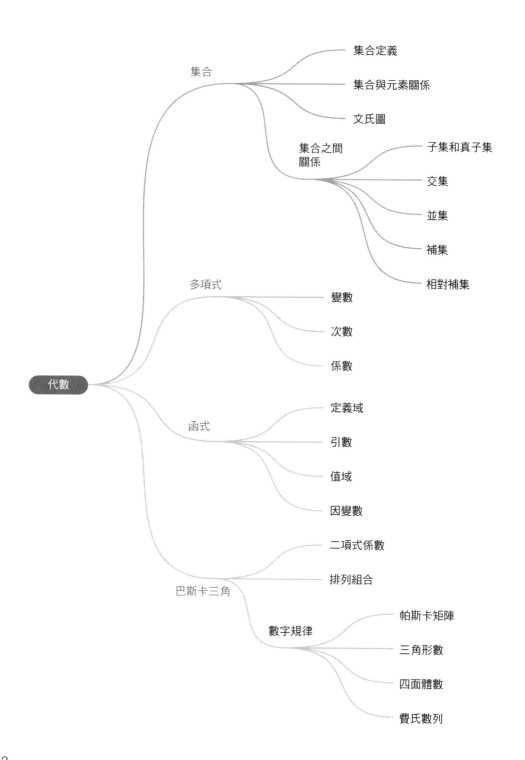

集合
- 集合定義
- 集合與元素關係
- 文氏圖
- 集合之間關係
  - 子集和真子集
  - 交集
  - 並集
  - 補集
  - 相對補集

代數

多項式
- 變數
- 次數
- 係數

函式
- 定義域
- 引數
- 值域
- 因變數

巴斯卡三角
- 二項式係數
- 排列組合
- 數字規律
  - 帕斯卡矩陣
  - 三角形數
  - 四面體數
  - 費氏數列

4.1 代數的前世今生：薪火相傳

思想的傳播像火種的接續傳遞——首先是星星之火，然後是閃爍的炬火，最後是燎原烈焰，排山倒海、勢不可擋。位於埃及境內的亞歷山大圖書館曾經一度是古希臘最重要的圖書館，同時也是古希臘的重要學術和文化中心。西元前47年，亞歷山大圖書館失火，大部分館藏經典被焚毀。西元529年，柏拉圖學園和其他所有雅典學校都被迫關閉。

可以想像，柏拉圖學園斷壁殘垣，雜草叢生，物是人非。巢傾卵破，數學家、哲學家們鳥獸散去，遠走他鄉，衣食無著，寄人籬下，晚景淒涼。古希臘學術聖火如風中之燭，漸漸燃滅，歐洲一步步陷入漫漫暗夜。慶倖的是，西方不亮東方亮；希臘典籍被翻譯成阿拉伯語，人類思想的火種在另外一個避風港灣得以保全——巴格達「**智慧宮 (House of Wisdom)**」。

在9世紀至13世紀，智慧宮可以說是全世界舉足輕重的教育學術機構。在智慧宮，東西方科技知識交融發展。值得一提的是，印度的十進位數字系統就是在阿拉伯進一步發展，並引入歐洲的。因此，十進位數字也被稱為阿拉伯數字。西方數學復興時間軸如圖4.1所示。

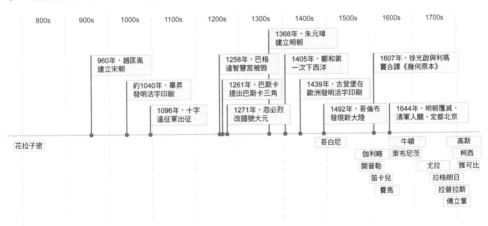

▲ 圖 4.1　西方數學復興時間軸

　　花拉子密 (Muhammad ibn Musa al-Khwarizmi) 是一位波斯數學家、智慧宮的代表性學者。如圖 4.2 所示，花拉子密在約 820 年，創作完成了《代數學》 (*Al-Jabr*)，代數學自此成為一門獨立學科。他第一次系統性求解一次方程及一元二次方程，因而被稱為「代數之父」。英文中的代數 algebra 一詞源自於 *Al-Jabr*。值得一提的是，「演算法」的英文 algorithm 一詞來自於花拉子密 (al-Khwarizmi) 的名字。

　　好景不長，1258 年蒙古帝國軍隊的鐵蹄大張撻伐，洗劫巴格達，焚毀智慧宮。據說，智慧宮珍貴藏書被丟棄在了底格里斯河，河水被染黑長達六個月之久。

　　相比玉樓金殿、奇珍異寶，記錄人類智慧的捆捆羊皮卷冊、疊疊莎草紙可能顯得一分不值。這盞風中搖曳的燭火在兩河流域被生生掐滅。

　　值得寬慰的是，11 世紀開始，十字遠征軍一次次遠征，從阿拉伯人手中取回科學的火種，翻譯運動在歐洲興起，歐洲也漸漸從幾百年的暗夜中蘇醒。

▲　圖 4.2　花拉子密《代數學》封面

　　十字遠征軍帶回來的不僅有古希臘的典籍，還有古印度的數學、古代中國的技術發明。這些科學知識在歐洲傳播、發展，最終燃成人類思想的熊熊烈焰。

　　這片思想的火海中綻放出許多絢麗的「火焰」——伽利略、開普勒、笛卡兒、費馬、帕斯卡、牛頓、萊布尼茲、伯努利、尤拉、拉格朗日、拉普拉斯、傅立葉、高斯、柯西......本書會提到他們的名字，以及他們給後世留下的寶貴知識火種。

4.2 集合：確定的一堆東西

本節回顧集合這個概念。相信本書讀者對**集合** (set) 這個概念並不陌生，我們在本書第 1 章介紹過複數集、實數集、有理數集等，它們都是集合。

集合是由若干確定的**元素** (member 或 element) 所組成的整體。集合可以分為：**有限元素集合** (finite set)、**無限元素集合** (infinite set) 和**空集** (empty set 或 null set)。

集合與元素

如圖 4.3 所示，集合與元素的關係有兩種：① **屬於** (belong to)，表示為 ∈；② **不屬於** (not belong to)，表示為 ∉。

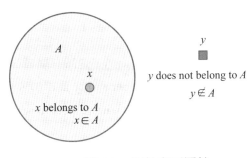

▲ 圖 4.3　屬於和不屬於

➡ 表 4.1　集合與元素關係的中英文表達

英文表達	中文表達
x belongs to capital A	x 屬於 A
x is a member/element of the set capital A	x 是集合 A 的元素
x is/lies in the set capital A	x 在集合 A 之內
The set capital A includes x	集合 A 包含 x
y does not belong to the set capital A	y 不屬於集合 A
y is not a member of the set capital A	y 不是集合 A 的元素

集合與集合

　　如果集合 A 中的每一個元素也都是集合 B 中的元素，那麼 A 是 B 的**子集** (subset)，記做 A ⊆ B。而 B 是 A 的**母集**，也稱**超集合** (superset)。

　　如果同時滿足 A ⊆ B 和 $A \neq B$，則稱 A 是 B 的**真子集** (A is a proper subset of B)，記做 $A \subset B$。

　　給定 A 和 B 兩個集合，由所有屬於 A 且屬於 B 的元素所組成的集合，叫作 A 與 B 的**交集** (intersection)，記做 $A \bigcap B$。

　　A 和 B 所有的元素合併組成的集合，叫作 A 和 B 的**並集** (union)，記做 $A \bigcup B$。

　　補集 (complement) 一般指**絕對補集** (absolute complement)。設 Ω 是一個集合，A 是 Ω 的子集，由 Ω 中所有不屬於 A 的元素組成的集合，叫作子集 A 在 Ω 中的絕對補集。

　　A 中 B 的**相對補集** (relative complement)，是所有屬於 A 但不屬於 B 的元素組成的集合，記做 $A \backslash B$ 或 A - B(set difference of A and B)，也可以讀作「B 在 A 中的相對補集 (the relative complement of B with respect to set A)」。如表 4.2 所示。

➜ 表 4.2　集合與集合關係英文表達

數學表達	英文表達
$A \subset B$	The set capital A is a subset of the set capital B. The set capital B is a superset of the set capital A. The set capital A is contained in the set capital B.
$A \subseteq B$	The set capital A is a subset of or equal to the set capital B.
$A \supset B$	The set capital A contains the set capital B.
$A \supseteq B$	The set capital A contains or is equal to the set capital B.
$A \bigcap B$	The intersection of the set capital A and the set capital B. A intersection B. The intersection of A and B.

數學表達	英文表達
$A \cup B$	The union of the set capital A and the set capital B. Capital A union capital B. The union of A and B.
$\bar{A}$	The complement of the set capital A.
$A - B$	The relative complement of the set capital B in the set capital A. The relative complement of set capital B with respect to set capital A.
$A \cap (B \cup C)$	The intersection of capital A and the set capital B union capital C.
$\overline{(A \cup B)}$	The complement of the set capital A union capital B.
$\bar{A} \cap \bar{B}$	The intersection of the complement of capital A and the complement of capital B.

文氏圖

集合之間的關係也可以用**文氏圖** (Venn diagram) 表示。圖 4.4 所示為兩個集合常見關係的文氏圖。

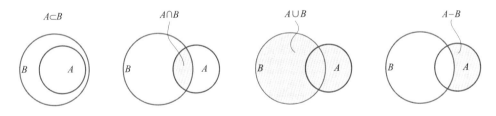

▲ 圖 4.4　兩個集合關係文氏圖

擲骰子

舉個例子，如圖 4.5 所示，擲一枚骰子，點數結果組成的集合 Ω 為

$$\Omega = \{1,2,3,4,5,6\} \tag{4.1}$$

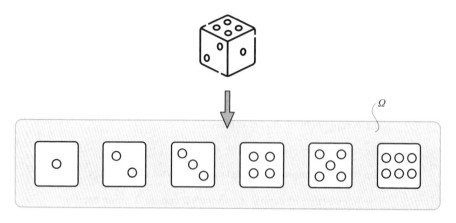

▲ 圖 4.5 投一枚骰子點數結果

定義集合 A 為骰子點數為奇數，有

$$A = \{1, 3, 5\} \tag{4.2}$$

集合 B 為骰子點數為偶數，有

$$B = \{2, 4, 6\} \tag{4.3}$$

集合 C 為骰子點數小於 4，有

$$C = \{1, 2, 3\} \tag{4.4}$$

圖 4.6 所示為 A、B、C 三個集合的關係。

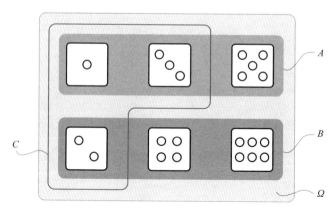

▲ 圖 4.6 骰子點數 A、B、C 三個集合關係

顯然，A 和 B 的交集為空，即

$$A \cap B = \emptyset \qquad (4.5)$$

A 和 B 的並集為全集 Ω，即

$$A \cup B = \Omega = \{1,2,3,4,5,6\} \qquad (4.6)$$

也就是說，A 在 Ω 中的絕對補集為 B。

A 和 C 的交集有兩個元素，即

$$A \cap C = \{1,3\} \qquad (4.7)$$

A 和 C 的並集有四個元素，即

$$A \cup C = \{1,2,3,5\} \qquad (4.8)$$

A 中 C 的相對補集為

$$A - C = \{5\} \qquad (4.9)$$

C 中 A 的相對補集為

$$C - A = \{2\} \qquad (4.10)$$

程式檔案 Bk3_Ch4_01.py 上述計算。

4.3 從代數式到函式

算數 (arithmetic) 基於**已知量** (known values)；而**代數** (algebra) 基於**未知量** (unknown values)，也稱作**變數** (variables)。當然，代數中既有數字也有字母。

現代人一般用 a、b、c 等代表常數，用 x、y、z 等代表未知量。這種記法正是約 400 年前笛卡兒提出的。

　　引入未知量這種數學工具，有助將數學問題抽象化、一般化。也就是說，2 + 1、6 + 12、100 + 150 等算式，都可以抽象地寫成 $x + y$ 這個代數式。

　　如圖 4.7 所示，這五個圓形大小明顯不同。但是，引入半徑 r 這個變數，這些圓形的周長都可以寫成 $2\pi r$，面積可以寫成 πr^2。將不同的 r 值代入代數式，便可以求得對應圓的周長和面積。

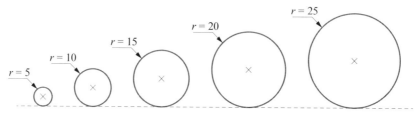

▲ 圖 4.7　不同半徑的圓形

多項式

　　本書最常見的代數式是**多項式** (polynomial)，形如

$$a_n x^n + a_{n-1} x^{n-1} + \cdots + a_1 x + a_0 \qquad (4.11)$$

其中：x 為**變數** (variable)；n 為**多項式次數** (degree of a polynomial)；a_0、a_1、...、a_n，為**係數** (coefficient)。

　　係數之所以會使用**下標** (subscript)，是因為字母不夠用。同理，變數多時，x、y、z 肯定不夠用，本書會用變數加下標序號 (索引) 來表達變數，如 x_1、x_2、x_3、x_i、x_j 等。

　　由數和字母的積組成的代數式叫作**單項式** (monomial)，比如 $a_n x^n$。單獨的數或一個係數也叫作單項式，比如 5 或 a_0。

　　一個單項式中，所有變數指數之和，叫作這個單項式的次數。比如，$3x^5$ 的次數是 5，$2xy$ 的次數為 $2 (= 1 + 1)$。

　　如式 (4.11) 所示，多項式則是由一個個單項式加減組成的。

只有一個變數的多項式稱做**一元多項式** (univariate polynomial)。變數多於一個的多項式統稱**多元多項式** (multivariate polynomials)。特別地,有兩個變數的多項式常被稱作**二元多項式** (bivariate polynomial),比如 $x + y + 8$ 或 $x_1 + x_2 + 8$。

最高項次數較小的多項式都有特殊的名字,如**常數式** (constant equation)、**一次式** (linear equation)、**二次式** (quadratic equation)、**三次式** (cubic equation)、**四次式** (quartic equation) 和**五次式** (quintic equation) 等。常見多項式及名稱總結於表 4.3 中。

➡ 表 4.3 常見多項式舉例

次數	英文名稱	例子
1	linear	$ax + b, \quad a \neq 0$
2	quadratic	$ax^2 + bx + c, \quad a \neq 0$
3	cubic	$ax^3 + bx^2 + cx + d, \quad a \neq 0$
4	quartic	$ax^4 + bx^3 + cx^2 + dx + e, \quad a \neq 0$
5	quintic	$ax^5 + bx^4 + cx^3 + dx^2 + ex + f, \quad a \neq 0$

代入具體值

給定變數為 x 的三次式

$$x^3 + 2x^2 - x - 2 \tag{4.12}$$

令 $x = 1$,代入式 (4.12),得到結果為

$$1^3 + 2 \times 1^2 - 1 - 2 = 0 \tag{4.13}$$

程式檔案 Bk3_Ch4_02.py 中用 SymPy 中函式來完成上述計算。其中 sympy.abc 引入符號變數 x 和 y。 SymPy 是重要的符號運算函式庫,本書將用到其中的代數式定義、求根、求極限、求導、求積分、級數展開等功能。此外,使用者也可以使用 sympy.symbols() 定義更複雜的符號變數。

同樣地，可以利用 . subs() 將式 (4.12) 中的 x 替換成其他符號變數、甚至代數運算式，如 $x = \cos(y)$，此時有

$$\left(\cos(y)\right)^3 + 2\left(\cos(y)\right)^2 - \cos(y) - 2 \tag{4.14}$$

程式檔案 Bk3_Ch4_02.py 還將 x 替換為 $\cos(y)$。

程式檔案 Bk3_Ch4_03.py 介紹了 SymPy 中幾個處理代數式的函式。sympy.simplify() 函式可以簡化代數式。sympy.expand() 可以用於展開代數式。sympy.factor() 函式則可以對代數式進行因式分解。 sympy.collect() 函式用於合併同類項。請大家自行學習。

表 4.4 中總結了常用代數式的英文表達。

➜ 表 4.4　常用代數英文表達

數學表達	英文表達
$x - y$	x minus y.
$-x - y - z$	minus x minus y minus z.
$x - (y - z)$	x minus the quantity y minus z. x minus open parenthesis y minus z close parenthesis.
$x - (y + z) - t$	x minus the quantity y plus z end of quantity minus t. x minus open parenthesis minus y plus z close parenthesis minus t.
$x(x - y + z)$	x times the quantity x minus y plus z. x times open parenthesis x minus y plus z close parenthesis.
$(x + y)^2$	x plus y all squared.
x^3	x to the third. x to the third power. x raised to the power of three. x cubed.
$x^5 + 4x^3 - 2x^2$	x to the fifth plus four x to the third minus two x squared.

數學表達	英文表達
$(x+y)(z+t)$	The sum x plus y times the sum z plus t. The product of the sum x plus y and the sum z plus t. Open parenthesis x plus y close parenthesis times open parenthesis z plus t close parenthesis.
$\left(\dfrac{x}{y}\right)^2$	x over y all squared.
$\dfrac{x+z}{y}$	The quantity of x plus z divided by y.
$x+\dfrac{z}{y}$	x plus the fraction z over y.
$t\left(z+\dfrac{x}{y}\right)$	t times the sum z plus the fraction x over y.

函式

函式 (function) 一詞由**萊布尼茲** (Gottfried Wilhelm Leibniz) 引入。而 $f(x)$ 這個函式記號由尤拉(Leonhard Paul Euler)發明。尤拉還引入了三角函式現代符號，他首創以 e 表記自然對數的底，用希臘字母 Σ 表記累加，以 i 表示虛數單位。

中文「函式」則是由清朝數學家李善蘭 (1810 - 1882) 翻譯。代數、係數、指數、多項式等數學名詞中文翻譯也是出自李善蘭之手。

給定一個集合 X，對 X 中元素 x 施加映射法則 f，記做函式 $f(x)$。得到的結果 $y = f(x)$ 屬於集合 Y。集合 X 稱為**定義域** (domain)，Y 稱為**值域** (codomain)。x 稱為**引數** (an argument of a function 或 an independent variable)，y 稱為**因變數** (dependent variable)。

大家應該已經發現，函式 $f: X \to Y$ 有三個關鍵要素：定義域 X、值域 Y 和函式映射規則 f，如圖 4.8 所示。

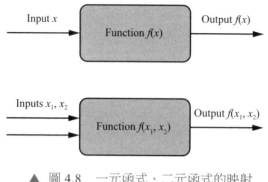

▲ 圖 4.8　一元函式、二元函式的映射

函式的引數為兩個或兩個以上時，叫作**多元函式** (multivariate function)。本書一般會使用 x 加下標序號來表達多元函式中的引數，如 $f(x_1, x_2, ..., x_D)$ 函式有 D 個引數。

為了方便將不同的 x 值代入，我們可以定義一個函式 $f(x)$ 為

$$f(x) = x^3 + 2x^2 - x - 2 \tag{4.15}$$

Bk3_Ch4_04.py 將代數式轉化為函式，並給 x 給予值得到函式值。

表 4.5 舉出了有關函式的常用英文表達。

➔ 表 4.5　常用函式英文表達

數學表達	英文表達
$f(x)$	$f\,x$. f of x. The function f of x.
$f\big(g(x)\big)$	f composed with g of x. f of g of x.
$f \circ g(x)$	f composed with g of x. f of g of x.

數學表達	英文表達
$f(x+a)$	f of the quantity x plus a.
$f(x,y)$	f of x, y.
$f(x_1, x_2, ..., x_n)$	f of x sub one, x sub two, dot dot dot, x sub n.
$f(x) = a_n x^n + a_{n-1}x^{n-1} + \cdots + a_1 x + a_0$	f of x equals a sub n times x to the n, plus a sub n minus one times x to the n minus one, plus dot dot dot, plus a sub one times x, plus a sub zero. f of x equals a sub n times x raised to the power of n, plus a sub n minus one times x raised to the power of n minus one, plus dot dot dot, plus a sub one times x, plus a sub zero.
$f(x) = 3x + 5$	f of x equals three times x plus five.
$f(x) = x^2 + 2x + 1$	f of x equals x squared plus two times x plus one.
$f(x) = x^3 - x + 1$	f of x equals x cubed minus x plus one.

為了進一步探討函式性質，我們亟須一個重要的數學工具——**座標系** (coordinate system)。座標系是下一章探討的內容。

4.4 巴斯卡三角：代數和幾何的完美合體

巴斯卡三角，也稱賈憲三角，又稱**帕斯卡三角** (Pascal's triangle)，是二項式係數的一種寫法。

二項式係數

將 $(x+1)^n$ 展開後，按單項 x 的次數從高到低排列，發現單項式係數呈現出以下特定規律：

$$
\begin{aligned}
(x+1)^0 &= 1 \\
(x+1)^1 &= x+1 \\
(x+1)^2 &= x^2+2x+1 \\
(x+1)^3 &= x^3+3x^2+3x+1 \\
(x+1)^4 &= x^4+4x^3+6x^2+4x+1 \\
(x+1)^5 &= x^5+5x^4+10x^3+10x^2+5x+1 \\
(x+1)^6 &= x^6+6x^5+15x^4+20x^3+15x^2+6x+1 \\
&\cdots \qquad\qquad \cdots
\end{aligned}
\tag{4.16}
$$

圖 4.9 所示將式 (4.16) 單項式係數以金字塔的結構展示，請讀者注意以下規律。

▶ 三角形係數呈現對稱性，第 k 行有 $k+1$ 個係數；

▶ 三角形每一行左右最外側係數為 1；

▶ 除最外兩側係數以外，三角形內部任意係數為左上方和右上方兩個係數之和；

▶ 第 k 行係數之和為 2^k。

巴斯卡三角中，我們將看到幾何、代數、機率等知識的有趣聯繫。

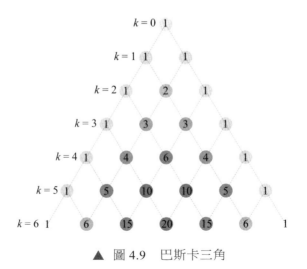

▲ 圖 4.9　巴斯卡三角

⚠

注意：式 (4.16) 的第一層對應 k=0。

從巴斯卡三角到機率

巴斯卡在自己書中介紹了這個數字規律。巴斯卡也不是第一位發現者，他在書中也說得很清楚，這個規律引自賈憲的一部叫作《釋鎖算術》 的數學作品。

按照時間先後順序，賈憲在 11 世紀北宋時期就發現並推廣了這一規律，巴斯卡只是在 13 世紀南宋時期再次解釋。

而帕斯卡 1655 年才在自己的作品中介紹二項式係數規律。但是，帕斯卡創造性地將它用在解釋機率運算，這對機率論的發展有開天闢地之功。

元代數學家朱世傑《四元玉鑑》 中繪製的巴斯卡三角如圖 4.10 所示。

機率論是本書第 20 章要介紹的內容。

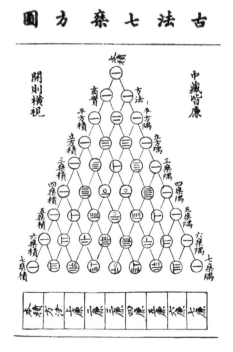

▲ 圖 4.10　元代數學家朱世傑《四元玉鑑》中繪制的巴斯卡三角

機率論是本書第 20 章要介紹的內容。

火柴棒圖

　　火柴棒圖 (stem plot) 將巴斯卡三角每行單項式係數的規律視覺化。圖 4.11 所示為 $n = 4$ 、8 、12 時，二項式展開單項係數規律。

　　火柴棒圖明顯呈現出中心對稱性。n 為偶數時，對稱軸處係數最大。如圖 4.12 所示，n 為奇數時，對稱軸附近兩個係數為最大值。對稱軸左右兩側係數先快速減小，然後再緩慢減小。

　　隨著 n 增大，這一現象更加明顯，如圖 4.13 所示。連接圖 4.13 中的實心點，我們發現一條優美的曲線呼之欲出，這條曲線就是**高斯函式** (gaussian function)。

本書第 12 章將介紹高斯函式。

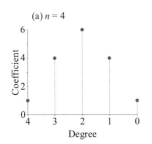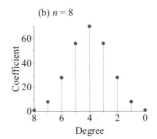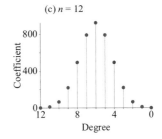

▲　圖 4.11　　$n = 4$ 、8 、12 等偶數時，二項式展開單項係數

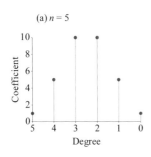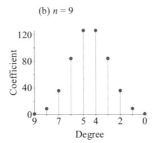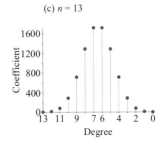

▲　圖 4.12　　$n = 5$ 、9 、13 等奇數時，二項式展開單項係數

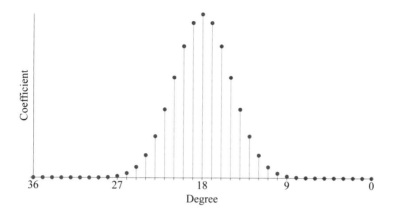

▲ 圖 4.13　　$n = 36$ 時，二項式展開單項係數

程式檔案 Bk3_Ch4_05.py 繪製圖 4.11 和圖 4.13 兩圖。

我們在 Bk3_Ch4_05.py 的基礎上用 Streamlit 製作了展示二項式係數的 App，請大家參考程式檔案 Streamlit_Bk3_Ch4_05.py。

4.5　排列組合讓二項式係數更具意義

組合數

　　從 n 個不同元素中，取 m $(m \leq n)$ 個元素組成一組，稱做 n 個不同元素中取出 m 個元素的**組合** (combination)。

⚠

> 注意，對組合來說，組內的元素排序並不重要。

　　n 個不同元素中取出 m 個元素的所有組合個數叫作組合數，常記做 C_n^m ，則有

$$C_n^m - C(n,m) = \frac{n!}{(n-m)!m!} \tag{4.17}$$

其中：! 運算元就是本書第 2 章介紹的**階乘** (factorial)。

▲ 圖 4.14　A、B、C 三個元素無放回取出兩個，結果有三種組合

舉個例子，如圖 4.14 所示，從 A、B、C 三個元素無放回地取出兩個，只要元素相同，不管次序是否相同都算作相同結果。結果有三種組合 AB、AC、BC，對應的組合數為

$$C_3^2 = \frac{3!}{(3-2)!2!} = \frac{6}{2} = 3 \tag{4.18}$$

一個一個取出個體時，每個被抽到的個體不再放回整體，也就是不再參加下一次取出，這就是「無放回取出」。 無放回取出中，整體在抽樣過程中逐漸減小。

Bk3_Ch4_06.py 完成上述無放回取出組合實驗。

結果如下。

('A','B')

('A','C')

('B','C')

組合數表達巴斯卡三角

用組合數將 $(x + y)^n$ 展開寫成

$$\left(x + y\right)^n = C_n^0 x^n y^0 + C_n^1 x^{n-1} y^1 + C_n^2 x^{n-2} y^2 + \cdots + C_n^{n-2} x^2 y^{n-2} + C_n^{n-1} x^1 y^{n-1} + C_n^n x^0 y^n \tag{4.19}$$

因此，巴斯卡三角可以寫成圖 4.15 所示的形式。

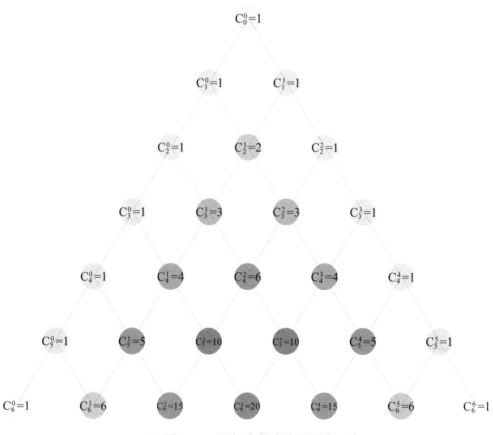

▲ 圖 4.15　用組合數來寫巴斯卡三角

　　組合數方便解釋式 (4.19) 中的各項係數。式 (4.19) 每一項 x 和 y 的次數之和為 n，如果某一單項 y 的次數為 k，x 的次數為 $n-k$，則這一項為 $C_n^k x^{n-k} y^k$。該項係數 C_n^k 相當於在 n 個 x 或 y 連乘中，選取 k 個為 y。

　　將 $x = y = 1$ 代入，可以發現組合數的重要規律，即

$$2^n = C_n^0 + C_n^1 + C_n^2 + \cdots + C_n^{n-2} + C_n^{n-1} + C_n^n \tag{4.20}$$

　　觀察圖 4.15 的對稱性，容易發現另外一個組合數規律，即

$$C_n^k = C_n^{n-k} \tag{4.21}$$

排列數

從 n 個不同元素中，先後取 m ($m \leq n$) 個元素排成一列，叫作從 n 個元素中取出 m 個元素的**排列** (permutation)。排列中，元素的排序很重要。

n 個不同元素中取出 m 個元素的所有排列的個數叫作排列數，常記做 P_n^m，有

$$\mathrm{P}_n^m = \mathrm{P}(n,m) = \frac{n!}{(n-m)!} \tag{4.22}$$

同樣，如圖 4.16 所示，從 A、B、C 三個元素無放回先後取出兩個，結果有 6 個排列 AB、BA、AC、CA、BC、CB，即

$$\mathrm{P}_3^2 = \frac{3!}{(3-2)!} = 6 \tag{4.23}$$

▲ 圖 4.16　A、B、C 三個元素無放回取出兩個，結果有 6 種排列

組合數和排列數

比較式 (4.17) 和式 (4.22)，發現排列和組合的關係為

$$\mathrm{P}_n^m = \mathrm{C}_n^m \cdot m! \tag{4.24}$$

可以這樣解釋式 (4.24)，先從 n 個元素取出 m 個進行組合，組合數為 C_n^m。然後，把 m 個元素全部排列一遍 (也叫全排列)，排列數為 $m!$。這樣，C_n^m 和 $m!$ 乘積便是 n 個元素取出 m 的排列數。

從 *A*、*B*、*C* 三個元素全排列的結果為 *ABC*、*ACB*、*BAC*、*BCA*、*CAB*、
CBA。程式檔案 Bk3_Ch4_08.py 完成上述計算並列印全排列結果。

結果為：

('A','B','C')

('A','C','B')

('B','A','C')

('B','C','A')

('C','A','B')

('C','B','A')

4.6 巴斯卡三角隱藏的數字規律

本節簡要探討巴斯卡三角中隱藏的有趣數字規律。

帕斯卡矩陣

將巴斯卡三角數字左對齊，可以得到下列矩陣。這個矩陣常被稱做**帕斯卡矩陣** (Pascal matrix)，即

$$
\begin{bmatrix}
1 \\
1 & 1 \\
1 & 2 & 1 \\
1 & 3 & 3 & 1 \\
1 & 4 & 6 & 4 & 1 \\
1 & 5 & 10 & 10 & 5 & 1 \\
1 & 6 & 15 & 20 & 15 & 6 & 1
\end{bmatrix}
\tag{4.25}
$$

三角形數

式 (4.25) 矩陣的第一列均為 1，第二列為自然數，第三列為**三角形數** (triangular number)。

如圖 4.17 所示，如果一定數量的圓形緊密排列，可以形成一個等邊三角形，這個數量就叫作三角形數。

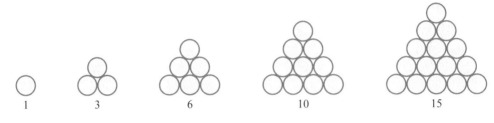

▲ 圖 4.17 三角形數

四面體數

式 (4.25) 第四列叫作**四面體數** (tetrahedral number 或 triangular pyramidal number)。

顧名思義，四面體數就是圓球緊密堆成四面體對應的數字。三角數從 1 累加便可以得到四面體數。也就是把圖 4.17 中的圓形看成是圓球，將它們一層層擺起來，便可以得到正四面體。

費氏數列

按照圖 4.18 所示淺黃色線條方向，將巴斯卡三角每一組數字相加，可以得到下列數字序列，即

$$1, \ 1, \ 2, \ 3, \ 5, \ 8, \ 13, \ 21, \ 34, \ 55 \tag{4.26}$$

這便是**費氏數列** (Fibonacci sequence)。

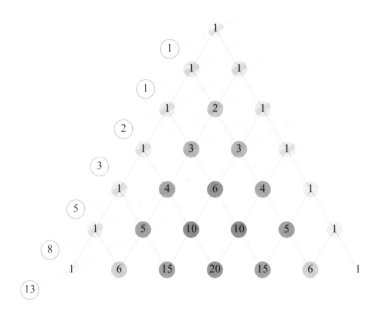

▲ 圖 4.18　巴斯卡三角和費氏數列關係

4.7 方程式組：求解雞兔同籠問題

方程式

方程式 (equation) 就是含有未知量的等式，如 $x + 5 = 8$。使等式成立的未知量的值叫作方程式的**根** (root) 或**解** (solution)。

一元一次方程 (linear equation in one variable) 可以寫成

$$ax + b = c \tag{4.27}$$

其中：x 為未知變數；a、b、c 為實數，且 $a \neq 0$。

二元一次方程 (linear equation in two variables) 可以寫成

$$ax + by = c \tag{4.28}$$

其中：x 和 y 為未知變數；a、b、c 為實數，$a \neq 0$ 且 $b \neq 0$。

用 x_1 和 x_2 作為未知量，二元一次方程也可以寫成

$$ax_1 + bx_2 = c \tag{4.29}$$

方程式組

方程式組 (system of equations) 是指兩個或兩個以上的方程式，一般也會對應兩個或兩個以上未知量。 約 1500 年前成書的《孫子算經》中記載的「雞兔同籠」就可以寫成二元一次方程組。

雞兔同籠問題原文是：「今有雉兔同籠，上有三十五頭，下有九十四足，問雉兔各幾何？」

用現代中文來說就是：現在籠子裡有雞 (雉讀做 zhì) 和兔子在一起。從上面數一共有 35 個頭，從下面數一共有 94 隻腳，問一共有多少隻雞、多少隻兔子？

用 x 代表雞，y 代表兔。有 35 個頭對應方程式

$$x + y = 35 \tag{4.30}$$

有 94 隻腳對應方程式

$$2x + 4y = 94 \tag{4.31}$$

聯立兩個等式得到方程式組

$$\begin{cases} x + y = 35 \\ 2x + 4y = 94 \end{cases} \tag{4.32}$$

很容易求得

$$\begin{cases} x = 23 \\ y = 12 \end{cases} \tag{4.33}$$

也就是，籠子裡有 23 隻雞，12 隻兔。

本書會在座標系、線性代數這兩個話題中繼續有關雞兔同籠故事。

一元二次方程

一元二次方程 (quadratic equation in one variable) 可以寫成

$$ax^2 + bx + c = 0 \qquad (4.34)$$

其中：a、b、c 都是實數，且 $a \neq 0$。

式 (4.34) 的求根公式可以寫成

$$x_{1,2} = \frac{-b \pm \sqrt{b^2 - 4ac}}{2a} \qquad (4.35)$$

式 (4.34) 的**判別式** (discriminant) 是

$$\Delta = b^2 - 4ac \qquad (4.36)$$

$\Delta > 0$，一元二次方程有兩個實數根；$\Delta = 0$，一元二次方程有兩個相同實數根；$\Delta < 0$，一元二次方程有兩個不同的複數根，不存在實數根。

多項式求根

採用 numpy.roots() 也可以計算多項式方程式的根。給定多項式等式

$$a_n x^n + a_{n-1} x^{n-1} + \cdots + a_1 x + a_0 = 0 \qquad (4.37)$$

單項式次數從高到低各項係數作為輸入，用 numpy.roots($[a_0, a_1, ..., a_{n-1}, a_n]$) 函式來求根。此外，sympy.solvers.solve() 函式也可以用於求根。

舉個例子，給定三次多項式等式

$$-x^3 + 0 \cdot x^2 + x + 0 = 0 \qquad (4.38)$$

程式檔案 Bk3_Ch4_09.py 求解式 (4.38) 的三個根。

表 4.6 所示為方程式相關的英文表達。

➜ **表 4.6　方程式相關英文表達**

方程式	英文表達
$x(y + 1)= 5$	x times the quantity of y plus one equals five.
$(x + a)(x + b)= 0$	The quantity of x plus a times the quantity of x plus b equals zero.
$2x + y = 5$	Two x plus y equals five.
$2x^2 + 3x + 4 = 0$	Two x squared plus three x plus four equals zero.
$2x^3 + 3x^2 + 4 = 0$	Two x cubed plus three x squared plus four equals zero.
$(x + y)/2x = 0$	The quantity of x plus y over two x equals zero.
$(x + y)^n = 1$	The quantity x plus y to the nth power equals one.
$x^n + x^{n-1} = 5$	x to the n, plus x to twhe n minus one equals five.

有時候，知識的傳播好似「隨風潛入夜」。 更多時候，是水火不容的碰撞和殘酷血腥的爭奪。然而，這場先佔知識高地的競爭從未偃旗息鼓，大有愈演愈烈之勢。

拿破崙曾感歎「數學的發展與國運息息相關」。讓數學思想之火熊熊燃燒的是一代代棟樑之才和保護炬火、席捲八荒的強大力量。兩者互為給養、風雨同舟、榮辱與共。

在圖 4.2 所示中西方代數復興的時間軸上，一方面我們可以看到數學無國界，她在世界各地輾轉騰挪、斷續發展；另一方面，這個歷史的脈絡也讓人們看到人才培養、聚集、轉移，伴隨著財富、軍事、生產力、政治影響力此消彼長。

阿基米德的血肉之軀不能擋住羅馬士兵的刀刃；但是，他的精巧發明曾一度讓強敵聞之色變。知識不等於汗牛充棟、蛛網塵封的藏書，兩者可謂天壤之差、雲泥之別。掌握、利用知識，讓知識成為生產力，而生產力助力科技進步，迭代螺旋上升才是關鍵。

Section *02*

座標系

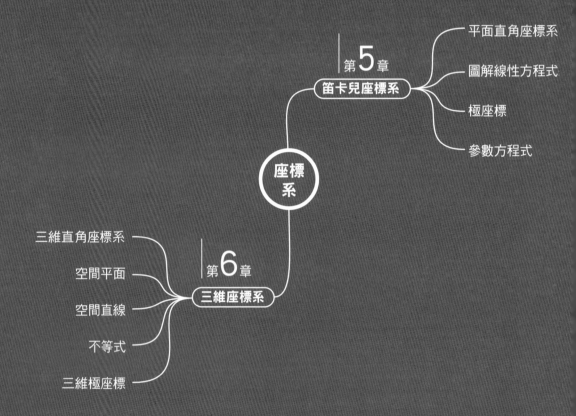

平面直角座標系

圖解線性方程式

極座標

參數方程式

第5章

笛卡兒座標系

座標系

三維直角座標系

空間平面

空間直線

不等式

三維極座標

第6章

三維座標系

學習地圖 | 第2版塊

Cartesian Coordinate System

5 笛卡兒座標系

幾何代數一相逢，便勝卻人間無數

我思，故我在。
I think, therefore I am.
Cogito ergo sum.

——勒內 · 笛卡兒（*René Descartes*）| 法國哲學家、數學家、物理學家 | *1596 – 1650*

- Axes3D.plot_surface() 繪製三維曲面
- matplotlib.pyplot.axhline() 繪製水平線
- matplotlib.pyplot.axvline() 繪製垂直線
- matplotlib.pyplot.plot() 繪製線圖
- matplotlib.pyplot.scatter() 繪製散點圖
- matplotlib.pyplot.text() 在圖片上列印文字
- numpy.meshgrid() 生成網格資料
- plot_parametric() 繪製二維參數方程式
- plot3d_parametric_line() 繪製三維參數方程式
- seaborn.pairplot() 成對散點圖
- seaborn.scatterplot() 繪製散點圖
- sympy.is_decreasing() 判斷符號函式的單調性

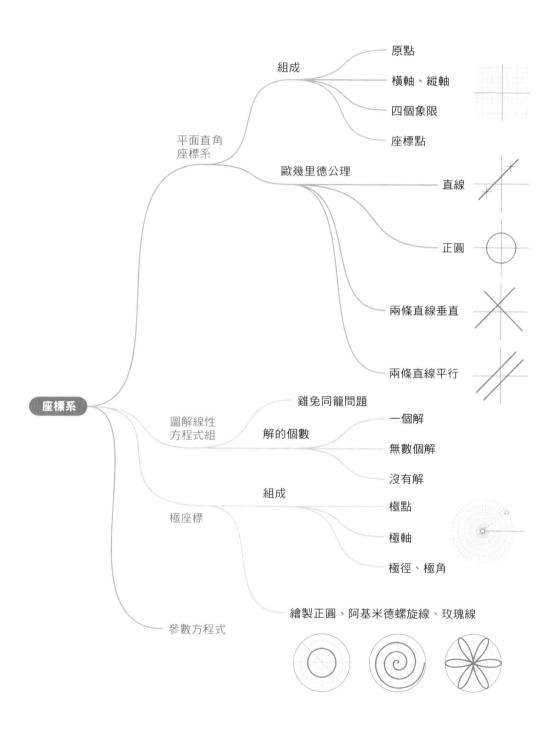

5.1 笛卡兒：我思故我在

笛卡兒（René Descartes）在《方法論》（*Discourse on the Method*）中寫道：「在我認為，任何事情都值得懷疑，但是這個正在思考的個體——我——一定存在。這樣，我便得到第一條真理——我思故我在。」

勒內 · 笛卡兒（René Descartes）

法國哲學家、數學家和科學家 | 1596 - 1650

解析幾何之父

這一天，房間昏暗，笛卡兒躺在床上、百無聊賴，可能在思考「存在」的問題。一隻不速之客闖入他的視野，笛卡兒把目光投向房頂，發現一隻蒼蠅飛來飛去、嚶嚶作響。

突然之間，一個念頭在這個天才的大腦中閃過——要是在屋頂畫上方格，我就可以追蹤蒼蠅的軌跡（見圖 5.1）！

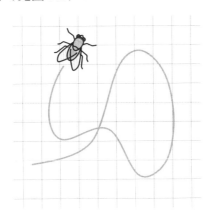

▲ 圖 5.1　笛卡兒眼中的蒼蠅飛行

這個創新的發明像一抹耀眼的光束，瞬間灑滿整個屋頂，照亮昏暗的房間。它隨即射入人類思想的夜空，改變了數學發展的路徑。笛卡兒座標系讓幾何和代數這兩條平行線交織在一起，再也沒有分開。

幾何形體就像是暗夜中大海上游弋的航船。座標系就是燈塔，就是指引方位的北斗。代數式每個符號原本瘦骨嶙峋、死氣沉沉。座標系讓它們血肉豐滿、生龍活虎。

毫不誇張地說，沒有笛卡兒座標系，就不會有函式，更不會有微積分。

笛卡兒時代時間軸如圖 5.2 所示。

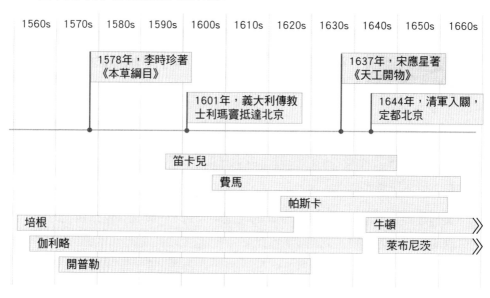

▲ 圖 5.2　笛卡兒時代時間軸

5.2　座標系：代數視覺化，幾何參數化

平面直角座標系

在平面上，**笛卡兒座標系**（Cartesian coordinate system）也叫平面直角座標系。平面直角座標系是兩個相交於**原點**（origin）相互垂直的實數軸。數學中，平面直角座標系常記做 $\mathbb{R}^2$。

如圖 5.3 所示，平面直角座標系是「橫平垂直」的方格。**橫軸**（horizontal number line）常被稱為 x 軸（x-axis），**縱軸**（vertical number line）常被稱為 y 軸（y-axis）。

如圖 5.3 所示，橫縱軸將 xy 平面（xy-plane）分成四個**象限**（quadrants）。象限通常以**羅馬數字**（Roman numeral）**逆時鐘方向**（counter-clockwise）編號。

平面上的每個點都可以表示為座標 $(a，b)$。a 和 b 兩個值分別為**水平座標**（x-coordinate）和**垂直座標**（y-coordinate）。圖 5.4 所示為平面直角座標系中 6 個點對應的座標，請大家自己標出每個點所在象限或橫縱軸。

⚠️ 注意：本書也常用 x_1 表示橫軸，用 x_2 表示縱軸。

⚠️ 注意：象限不包括座標軸。

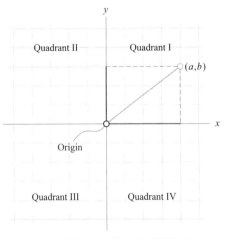

▲ 圖 5.3 笛卡兒座標系

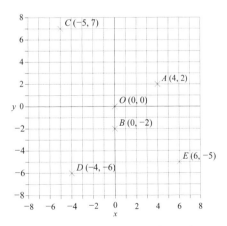

▲ 圖 5.4 平面直角座標系中 6 個點的位置

程式檔案 Bk3_Ch5_01.py 繪製圖 5.4 所示平面直角座標系網格和其中 6 個點，並列印座標值。

歐幾里德的五個公理

有了直角座標系，歐幾里德提出的五個公理就很容易被量化，如圖 5.5 和圖 5.6 所示。下面，我們展開講解。

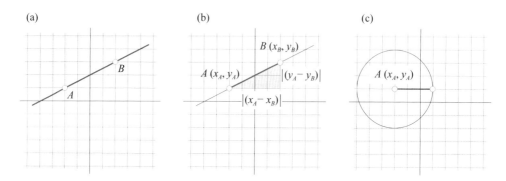

▲ 圖 5.5　在平面直角座標系中展示直線、線段長度和圓

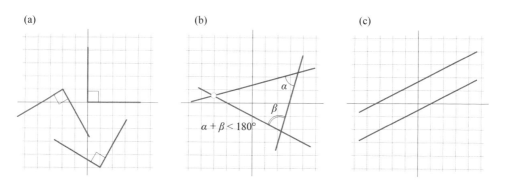

▲ 圖 5.6　在平面直角座標系中展示直角、相交和平行

直線

如圖 5.5 所示，平面直角座標系中，任意兩點可以畫一條直線，這條直線一般對應代數中的二元一次方程

$$ax + by + c = 0 \tag{5.1}$$

使用矩陣乘法，可以寫成

$$\begin{bmatrix} a & b \end{bmatrix}\begin{bmatrix} x \\ y \end{bmatrix} + c = 0 \tag{5.2}$$

如圖 5.7(a) 所示，特別地，當 $a = 0$ 時，直線平行於橫軸，有

$$by + c = 0 \tag{5.3}$$

如圖 5.7(b) 所示，當 $b = 0$ 時，直線平行於縱軸，有

$$ax + c = 0 \tag{5.4}$$

如圖 5.7(c) 所示，如果 a、b 均不為 0，可以寫成

$$y = -\frac{a}{b}x - \frac{c}{b} \tag{5.5}$$

(a)

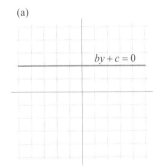

(b)

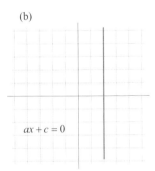

(c)

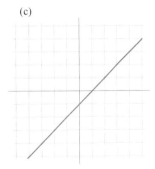

▲ 圖 5.7　平面直角座標系中三類直線

　　當 x 為引數、y 為因變數時，式 (5.5) 實際上就變成了一元一次函式。其中，$-a/b$ 為**直線斜率**（slope），$-c/b$ 為**縱軸截距**（y-intercept）。

兩點距離

本書第 11 章將專門介紹一元一次函式影像。

　　如圖 5.5(b) 所示，$A(x_A, y_A)$ 和 $B(x_B, y_B)$ 兩點之間直線的距離可以用畢氏定理求得，即

$$AB = \sqrt{\left(x_A - x_B\right)^2 + \left(y_A - y_B\right)^2} \tag{5.6}$$

正圓

如圖 5.5(c) 所示，以 $A(x_A, y_A)$ 點為圓心，r 為半徑畫一個圓。圓上任意一點 (x, y) 到 $A(x_A, y_A)$ 點的距離為 r，據此可以建構等式

$$\sqrt{(x - x_A)^2 + (y - y_A)^2} = r \tag{5.7}$$

式 (5.7) 兩邊平方得到圖 5.5(c) 所示圓的解析式為

$$(x - x_A)^2 + (y - y_A)^2 = r^2 \tag{5.8}$$

使用矩陣乘法，式 (5.8) 可以寫成為

$$\begin{bmatrix} x - x_A & y - y_A \end{bmatrix} \begin{bmatrix} x - x_A \\ y - y_A \end{bmatrix} - r^2 = 0 \tag{5.9}$$

特別地，當圓心為原點 (0, 0) 時，半徑 $r = 1$ 時，圓為**單位圓**（unit circle），對應的解析式為

$$x^2 + y^2 = 1 \tag{5.10}$$

使用矩陣乘法，式 (5.10) 可以寫成

$$\begin{bmatrix} x & y \end{bmatrix} \begin{bmatrix} x \\ y \end{bmatrix} - 1 = 0 \tag{5.11}$$

有了平面直角座標系，單位圓和各種三角函式之間的聯繫就很容易視覺化，具體如圖 5.8 所示。

請大家特別注意 θ 為 $\pi/2(90°)$ 的倍數，即 $\theta = k\pi/2$（k 為整數）時，有些三角函式值為無限大，即沒有定義。比如 $\theta = 0(0°)$ 時，點 A 在橫軸正半軸上，圖 5.8 中 $\csc\theta$ 和 $\cot\theta$ 均為無限大。又如 $\theta = \pi/2(90°)$ 時，點 A 在縱軸正半軸上，圖 5.8 中 $\sec\theta$ 和 $\tan\theta$ 均為無限大。圖 5.9 所示為平面直角座標系中，角度、弧度和常用三角函式的正負關係。

當 θ 連續變化時，幾個三角函式值也會跟著連續變化，在平面直角座標系中，我們可以畫出三角函式影像。本書第 11 章將介紹常見三角函式的影像。

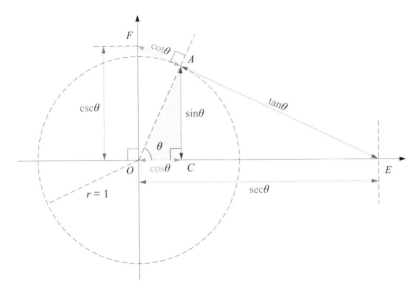

▲ 圖 5.8　三角函式和單位圓的關係

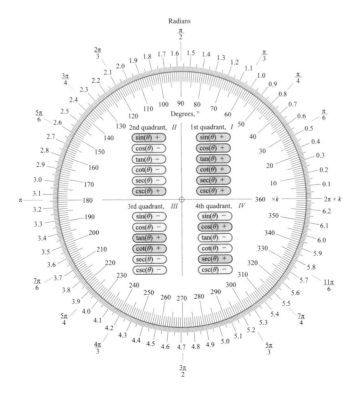

▲ 圖 5.9　平面直角座標系中，角度、弧度和常用三角函式的正負關係

垂直

平面直角座標系中，判斷垂直變得更加簡單。

給定 $ax + by + c = 0$ 和 $\alpha x + \beta y + \gamma = 0$ 兩條直線，兩者垂直時滿足條件

$$a\alpha + b\beta = 0 \tag{5.12}$$

如果係數 a、b、α、β 均不為 0 時，兩條直線垂直，則兩條直線斜率相乘為 -1，即

$$\frac{a}{b}\frac{\alpha}{\beta} = -1 \tag{5.13}$$

圖 5.10(a) 所示為兩條垂直線，它們分別代表 $y = 0.5x + 2$ 和 $y = -2x - 1$ 這兩個一次函式。顯然兩個一次函式斜率相乘為 -1(= 0.5×(-2))。

(a) 垂直線　　　　　　　　　　　　(b) 平行線

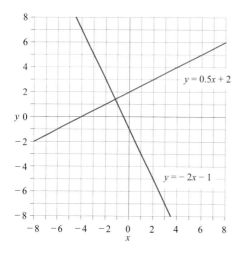 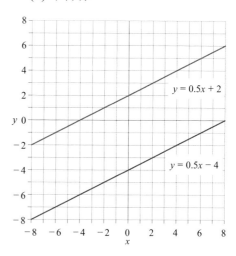

▲ 圖 5.10　兩條垂直直線和兩條平行線

平行

同理，如果 $ax + by + c = 0$ 和 $\alpha x + \beta y + \gamma = 0$ 兩條直線平行，則係數滿足

$$a\beta - b\alpha = 0 \tag{5.14}$$

如果係數 a、b、α、β 均不為 0 時，兩條直線平行或重合，則兩條直線斜率相同，即

$$\frac{a}{b} = \frac{\alpha}{\beta} \tag{5.15}$$

圖 5.10(b) 所示為兩條平行線。圖 5.11 分別展示了兩條水平線和兩條垂直線。兩條水平線可以視作常數函式，而兩條垂直線則不是函式。

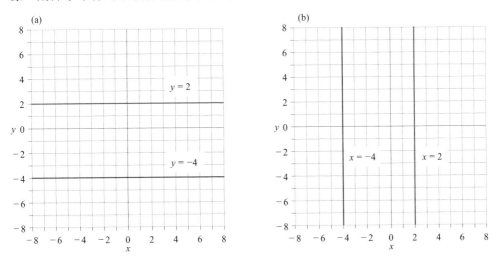

▲ 圖 5.11　兩條水平線和兩條垂直線

表 5.1 總結了有關座標系的常用英文表達。

➡ 表 5.1　有關座標系的常用英文表達

數學或中文表達	英文表達
(a,b)	The point a, b
$P(a,b)$	The point capital P with coordinates a and b
$P(4,3)$	The x-coordinate of point P is 4; and the y-coordinate of point P is 3. The coordinates of point P are(4, 3). 4 is the x-coordinate and 3 is the y-coordinate P is 4 units to the right of and 3 units above the origin.

數學或中文表達	英文表達
第一象限	First quadrant
y 軸正方向	Positive direction of the y-axis
y 軸負方向	Negative direction of the y-axis
x 軸正方向	Positive direction of the x-axis
x 軸負方向	Negative direction of the x-axis
關於 x 軸對稱	To be symmetric about the x-axis
關於 y 軸對稱	To be symmetric about the y-axis
關於原點對稱	To be symmetric about the origin

程式檔案 Bk3_Ch5_02.py 繪製圖 5.10 和圖 5.11。

5.3 圖解「雞兔同籠」問題

圖解法

有了平面直角座標系，我們就可以圖解本書第 4 章提到的雞兔同籠問題。

首先建構二元一次方程組，這次用 x_1 代表雞，x_2 代表兔。

雞、兔共有 35 個頭，對應等式

$$x_1 + x_2 = 35 \tag{5.16}$$

雞、兔共有 94 隻足，對應等式

$$2x_1 + 4x_2 = 94 \tag{5.17}$$

聯立兩個等式，得到方程式組

$$\begin{cases} x_1 + x_2 = 35 \\ 2x_1 + 4x_2 = 94 \end{cases} \tag{5.18}$$

用圖解法，式 (5.16) 和式 (5.17) 分別代表平面直角座標系的兩條直線，如圖 5.12 所示。兩條直線的交點就是解 (23, 12)。也就是說，籠子裡有 23 隻雞，12 隻兔。

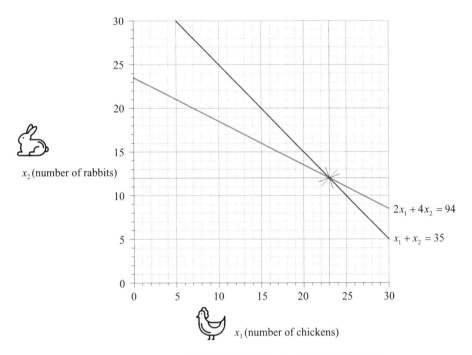

▲ 圖 5.12　雞兔同籠問題方程式組對應的影像

限制條件

實際上，圖 5.12 所示的兩條直線並不能準確表達雞兔同籠問題的全部條件。

雞兔同籠問題還隱含著限制條件 $-x_1$ 和 x_2 均為非負整數。也就是說，雞、兔的個數必須是 0 或正整數，不能是小數，更不能是負數。

有了這個條件作為限制，我們便可以獲得如圖 5.13 所示的這幅影像。可以看到，方程式對應的影像不再是連續的直線，而是一個個點。圖 5.13 的網格交點對應整數座標點，可以看到所有的 × 點都在網格交點處。

圖 5.13 中所有的點被限制在第一象限 (包含座標軸)，這個區域對應不等式組

$$\begin{cases} x_1 \geq 0 \\ x_2 \geq 0 \end{cases} \tag{5.19}$$

不等式區域是下一章要探討的話題。

從另外一個角度來看，圖 5.13 中 × 和 × 兩組點對應的橫、縱軸座標值分別組成**等差數列** (arithmetic progression)。

等差數列是指從第二項起，每一項與它的前一項的差等於同一個常數的一種數列。

⚠️

注意：數列也可以視為是定義域離散的特殊函式。

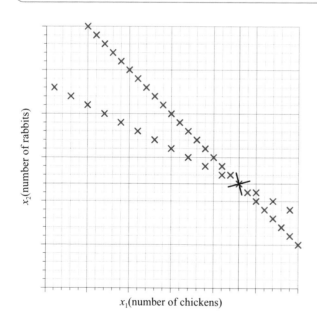

▲ 圖 5.13　雞兔同籠問題方程式組對應的非負整數影像

◀

本書第 14 章將講解數列相關內容。

二元一次方程組解的個數

兩個二元一次方程組成的方程式組可以有一個解、無數解或沒有解。

有了影像，這一點就很好理解了。圖 5.14(a) 舉出的兩條直線相交於一點，也就是二元一次方程組有一個解。

圖 5.14(b) 舉出的兩條直線相重合，也就是二元一次方程組有無數解。

圖 5.14(c) 舉出的兩條直線平行，也就是二元一次方程組沒有解。

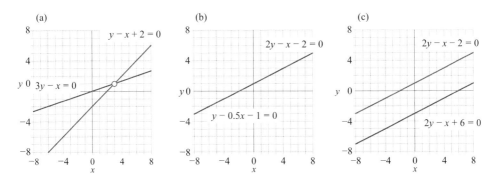

▲ 圖 5.14　兩個二元一次方程組有一個解、無數解、沒有解

程式檔案 Bk3_Ch5_03.py 繪製圖 5.12 。程式並沒有直接計算出方程式組的解，這個任務交給本書線性代數相關內容來解決。

我們在 Bk3_Ch5_03.py 基礎上，用 Streamlit 製作了繪製平面直線的 App ，透過調整參數，請大家觀察直線的位置變化。請參考程式檔案 Streamlit_Bk3_Ch5_03.py。

5.4　極座標：距離和夾角

極座標系 (polar coordinate system) 也是常用座標系。如圖 5.15 左圖所示，平面直角座標系中，位置由橫軸、縱軸座標值確定。而極座標中，位置由一段距離 r 和一個夾角 θ 來確定。

如圖 5.15 右圖所示，O 是極座標的**極點** (pole)，從 O 向右引一條射線作為**極軸** (polar axis)，規定逆時針角度為正。這樣，平面上任意一點 P 的位置可以由線段 OP 的長度 r 和極軸到 OP 的角度 θ 來確定。(r, θ) 就是 P 點的極座標。

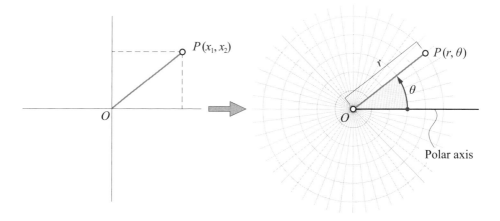

▲ 圖 5.15　從平面直角座標系到極座標系

一般，r 稱為**極徑** (radial coordinate 或 radial distance)，θ 稱為**極角** (angular coordinate 或 polar angle 或 azimuth)。

平面上，極座標 (r, θ) 可以轉化為直角座標系座標 (x_1, x_2)，有

$$\begin{cases} x_1 = r \cdot \cos\theta \\ x_2 = r \cdot \sin\theta \end{cases} \tag{5.20}$$

平面極座標讓一些曲線視覺化變得非常容易。圖 5.16(a) 所示為極座標中繪製的正圓，圖 5.16(b) 所示為**阿基米德螺旋線 (Archimedean spiral)**，圖 5.16(c) 所示為玫瑰線。

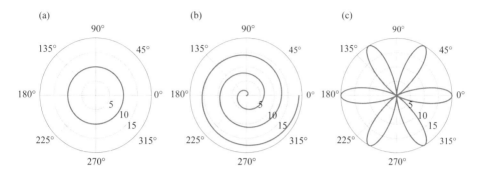

▲ 圖 5.16　平面極座標中視覺化三個曲線

程式檔案 Bk3_Ch5_04.py 繪製圖 5.16 所示的三幅影像。

5.5　參數方程式：引入一個參數

在平面直角座標系中，如果曲線上任意一點座標 x、y 都是某個參數 (如 t) 的函式，對於參數任何設定值，方程式組確定的點 (x_1, x_2) 都在這條曲線上，那麼這個方程式就叫作曲線的**參數方程式** (parametric equation)，比如

$$\begin{cases} x_1 = f(t) \\ x_2 = g(t) \end{cases} \tag{5.21}$$

圖 5.17 所示為用參數方程式法繪製的單位圓，對應的參數方程式為

$$\begin{cases} x_1 = \cos(t) \\ x_2 = \sin(t) \end{cases} \tag{5.22}$$

其中：t 為參數，設定值範圍為 $[0, 2\pi]$。

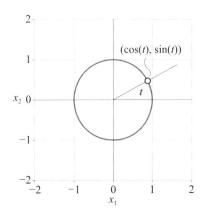

▲　圖 5.17　　參數方程式繪製正圓

程式檔案 Bk3_Ch5_05.py 用於繪製圖 5.17。

我們也可以採用 sympy 工具套件中的 plot_parametric( ) 函式繪製二維參數方程式，程式檔案 Bk3_Ch5_06.py 便是透過 t = symbols('t') 先定義符號變數 t。然後，利用 plot_parametric() 函式繪製單位圓。

5.6 座標系必須是「橫平垂直的方格」？

本章最後聊一下「座標系」的內涵。

從廣義來說，座標系就是一個定位系統。比如，地球表面可以用經緯度來唯一確定一點，顯然經緯度網格不是橫平垂直，它更像本章講到的極座標。

具體到某一個建築內的位置時，我們在經緯度基礎上加入樓層數這個定位參數。而航空、太空船定位時，會考慮海拔，如圖 5.18 所示。

現在人類還是生存在地球「表面」。假想在不遠的未來，人類可以大規模地在地下、海洋下方，甚至天空中生活，這時人們可能要自然而然地在經緯度基礎上再加一個定位值，如距離地心距離或海拔。那時，三座城市很可能經緯度幾乎一致，卻分別位於地表、地下和半空中。

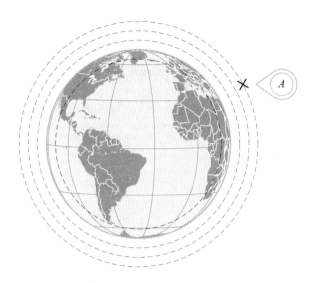

▲ 圖 5.18　經緯度加海拔定位

座標系的定義應滿足實際需求，根據約定俗成怎麼方便怎麼來。

笛卡兒座標系是數學中定位平面一點最常用的座標系。本章舉出的直角座標系都是橫平垂直的「方格」，這是因為它們的橫垂直座標軸垂直，且尺度完全一致。很多情況，直角座標系的橫垂直座標軸的數值尺度不同，這樣我們便獲得了「長方格」的直角座標系。

如圖 5.19 所示，橫平垂直的方格，經過垂直或水平方向拉伸，得到兩個不同長方格。大家會發現，當影像較複雜時，為了突出其細節，本書中很多影像並不繪製網格，而只提供座標軸上的刻度線和對應刻度值。必要時，在垂直或水平軸具體位置加**輔助線** (reference line)。

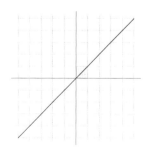
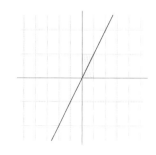
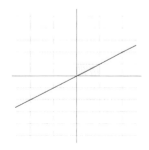

▲ 圖 5.19　直角座標系 (方格到長方)

　　圖 5.19 中三個直角座標系中方格的大小還是分別保持一致。有些應用場合，一幅影像中方格形狀還可能不一致。如圖 5.20 右圖所示，影像的縱軸為**對數座標刻度** (logarithmic scale)，這時座標系方格大小就不再一致。

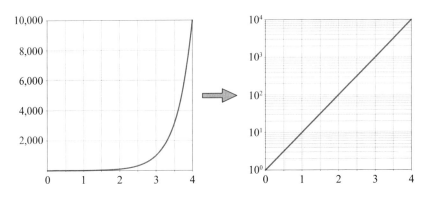

▲ 圖 5.20　直角座標系到縱軸為對數刻度

　　再退一步，不管怎麼說，圖 5.20 所示的刻度線還是「橫平垂直」。有些時候，「橫平垂直」這個限制也可以被打破。圖 5.21 中 (a)、(b) 和 (c) 三幅圖座標網格還是橫平垂直，而剩下六幅圖網格則千奇百怪，對應獨特的旋轉、伸縮等幾何操作。

　　即使如此，圖 5.21 中九幅圖都可以準確定位點 A 和點 O 的位置關係。大家可能已經發現，概括來說，圖 5.21 中每幅圖各自的網格都是完全相等的平行四邊形。

　　本節展示的各種座標系都束縛在同一個平面內。這個平面最根本的座標系就是笛卡兒直角座標系 $\mathbb{R}^2$ ，而各種座標系似乎都與笛卡兒座標系 $\mathbb{R}^2$ 存在某種量化聯繫。目前我們介紹的數學工具還不足夠解析這些量化聯繫，本書會講解更多數學工具，慢慢給大家揭開不同座標系和笛卡兒直角座標系的關係。

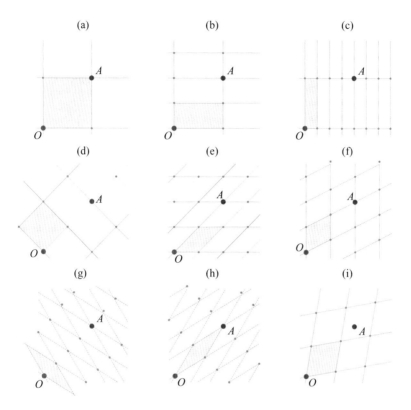

▲ 圖 5.21　不同形狀平行四邊形網格表達點 A 和點 O 關係

笛卡兒的座標系像極了太極八卦。

太極生兩儀，兩儀生四象，四象生八卦。如圖 5.22 所示，座標系的原點就是太極的極，兩極陰陽為數軸負和正。橫軸 x_1 和縱軸 y 張成平面 $\mathbb{R}^2$ ，並將其分成為四個象限。

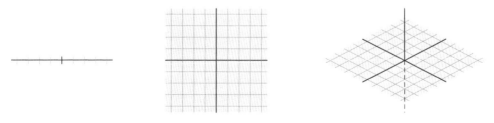

▲ 圖 5.22　數軸、平面直角座標系、三維直角座標系

　　垂直於 $\mathbb{R}^2$ 平面再升起一個 z 軸，便生成一個三維空間 $\mathbb{R}^3$。x、y 和 z 軸將三維空間割裂成八個區塊。這是下一章要介紹的內容。

　　座標系看似有界，但又無界。正所謂大方無隅，大器晚成，大音希聲，大象無形。

　　笛卡兒座標系包羅萬象，本章之後的所有數學知識和工具都包含在笛卡兒座標系這個「大象」之中。

Three-Dimensional Coordinate System

6 三維座標系

平面直角坐標系上升起一根縱軸

虛空無盡的蔚藍，神秘深邃的蒼穹，漫天飄舞的蟲鳥 ......

時時刻刻在召喚，「騰空而起吧，人類！」

The blue distance, the mysterious Heavens, the example of birds and insects flying everywhere - are always beckoning Humanity to rise into the air.

——康斯坦丁 · 齊奧爾科夫斯基（*Konstantin Tsiolkovsky*）| 航太之父 | 1857 - 1935

- ax.plot_wireframe() 繪製線方塊圖
- matplotlib.pyplot.contour() 繪製平面等高線
- matplotlib.pyplot.contourf() 繪製平面填充等高線
- numpy.meshgrid() 產生網格化資料
- numpy.outer() 計算外積
- plot_parametric() 繪製二維參數方程式
- plot3d_parametric_line() 繪製三維參數方程式

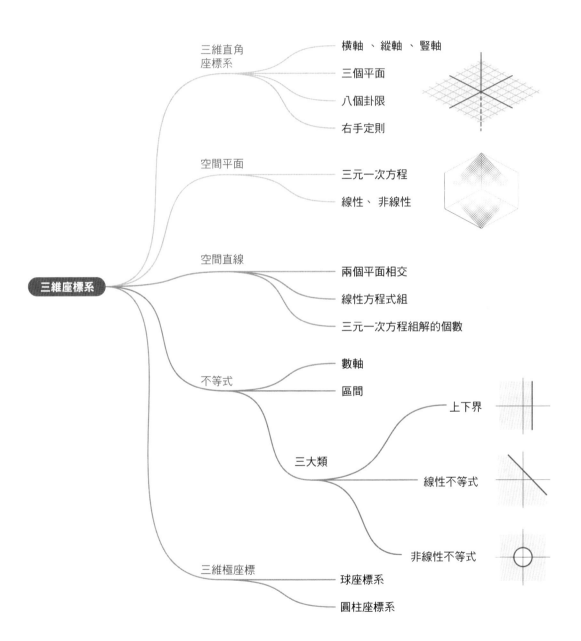

三維座標系
- 三維直角座標系
  - 橫軸、縱軸、豎軸
  - 三個平面
  - 八個卦限
  - 右手定則
- 空間平面
  - 三元一次方程
  - 線性、非線性
- 空間直線
  - 兩個平面相交
  - 線性方程式組
  - 三元一次方程組解的個數
- 不等式
  - 數軸
  - 區間
  - 三大類
    - 上下界
    - 線性不等式
    - 非線性不等式
- 三維極座標
  - 球座標系
  - 圓柱座標系

6.1 三維直角座標系

費馬 (Pierre de Fermat) 不僅獨立發明了平面直角座標系，他還在 xy 平面座標系上插上了 z 軸，創造了三維直角座標系。

三維直角座標系有三個座標軸——x 軸或**橫軸** (x-axis)，y 軸或**縱軸** (y-axis) 和 z 軸或**垂軸** (z-axis)。 本書也經常使用 x_1、x_2、x_3 來代表橫軸、縱軸和垂軸。

圖 6.1 所示的三維直角座標系有三個平面：xy 平面、yz 平面、xz 平面。x 軸和 y 軸組成 xy 平面，z 軸垂直於 xy 平面；y 軸和 z 軸組成 yz 平面，x 軸垂直於 yz 平面；x 軸和 z 軸組成 xz 平面，y 軸垂直於 xz 平面。這三個平面將三維空間分成了八個部分，稱為**象限** (octant)。

三維直角座標系內的座標點可以寫成 (a, b, c)。

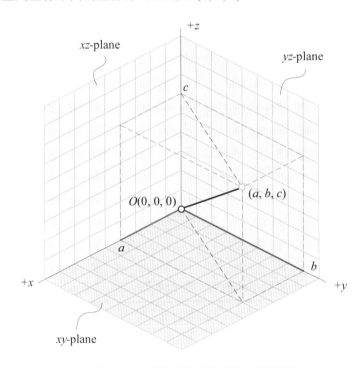

▲ 圖 6.1　三維直角座標系和三個平面

圖 6.2 所示舉出了三種右手定則，用來確定三維直角座標系 x、y 和 z 軸正方向。比較常用的是圖 6.2(b) 所示的定則。

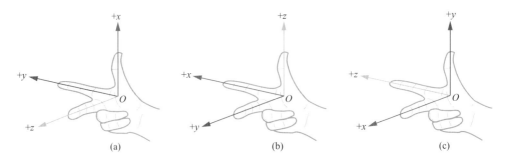

(a)　　　　　　　　　(b)　　　　　　　　　(c)

▲　圖 6.2　右手定則確定三維直角座標系 x、y 和 z 軸正方向

6.2　空間平面：三元一次方程

三維直角座標系中，平面可以寫成等式

$$ax + by + cz + d = 0 \tag{6.1}$$

其中：x、y、z 為變數；a、b、c、d 為參數。實際上，這個等式就是代數中的三元一次方程。利用矩陣乘法，可以寫成

$$\begin{bmatrix} a & b & c \end{bmatrix} \begin{bmatrix} x \\ y \\ z \end{bmatrix} + d = 0 \tag{6.2}$$

第一個平面

舉個例子，圖 6.3 所示平面對應的解析式為

$$x + y - z = 0 \tag{6.3}$$

　　圖 6.3 中網格面的顏色對應 z 的數值。z 越大，越靠近暖色系；z 越小，越靠近冷色系。以 z 作為因變數、x 和 y 作為引數，等價於二元函式

$$z = f(x, y) = x + y \tag{6.4}$$

第二個平面

　　圖 6.4 所示平面對應的解析式為

$$y - z = 0 \tag{6.5}$$

　　圖 6.4 中網格面平行於 x 軸，垂直於 yz 平面。從等式上來看，不管 x 取任何值，圖 6.4 平面上的點對應的 y 和 z 都滿足 $y - z = 0$。

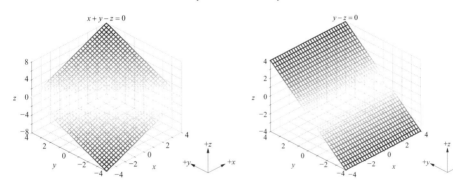

▲ 圖 6.3　等式 $x + y - z = 0$ 對應的平面　　▲ 圖 6.4　等式 $y - z = 0$ 對應的平面

第三個平面

　　圖 6.5 所示平面對應的解析式為

$$x - z = 0 \tag{6.6}$$

　　圖 6.5 中網格面平行於 y 軸，垂直於 xz 軸。不管 y 取任何值，圖 6.5 平面上的點 y 和 z 的關係都滿足 $x - z = 0$。

第四個平面

圖 6.6 所示平面對應的等式為 $z - 2 = 0$ ，這個平面顯然平行於 xy 平面，垂直於 z 軸。從函式角度，這個平面可以視為是二元常數函式，寫成 $f(x, y) = c$。

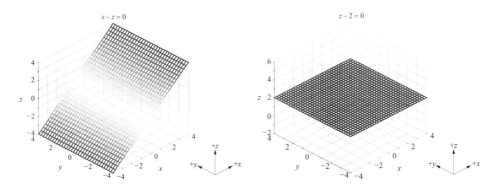

▲　圖 6.5　等式 $x - z = 0$ 對應的平面　　　▲　圖 6.6　等式 $z - 2 = 0$ 對應的平面

最後三個例子

圖 6.7 ～ 圖 6.9 所示的三幅圖中，平面有一個共同特點，它們都垂直於 xy 平面。這三個平面，z 的取值都不影響平面和 xy 平面的相對位置。三個平面都相當於，xy 平面上一條直線沿 z 方向展開。反過來看，圖 6.7 ～ 圖 6.9 三幅圖中平面在 xy 平面上的投影均為一條直線。

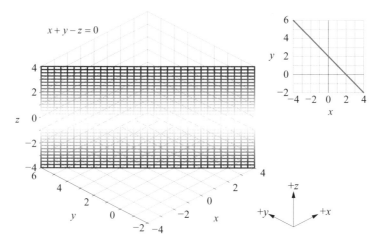

▲　圖 6.7　等式 $x + y - 2 = 0$ 對應的平面

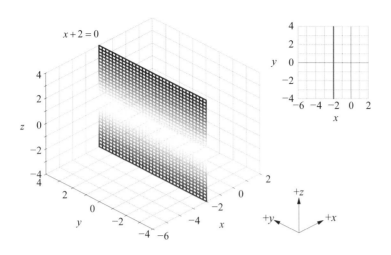

▲ 圖 6.8　等式 $x + 2 = 0$ 對應的平面

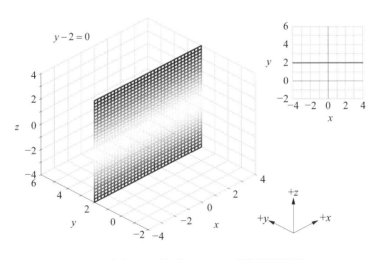

▲ 圖 6.9　等式 $y - 2 = 0$ 對應的平面

Bk3_Ch6_01.py 繪製本節幾幅三維空間平面。

我們在 Bk3_Ch6_01.py 基礎上，用 Streamlit 製作了繪製三維空間斜面的 App，透過調整參數，請大家觀察斜面位置變化。請參考程式檔案 Streamlit_Bk3_Ch6_01.py。

相信大家經常聽到「線性」和「非線性」這兩個詞，下面簡單區分兩者。

在平面直角座標系中，**線性** (linearity) 是指量與量之間的關係可以用一條斜線表示，比如 $y = ax + b$。平面上，線性函式即一次函式，對應影像為一條斜線。

注意：嚴格來講，如果以滿足疊加性和齊次性為條件，只有正比例函式才是線性函式。

在三維直角座標系中，「線性」對應的幾何形式是斜面，也就是二元一次函式，比如 $y = b_1x_1 + b_2x_2 + b_0$。

對於多元函式，線性的形式為 $y = b_1x_1 + b_2x_2 + b_3x_3 + ... + b_nx_n + b_0$。在多維空間中，其對應影像是**超平面** (hyperplane)。圖 6.10 所示為線性關係三個例子。

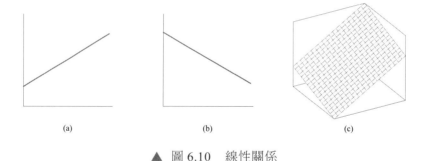

(a)　　　　　　　　(b)　　　　　　　　(c)

▲ 圖 6.10　線性關係

與線性相對的是**非線性** (nonlinearity)。「非線性」對應的影像不是直線、也不是平面、更不是超平面。平面上，非線性關係可以是曲線、折線，甚至不能用參數來描述。這種不能用參數描述的情況在數學上叫**非參數** (non-parametric)。圖 6.11 所示為平面上非線性關係的例子。

(a)　　　　　　　　(b)　　　　　　　　(c)

▲ 圖 6.11　非線性關係

機器學習中，回歸模型是重要**監督學習** (supervised learning)。回歸模型研究變數和引數之間關系，目的是分析預測。圖 6.12 所示為三類回歸模型，圖 6.12(a) 所示為線性回歸模型，圖 6.12(b)(c) 則是非線性回歸模型。

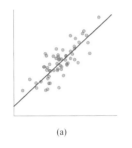 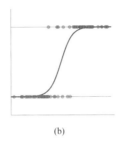 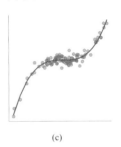

(a)　　　　　　　　　　(b)　　　　　　　　　　(c)

▲ 圖 6.12　機器學習中回歸問題

監督學習中，二分類問題很常見，比如將圖 6.13 中藍色和紅色資料點以某種方式分開，分割不同標籤資料點的邊界線叫**決策邊界** (decision boundary)。二分類輸出標籤一般為 0(藍色)、1(紅色)。圖 6.13(a) 所示為用線性 (一根直線) 決策邊界分割藍色、紅色資料點，圖 6.13(b)(c) 所示為非線性決策邊界。

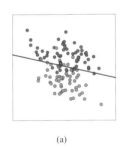  

(a)　　　　　　　　　　(b)　　　　　　　　　　(c)

▲ 圖 6.13　機器學習中二分類問題

6.3 空間直線：三元一次方程組

有了三維空間平面，確定一條空間直線就變得很簡單——兩個平面相交便確定一條空間直線。也就是說，多數情況下，兩個三元一次方程確定一條三維空間直線。

舉個例子

比如，舉出兩個三元一次方程

$$\begin{cases} x + y - z = 0 \\ 2z - y - z = 0 \end{cases} \tag{6.7}$$

式 (6.7) 中，每個方程式代表三維空間的平面。如圖 6.14 所示，這兩個平面相交得到一條直線。

從代數角度，可以這樣理解式 (6.7)，即這兩個三元一次方程組成的方程式組有無陣列解，這些解都在圖 6.14 所示的黑色直線上。

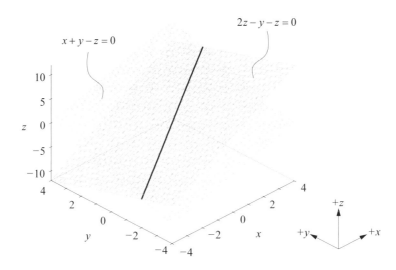

▲　圖 6.14　兩個相交平面確定一條直線

三個平面相交一點

在式 (6.7) 基礎上，再加一個三元一次方程，得到方程式組

$$\begin{cases} x+y-z=0 \\ 2x-y-z=0 \\ -x+2y-z+2=0 \end{cases} \tag{6.8}$$

如圖 6.15 所示，這三個平面相交於一點。也就是說，式 (6.8) 這個三元一次方程組有唯一解。

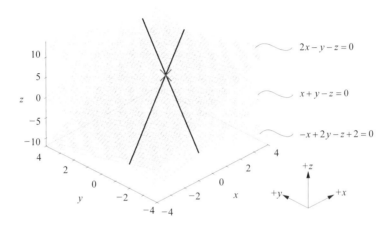

▲ 圖 6.15　三個平面相交於一點

矩陣形式

式 (6.8) 一般寫成以下矩陣運算形式，即

$$\underbrace{\begin{bmatrix} 1 & 1 & -1 \\ 2 & -1 & -1 \\ -1 & 2 & -1 \end{bmatrix}}_{A} \underbrace{\begin{bmatrix} x \\ y \\ z \end{bmatrix}}_{x} = \underbrace{\begin{bmatrix} 0 \\ 0 \\ -2 \end{bmatrix}}_{b} \tag{6.9}$$

本書最後還會用「雞兔同籠」問題再次討論線性方程組。

式 (6.9) 這種形式叫作線性方程式組 (system of linear equations)，一般寫成 $Ax = b$。可以想到，當線性方程式組的方程式數有幾百、幾千、甚至更多，$Ax = b$ 這種形式更規整，更便於計算。而且，對矩陣 A 和增廣矩陣 $[A \ b]$ 各種性質研究，可以判定線性方程式組解的特點。

三元一次方程組解的個數

圖 6.16 所示為三元一次方程組解的個數的幾種可能性。

如圖 6.16(a) 所示，當三個平面相交於一點時，方程式組有且僅有一個解。

如圖 6.16(b) 所示，當三個平面相交於一條線時，方程式組無陣列解。無陣列解還有其他情況，如兩個平面重合或第三個平面相交，再如三個平面重合。

圖 6.16(c) ~ 圖 6.16(e) 舉出的是方程式組無解的三種情況。圖 6.16(c) 中，兩個平面平行，分別和第三個平面相交，得到兩條交線相互平行。圖 6.16(d) 中，三個平面平行。圖 6.16(e) 中，兩個平面重合，與第三個平面平行。方程式組還有其他無解的情況，如三個平面兩兩相交，得到三條交線，而三條交線相互平行。

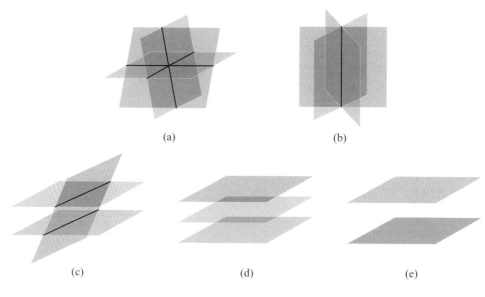

(a)　　　　　　　　　　　　　　(b)

(c)　　　　　　　(d)　　　　　　　(e)

▲ 圖 6.16　圖解三元一次方程組解的個數

Bk3_Ch6_02.py 用於繪製圖 6.14。請大家自行修改程式繪製圖 6.15。

6.4 不等式：劃定區域

如圖 6.17 所示，代數中，**等式** (equality) 可以是確定的值 ($x = 1$)、確定的直線 ($x + y = 1$)、確定的曲線 ($x^2 + y^2 = 1$)、確定的平面 ($-x + y - z + 1 = 0$) 等。

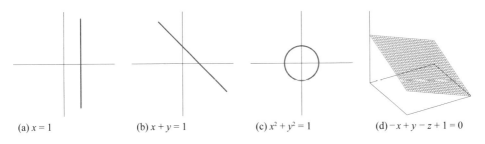

(a) $x = 1$　　(b) $x + y = 1$　　(c) $x^2 + y^2 = 1$　　(d) $-x + y - z + 1 = 0$

▲ 圖 6.17　等式的幾何意義

然而，如圖 6.18 所示，**不等式** (inequality) 的幾何意義則是劃定區域，如 x 的設定值範圍 ($x < 1$)、直線在平面上劃定的區域 ($x + y \leq 1$)、曲線在平面上劃定的區域 ($x^2 + y^2 > 1$)、平面分割三維空間 ($-x + y - z + 1 < 0$) 等。

圖 6.18 中當邊界為虛線時，表示劃定區域不包括藍色邊界線。

⚠
注意：圖 6.18 中藍色箭頭指向滿足不等式條件區域方向，藍色箭頭和梯度向量 (gradient vector) 有關。

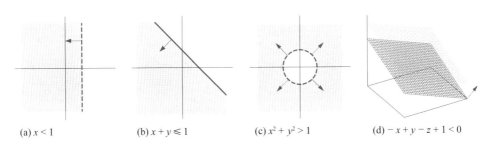

(a) $x < 1$　　(b) $x + y \leq 1$　　(c) $x^2 + y^2 > 1$　　(d) $-x + y - z + 1 < 0$

▲ 圖 6.18　不等式的幾何意義

　　此外，圖 6.17 和圖 6.18 這兩幅圖告訴我們幾何角度是理解代數式最直接的方式。本書在講解每個數學工具式，都會給大家提供幾何角度，以便加強理解，請大家格外留意。

數軸、絕對值、大小

　　為了理解不等式，讓我們首先回顧數軸這個概念，數軸上的每一個點都對應一個實數，數軸上原點右側的數為正數，原點左側的數為負數。

　　某個數的**絕對值** (absolute value) 是指，數軸上該數與原點的距離。比如，|-5| = 5(讀作 the absolute value of negative five equals five) 可以視為 -5 距離原點的距離為 5 個單位長度。x 的絕對值記做 $|x|$ (讀作 absolute value of x)。顯然，實數絕對值為非負數，即 $|x| \geq 0$。

　　如果兩個實數相等，這就表示它們位於數軸同一點。當兩個數不相等時，位於數軸左側的數較小。如圖 6.19 所示，實數 a 小於實數 b，可以表達為 $a <$ b(讀作 a is less than b)。也可以說，在數軸上 a 在 b 的左側 (a is to the left of b on the number line)。

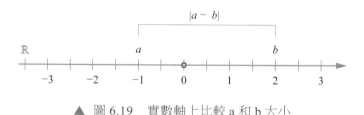

▲ 圖 6.19　實數軸上比較 a 和 b 大小

　　表 6.1 總結了六個不等式符號。這種用**不等號** (inequality sign) 表達的式子被稱為不等式。不等式相關的英文表達如表 6.2。

→ 表 6.1　六個不等式符號

數學表達	英文表達	中文表達
$<$	less than	小於
$>$	greater than	大於
$\leq$	less than or equal to	小於等於
$\geq$	greater than or equal to	大於等於
$\ll$	much less than	遠小於
$\gg$	much greater than	遠大於

▲ 表 6.2　不等式相關的英文表達

數學表達	英文表達
$4 > 3$	Four is greater than three. Three is less than four.
$y \leq 9$	Small y is less than or equal to nine.
$x \geq -1$	Small x is greater than or equal minus one.
$-3 < x < 2$	Small x is greater than minus three and less than two.
$0 \leq x \leq 1$	x is greater than or equal to zero and less than or equal to one.
$a < b$	a is less than b.
$a > b$	a is greater than b.
$a \leq b$	a is less than or equal to b. a is not greater than b.
$a \geq b$	a is greater than or equal to b. a is not less than b.
$a \ll b$	a is much less than b.
$a \gg b$	a is much greater than b.
$a \approx b$	a is approximately equal to b.
$a \neq b$	a is not equal to b.

區間

在數學上，某個變數的上下界可以寫成區間。從集合角度來看，**區間** (interval) 是指在一定範圍內的數的集合。

通用的區間記號中，圓括號表示「排除」，方括號表示「包括」。

如圖 6.20(a) 所示，**開區間** (open interval) 不包括區間左右端點，可以記作 (a, b)，兩端均為圓括號 (parentheses)。

如圖 6.20(b) 所示，**閉區間** (closed interval) 包括區間兩端端點，可以記作 $[a, b]$，兩端均為方括號 (square brackets)。

如圖 6.20(c) 所示，**左開右閉區間** (left-open and right-closed)，可以記作 $(a, b]$，不包括區間左端點、包括右端點。

如圖 6.20(d) 所示，左閉右開區間 (right-open and left-closed)，可以記作 $[a, b)$，包括區間左端點、 不包括右端點。

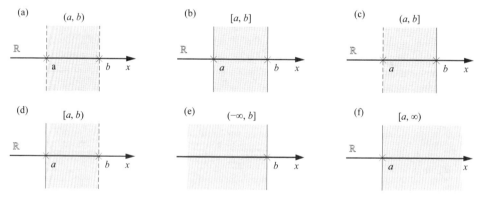

▲ 圖 6.20　六個區間

> ⚠️
> 請大家特別注意：在最佳化問題求解中，如果變數兩端均有界，一般只考慮閉區間，即可以取到區間端點數值。也就是，圖 6.20 中 (a)、(b)、(c)、(d) 對應的四個區間在最佳化問題中等價，a 叫作下界 (lower bound)，b 叫作上界 (upper bound)。

此外，建構最佳化問題時，一般都將各種不等式符號調整為小於或等於符號，即「≤」。

區間兩端可能**有界** (bounded) 或**無界** (unbounded)，也就是區間某側可能沒有端點，即為無限大。**正無限大** (infinity) 記作 ∞ 或 +∞ ，**負無限大** (negative infinity) 記作 -∞。

圖 6.20(e) 所示為**左無界右有界** (left-unbounded and right-bounded) 區間，如 $(-\infty, b]$。

圖 6.20(f) 所示為**左有界右無界** (left-bounded and right-unbounded) 區間，如 $[a, \infty)$。

左右均無界 (unbounded at both ends)，即 $(-\infty, \infty)$，代表整根實數軸。

◀ 本書後文將在第 19 章專門講解最佳化問題和約束條件。

區間相關的英文表達見表 6.3。

➜ 表 6.3　區間相關的英文表達

數學表達	英文表達
(a, b) $\{x \in \mathbb{R} \mid a < x < b\}$	The open interval from a to b. The interval from a to b, exclusive. The values between a and b, but not including the endpoints. x is greater than a and less than b. The set of all x such that x is in between a and b, exclusive.
a, b $\{x \in \mathbb{R} \mid a \le x \le b\}$	The closed interval from a to b. The interval from a to b, inclusive. The values between a and b, including the endpoints. x is greater than or equal to a and less than or equal to b. The set of all x such that x is in between a and b, inclusive.
$(a, b]$ $\{x \in \mathbb{R} \mid a < x \le b\}$	The half-open interval from a to b, excluding a and including b. The values between a and b, excluding a and including b. The set of all x such that x is greater than a but less than or equal to b.

數學表達	英文表達
$[a, b)$ $\{x \in \mathbb{R} \mid a \le x < b\}$	The half-open interval from a to b, including a and excluding b. The values between a and b, including a and excluding b. The set of all x such that x is greater than or equal to a but less than b.

6.5　三大類不等式：約束條件

本節介紹不等式的目的是服務最佳化問題求解，最佳化問題中不等式一般分為以下三大類。

- **上下界** (lower and upper bounds)，如 $x > 2$；
- **線性不等式** (linear inequalities)，如 $x + y \le 1$；
- **非線性不等式** (nonlinear inequalities)，比如 $x^2 + y^2 \ge 1$。

在最佳化問題中，這些不等式統稱為約束 (constraint)，即限制變數的設定值範圍。本節後續將採用三種視覺化方案呈現不等式劃定的區域。

上下界

舉個例子，給定 x_1 的設定值範圍為

$$x_1 + 1 > 0 \tag{6.10}$$

首先將上式「大於號」調整為「小於號」，改寫成

$$-x_1 - 1 < 0 \tag{6.11}$$

⚠️

注意：本節後續不再區分 < 和 ≤。

根據關係，建構以下二元函式 $f(x_1, x_2)$，有

$$f(x_1, x_2) = -x_1 - 1 \tag{6.12}$$

圖 6.21(a) 所示為三維直角座標系中 $f(x_1, x_2)$ 的**等高線圖** (contour plot)。對於一個二元函式 $f(x_1, x_2)$，等高線代表函式值相等的點連成的線，即滿足 $f(x_1,$

$x_2)= c$ 。函式等高線類似地形圖上海拔高度相同點連成曲線。等高線可以在三維空間展示，也可以在平面上繪製。

圖 6.21(a) 三維等高線採用「紅黃藍」色譜。暖色系顏色等高線對應 $f(x_1, x_2) > 0$，即不滿足式 (6.11)；冷色系顏色等高線對應 $f(x_1, x_2) < 0$，滿足式 (6.11)。值得注意的是，圖 6.21(a) 中的等高線相互平行。

然後，我們做一個「二分類」轉換，滿足式 (6.11) 不等式的點 (x_1, x_2) 標籤設為 1(即 True)，不滿足式 (6.11) 的點設為 0(即 False)，這樣我們獲得圖 6.21(b) 所示圖形。相當於把 $f(x_1, x_2)$ 變成一個 0-1(False- True) 兩值階梯面。

再進一步，將圖 6.21(a) 等高線投影在 x_1x_2 平面上，即可獲得圖 6.21(c) 所示的平面等高線。

對於等高線這個概念陌生的讀者不要怕，本書第 10 章將深入介紹等高線。此外，本書第 13 章將專門講解常用二元函式，本節內容相當於熱身。

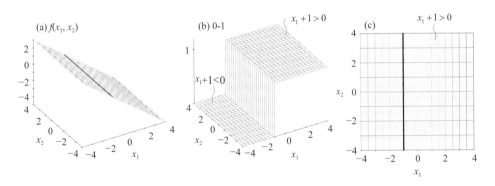

▲ 圖 6.21　$x_1 + 1 > 0$ 三個視覺化方案

圖 6.21(c) 中黑色線就是決策邊界，它將整個 x_1x_2 平面劃分成兩個區域：一個滿足式 (6.11)，一個不滿足式 (6.11)。圖 6.21(c) 中，藍色陰影區域滿足式 (6.11) 不等式，對應圖 6.21(b) 中設定值為 1 的區域。粉色陰影區域不滿足式 (6.11) 不等式，對應圖 6.21(b) 中設定值為 0 的區域。

再舉個例子，x_1 的設定值範圍給定為

$$-1 < x_1 < 2 \tag{6.13}$$

其中：-1 為下限，2 為上限。

利用絕對值運算，將式 (6.13) 整理為

$$|x_1 - 0.5| - 1.5 < 0 \tag{6.14}$$

可以這樣理解式 (6.14)，數軸上離 0.5 距離小於 1.5 的所有點的集合。

注意：上式也可以看成是一個非線性不等式。

根據式 (6.14)，建構二元函式 $f(x_1, x_2)$，有

$$f(x_1, x_2) = |x_1 - 0.5| - 1.5 \tag{6.15}$$

圖 6.22(a) 所示為 $f(x_1, x_2)$ 函式在三維直角座標系中影像，整個曲面呈現 V 字形。同樣，藍色等高線處滿足式 (6.14)，而紅色等高線處不滿足式 (6.14)。圖 6.22(b) 中設定值 1 的區域滿足式 (6.14)。圖 6.22(c) 中背景顏色為藍色區域滿足式 (6.14)。圖 6.22(c) 中兩條黑色線為決策邊界，兩者相互平行。

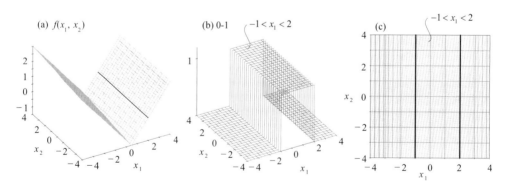

▲ 圖 6.22　$-1 < x_1 < 2$ 三個視覺化方案

再舉個例子，給定 x_2 的設定值範圍為

$$x_2 < 0 \text{ or } x_2 > 2 \tag{6.16}$$

注意：上式 (6.16) 可以看成兩個區間建構而成。

將式 (6.16) 整理為

$$-|x_2 - 1| + 1 < 0 \qquad (6.17)$$

可以這樣理解式 (6.17)，數軸上離 1 距離大於 1 的所有點的集合。

根據式 (6.17) 建構二元函式 $f(x_1, x_2)$，有

$$f(x_1, x_2) = -|x_2 - 1| + 1 \qquad (6.18)$$

圖 6.23(a) 所示為二元函式 $f(x_1, x_2)$ 在三維直角座標系中的影像。

圖 6.23(b) 中 1 表示滿足式 (6.16)，0 表示不滿足式 (6.16)。

圖 6.23(c) 中藍色背景顏色區域滿足式 (6.16)。

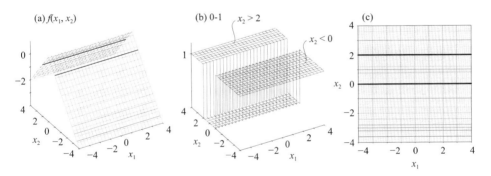

▲ 圖 6.23　$x_2 < 0$ 或 $x_2 > 2$ 三個視覺化方案

而幾個不等式可以疊加組成不等式組。比如，式 (6.13) 和式 (6.16) 疊加得到

$$\begin{cases} -1 < x_1 < 2 \\ x_2 < 0 \ \text{or} \ x_2 > 2 \end{cases} \qquad (6.19)$$

這相當於在 $x_1 x_2$ 平面上，同時限定了 x_1 和 x_2 的設定值範圍。圖 6.24 所示為同時滿足式 (6.19) 兩組不等式的區域。請大家根據本節文末程式，自行繪製這兩幅影像。

此外，式 (6.16) 就相當於兩個不等式疊加，請大家用不等式疊加的想法再來分析式 (6.16)。

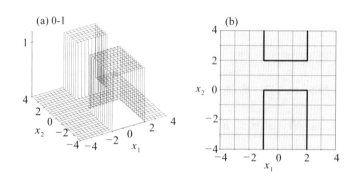

▲ 圖 6.24　同時滿足 $-1 < x_1 < 2$ 和 $x_2 < 0$ 或 $x_2 > 2$ 對應區域

線性不等式

線性不等式就是一次不等式，也就是不等式中單項式的變數次數最高為一次。線性不等式中可以含有若干未知量。雖然上下界也可以視為是線性不等式，但是在建構最佳化問題時，我們還是將兩類不等式分開處理。

舉個例子，給定線性不等式

$$x_1 - x_2 < -1 \tag{6.20}$$

將式 (6.20) 整理為

$$x_1 - x_2 + 1 < 0 \tag{6.21}$$

建構二元函式 $f(x_1, x_2)$，有

$$f(x_1, x_2) = x_1 - x_2 + 1 \tag{6.22}$$

圖 6.25(a) 所示為 $f(x_1, x_2)$ 在三維直角座標系的影像為斜面。

圖 6.25(b) 中設定值為 1 的區域滿足式 (6.21)。

圖 6.25(c) 中藍色陰影的區域滿足式 (6.21)，黑色直線對應等式 $x_1 - x_2 + 1 = 0$。

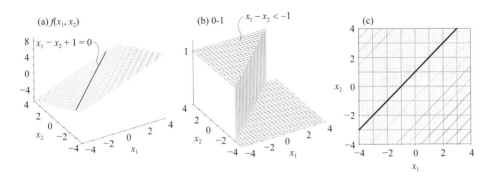

▲ 圖 6.25　$x_1 - x_2 < -1$ 三個視覺化方案

再舉一個例子，給定線性不等式

$$x_1 > 2x_2 \tag{6.23}$$

將式 (6.23) 整理為

$$-x_1 + 2x_2 < 0 \tag{6.24}$$

根據式 (6.24)，建構二元函式 $f(x_1, x_2)$，有

$$f(x_1, x_2) = -x_1 + 2x_2 \tag{6.25}$$

圖 6.26(a) 中藍色等高線滿足式 (6.23)，而紅色等高線不滿足式 (6.23)。

圖 6.26(b) 中設定值為 1 和圖 6.26(c) 中藍色陰影區域滿足式 (6.23)。

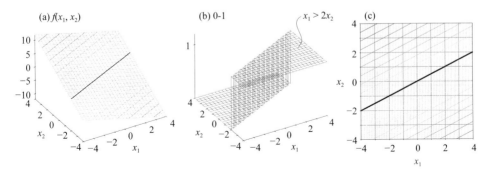

▲ 圖 6.26　$x_1 > 2x_2$ 三個視覺化方案

　　請大家將式 (6.20) 和式 (6.23) 兩個不等式疊加建構一個不等式組，並繪製類似圖 6.24 的兩圖，可視化其劃定的區域。

非線性不等式

　　除了線性不等式之外，其他各種形式的不等式都可以歸類為非線性不等式。下面舉三個例子。給定絕對值建構的不等式

$$|x_1 + x_2| < 1 \tag{6.26}$$

將式 (6.26) 整理為

$$|x_1 + x_2| - 1 < 0 \tag{6.27}$$

建構二元函式 $f(x_1, x_2)$，有

$$f(x_1, x_2) = |x_1 + x_2| - 1 \tag{6.28}$$

　　圖 6.27(a) 所示為式 (6.28) 對應的三維直角座標系影像。圖 6.27(b) 中設定值為 1 對應的區域和圖 6.27(c) 中藍色陰影區域滿足式 (6.26)。

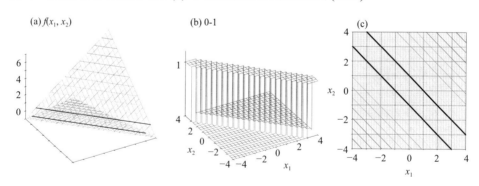

▲ 圖 6.27　$|x_1 + x_2| < 1$ 三個視覺化方案

此外，式 (6.26) 等價於

$$(x_1 + x_2)^2 < 1 \tag{6.29}$$

請大家自行繪製式 (6.29) 對應的三幅影像。

第二個例子，也用絕對值建構不等式

$$|x_1| + |x_2| < 2 \tag{6.30}$$

將上式整理為

$$|x_1| + |x_2| - 2 < 0 \tag{6.31}$$

建構二元函式 $f(x_1, x_2)$，有

$$f(x_1, x_2) = |x_1| + |x_2| - 2 \tag{6.32}$$

圖 6.28(a) 所示為 $f(x_1, x_2)$ 的等高線，有意思的是等高線為一個個旋轉 45° 的正方形。大家還會在很多不同場合看到類似影像。圖 6.28(b) 中設定值為 1 對應的區域和圖 6.28(c) 中藍色陰影區域滿足式 (6.30)。

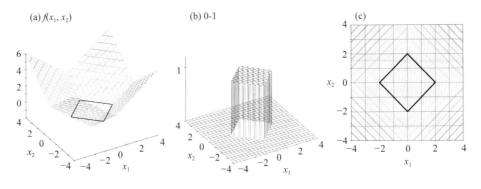

▲ 圖 6.28　$|x_1| + |x_2| < 2$ 三個視覺化方案

再看個例子，給定非線性不等式

$$x_1^2 + x_2^2 < 4 \tag{6.33}$$

首先將其整理為

$$x_1^2 + x_2^2 - 4 < 0 \tag{6.34}$$

在 $x_1 x_2$ 平面上，建構二元函式 $f(x_1, x_2)$，有

$$f(x_1, x_2) = x_1^2 + x_2^2 - 4 \tag{6.35}$$

　　圖 6.29(a) 所示為式 (6.35) 中二元函式對應的曲面，曲面的等高線為同心圓。這種同心圓等高線還會在本書中反覆出現，請大家留意。圖 6.29(b) 中設定值為 1 對應的區域和圖 6.28(c) 中藍色陰影區域滿足式 (6.33)。

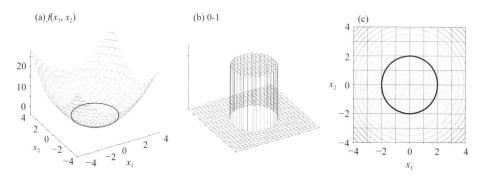

▲ 圖 6.29　$x_1^2 + x_2^2 < 4$ 三個視覺化方案

此外，式 (6.33) 等價於

$$\sqrt{x_1^2 + x_2^2} < 2 \qquad (6.36)$$

　　請大家自行繪製式 (6.36) 對應的三幅影像。另外，請將式 (6.26) 和式 (6.33) 兩個不等式疊加建構不等式組，並繪製設定值區域。

　　Bk3_Ch6_03.py 繪製了本節大部分影像。

6.6　三維極座標

　　三維空間中也可以建構類似平面極座標的座標系統，如圖 6.30(a) 所示的**球座標系** (spherical coordinate system) 和圖 6.30(b) 所示的**圓柱座標系** (cylindrical coordinate system)。

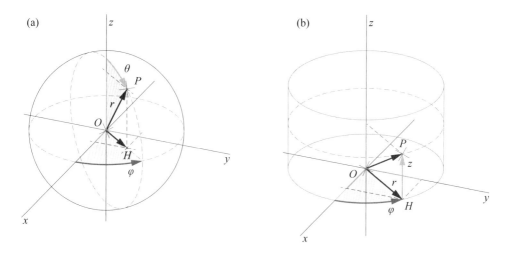

▲ 圖 6.30　球座標系和圓柱座標系

球座標系

圖 6.30(a) 所示，球座標相當於由兩個平面極座標系建構而成。

球座標系中定位點 P 用的是球座標 (r, θ, φ)。其中：r 為 P 與原點 O 之間距離，也叫**徑向距離** (radial distance)；θ 為 OP 連線和 z 軸正方向夾角，叫作**極角** (polar angle)；OP 連線在 xy 平面投影線為 OH，φ 是 OH 和 x 軸正方向夾角，叫作**方位角** (azimuth angle)。大家對方位角應該不陌生。

球座標到三維直角座標系座標的轉化關係為

$$\begin{cases} x = \underbrace{r\sin\theta}_{OH} \cdot \cos\varphi \\ y = \underbrace{r\sin\theta}_{OH} \cdot \sin\varphi \\ z = \underbrace{r\cos\theta}_{PH} \end{cases} \tag{6.37}$$

圖 6.31 所示正圓球體對應的解析式為

$$x_1^2 + x_2^2 + x_3^2 = r^2 \tag{6.38}$$

其中：$r = 1$。在繪製圖 6.31 所示的正圓球體時，採用的就是球座標。

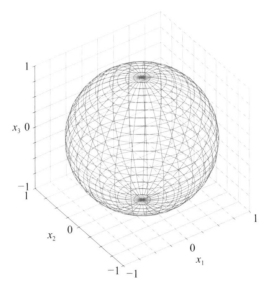

▲　圖 6.31　球體網格面

Bk3_Ch6_04.py 繪製圖 6.31。

圓柱座標系

如圖 6.30(b) 所示，圓柱座標系相當於二維極座標張成的平面上在極點處升起一根 z 軸。

在圓柱座標系中，點 P 的座標為 (r, φ, z)。這時，r 是 P 點與 z 軸的垂直距離；φ 還是 OP 在 xy 平面的投影線 OH 與正 x 軸之間的夾角；z 和三維直角座標系的 z 一致。

從圓柱座標到三維直角座標系座標轉化關係為

$$\begin{cases} x = r\cos\varphi \\ y = r\sin\varphi \\ z = z \end{cases} \tag{6.39}$$

上一章介紹的參數方程式可以擴展到三維乃至多維。plot3d_parametric_line() 函式可以用來繪製參數方程式建構的三維線圖。

圖 6.32 所示三維線圖的參數方程式就是採用圓柱座標，即

$$\begin{cases} x_1 = \cos(t) \\ x_2 = \sin(t) \\ x_3 = t \end{cases} \tag{6.40}$$

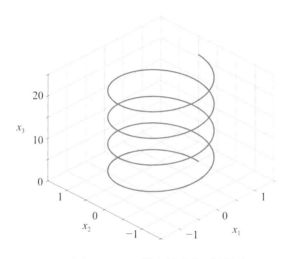

▲ 圖 6.32　三維參數方程式線圖

Bk3_Ch6_05.py 繪製圖 6.32 。圖 6.32 也可以用 plot3d_parametric_line() 函式繪製，程式檔案為 Bk3_Ch6_06.py。

座標系讓代數與幾何緊密結合，座標系使幾何參數化，讓代數視覺化。

接下來第 7、8、9 三章，我們聊一聊解析幾何相關內容。請大家特別注意距離、橢圓這兩個數學工具的應用場合。

座標系給一個個函式插上了翅膀，讓它們能夠在二維平面和三維空間中自由翱翔。函式是本書第 10 章到 13 章重點講解的內容。

Section *03*

解析幾何

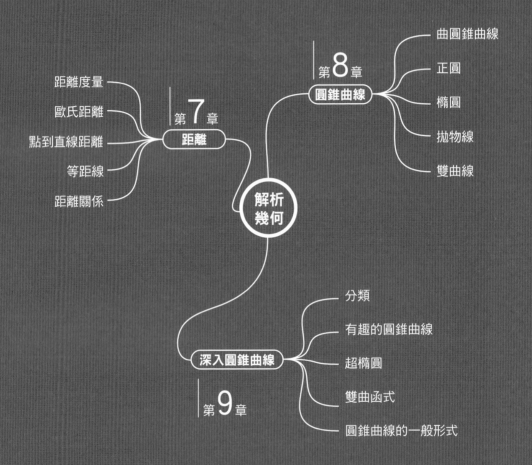

距離度量 ——
歐氏距離 ——
點到直線距離 —— | 第7章
等距線 ——   距離
距離關係 ——

                                        解析
                                        幾何

                | 第8章
                圓錐曲線
                        —— 曲圓錐曲線
                        —— 正圓
                        —— 橢圓
                        —— 拋物線
                        —— 雙曲線

                        —— 分類
深入圓錐曲線   —— 有趣的圓錐曲線
                        —— 超橢圓
        | 第9章   —— 雙曲函式
                        —— 圓錐曲線的一般形式

學習地圖 | 第3板塊

Distance

7 距離

人是萬物的尺度

> 兩點之間最短的路徑是一條線段。
> **The shortest path between two points is a straight line.**
>
> ——阿基米德（*Archimedes*）| 古希臘數學家、物理學家 | *287 B.C. - 212 B.C.*

- matplotlib.pyplot.axhline() 繪製水平線
- matplotlib.pyplot.axvline() 繪製垂直線
- matplotlib.pyplot.contour() 繪製等高線圖
- matplotlib.pyplot.contourf() 繪製填充等高線圖
- np.abs() 計算絕對值
- numpy.meshgrid() 獲得網格化資料
- plot_wireframe() 繪製三維單色線方塊圖
- sympy.abc() 引入符號變數
- sympy.lambdify() 將符號運算式轉化為函式
- scipy.spatial.distance.mahalanobis() 計算歐氏距離

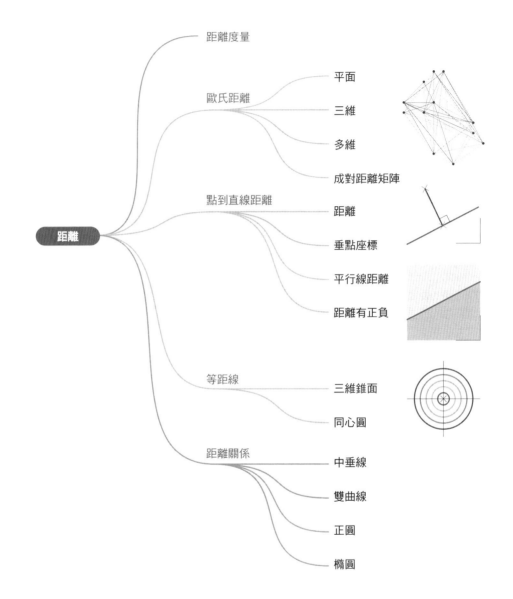

距離度量

歐氏距離 ── 平面

三維

多維

成對距離矩陣

點到直線距離 ── 距離

垂點座標

平行線距離

距離有正負

等距線 ── 三維錐面

同心圓

距離關係 ── 中垂線

雙曲線

正圓

橢圓

距離

7.1 距離：未必是兩點間最短線段

　　阿基米德說「兩點之間最短的路徑是一條線段」，這個道理看似再簡單不過。扔個肉包子給狗，狗會徑直衝向包子。它應該不會拐幾個彎，跑出優美的曲線。

　　但是，哪怕最基本的生活經驗也會告訴我們，兩點之間最短的路徑不能簡單地用兩點之間的線段來描述。圖 7.1 和圖 7.2 所示的四個路徑規劃就極佳地說明了這一點。

　　如果城市街區以正方形方格規劃，如圖 7.1(a) 所示，從 A 點到 B 點，有很多路徑可以選擇。但是不管怎麼選擇路徑，會發現這些路徑都是由橫平垂直的線段組合而成，而非簡單的「兩點最前線」。

　　圖 7.1(b) 所示，若城市的街區都是整齊的平行四邊形，那麼從 A 點到 B 點的路徑就要依照四邊形邊的走勢來規劃。儘管如此，規劃得到的路徑依然是直線段的組合。

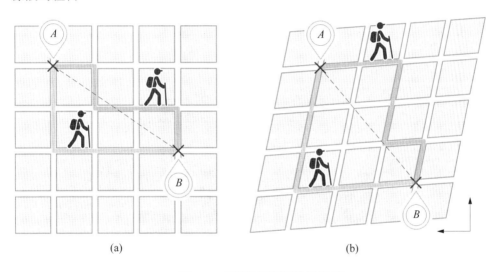

(a)　　　　　　　　　　　　　　　(b)

▲　圖 7.1　兩種直線段路徑規劃

　　有些城市街區的佈置類似於極座標，呈現放射性網狀。如圖 7.2(a) 所示，從 A 點到 B 點的路徑，便是直線段和弧線段的結合。

　　更常見的情況是，路徑可能是由不規則曲線、折線建構得到的。如圖 7.2(b) 所示，從 A 點到 B 點別無選擇，只能按照一段自由曲線行走。

　　上述路徑規劃還是在平面上，這都是理想化的情況。實際情況中度量「距離」要複雜得多。如圖 7.3 所示，計算地球上相隔很遠的兩個大陸上兩點的距離要考慮的是一段弧線的長度。

讓我們再增加一些複雜性，考慮山勢起伏，具體如圖 7.4 所示。這時，規劃 A 點到 B 點的路徑難度會有進一步提高。

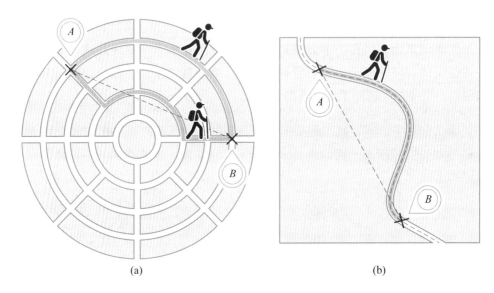

(a)　　　　　　　　　　　　　　　　　　(b)

▲　圖 7.2　兩種非線性路徑規劃

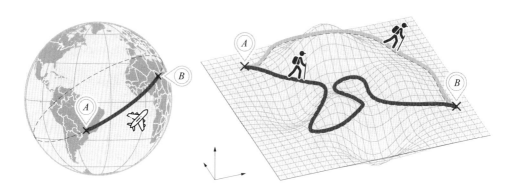

▲　圖 7.3　地球表面兩點距離　　　　▲　圖 7.4　考慮山勢起伏的路徑規劃

此外，計算距離時還可以考慮資料的分佈因素，得到的距離即**統計距離** (statistical distance)。

如圖 7.5 所示，A、B、C、D 四點與 Q 點的直線距離相同。這個距離又叫歐幾里德距離或歐氏距離。圖 7.5 中藍色散點代表樣本資料的分佈，考慮資料分佈「緊密」情況，不難判斷 C 點距離 Q 點最近，而 D 點距離 Q 點最遠。

也就是說，地理上的相近，不代表關係的緊密——相隔萬裡的好友，近在咫尺的路人。

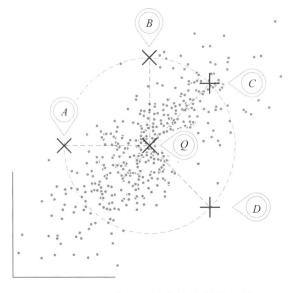

▲ 圖 7.5　考慮資料分佈的距離度量

「距離」在資料科學和機器學習中非常重要。本章先從最簡單的兩點直線距離入手，和大家探討距離這個話題。本書後續會不斷擴展豐富「距離」這個概念。

7.2　歐氏距離：兩點間最短線段

兩點之間的線段長度叫作**歐幾里德距離** (Euclidean distance) 或**歐氏距離**，它是最簡單的距離度量。

本書前文講過的絕對值實際上就是一維數軸上的兩點距離。如圖 7.6 所示，一維數軸上有 A 和 B 兩點，它們的座標值分別為 x_A 和 x_B。A 和 B 兩點的歐氏距離就是 x_A 和 x_B 之差的絕對值，即

$$\mathrm{dist}(A,B) = |x_A - x_B| \tag{7.1}$$

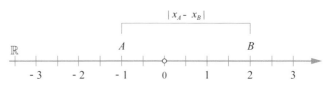

▲ 圖 7.6　實數軸上 A 和 B 距離

二維平面

　　平面直角座標系中兩點 $A(x_A, y_A)$ 和 $B(x_B, y_B)$ 的歐氏距離就是 AB 線段的長度，可以透過以下公式求得，即

$$\text{dist}(A,B) = \sqrt{\left|x_A - x_B\right|^2 + \left|y_A - y_B\right|^2}$$
$$= \sqrt{(x_A - x_B)^2 + (y_A - y_B)^2} \tag{7.2}$$

　　式 (7.2) 用到的數學工具就是畢氏定理。如圖 7.7 所示，直角三角形的兩個直角邊邊長為 $|x_A - x_B|$ 和 $|y_A - y_B|$。利用矩陣乘法，式 (7.2) 可以寫成

$$\text{dist}(A,B) = \sqrt{\begin{bmatrix} x_A - x_B & y_A - y_B \end{bmatrix} \begin{bmatrix} x_A - x_B \\ y_A - y_B \end{bmatrix}} \tag{7.3}$$

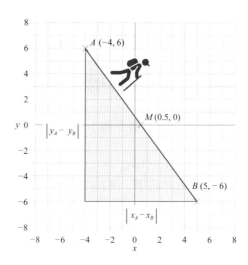

▲ 圖 7.7　平面直角座標系表示兩點之間距離

A 和 B 點連線的中點 (midpoint)M 的座標為

$$M = \left(\frac{x_A + x_B}{2}, \frac{y_A + y_B}{2} \right) \tag{7.4}$$

Bk3_Ch7_01.py 繪製圖 7.7。

三維空間

同理，三維直角座標系中兩點 $A(x_A, y_A, z_A)$ 和 $B(x_B, y_B, z_B)$ 的距離可以透過以下公式求得，即

$$\mathrm{dist}\left(A, B\right) = \sqrt{\left(x_A - x_B\right)^2 + \left(y_A - y_B\right)^2 + \left(z_A - z_B\right)^2} \tag{7.5}$$

圖 7.8 所示為一個計算三維空間兩點歐氏距離的例子。容易發現，計算過程兩次使用了畢氏定理。

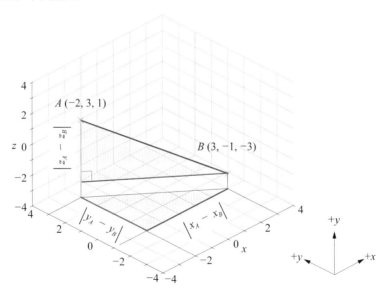

▲ 圖 7.8　三維直角座標系表示兩點之間距離

我們也可以把式 (7.5) 推廣到多維。D 維空間兩點 $A(x_{1,A}, x_{2,A}, ..., x_{D,A})$ 和 $B(x_{1,B}, x_{2,B}, ..., x_{D,B})$ 的距離可以透過以下公式求得，即

$$\text{dist}(A,B) = \sqrt{\left(x_{1,A} - x_{1,B}\right)^2 + \left(x_{2,A} - x_{2,B}\right)^2 + \cdots + \left(x_{D,A} - x_{D,B}\right)^2} \tag{7.6}$$

同樣利用矩陣乘法，式 (7.6) 可以寫成

$$\text{dist}(A,B) = \sqrt{\begin{bmatrix} x_{1,A} - x_{1,B} & x_{2,A} - x_{2,B} & \cdots & x_{D,A} - x_{D,B} \end{bmatrix} \begin{bmatrix} x_{1,A} - x_{1,B} \\ x_{2,A} - x_{2,B} \\ \vdots \\ x_{D,A} - x_{D,B} \end{bmatrix}} \tag{7.7}$$

對比式 (7.5) 和式 (7.7)，大家已經明白，為什麼我們要用 x 加下標作為變數，因為變數真的不夠用。(x, y, z) 中利用了三個字母代表變數，如果空間的維度為 100 維，英文字母顯然都不夠用。而採用「變數 + 下標索引」這種方式，100 維空間座標可以輕鬆寫成 $(x_1, x_2, x_3, ..., x_{100})$。

Bk3_Ch7_02.py 繪製圖 7.8。

成對距離

在資料科學和機器學習實踐中，我們經常遇到如圖 7.9 所示這種多點成對距離 (pairwise distance) 的情況。在圖 7.9 所示的平面上，一共有 12 個點。而這 12 點一共可以建構得到 66(C_{12}^2) 個兩點距離。

用什麼結構儲存、運算及展示這些距離值，成了一個問題。

這時，矩陣就可以派上大用場！

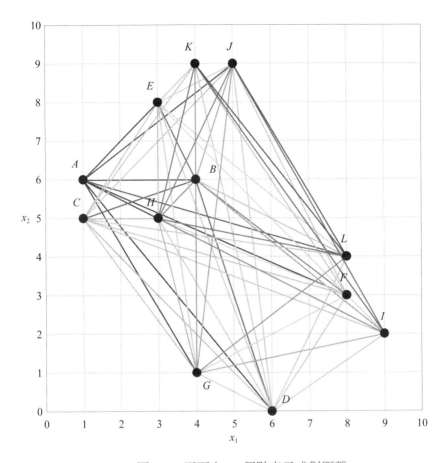

▲ 圖 7.9　平面上 12 個點表示成對距離

　　如圖 7.10 所示，矩陣的形狀為 12×12，即 12 行、12 列。矩陣的主對角線元素都是 0，這是某點和自身的距離，矩陣非主對角線元素則代表成對距離。

　　很容易發現，這個矩陣關於主對角線對稱。也就是說，我們只需要主對角線斜下方的 66 個元素，或主對角線斜上方的 66 元素。這 66 個元素涵蓋了我們要儲存的所有兩點距離。

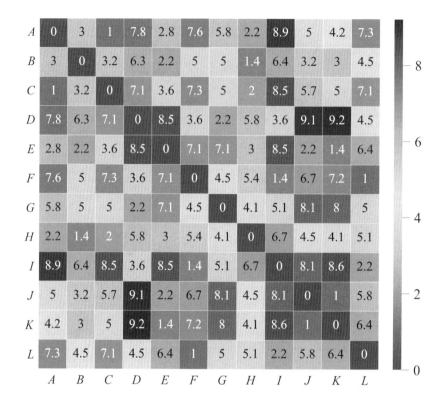

▲ 圖 7.10　成對距離矩陣

下三角矩陣、上三角矩陣

多講一點，提取類似於圖 7.10 方陣中主對角線及其左下方元素時，它們單獨組成的矩陣叫作**下三角矩陣** (lower triangular matrix) L。

而主對角線和其右上方元素單獨組成的矩陣叫作**上三角矩陣** (upper triangular matrix) R，其餘元素為 0。圖 7.11 所示為下三角矩陣和上三角矩陣的示意圖。下三角矩陣 L 轉置得到的 L^T 便是上三角矩陣 R。

⚠️
注意：圖 7.11 中綠色方框之外代表的元素均為 0。

$L(R^T)$ $L^T(R)$

$D \times D$ $D \times D$

▲ 圖 7.11　下三角矩陣和上三角矩陣

Bk3_Ch7_03.py 計算成對距離，並且繪製圖 7.9 和圖 7.10 。

機器學習很多演算法中常常用到**親和性** (affinity)，親和性和距離正好相反。
兩點距離越遠，兩者親和性越低；而距離越近，親和性則越高。

我們假設親和性的取值在 [0, 1] 這個區間。1 代表兩點重合，也就是距離為 0，
親和性最大；親和性為 0 代表兩點相距無限大遠。

擺在我們面前的一個數學問題就是，如何把距離轉化成親和性。如圖 7.12 所
示，我們需要某種「映射」關係，將「歐氏距離」和「親和性」──聯繫起來。

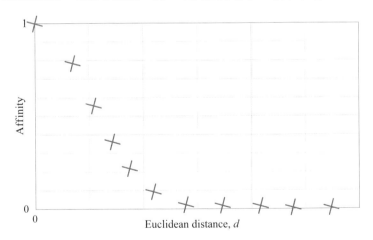

▲ 圖 7.12　如何設計「歐氏距離」到「親和性」的映射關係

自然而然地,我們就會想到代數中的「函式」。函式就是映射,可以完成資料轉換。

而許多函式當中,高斯函式便可以勝任這一映射要求。高斯函式的一般解析式為

$$f(d) = \exp(-\gamma d^2) \tag{7.8}$$

圖 7.13 所示為參數 γ 影響高斯函式右半側曲線形狀。本書後續會介紹高斯函式性質。

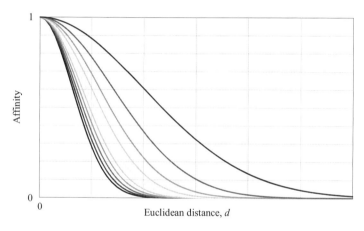

▲ 圖 7.13 參數 γ 影響高斯函式右半側曲線形狀

7.3 點到直線的距離

給定平面上一條直線 $l: ax + by + c = 0$,直線外一點 $A(x_A, y_A)$ 到該直線的距離為

$$\text{dist}(A, l) = \frac{|ax_A + by_A + c|}{\sqrt{a^2 + b^2}} \tag{7.9}$$

直線 l 上距離 A 最近點的座標為 $H(x_H, y_H)$，有

$$x_H = \frac{b(bx_A - ay_A) - ac}{a^2 + b^2}$$
$$y_H = \frac{a(-bx_A + ay_A) - bc}{a^2 + b^2}$$

(7.10)

A 和 H 連線得到 AH 線段的長度就是 (7.9)。

特別地，當 $a = 0$ 時，直線 l 為水平線。$A(x_A, y_A)$ 到該直線的距離為

$$\text{dist}(A, l) = \frac{|by_A + c|}{|b|}$$

(7.11)

當 $b = 0$ 時，直線 l 為垂直線。$A(x_A, y_A)$ 到該直線的距離為

$$\text{dist}(A, l) = \frac{|ax_A + c|}{|a|}$$

(7.12)

舉個例子，圖 7.14 所示給定直線 $x - 2y - 4 = 0$，$A(-4, 6)$ 到直線距離的最近點為 $H(0, -2)$。大家可以自己計算一下，A 到直線的距離為 8.944。

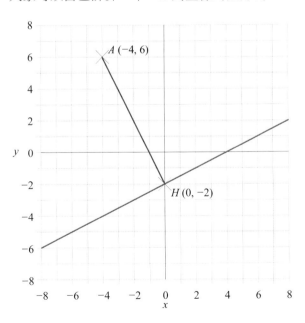

▲ 圖 7.14　平面直角座標系表示點到直線距離

Bk3_Ch7_04.py 計算點 A 到直線距離，並繪製圖 7.14。

平行線間距離

給定兩條平行線 l_1 和 l_1 對應的解析式為

$$\begin{cases} ax + by + c_1 = 0 \\ ax + by + c_2 = 0 \end{cases} \tag{7.13}$$

其中：$c_1 \neq c_2$。

這兩條平行線的距離為

$$\text{dist}(l_1, l_2) = \frac{|c_1 - c_2|}{\sqrt{a^2 + b^2}} \tag{7.14}$$

距離也可以有「正負」

本章前文介紹的距離都是「非負值」；但是，在機器學習演算法中，我們經常會給距離度量加個正負號。下面舉幾個例子。

如圖 7.15 所示，在數軸上，以 Q 點作為比較的基準點，距離 AQ 和 BQ 的定義分別為

$$\text{dist}(A,Q) = |x_A - x_Q|$$
$$\text{dist}(B,Q) = |x_B - x_Q| \tag{7.15}$$

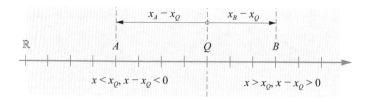

▲ 圖 7.15　一維數軸上距離的正負

將式 (7.15) 中的絕對值去掉，得到

$$\text{dist}(A,Q) = x_A - x_Q$$
$$\text{dist}(B,Q) = x_B - x_Q$$

(7.16)

圖 7.15 中，A 在 Q 的左邊，因此 $x_A - x_Q < 0$，也就是距離為「負」；而 B 在 Q 的右邊，因此 $x_B - x_Q > 0$，也就是距離為「正」。

距離的絕對值告訴我們兩點的遠近，距離的「正負」符號多了相對位置這層資訊。

上一章介紹的不等式有劃定區域的作用。也就是說，式 (7.16) 這種含「正負」的距離把不等式「區域」這層資訊也囊括進來了。

同理，將式 (7.9) 分子上的絕對值符號去掉，點 A 和直線 l 的距離為

$$\text{dist}(A,l) = \frac{ax_A + by_A + c}{\sqrt{a^2 + b^2}}$$

(7.17)

以圖 7.16 為例，圖中直線 l 的解析式為 $x + y - 1 = 0$；這條直線把平面直角座標系劃分成兩個區域——$x + y - 1 > 0$ (暖色背景) 和 $x + y - 1 < 0$ (冷色背景)。

根據式 (7.17)，計算 A 點和 B 點到直線 l 的含「正負」距離分別為

$$\text{dist}(A,l) = \frac{3}{\sqrt{2}}, \quad \text{dist}(B,l) = \frac{-5}{\sqrt{2}}$$

(7.18)

根據距離的「正負」符號，可以判斷 A 點在 $x + y - 1 > 0$ 這個區域，B 點在 $x + y - 1 < 0$ 這個區域。 請大家思考去掉式 (7.14) 分子中的絕對值符號後，兩條平行線距離分別為正負值所代表的幾何含義。

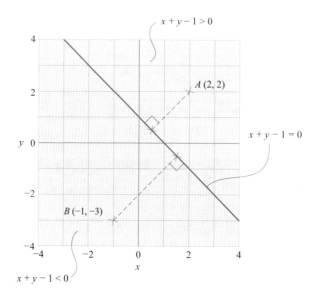

▲ 圖 7.16 點到直線距離的正負

▼

支援向量機 (Support Vector Machine, SVM) 是非常經典的機器學習演算法之一。支援向量機既可以用於分類,也可以用於處理回歸問題。圖 7.17 所示為支援向量機核心想法。

如圖 7.17 所示,一片湖面左右散佈著藍色● 紅色● 礁石,遊戲規則是,皮划艇以直線路徑穿越水道,保證船身恰好接近礁石。尋找一條直線路徑,讓該路徑透過的皮划艇寬度最大,也就是圖 7.17 中兩條虛線之間寬度最大。這個寬度叫作**間隔** (margin)。

圖 7.17(b) 中加黑圈 ○ 的五個點,就是所謂的**支援向量** (support vector)。圖 7.17 中深藍色線就是水道,叫作**決策邊界** (decision boundary)。決策邊界將標籤分別為藍色● 紅色● 資料點「一分為二」,也就是分類。

很明顯,圖 7.17(b) 中規劃的路徑好於圖 7.17(a),因為圖 7.17(b) 水道間隔明顯更寬。而本節介紹的「距離」這個概念在支援向量機演算法中扮演著重要角色。

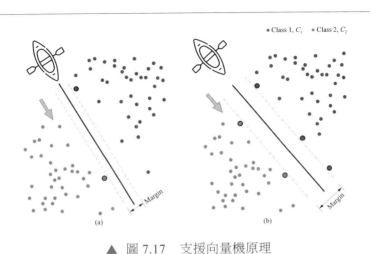

▲ 圖 7.17　支援向量機原理

如圖 7.18 所示，計算「支援向量」A、B、C、D、E 和「決策邊界」的距離，用到的就是本節講到的「點到直線距離」；計算 l_1 和 l_2「間隔」寬度用到的是「平行線間距離」。

而圖 7.18 中暖色和冷色兩個區域就是透過不等式劃定的區域。暖色區域的樣本點分類為紅色●，即 C_1；冷色區域的樣本點分類為藍色●，即 C_2。

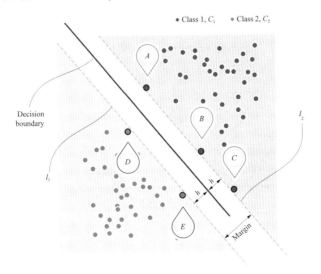

▲ 圖 7.18　「距離」在 SVM 演算法中扮演的角色

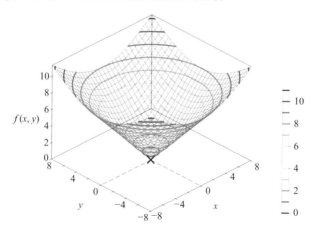

7.4 等距線：換個角度看距離

任意一點 $P(x, y)$ 距離原點 $O(0, 0)$ 的歐氏距離為 r，對應的解析式為

$$\text{dist}(P,O) = \sqrt{x^2 + y^2} = r \tag{7.19}$$

上式左右兩側平方得到

$$x^2 + y^2 = r^2 \tag{7.20}$$

這樣，我們獲得了一個圓心位於原點、半徑為 r 的正圓的解析式。

利用矩陣乘法，式 (7.20) 可以寫成

$$\begin{bmatrix} x & y \end{bmatrix} \begin{bmatrix} x \\ y \end{bmatrix} = r^2 \tag{7.21}$$

建構二元函式 $f(x, y)$，有

$$f(x, y) = \sqrt{x^2 + y^2} \tag{7.22}$$

其中：x 和 y 為引數。

圖 7.19 所示為 $f(x, y)$ 在三維直角座標系的曲面形狀，顯然這個曲面為圓錐。曲面上我們還特地繪製了**等高線** (contour line 或 contour)。上一章介紹過，等高線指的是 $f(x, y)$ 上值相等的相鄰各點所連成的曲線。

▲ 圖 7.19　三維直角座標系表示 $f(x, y)$ 函式曲面

　　將圖 7.19 中的等高線投影到 xy 平面上，便得到如圖 7.20 所示的平面等高線，我們管它叫等距線。圖 7.20 中每條等距線對應的就是 $f(x, y) = r$ 的截面影像。觀察圖 7.19，很容易發現 r 取不同值時對應一系列同心圓。也就是說，距離原點 O 的歐氏距離取不同值時，等距線是一系列同心圓。

　　表 7.1 總結了常見距離度量平面直角座標系中的等距線形狀。鑑於「距離」的多樣性，如果沒有特別說明，本書中的「距離」一般指「歐氏距離」；如有必要則會專門說明距離度量是哪一種。本書將一一揭開表 7.1 距離度量的面紗。

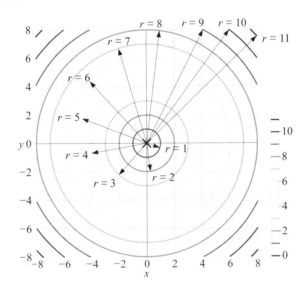

▲ 圖 7.20　$f(x, y)$ 函式平面等高線

⚠️

　　再次強調，在機器學習中，歐氏距離是最基礎的距離度量。本書會和大家一起探討各種距離度量，每種距離度量都有自己獨特的「等距線」。

➡ 表 7.1　常見距離定義及等距線形狀

距離度量	平面直角座標系中等距線形狀
歐氏距離 (Euclidean distance)	
標準化歐氏距離 (standardized Euclidean distance)	
馬氏距離 (Mahalanobis distance)	
城市街區距離 (city block distance)	
謝比雪夫距離 (Chebyshev distance)	
閔氏距離 (Minkowski distance)	

Bk3_Ch7_05.py 繪製圖 7.19 和圖 7.20 。請大家修改程式繪製 $f(x, y) = x^2 + y^2$ 這個函式的曲面三維等高和平面等高線圖。

7.5　距離間的量化關係

在平面直角座標系中，給定 A 和 B 兩點，任意一點 P 到點 A 和點 B 的距離分別為 AP 和 BP。本節討論 AP 和 BP 之間存在的一些常見量化關係，以及對應 P 的運動軌跡。這一節同時也引出本書下兩章有關圓錐曲線的內容。

中垂線

如果 AP 和 BP 等距,那麼得到的是 A 和 B 兩點的中垂線,即有

$$AP = BP \qquad (7.23)$$

如圖 7.21 所示,A 和 B 兩點的中垂線垂直於 AB 線段,並且將 AB 等距。圖 7.21 中的兩組等高線,對應的是到 A 和 B 兩點等距線,相同顏色代表相同距離。相同顏色等距線的交點顯然都在中垂線上。

雙曲線

再看一種情況,若 AP 和 BP 之差為定值,即

$$AP - BP = c \qquad (7.24)$$

比如,AP 比 BP 長 3 ,即

$$AP - BP = 3 \qquad (7.25)$$

如圖 7.22 所示,我們發現滿足式 (7.25) 這種數值關係的 P 組成了一條**雙曲線** (hyperbola)。雙曲線等**圓錐曲線** (conic section) 是本書後續兩章要介紹的重要內容。

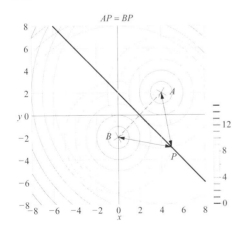

▲ 圖 7.21 A 和 B 的中垂線

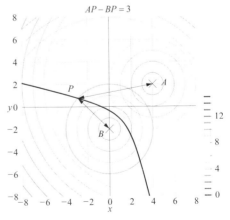

▲ 圖 7.22 $AP - BP = 3$ 距離關係組成雙曲線左下方一條

將式 (7.25) 中的 3 變成 -3，也就是說 AP 比 BP 短 3，對應等式

$$AP - BP = -3 \tag{7.26}$$

圖 7.23 所示為式 (7.26) 對應的影像，這時候 P 的軌跡是雙曲線右上方的一條。圖 7.22 和圖 7.23 組成了一對完整的雙曲線。

正圓

若線段 AP 和 BP 滿足倍數關係，即

$$AP = c \cdot BP \tag{7.27}$$

舉個例子，若 AP 是 BP 的兩倍，即

$$AP = 2BP \tag{7.28}$$

如圖 7.24 所示，式 (7.28) 中 P 的軌跡對應的是正圓。有興趣的讀者可以推導這個正圓的解析式。

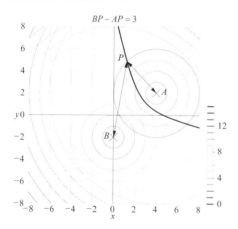

▲ 圖 7.23 $BP - AP = 3$ 距離關係組成雙曲線右上方一條

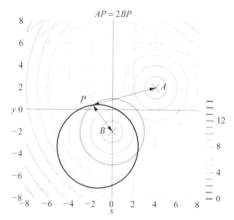

▲ 圖 7.24 $AP = 2BP$ 距離關係組成正圓

橢圓

再看一種情況，若 AP 和 BP 之和為定值，即

$$AP + BP = c \qquad\qquad (7.29)$$

舉個例子，若 AP 和 BP 之和為 8 ，即

$$AP + BP = 8 \qquad\qquad (7.30)$$

則 P 對應的軌跡為一個**橢圓** (ellipse) ，如圖 7.25 所示。

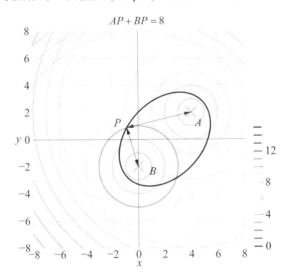

▲ 圖 7.25　AP + BP = 8 距離關係組成橢圓

Bk3_Ch7_06.py 繪製圖 7.21 ~ 圖 7.25。

我們把 Bk3_Ch7_06.py 轉化成了展示不同平面形狀的 App ，請大家參考程式檔案 Streamlit_Bk3_ Ch7_06.py。

　　本章主要介紹了和歐氏距離相關的數學工具，也特別強調歐氏距離僅是許多距離度量之一。為了更好理解其他距離度量的概念和應用場合，需要大傢俱備解析幾何、線性代數、統計學等知識。隨著大家掌握了更多數學工具，本書將慢慢揭開各種距離度量的面紗，以及它們在資料科學、機器學習中的重要作用。

Conic Sections

圓錐曲線

從解密天體運行，到探索星辰大海

可是，地球確實繞著太陽轉。

And yet it moves

Epur si muove.

──伽利略 ・ 伽利萊（*Galilei Galileo*）| 義大利物理學家、數學家及哲學家 | *1564 - 1642*

- ax.plot_wireframe() 繪製三維網格圖；其中，ax = fig.add_subplot(projection='3d')
- ax.view_init() 設置三維影像觀察角度；其中，ax = fig.add_subplot(projection='3d')
- numpy.arange() 根據指定的範圍以及設定的步進值，生成一個等差陣列
- numpy.cos() 計算餘弦
- numpy.linspace(start,end,num) 生成等差數列，數列 start 和 end 之間 (注意，包括 start 和 end 兩個數值)，數列的元素個數為 num 個
- numpy.outer(u,v) 當 u 和 v 都為向量時，u 的每一個值代表倍數，使得第二個向量每個值相應倍增。u 決定結果的行數，v 決定結果的列數；當 u 和 v 為多維向量時，按照先行後列展開為向量
- numpy.sin() 計算正弦
- sympy.Eq() 定義符號等式
- sympy.plot(sympy.sin(x)/x,(x,-15,15),show=True) 繪製符號函式運算式的影像
- sympy.plot_implicit() 繪製隱函式方程式
- sympy.plot3d(f_xy_diff_x,(x,-2,2),(y,-2,2),show=False) 繪製函式的三維圖
- sympy.plotting.plot.plot_parametric() 繪製二維參數方程式
- sympy.plotting.plot.plot3d_parametric_line() 繪製三維參數方程式
- sympy.symbols() 建立符號變數

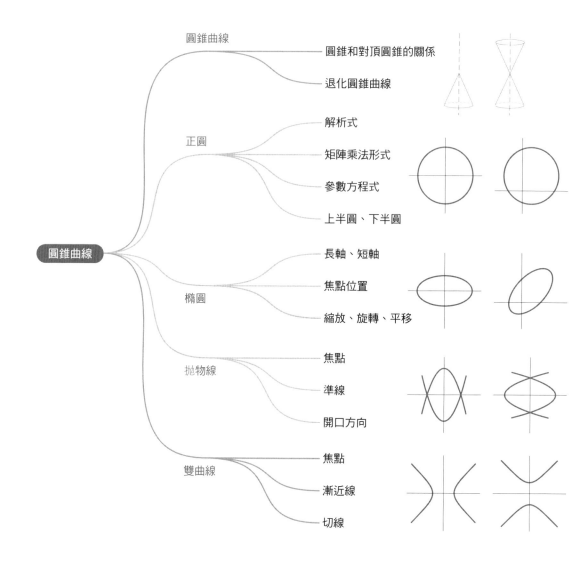

8.1 圓錐曲線外傳

自古以來，世界各地的人們在仰望神秘星空時，都會不禁感慨宇宙的浩瀚和神秘。

2300 年前，中國戰國時期詩人屈原在《天問》中問到：「天何所遝？十二焉分？日月安屬？列星安陳？」

在中國古代,「天圓地方」是權威的解釋。比如,孔子曾說:「天道曰圓,地道曰方」。

但是,戰國時期的法家創始人之一慎到認為天體是球形,他說:「天形如彈丸,半覆地上,半隱地下,其勢斜倚」。

東漢張衡無疑推動了中國古代對天體執行規律的認知,他提出:「渾天如雞子,天體圓如彈丸,地如雞中黃,孤居於內,天大而地小」。

古希臘一眾數學家和哲學家對天體執行規律有著相同的探索,其中具有代表性的是**畢達哥拉斯** (Pythagoras)、**亞里斯多德** (Aristotle)、**艾拉托斯特尼** (Eratosthenes) 和**托勒密** (Ptolemy)。

古希臘數學家畢達哥拉斯在西元前 6 世紀,提出地球是球體這一概念。

亞里斯多德則以實證的方法得出地球是球形這一結論。比如,他發現月蝕時,地球投影到月球上的形狀為圓形。遠航的船艦靠岸時,人們先看到桅桿,再看到船身,最後才能看到整個船身。亞里士多德還發現,越往北走,北極星越高;越往南走,北極星越低。

在地圓說基礎上,托勒密建立了**地心說** (geocentric model)。地心說被羅馬教會奉為圭臬,禁錮了歐洲思想逾千年。

解放人類對天體執行規律認知的數學工具正是圓錐曲線。

古希臘數學家,**梅內克謬斯** (Menaechmus, 380 B.C.- 320 B.C.),開創了圓錐曲線研究。相傳,梅內克謬斯是**亞歷山大大帝** (Alexander the Great) 的數學老師。亞歷山大大帝曾請教梅內克謬斯,想要找到學習幾何的終南捷徑。梅內克謬斯舉出的回答卻是:「學習幾何無捷徑」。

抽象的圓錐曲線理論在約 1800 年之後開花結果。這裡我們主要介紹四個人物——哥白尼、布魯諾、開普勒和伽利略,他們所處的時間軸如圖 8.1 所示。

撼動地心說統治地位的第一人就是波蘭天文學家**哥白尼** (Nicolaus Copernicus)。可以說哥白尼革命吹響了現代科學發展的集結號。

1543 年，哥白尼在《天體執行論》(*On the Revolutions of the Heavenly Spheres*) 提出**日心說** (Heliocentrism)。他認為行星執行軌道為正圓形。細心觀察星象後，哥白尼基本上確定地球繞太陽運轉，而且每 24 小時完成一周運轉。

有趣的是，哥白尼實際上是業餘的天文學家，這是典型的「業餘」把「專業」幹翻在地。

哥白尼 (Nicolaus Copernicus)
波蘭數學家、天文學家 | 1473 - 1543
提出日心說

1480s 1490s 1500s 1510s 1520s 1530s 1540s 1550s 1560s 1570s 1580s 1590s 1600s 1610s 1620s 1630s 1640s 1650s

1492年，哥倫布到達新大陸

1522年，麥哲倫船隊水手完成首次環球航行

1578年，李時珍著《本草綱目》

1637年，宋應星著《天工開物》

1498年，達伽馬到達印度

1543年，哥白尼提出日心說

1607年，徐光啟和利瑪竇翻譯《幾何原本》

1644年，清軍入關，定都北京

哥白尼

牛頓 》

萊布尼茨 》

布魯諾

伽利略

開普勒

笛卡兒

▲ 圖 8.1　哥白尼、布魯諾、伽利略、開普勒所處的時間軸

這裡需要提及的人是**布魯諾** (Giordano Bruno)，他因為對抗教會、傳播日心說，被判處長期監禁。1600 年，布魯諾在羅馬鮮花廣場被燒死在火刑柱上。

開普勒 (Johannes Kepler) 透過觀察和推理提出行星執行軌道為橢圓形，繼而提出行星運動三大定律。可以說，圓錐曲線理論是開普勒行星執行研究的核心數學工具。而開普勒的研究對科學技術發展，甚至人類文明進步產生了極大的推動作用。

開普勒 (Johannes Kepler)
德國天文學家、數學家 | 1571 - 1630
發現行星執行三大定律

伽利略 (Galileo Galilei) 創作的《關於托勒密和哥白尼兩大世界系統的對話》(*Dialogue Concerning the Two Chief World Systems*) 一書中支援哥白尼的理論「地球不是宇宙的固定不動的中心」。

伽利略 (Galileo Galilei)
義大利天文學家、物理學家和工程師 | 1564 - 1642
現代物理學之父

因為支援哥白尼日心說，伽利略被羅馬宗教裁判所判刑，餘生被軟禁家中。據傳，在被迫放棄日心說主張時，伽利略喃喃自語：「可是，地球確實繞著太陽轉。」

1979 年，教皇保羅二世代表教廷為伽利略公開平反昭雪，這一道歉遲到了 300 多年。

在伽利略的時代，亞里斯多德的世界觀處於權威地位。

根據亞里斯多德的理論，較重的物體比較輕的物體下降快。在 1800 年時間裡，這個觀點從未被撼動，直到伽利略爬上比薩斜塔。伽利略將不同重量物體從塔頂拋下，結合之前的斜面試驗結果，伽利略提出了著名的自由落體定律。

在天文學方面，伽利略首次用望遠鏡進行天文觀測，他發現了太陽黑子、月球山系和木星四顆最大的衛星等。

不同於信仰的是，科學的魅力在於好奇、質疑、實驗、推翻、重構，如此往復，迭代上升。

8.2　圓錐曲線：對頂圓錐和截面相交

圓錐、對頂圓錐

顧名思義，**圓錐曲線** (conic section) 和圓錐有直接關係。

圖 8.2 所示為**圓錐** (cone) 和**對頂圓**錐 (double cone)。圓錐相當於一個直角三角形 (圖中藍色陰影) 以**中軸** (axis) 所在直線旋轉得到的形狀，直角三角形斜邊是圓錐**母線** (generatrix)。直白地說，兩個全等圓錐，中軸重合、頂對頂安放，便獲得了對頂圓錐。

反過來，兩個完全相等圓錐，中軸重合、底對底安放，便獲得了**雙錐體** (bicone)。

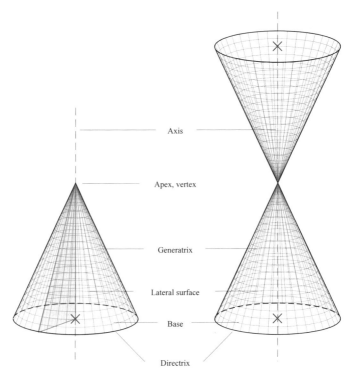

Axis

Apex, vertex

Generatrix

Lateral surface

Base

Directrix

▲ 圖 8.2　圓錐和對頂圓錐

圓錐曲線

圓錐曲線是透過一個對頂圓錐和一個**截面** (cutting plane) 相交得到一系列曲線。圓錐曲線主要分為：**正圓** (circle)、**橢圓** (ellipse)、**拋物線** (parabola) 和**雙曲線** (hyperbola)。正圓可以視作橢圓的特殊形態。

如圖 8.3(a) 所示，當截面與圓錐中心對稱軸垂直時，交線為正圓。

當斜面與圓錐相交，交線閉合且不過圓錐頂點時，交線為橢圓，如圖 8.3(b) 所示。

當截面僅與圓錐面一條母線平行，交線僅出現在圓錐面一側時，交線為拋物線，如圖 8.3(c) 所示。

當截面與兩側圓錐都相交，並且截面不通過圓錐頂點時，得到的結果是雙曲線，如圖 8.3(d) 所示。

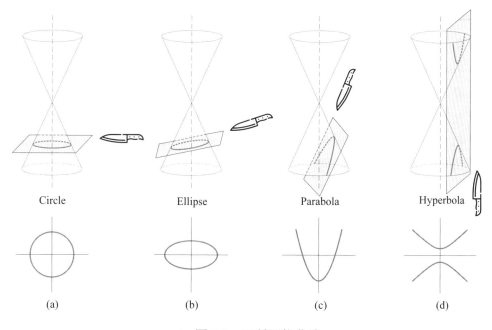

▲ 圖 8.3　四種圓錐曲線

退化圓錐曲線

此外，還有一類圓錐曲線特殊情況——**退化圓錐曲線** (degenerate conic)。

退化雙曲線 (degenerate hyperbola) 為兩條相交直線，如圖 8.4(a) 所示。

退化拋物線 (degenerate parabola) 可以是一條直線 (見圖 8.4(b)) 或兩條平行直線。

退化橢圓 (degenerate ellipse) 為一個點，如圖 8.4(c) 所示。

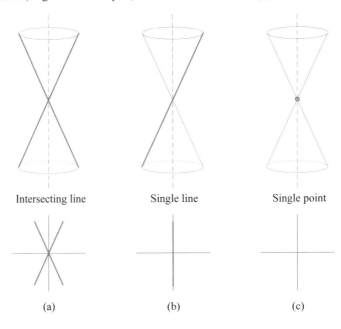

<table>
<tr><td>Intersecting line</td><td>Single line</td><td>Single point</td></tr>
<tr><td>(a)</td><td>(b)</td><td>(c)</td></tr>
</table>

▲　圖 8.4　三種退化圓錐曲線

8.3　正圓：特殊的橢圓

如圖 8.5(a) 所示，在 $x_1 x_2$ 平面上，圓心位於原點的正圓解析式為

$$x_1^2 + x_2^2 = r^2 \tag{8.1}$$

其中：r 為**半徑** (radius)。

正圓的周長為 $2\pi r$，正圓的面積為 πr^2。

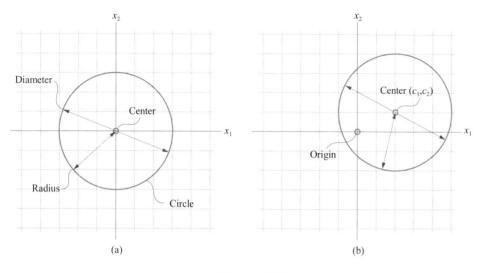

▲ 圖 8.5　正圓

式 (8.1) 也可以寫成矩陣乘法形式，即

$$\boldsymbol{x}^{\mathrm{T}}\boldsymbol{x} = r^2 \tag{8.2}$$

其中

$$\boldsymbol{x} = \begin{bmatrix} x_1 \\ x_2 \end{bmatrix} \tag{8.3}$$

式 (8.1) 所示解析式對應的參數方程式為

$$\begin{cases} x_1 = r\cos(t) \\ x_2 = r\sin(t) \end{cases} \tag{8.4}$$

這個正圓的參數方程式也可以寫成

$$\begin{cases} x_1 = \dfrac{1-t^2}{1+t^2}r \\ x_2 = \dfrac{2t}{1+t^2}r \end{cases} \tag{8.5}$$

如圖 8.5(b) 所示，圓心位於 (c_1, c_2) 的正圓解析式為

$$\left(x_1 - c_1\right)^2 + \left(x_2 - c_2\right)^2 = r^2 \qquad (8.6)$$

式 (8.6) 也可以寫成矩陣乘法形式，即

$$\left(\boldsymbol{x} - \boldsymbol{c}\right)^{\mathrm{T}} \left(\boldsymbol{x} - \boldsymbol{c}\right) = r^2 \qquad (8.7)$$

其中

$$\boldsymbol{x} = \begin{bmatrix} x_1 \\ x_2 \end{bmatrix}, \quad \boldsymbol{c} = \begin{bmatrix} c_1 \\ c_2 \end{bmatrix} \qquad (8.8)$$

式 (8.6) 對應的參數方程式為

$$\begin{cases} x_1 = c_1 + r\cos(t) \\ x_2 = c_2 + r\sin(t) \end{cases} \qquad (8.9)$$

上半圓、下半圓

圖 8.5(a) 所示的影像並不是函式，因為一個引數對應兩個因變數的值，這顯然不滿足函式的定義。但是，我們可以用水平線把正圓一切為二，得到上下兩個函式，如圖 8.6 所示。正圓解析式的英文表達見表 8.1。

圖 8.6(a) 所示為**上半圓** (upper semicircle) 函式

$$f\left(x_1\right) = \sqrt{r^2 - x_1^2} \qquad (8.10)$$

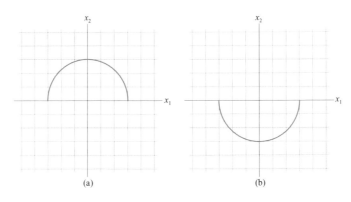

▲ 圖 8.6　上半圓和下半圓函式

圖 8.6(b) 所示為**下半圓** (lower semicircle) 函式

$$f\left(x_1\right)=-\sqrt{r^2-x_1^2} \tag{8.11}$$

請大家注意這兩個函式的定義域。

➜ 表 8.1　用英文讀正圓解析式

數學表達	英文表達
$x^2+y^2=r^2$	x squared plus y squared equals r squared.
$y=\pm\sqrt{r^2-x^2}$	y equals plus or minus square root of the difference of r squared minus x squared.
$(x-h)^2+(y-k)^2=r^2$	The difference x minus h squared plus the difference y minus k squared equals r squared. The quantity x minus h squared plus the quantity y minus k squared equals r squared.

8.4　橢圓：機器學習的多面手

中心位於原點的正橢圓有兩種基本形式，如圖 8.7 所示。

圖 8.7(a) 所示橢圓的**長軸** (major axis) 位於橫軸 x_1 上，對應的解析式為

$$\frac{x_1^2}{a^2}+\frac{x_2^2}{b^2}=1 \tag{8.12}$$

其中：$a>b>0$。

長軸，是指透過連接橢圓上的兩個點所能獲得的最長線段，圖 8.7(a) 所示橢圓長軸的長度為 2a。

與之相反，**短軸** (minor axis) 是透過連接橢圓上的兩個點所能獲得的最短線段，圖 8.7(a) 所示橢圓短軸長度為 2b。一個橢圓的長軸和短軸相互垂直。

長軸的一半被稱作**半長軸** (semi-major axis)，短軸的一半被稱作**半短軸** (semi-minor axis)。

所謂正橢圓，是指橢圓的長軸位於水平方向或垂直方向。

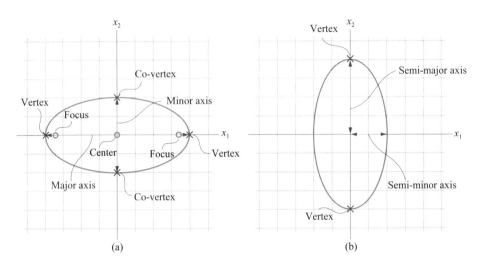

(a)　　　　　　　　　　　　　　(b)

▲ 圖 8.7　中心位於原點的正橢圓

式 (8.12) 也可以寫成矩陣乘法形式，即

$$\boldsymbol{x}^{\mathrm{T}}\begin{bmatrix} 1/a^2 & 0 \\ 0 & 1/b^2 \end{bmatrix}\boldsymbol{x}=1 \tag{8.13}$$

如圖 8.8 所示，橢圓可以看成是正圓朝某一個方向或兩個方向縮放得到的結果。這一點從橢圓面積上很容易發現端倪。圖 8.8 所示正圓的面積為 πb^2，水平方向拉伸後得到橢圓，對應半長軸為 a，橢圓面積為 πab。橢圓解析式的英文表達見表 8.2。

以下對角方陣對應的幾何操作就是「縮放」，即

$$\begin{bmatrix} 1/a^2 & 0 \\ 0 & 1/b^2 \end{bmatrix} \tag{8.14}$$

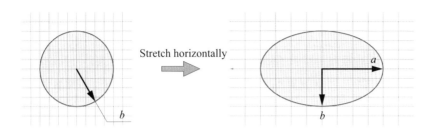

▲ 圖 8.8　橢圓和正圓的關係

式 (8.12) 對應的參數方程式為

$$\begin{cases} x_1 = a\cos t \\ x_2 = b\sin t \end{cases} \tag{8.15}$$

該參數方程式也可以寫成

$$\begin{cases} x_1 = a\dfrac{1-t^2}{1+t^2} \\ x_2 = b\dfrac{2t}{1+t^2} \end{cases} \tag{8.16}$$

➜ 表 8.2　用英文讀橢圓解析式

數學表達	英文表達
$\dfrac{x^2}{a^2}+\dfrac{y^2}{b^2}=1$	The fraction x squared over a squared plus the fraction y squared over b squared equals one.

圖 8.7(b) 所示橢圓的長軸位於縱軸 x_2 上，對應的解析式為

$$\frac{x_1^2}{b^2}+\frac{x_2^2}{a^2}=1 \tag{8.17}$$

同樣：$a > b > 0$。

焦點

此外，橢圓的**焦點** (單數 focus，複數 foci) 位於橢圓長軸。對於式 (8.12)，該橢圓上任意一點 P 到兩個焦點 F_1 和 F_2 的距離之和等於 $2a$。如圖 8.9 所示，上述關係可以透過下式表達，即

$$|PF_1| + |PF_2| = 2a \tag{8.18}$$

兩個焦點 F_1 和 F_2 之間的距離稱為焦距 $2c$，c 可以透過下式計算得到，即

$$c = \sqrt{a^2 - b^2} \tag{8.19}$$

由此可以得到，圖 8.7(a) 所示橢圓兩個焦點座標分別為 $(-c, 0)$ 和 $(c, 0)$。圖 8.7(b) 所示橢圓兩個焦點座標分別為 $(0, -c)$ 和 $(0, c)$。

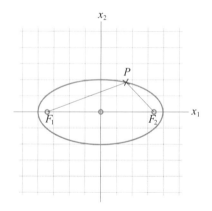

▲ 圖 8.9　橢圓焦點和橢圓的關係

中心移動

圖 8.10 所示為中心在 (c_1, c_2) 的正橢圓。圖 8.10(a) 所示橢圓的解析式為

$$\frac{(x_1 - c_1)^2}{a^2} + \frac{(x_2 - c_2)^2}{b^2} = 1 \tag{8.20}$$

同樣：$a > b > 0$。圖 8.10(b) 所示橢圓的解析式為

$$\frac{\left(x_1 - c_1\right)^2}{b^2} + \frac{\left(x_2 - c_2\right)^2}{a^2} = 1 \tag{8.21}$$

圖 8.10 中橢圓實際上是圖 8.7 所示橢圓經過平移得到的。

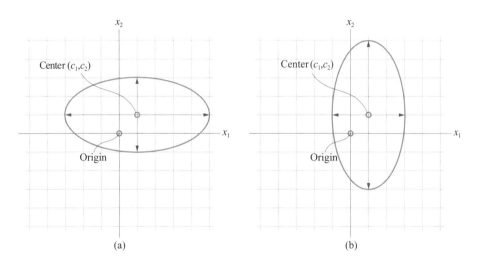

(a)   (b)

▲ 圖 8.10   中心偏離原點橢圓

8.5 旋轉橢圓：幾何變換的結果

式 (8.12) 橢圓逆時鐘旋轉 θ 後得到橢圓對應的解析式為

$$\frac{\left[x_1 \cos\theta + x_2 \sin\theta\right]^2}{a^2} + \frac{\left[x_1 \sin\theta - x_2 \cos\theta\right]^2}{b^2} = 1 \tag{8.22}$$

順時鐘旋轉 θ 後得到橢圓解析式為

$$\frac{\left[x_1 \cos\theta - x_2 \sin\theta\right]^2}{a^2} + \frac{\left[x_1 \sin\theta + x_2 \cos\theta\right]^2}{b^2} = 1 \tag{8.23}$$

舉個例子

中心位於原點，長軸位於橫軸的正橢圓在旋轉之前解析式為

$$\frac{x_1^2}{4} + x_2^2 = 1 \tag{8.24}$$

圖 8.11(a) 所示為繞中心（原點）逆時鐘旋轉 $\theta = 45° = \pi/4$ 獲得的橢圓，長軸位於第一象限和第三象限。對應解析式為

$$\frac{\left[x_1\cos 45° + x_2\sin 45°\right]^2}{4} + \left[x_1\sin 45° - x_2\cos 45°\right]^2 = 1 \tag{8.25}$$

整理解析式得到

$$\frac{5x_1^2}{8} - \frac{3x_1 x_2}{4} + \frac{5x_2^2}{8} = 1 \tag{8.26}$$

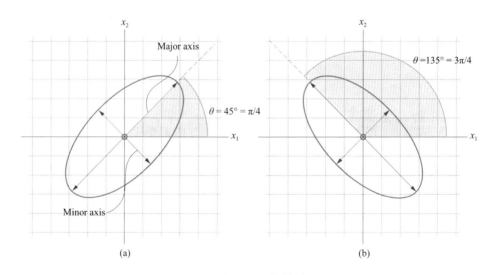

▲　圖 8.11　旋轉橢圓

圖 8.11(b) 所示為繞中心（原點）逆時鐘旋轉 $\theta = 135° = 3\pi/4$ 獲得的橢圓，它的長軸位於第二象限和第四象限。對應解析式為

$$\frac{\left[x_1\cos 135° + x_2\sin 135°\right]^2}{4} + \left[x_1\sin 135° - x_2\cos 135°\right]^2 = 1 \tag{8.27}$$

整理解析式得到

$$\frac{5x_1^2}{8} + \frac{3x_1 x_2}{4} + \frac{5x_2^2}{8} = 1 \tag{8.28}$$

對比式 (8.26) 和式 (8.28)，發現解析式僅差在 $3x_1 x_2/4$ 項的正負號上。

單位圓到橢圓

平面上，對單位圓進行一系列幾何變換操作，可以得到中心位於任意一點的旋轉橢圓。

如圖 8.12 所示，單位圓 (藍色) 首先經過縮放得到長軸位於橫軸的橢圓 (綠色)，繞中心旋轉之後得到旋轉橢圓 (橙黃)，最後中心平移得到紅色橢圓。

> ◄
> 橢圓的縮放、旋轉、平移等操作，和仿射變換直接相關，請大家格外留意

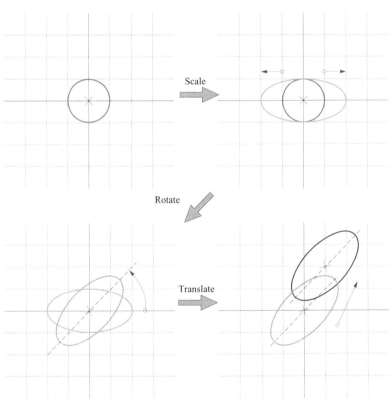

▲ 圖 8.12　正圓經過縮放、旋轉和平移得到橢圓

Bk3_Ch8_01.py 繪製平移和旋轉橢圓。

▼

橢圓,這個高中階段學過的數學概念,與資料科學、機器學習有什麼關係?

看似平淡無奇的橢圓,其實與資料科學和機器學習有著特別密切的關係。這裡,我們蜻蜓點水地淺談一下。

圖 8.13 所示為不同相關性係數條件下,二元高斯分佈 PDF 曲面和等高線。在平面等高線的影像中,我們看到的是一系列同心橢圓。

不同相關性係數條件下,滿足特定二元高斯分佈的隨機數可以看到橢圓的影子,具體如圖 8.14 所示。

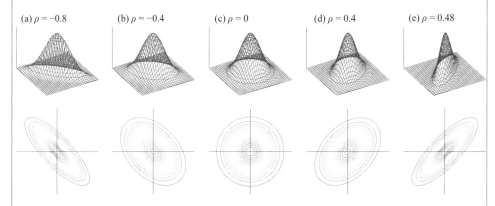

(a) $\rho = -0.8$　(b) $\rho = -0.4$　(c) $\rho = 0$　(d) $\rho = 0.4$　(e) $\rho = 0.48$

▲　圖 8.13　不同相關性係數,二元高斯分佈 PDF 曲面和等高線

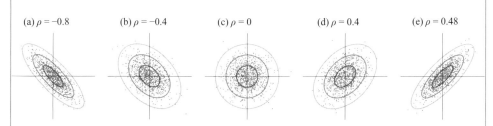

(a) $\rho = -0.8$　(b) $\rho = -0.4$　(c) $\rho = 0$　(d) $\rho = 0.4$　(e) $\rho = 0.48$

▲　圖 8.14　相關係數 ρ 不同時,散點和橢圓關係

上一章簡單提到馬氏距離這個距離度量。如圖 8.15 所示,馬氏距離的計算過程就是橢圓的幾何變換過程。

本書前文提到的一元線性回歸也與橢圓息息相關。從機率角度，線性回歸的本質就是條件機率。圖 8.16 所示為條件機率三維等高線，黑色斜線代表線性回歸。我們也能看到橢圓身在其中。

主成分分析 (Principal Component Analysis, PCA) 是機器學習中重要的降維演算法。如圖 8.17 所示，從幾何角度來看，主成分分析實際上就是在尋找橢圓的長軸。

在一些分類和聚類演算法確定的決策邊界中，我們也可以看到橢圓及其他圓錐曲線。圖 8.18 所示為高斯單純貝氏分類計算得到的決策邊界。圖 8.19 所示為高斯混合模型確定的決策邊界。

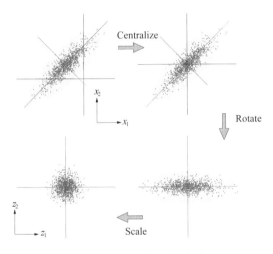

▲ 圖 8.15　馬氏距離計算過程

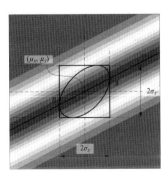

▲ 圖 8.16　條件機率三維等高線

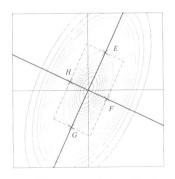

▲ 圖 8.17　主成分分析

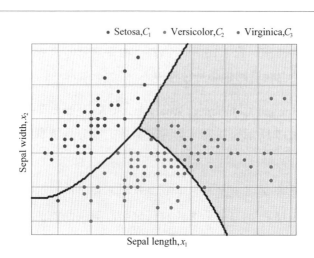

▲ 圖 8.18 高斯單純貝氏分類確定的決策邊界

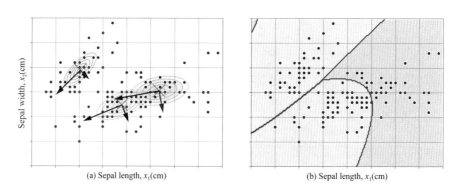

(a) Sepal length, x_1(cm)　　　　(b) Sepal length, x_1(cm)

▲ 圖 8.19 高斯混合模型確定的決策邊界

總而言之，橢圓在資料科學和機器學習這兩個話題中有很多「戲份」，本書將為大家一一說明這些有關橢圓的故事。因此，也請大家耐心學完本章和下一章內容。

8.6 拋物線：不止是函式

如圖 8.20(a) 所示，頂點在原點，對稱軸位於 x_2 縱軸，開口向上的拋物線解析式為

$$4px_2 = x_1^2, \quad p > 0 \qquad (8.29)$$

這條拋物線的頂點位於原點 $(0, 0)$，**焦點** (focus) 位於 $(0, p)$，**準線** (directrix) 位於 $y = -p$。當 p 小於 0 時，形如式 (8.29) 的拋物線開口朝下。

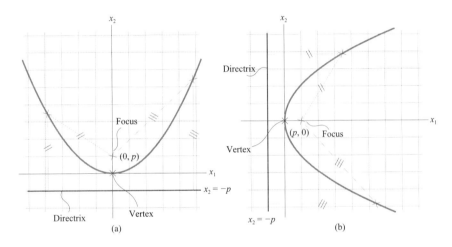

▲ 圖 8.20 拋物線

平面上，拋物線上每一點與焦點之間距離等於點和準線之間的距離。這一規律可以用來推導得到拋物線解析式。設拋物線任意一點為 (x_1, x_2)，該點與準線間距離等於該點和焦點間距離，則有

$$
\begin{aligned}
&x_2 - (-p) = \sqrt{(x_1 - 0)^2 + (x_2 - p)^2}, \quad p > 0 \\
&\Rightarrow (x_2 + p)^2 = x_1^2 + (x_2 - p)^2 \\
&\Rightarrow 4px_2 = x_1^2
\end{aligned}
\qquad (8.30)
$$

如圖 8.20(b) 所示，頂點在原點，對稱軸位於 x_1 橫軸，開口向右拋物線解析式為

$$4px_1 = x_2^2, \quad p > 0 \qquad (8.31)$$

當 p 小於 0 時，形如式 (8.31) 的拋物線開口朝左。

平移

同樣，拋物線也可以整體平移。形以下式的拋物線，頂點位於 (h, k)，開口朝上或朝下，具體方向由 p 正負決定，即

$$4p\left(x_2 - k\right) = \left(x_1 - h\right)^2 \tag{8.32}$$

式 (8.32) 所示拋物線的對稱軸為 $x_1 = h$，準線位於 $x_2 = k - p$，焦點所在位置為 $(h, k + p)$。以下拋物線，頂點同樣位於 (h, k)，p 的正負決定開口朝左或朝右，即

$$4p\left(x_1 - h\right) = \left(x_2 - k\right)^2 \tag{8.33}$$

式 (8.33) 所示拋物線對稱軸為 $x_2 = k$，準線位於 $x_1 = h - p$，焦點所在位置為 $(h + p, k)$。 圖 8.21 所示為四種拋物線，請大家參考前文程式自行繪製圖 8.21。

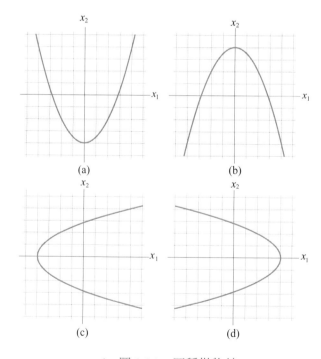

(a)　(b)　(c)　(d)

▲ 圖 8.21　四種拋物線

8.7 雙曲線：引力彈弓的軌跡

圖 8.22(a) 所示為焦點位於橫軸、頂點位於原點的雙曲線，對應解析式形式為

$$\frac{x_1^2}{a^2} - \frac{x_2^2}{b^2} = 1 \qquad a, b > 0 \tag{8.34}$$

如圖 8.22(a) 所示，雙曲線頂點位於原點，焦點位於 F_1 (-c, 0) 和 F_2 (c, 0)，c 可以透過下式計算得到，即

$$c^2 = a^2 + b^2, \ c > 0 \tag{8.35}$$

雙曲線上任意一點 P 到兩個焦點 F_1 和 F_2 距離差值為 $2a$，則有

$$|PF_1| - |PF_2| = \pm 2a \tag{8.36}$$

圖 8.22(b) 所示為焦點位於縱軸雙曲線，上下開口。這種雙曲線的標準式為

$$\frac{x_2^2}{b^2} - \frac{x_1^2}{a^2} = 1 \qquad a, b > 0 \tag{8.37}$$

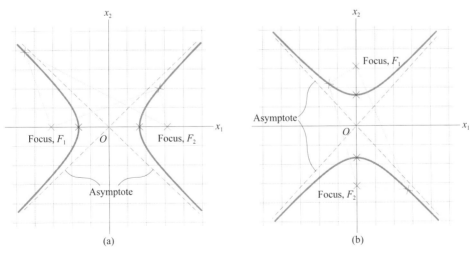

▲ 圖 8.22　兩種標準雙曲線形式

漸近線、切線斜率

圖 8.22(a) 所示雙曲線的兩條**漸近線** (asymptote) 運算式為

$$x_2 = \pm \frac{b}{a} x_1 \tag{8.38}$$

圖 8.23 所示為左右開口雙曲線右側部分不同切點處的若干條漸變切線。容易發現，圖 8.23 所示切線斜率，要麼大於 b/a，要麼小於 $-b/a$。也就是說，切線在 $(-\infty, -b/a)$ 和 $(b/a, +\infty)$ 兩個區間之內。

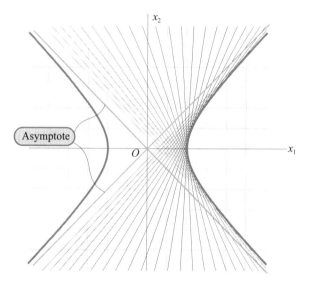

▲ 圖 8.23　雙曲線右側曲線切線

平移

雙曲線中心也可以平移，比如將式 (8.34) 所示雙曲線中心平移至 (h, k)，得到的雙曲線解析式為

$$\frac{(x_1 - h)^2}{a^2} - \frac{(x_2 - k)^2}{b^2} = 1 \qquad a, b > 0 \tag{8.39}$$

式 (8.39) 所示雙曲線的兩條漸近線解析式為

$$x_2 = k \pm \frac{b}{a}(x_1 - h) \tag{8.40}$$

圓錐曲線參數方程式

表 8.3 總結了常見圓錐曲線的參數方程式。

➜ 表 8.3　常見圓錐曲線參數方程式

形狀	一般式	參數方程式
	圓心在原點，半徑為 r 圓形 $x_1^2 + x_2^2 = r^2$	$\begin{cases} x_1 = r\cos t \\ x_2 = r\sin t \end{cases}$ 或 $\begin{cases} x_1 = \dfrac{1-t^2}{1+t^2}r \\ x_2 = \dfrac{2t}{1+t^2}r \end{cases}$
	圓心在 (h, k)，半徑為 r 圓形 $(x_1 - h)^2 + (x_2 - k)^2 = r^2$	$\begin{cases} x_1 = h + r\cos t \\ x_2 = k + r\sin t \end{cases}$
	橢圓中心在原點，長軸和焦點位於橫軸，半長軸為 a，半短軸為 b $\dfrac{x_1^2}{a^2} + \dfrac{x_2^2}{b^2} = 1$	$\begin{cases} x_1 = a\cos t \\ x_2 = b\sin t \end{cases}$ 或 $\begin{cases} x_1 = a\dfrac{1-t^2}{1+t^2} \\ x_2 = b\dfrac{2t}{1+t^2} \end{cases}$
	橢圓中心在在 (h, k)，半長軸為 a，半短軸為 b $\dfrac{(x_1 - h)^2}{a^2} + \dfrac{(x_2 - k)^2}{b^2} = 1$	$\begin{cases} x_1 = h + a\cos t \\ x_2 = k + b\sin t \end{cases}$
	拋物線，焦點位於縱軸 $4px_2 = x_1^2, \quad p > 0$	$\begin{cases} x_1 = t \\ x_2 = \dfrac{t^2}{4p} \end{cases}$

形狀	一般式	參數方程式
	拋物線，焦點位於橫軸 $4px_1 = x_2^2, \quad p > 0$	$\begin{cases} x_1 = \dfrac{t^2}{4p} \\ x_2 = t \end{cases}$
	雙曲線，焦點位於橫軸 $\dfrac{x_1^2}{a^2} - \dfrac{x_2^2}{b^2} = 1$	$\begin{cases} x_1 = a\sec t \\ x_2 = b\tan t \end{cases}$ 或 $\begin{cases} x_1 = a\dfrac{1+t^2}{1-t^2} \\ x_2 = b\dfrac{2t}{1-t^2} \end{cases}$
	雙曲線，焦點位於縱軸 $\dfrac{x_2^2}{b^2} - \dfrac{x_1^2}{a^2} = 1$	$\begin{cases} x_1 = a\tan t \\ x_2 = b\sec t \end{cases}$ 或 $\begin{cases} x_1 = a\dfrac{2t}{1-t^2} \\ x_2 = b\dfrac{1+t^2}{1-t^2} \end{cases}$

　　科技進步發展從來不是正道坦途、一帆風順，這條道路蜿蜒曲折、荊棘密佈，很多人甚至為之付出了生命。

　　即使如此，某個科學思想一旦被提出，就像是一顆種子種在了人類思想的土壤中。這些種子們早晚會生根發芽，開花結果。圓錐曲線就是個很好的例子。

　　圓錐曲線提出千年以後，人們利用這個數學工具解密了天體執行規律。此後幾百年，圓錐曲線就會助力人類飛出地球搖籃，探索無邊的深空。

Dive into Conic Sections

9 深入圓錐曲線

探尋和資料科學、機器學習之間聯繫

地球是人類的搖籃，但我們不能永遠生活在搖籃裡。
Earth is the cradle of humanity, but one cannot live in a cradle forever.

──康斯坦丁・齊奧爾科夫斯基（*Konstantin Tsiolkovsky*）| 俄羅斯火箭專家 | *1857 - 1935*

- matplotlib.patches.Rectangle() 繪製透過定位點，以及設定寬度和高度的矩形
- matplotlib.pyplot.contour() 繪製等高線圖
- matplotlib.pyplot.contourf() 繪製填充等高線圖
- numpy.cosh() 雙曲餘弦函式
- numpy.isinf() 判斷是否存在無限大
- numpy.maximum() 計算最大值
- numpy.sinh() 雙曲正弦函式
- numpy.tanh() 雙曲正切函式
- sympy.Eq() 定義符號等式
- sympy.evalf() 將符號解析式中未知量替換為具體數值
- sympy.plot_implicit() 繪製隱函式方程式
- sympy.symbols() 定義符號變數

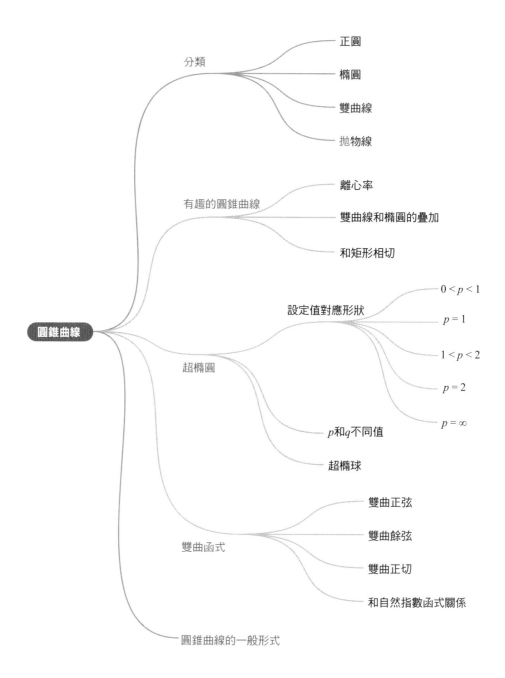

9.1 圓錐曲線：探索星辰大海

雖然正圓、橢圓、拋物線、雙曲線這樣的數學概念現在見諸於中學課本，但是現如今它們依舊展現著巨大能量。比如，在星辰大海的征途中，圓錐曲線扮演重要角色。

圖 9.1 所示為四種太空船軌道。當太空船以**第一宇宙速度** (first cosmic velocity) 繞地執行時期，執行的軌道為**正圓軌道** (circular orbit)，因此第一宇宙速度被稱作**環繞速度** (orbit speed)。提高太空船繞行速度後，軌道會變為**橢圓軌道** (elliptical orbit)。

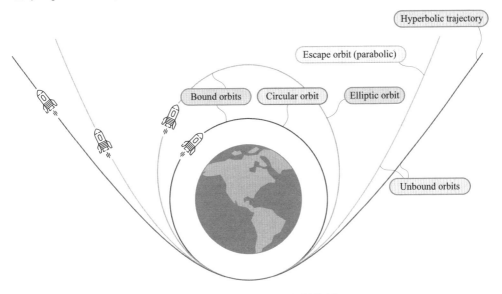

▲ 圖 9.1　太空船的幾種軌道

繼續提高繞行速度，當太空船速度達到**第二宇宙速度** (second cosmic velocity) 時，太空船便達到逃離地球所需的速度，這一速度也叫**逃逸速**度 (escape velocity)。這時，太空船執行軌道變為**拋物線軌道** (parabolic trajectory) 或**雙曲線軌道** (hyperbolic trajectory)。這種條件下，太空船可以脫離地球的引力場而成為圍繞太陽執行的人造行星。

探索火星約每 26 個月有一個發射視窗，這是因為地球在低軌道繞太陽執行，而火星在高軌道繞行。地球和火星的公轉週期不同，兩個行星大約每 26 個月「相遇」一次，也就是說此時地球與火星之間的距離最近。

如圖 9.2 所示，探索火星需要利用**霍曼轉移軌道** (Hohmann transfer orbit)。簡單來說，霍曼軌道是一條橢圓形的軌道，透過兩次加速將太空船從地球所在的低軌道送入火星運動的高軌道。

太空船首先進入繞太陽圓周運動的低軌道。

太空船在低軌道 A 點處瞬間加速後，進入一個橢圓形的轉移軌道。注意，加速瞬間火星位於 B。 太空船由此橢圓軌道的近拱點開始，抵達遠拱點後再瞬間加速，進入火星所在的目標軌道。反過來，霍曼轉移軌道亦可將太空船送往較低的軌道，不過是兩次減速而非加速。

拱點 (apsis) 在天文學中是指橢圓軌道上執行天體 (如地球) 最接近或最遠離它的引力中心 (如太陽) 的點。最靠近引力中心的點稱為**近拱點** (periapsis)；而距離引力中心最遠的點就稱為**遠拱點** (apoapsis)。

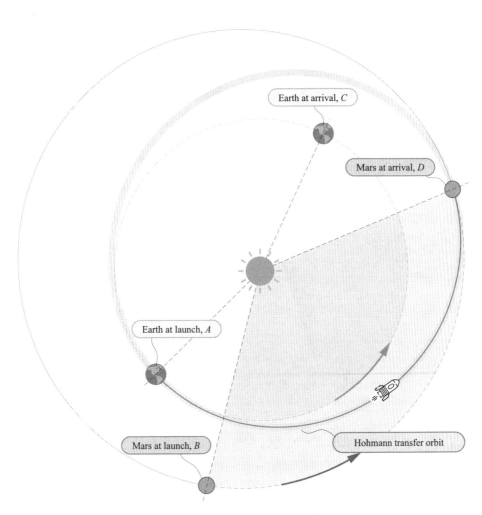

Earth at arrival, C

Mars at arrival, D

Earth at launch, A

Mars at launch, B

Hohmann transfer orbit

▲ 圖 9.2　探索火星的霍曼軌道

9.2 離心率：聯繫不同類型圓錐曲線

不同類型圓錐曲線可以透過同**離心率 (eccentricity)** e 聯繫起來，如

$$x_2^2 = 2px_1 + \left(e^2 - 1\right)x_1^2, \quad e \geqslant 0 \tag{9.1}$$

正圓的離心率 $e = 0$，橢圓的離心率 $0 < e < 1$，拋物線離心率 $e = 1$，雙曲線離心率 $e > 1$。對應的這一組曲線共用 $(0, 0)$ 這個頂點。

當 $p = 1$ 時，離心率 e 取不同數值，可以得到如圖 9.3 所示的一組圓錐曲線。

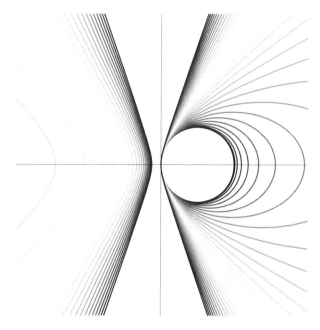

▲ 圖 9.3　離心率連續變化條件下一組圓錐曲線

Bk3_Ch9_01.py 繪製圖 9.3。程式採用等高線方式視覺化圓錐曲線。本書之後的圓錐曲線都會再用這種可視化方案。

▌9.3　一組有趣的圓錐曲線

本節介紹一組有趣的圓錐曲線，解析式為

$$\underbrace{\frac{x_1^2}{m^2} + \frac{x_2^2}{n^2}}_{\text{Ellipse}} - \underbrace{2\rho\frac{x_1 x_2}{mn}}_{\text{Hyperbola}} = 1 \tag{9.2}$$

其中：$m > 0$，$n > 0$。

上式可以視為是橢圓和雙曲線的「疊加」。$x_1 x_2 = 1$ 實際上是一個旋轉雙曲線。參數 ρ 可以視為調節雙曲線「影響力」的參數，ρ 越大雙曲線的影響越強。

點 ($\pm m$, 0)、(0, $\pm n$) 都滿足,也就是說這四個點都在圓錐曲線上。

圖 9.4 所示為當 $m = n = 1$ 且 $\rho \geq 0$ 時,圓錐曲線隨 ρ 的變化。而圖 9.5 所示為當 $m = n = 1$ 且 $\rho \leq 0$ 時,圓錐曲線隨 ρ 的變化。不難發現,$-1 < \rho < 1$ 時,橢圓的影響力佔上風;而 $|\rho| > 1$ 時,雙曲線影響力更大;當 $\rho = \pm 1$ 時,橢圓和雙曲線的影響力勢均力敵。

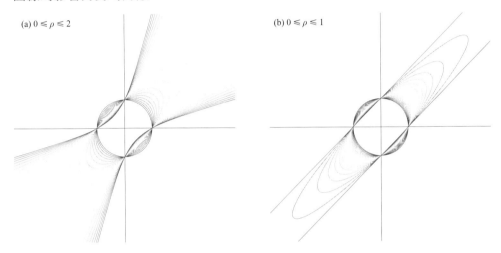

(a) $0 \leq \rho \leq 2$ (b) $0 \leq \rho \leq 1$

▲ 圖 9.4　$m = n = 1$,圓錐曲線隨 ρ 變化,ρ 非負

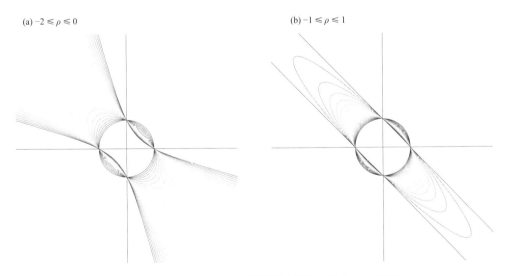

(a) $-2 \leq \rho \leq 0$ (b) $-1 \leq \rho \leq 1$

▲ 圖 9.5　$m = n = 1$,圓錐曲線隨 ρ 變化,ρ 非正

當 $m = n = 1$ 時，且 $\rho = 1$ 時，式 (9.2) 為

$$(x - y)^2 = 1 \tag{9.3}$$

式 (9.3) 對應兩條直線，即

$$x - y = 1, \quad x - y = -1 \tag{9.4}$$

當 $m = n = 1$ 時，且 $\rho = -1$ 時，式 (9.2) 也對應兩條直線。

圖 9.6 所示為 $m = 2$，$n = 1$ 時，圓錐曲線隨 ρ 的變化，ρ 的變化範圍為 [-2, 2]。

(a) $0 \leqslant \rho \leqslant 2$ (b) $-2 \leqslant \rho \leqslant 0$

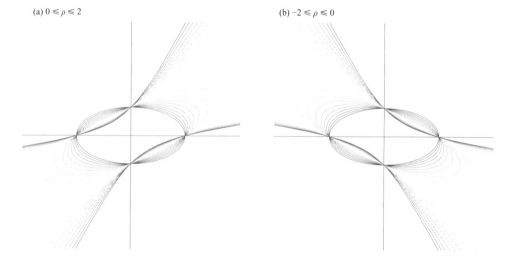

▲ 圖 9.6　$m = 2$，$n = 1$，圓錐曲線隨 ρ 變化，ρ 的變化範圍為 [-2, 2]

Bk3_Ch9_02.py 繪製圖 9.4 、圖 9.5 和圖 9.6 幾幅影像。

9.4 特殊橢圓：和給定矩形相切

這一節，我們要在特殊條件約束下繪製橢圓。

給定如圖 9.7 所示的三類矩形，假定它們的中心都位於原點。本節繪製和矩形四個邊相切的橢圓。橢圓可以是正橢圓，也可以是旋轉橢圓。

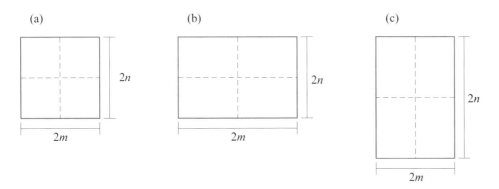

▲ 圖 9.7 m、n 大小關係不同的矩形

對上一節式 (9.2) 稍作修改，得到解析式

$$\frac{x_1^2}{m^2} + \frac{x_2^2}{n^2} - \frac{2\rho x_1 x_2}{mn} = 1 - \rho^2 \tag{9.5}$$

其中：ρ 設定值範圍在 -1 和 1 之間。大家很快就會發現參數 ρ 影響橢圓的傾斜程度。

式 (9.5) 可以進一步寫成

$$\frac{1}{1-\rho^2}\left(\frac{x_1^2}{m^2} + \frac{x_2^2}{n^2} - \frac{2\rho x_1 x_2}{mn}\right) = 1 \tag{9.6}$$

如圖 9.8 所示，以矩形的中心為原點建構平面直角座標系，容易計算得到矩形和橢圓相切的切點 A、B、C、D 的座標為

$$A(m, \rho n), \quad B(\rho m, n), \quad C(-m, -\rho n), \quad D(-\rho m, -n) \tag{9.7}$$

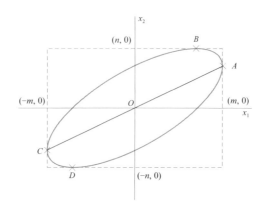

▲　圖 9.8　四個切點的位置

⚠

請大家格外注意 AC 連線。

正橢圓

當 $\rho = 0$ 時，橢圓為正橢圓，即

$$\frac{x_1^2}{m^2} + \frac{x_2^2}{n^2} = 1 \tag{9.8}$$

如圖 9.9 所示，橢圓和矩形相切的四個切點 A、B、C、D 的座標為

$$A(m,0), \quad B(0,n), \quad C(-m,0), \quad D(0,-n) \tag{9.9}$$

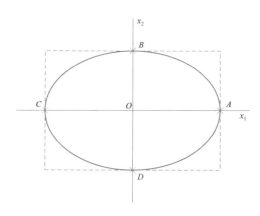

▲　圖 9.9　當 $\rho = 0$ 時，四個切點的位置

線段

當 $\rho = 1$ 時，橢圓退化為一條線段，對應解析式為

$$\frac{x_1}{m} - \frac{x_2}{n} = 0 \qquad (9.10)$$

當 $\rho = -1$ 時，橢圓也是一條線段，對應解析式為

$$\frac{x_1}{m} + \frac{x_2}{n} = 0 \qquad (9.11)$$

兩種情況對應的影像如圖 9.10 所示。

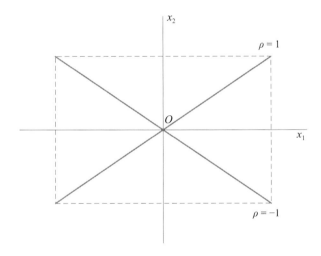

▲ 圖 9.10　當 $\rho = \pm 1$ 時，橢圓退化成線段

旋轉橢圓

　　圖 9.11 所示為當 $m = n$ 時，橢圓形狀隨參數 ρ 的變化。當 ρ 越靠近 0 時，橢圓形狀越接近正圓；ρ 的絕對值越靠近 1 時，橢圓越扁，形狀越接近線段。此外，請大家格外關注切點位置如何隨 ρ 移動。

(a) $-1 < \rho \leqslant 0$　　　　　　　　　　　(b) $0 \leqslant \rho < 1$

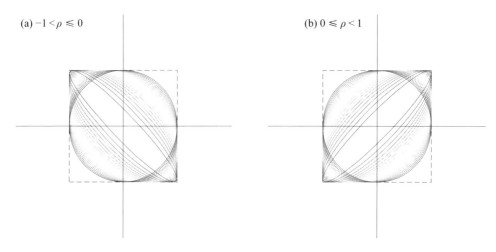

▲ 圖 9.11　$m = n$ 時，和給定正方形相切橢圓

　　圖 9.12 和圖 9.13 所示分別為 $m > n$ 和 $m < n$ 兩種情況條件下，橢圓形狀隨 ρ 的變化。

(a) $-1 < \rho \leqslant 0$　　　　　　　　　　　(b) $0 \leqslant \rho < 1$

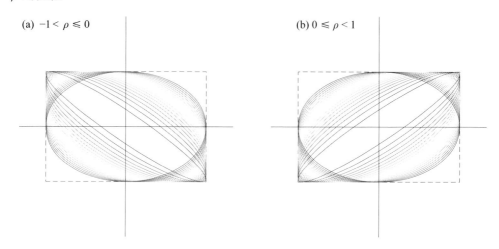

▲ 圖 9.12　$m > n$ 時，和給定矩形相切橢圓

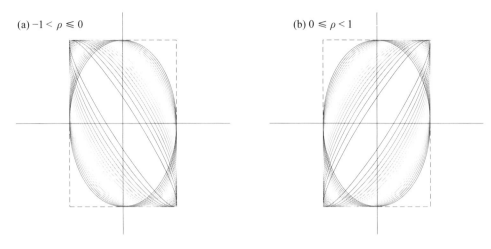

▲ 圖 9.13　$m < n$ 時，和給定矩形相切橢圓

二元高斯分佈

我們之所以討論這種特殊形態的橢圓，是因為它和二元高斯分佈的機率密度函式直接相關。二元高斯分佈 (bivariate Gaussian distribution) 的機率密度函式 $f_{X,Y}(x,y)$ 解析式為

$$f_{X,Y}(x,y) = \frac{1}{2\pi\sigma_X\sigma_Y\sqrt{1-\rho_{X,Y}^2}} \times \exp\left(\frac{-1}{2}\frac{1}{(1-\rho_{X,Y}^2)}\underbrace{\left(\left(\frac{x-\mu_X}{\sigma_X}\right)^2 - 2\rho_{X,Y}\left(\frac{x-\mu_X}{\sigma_X}\right)\left(\frac{y-\mu_Y}{\sigma_Y}\right) + \left(\frac{y-\mu_Y}{\sigma_Y}\right)^2\right)}_{\text{Ellipse}}\right)$$

$$(9.12)$$

其中：μ_X 和 μ_Y 分別為隨機變數 X、Y 的期望值；σ_X 和 σ_Y 分別為隨機變數 X、Y 的均方差；$\rho_{X,Y}$ 為 X 和 Y 線性相關係數，設定值區間為 (-1, 1)。

相信大家已經在式 (9.12) 看到了式 (9.6)。

Bk3_Ch9_03.py 繪製圖 9.11~ 圖 9.13。

我們把 Bk3_Ch9_03.py 轉化成了一個 App，大家可以調節不同參數觀察橢圓形狀變化，以及切點位置。請大家參考程式檔案 Streamlit_Bk3_Ch9_03.py。

9.5 超橢圓：和範數有關

超橢圓 (superellipse) 是對橢圓的拓展，最常見超橢圓的解析式為

$$\left|\frac{x_1}{a}\right|^p + \left|\frac{x_2}{b}\right|^p = 1 \tag{9.13}$$

一般情況下，p 為大於 0 的數值。

特別地，當 $p = 2$ 時，式 (9.13) 所示為橢圓解析式。

還有兩種特殊的情況，當 $p = 1$ 時，超橢圓圖形為菱形，即

$$\left|\frac{x_1}{a}\right| + \left|\frac{x_2}{b}\right| = 1 \tag{9.14}$$

當 $p = +\infty$ 時，超橢圓圖形為長方形，對應的解析式為

$$\max\left(\left|\frac{x_1}{a}\right|, \ \left|\frac{x_2}{b}\right|\right) = 1 \tag{9.15}$$

第一個例子

當 $a = 2$ ，$b = 1$ 時，超橢圓的解析式為

$$\left|\frac{x_1}{2}\right|^p + \left|\frac{x_2}{1}\right|^p = 1 \tag{9.16}$$

圖 9.14 所示為 p 取不同值時，超橢圓的形狀。

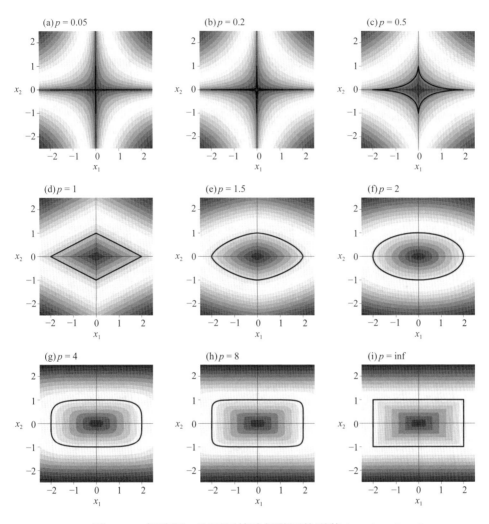

▲ 圖 9.14　超橢圓 p 取不同值時超橢圓的形狀 $(a = 2 ，b = 1)$

第二個例子

當 $a = 1 ，b = 1$ 時，超橢圓的解析式為

$$|x_1|^p + |x_2|^p = 1 \tag{9.17}$$

圖 9.15 所示為 p 取不同值時，超橢圓的形狀。

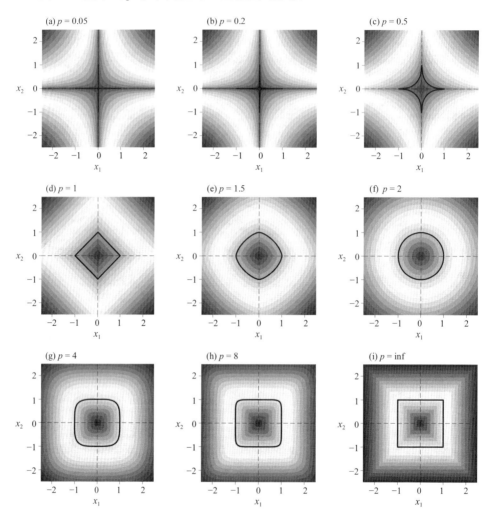

▲ 圖 9.15　超橢圓 p 取不同值時超橢圓的形狀 $(a = 1 \cdot b = 1)$

p 和 q 兩個參數

將式 (9.13) 進一步推廣，得到二維平面的超橢圓解析式為

$$\left|\frac{x_1}{a}\right|^p + \left|\frac{x_2}{b}\right|^q = 1 \tag{9.18}$$

其中：p 和 q 為正數。

舉個例子，當 $a = 1$，$b = 1$ 時，式 (9.18) 對應的超橢圓的解析式為

$$|x_1|^p + |x_2|^q = 1 \tag{9.19}$$

圖 9.16 所示為 p 和 q 取不同值時，式 (9.19) 對應超橢圓的形狀。

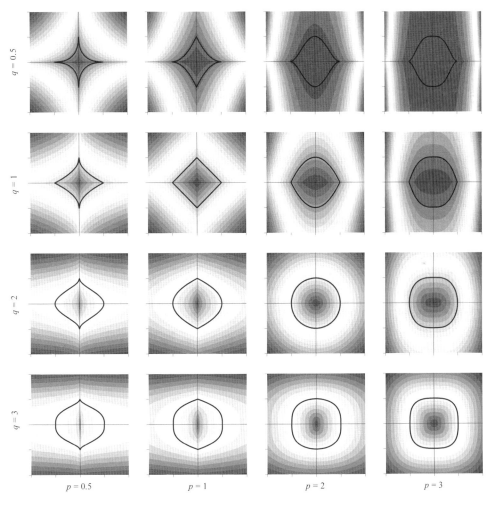

▲ 圖 9.16　p 和 q 取不同值時超橢圓的形狀 ($a = 1$，$b = 1$)

超橢球

從二維到三維，可以得到**超橢球** (superellipsoid) 的解析式為

$$\left(\left|\frac{x_1}{a}\right|^r + \left|\frac{x_2}{b}\right|^r\right)^{\frac{t}{r}} + \left|\frac{x_3}{c}\right|^t = 1 \tag{9.20}$$

圖 9.17 所示為 $a = 1$、$b = 1$，t 和 r 取不同值時超橢球的形狀。

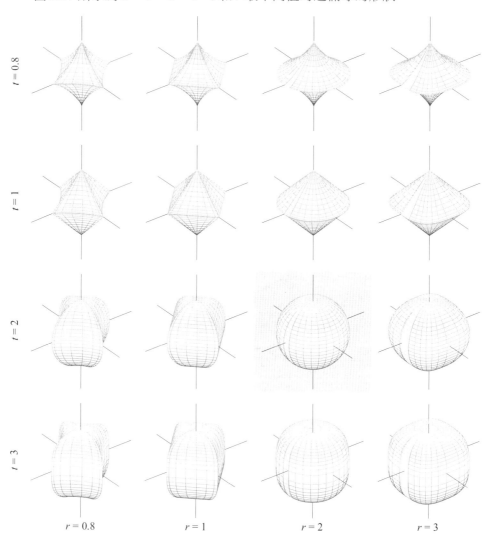

▲ 圖 9.17　t 和 r 取不同值時超橢球的形狀 ($a = 1$、$b = 1$)

本節介紹的超橢圓和 L_p 範數緊密聯繫。L_p 範數的定義如下：

$$\|\boldsymbol{x}\|_p = \left(|x_1|^p + |x_2|^p + \cdots + |x_D|^p\right)^{1/p} = \left(\sum_{i=1}^{D}|x_i|^p\right)^{1/p} \tag{9.21}$$

其中

$$\boldsymbol{x} = \begin{bmatrix} x_1 & x_2 & \cdots & x_D \end{bmatrix}^{\mathrm{T}} \tag{9.22}$$

圖 9.18 所示為隨著 p 增大，L_p 範數等距線一層層包裹。在資料科學和機器學習中，L_p 範數常用於度量距離。當 $p = 2$ ，式 (9.21) 就是 L_2 範數，這便是前文介紹的歐氏距離。注意，只有 $p \geq 1$ 時，式 (9.21) 才是範數。

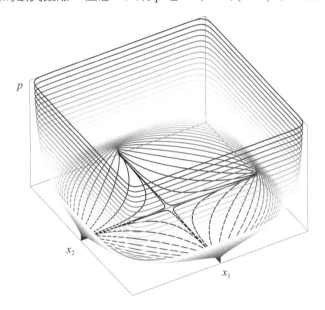

▲ 圖 9.18　隨著 p 增大，等距線一層層包裹

Bk3_Ch9_04.py 繪製圖 9.14 、圖 9.15 、圖 9.16 。

在 Bk3_Ch9_04.py 的基礎上，我們做了一個 App ，大家可以調節參數觀察超橢圓形狀變化。請大家參考程式檔案 Streamlit_Bk3_Ch9_04.py。

9.6 雙曲函式：基於單位雙曲線

當 $a = 1$ 和 $b = 1$ 時，雙曲線為單位雙曲線 (unit hyperbola)，即

$$x_1^2 - x_2^2 = 1 \qquad a, b > 0 \tag{9.23}$$

◀

雙曲正切函式 tanh() 是 S 型函式中重要的一種，本書第 12 章將深入介紹。

類似前文提到過的三角函數與單位圓之間的關係，單位雙曲線可以用來定義**雙曲函式** (hyperbolic function)。

如圖 9.19 所示，最基本的雙曲函式是雙曲正弦函式 sinh() 和雙曲餘弦函式 cosh()。圖中，淺藍色陰影區域面積對應 θ。

雙曲正切 tanh()，可以透過比例計算得到，即

$$\tanh \theta = \frac{\sinh \theta}{\cosh \theta} \tag{9.24}$$

圖 9.20 所示為 $\sinh\theta$、$\cosh\theta$ 和 $\tanh\theta$ 三個函式之間的影像關係。雙曲函式的英文表達見表 9.1。

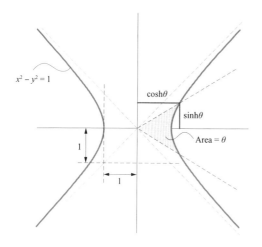

▲ 圖 9.19　單位雙曲線和雙曲函式的關係

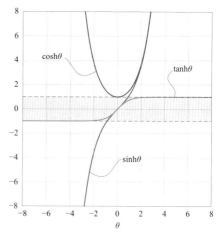

▲ 圖 9.20　$\sinh\theta$、$\cosh\theta$ 和 $\tanh\theta$ 三者關係

➜ 表 9.1　用英文表達雙曲函式

數學表達	英文表達	中文表達
$\sinh\theta$	hyperbolic sine theta sinh / sɪntʃ / theta	雙曲正弦
$\cosh\theta$	hyperbolic co sine theta cosh /kɒʃ/ theta	雙曲餘弦
$\tanh\theta$	hyperbolic tangent theta tanh /tæntʃ/ theta	雙曲正切

和指數函式關係

此外，$\sinh\theta$、$\cosh\theta$ 和 $\tanh\theta$ 三個函式與指數函式 $\exp(\theta)$ 存在下列關係：

$$\sinh\theta = \frac{\exp(\theta)-\exp(-\theta)}{2}$$

$$\cosh\theta = \frac{\exp(\theta)+\exp(-\theta)}{2} \qquad (9.25)$$

$$\tanh\theta = \frac{\sinh\theta}{\cosh\theta} = \frac{\exp(\theta)-\exp(-\theta)}{\exp(\theta)+\exp(-\theta)}$$

圖 9.21 所示為 $\sinh\theta$ 和 $\cosh\theta$ 與指數函式的關係。

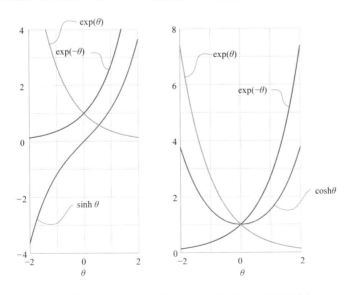

▲ 圖 9.21　$\sinh\theta$ 和 $\cosh\theta$ 與指數函式的關係

9.7　圓錐曲線的一般形式

圓錐曲線的一般形式為

$$Ax_1^2 + Bx_1x_2 + Cx_2^2 + Dx_1 + Ex_2 + F = 0 \tag{9.26}$$

滿足下列條件時，圓錐曲線為正圓，即

$$Ax_1^2 + Cx_2^2 + Dx_1 + Ex_2 + F = 0, \quad A = C \tag{9.27}$$

滿足下列條件時，圓錐曲線為正橢圓，即沒有旋轉，有

$$Ax_1^2 + Cx_2^2 + Dx_1 + Ex_2 + F = 0, \quad A \neq C, \quad AC > 0 \tag{9.28}$$

滿足下列條件時，圓錐曲線為正雙曲線，即

$$Ax_1^2 + Cx_2^2 + Dx_1 + Ex_2 + F = 0, \quad AC < 0 \tag{9.29}$$

滿足下列任一等式時，圓錐曲線為正拋物線，即

$$\begin{cases} Ax_1^2 + Dx_1 + Ex_2 + F = 0 \\ Cx_2^2 + Dx_1 + Ex_2 + F = 0 \end{cases} \tag{9.30}$$

當 $B^2 - 4AC < 0$ 時，圓錐曲線為橢圓；當 $B^2 - 4AC = 0$ 時，圓錐曲線為拋物線；當 $B^2 - 4AC > 0$ 時，圓錐曲線為雙曲線。

⚠

> 注意：當 $B \neq 0$ 時，圓錐曲線存在旋轉，需要通過 B^2-$4AC$ 來判斷圓錐曲線類型。

矩陣運算

把式 (9.26) 寫成矩陣運算式，有

$$\frac{1}{2}\begin{bmatrix} x_1 \\ x_2 \end{bmatrix}^{\mathrm{T}} \begin{bmatrix} 2A & B \\ B & 2C \end{bmatrix} \begin{bmatrix} x_1 \\ x_2 \end{bmatrix} + \begin{bmatrix} D \\ E \end{bmatrix}^{\mathrm{T}} \begin{bmatrix} x_1 \\ x_2 \end{bmatrix} + F = 0 \tag{9.31}$$

進一步寫成

$$\frac{1}{2}\boldsymbol{x}^{\mathrm{T}}\boldsymbol{Q}\boldsymbol{x} + \boldsymbol{w}^{\mathrm{T}}\boldsymbol{x} + F = 0 \tag{9.32}$$

其中

$$\boldsymbol{Q} = \begin{bmatrix} 2A & B \\ B & 2C \end{bmatrix}, \quad \boldsymbol{w} = \begin{bmatrix} D \\ E \end{bmatrix} \tag{9.33}$$

目前不需要大家掌握式 (9.31) 這個矩陣運算式。

正如牛頓所言：「我不知道世人看我的眼光。依我看來，我不過是一個在海邊玩耍的孩子，不時找到幾個光滑卵石、漂亮貝殼，而驚喜萬分。而展現在我面前的是，真理的浩瀚海洋，靜候探索。」

人類何嘗不是在宇宙某個角落玩耍的一群孩子，手握的知識不過滄海一粟，卻雄心萬丈，一心要去探索星辰大海。

但也正是這群孩子將無數的不可能變成了可能，現在他們已經在地月系、甚至太陽系的邊緣躍躍欲試。

今人不見古時月，今月曾經照古人。宇宙的星辰大海一直都在人類眼前，它從未走遠。路漫漫其修遠兮，吾將上下而求索。

地球不過是人類的搖籃，我們的征途是星辰大海。這句話含蓄而浪漫。劉慈欣《三體》中則說得更為露骨而冷酷：「我們都是陰溝裡的蟲子，但總還是得有人仰望星空。」。

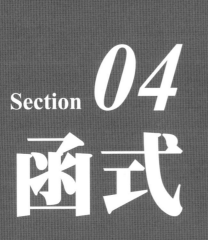

Section *04*

函式

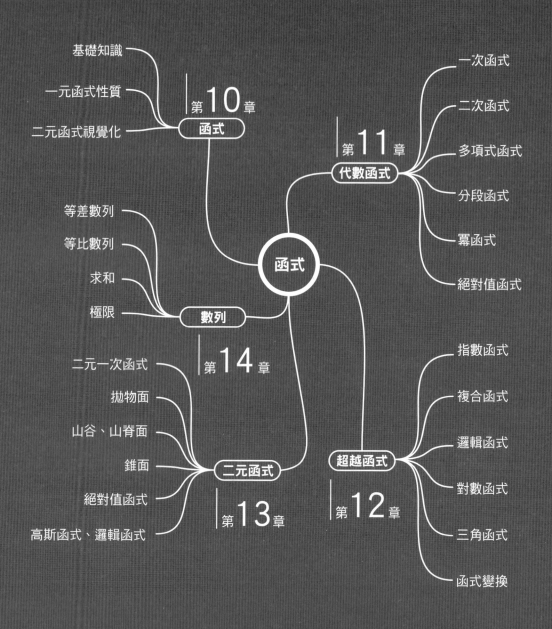

基礎知識

一元函式性質

二元函式視覺化

第10章
函式

一次函式

二次函式

多項式函式

第11章
代數函式

分段函式

冪函式

絕對值函式

等差數列

等比數列

求和

極限

數列

函式

指數函式

複合函式

邏輯函式

超越函式

對數函式

二元一次函式

拋物面

山谷、山脊面

錐面

絕對值函式

高斯函式、邏輯函式

二元函式

第14章

三角函式

第13章

函式變換

第12章

學習地圖 第4板塊

Functions Meet Coordinate Systems

10 函式

從幾何圖形角度探究

音樂是一種隱藏的數學實踐，它是大腦潛意識下的計算。
Music is the hidden arithmetical exercise of a mind unconscious that it is calculating.

——戈特弗里德 · 萊布尼茲（*Gottfried Wilhelm Leibniz*）｜德國數學家、哲學家｜*1646 - 1716*

- matplotlib.pyplot.axhline() 繪製水平線
- matplotlib.pyplot.axvline() 繪製垂直線
- matplotlib.pyplot.contour() 繪製等高線圖
- matplotlib.pyplot.contourf() 繪製填充等高線圖
- numpy.linspace() 在指定的間隔內，傳回固定步進值的資料
- numpy.meshgrid() 獲得網格資料
- plot_wireframe() 繪製三維單色線方塊圖
- sympy.abc 引入符號變數
- sympy.diff() 對符號函式求導
- sympy.exp() 符號運算中以 e 為底的指數函式
- sympy.Interval 定義符號區間
- sympy.is_increasing 判斷符號函式的單調性
- sympy.lambdify() 將符號運算式轉化為函式

第 **10** 章　函式

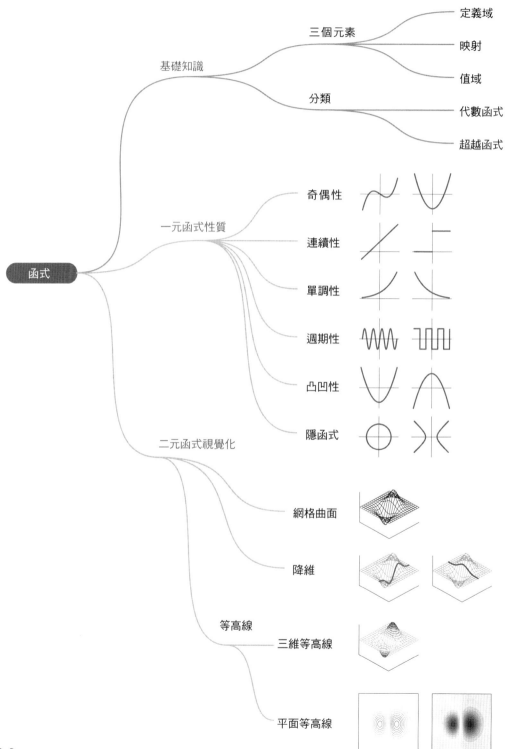

10.1 當代數式遇到座標系

座標系給每個冷冰冰的代數式指定了生命。圖 10.1 ~ 圖 10.3 所示舉出了九幅影像，它們多數是函式，也有隱函式和參數方程式。

(a) $y = x$

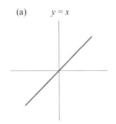

(b) $y = -x^2$

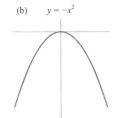

(c) $y = 1/x$

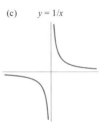

▲ 圖 10.1 一次函式、二次函式和反比例函式

(a) $y = \sin x$

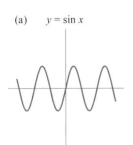

(b) $y = \exp(x)$

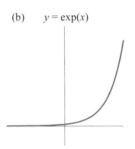

(c) $y = \exp(-\frac{x^2}{2})$

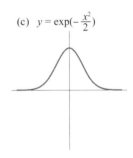

▲ 圖 10.2 正弦函式、指數函式和高斯函式

(a) $x^2 + y^2 = 1$

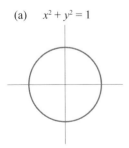

(b) $x^2 - y^2 = 1$

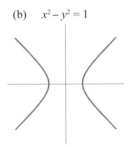

(c) $r = a + b\theta$

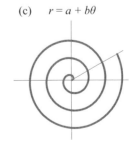

▲ 圖 10.3 正圓、雙曲線和阿基米德螺旋線，非函式

　　建議大家盯著每幅影像看一會兒，你會驚奇地發現，座標系給這些函式插上了翅膀，讓它們在空間騰躍、說明自己的故事。

　　線性函式 $y = x$ 是個堅毅果敢、埋頭苦幹的傢伙。你問它：「你要去哪？」它默不做聲，自顧自地向著正負無限大無限延伸，直到世界盡頭。

　　拋物線 $y = -x^2$ 像一條騰出水面的錦鯉，在空中劃出一道優美的弧線，它飛躍龍門修成正果。此岸到彼岸，離家越遠，心就離家越近。

　　反比例函式 $y = 1/x$ 像一個哲學家，他在說明——太極者，無極而生，動靜之機，陰陽之母也。物極必反，任何事物都有兩面，而且兩面會互相轉化。

　　海水無風時，波濤安悠悠。正弦函式 $y = \sin x$ 像是海浪，永遠波濤澎湃。它代表著生命的律動，你仿佛能夠聽到它的脈搏砰砰作響。

　　指數函式 $y = \exp(x)$ 就是那條巨龍。起初，它韜光養晦、潛龍勿用。萬尺高樓起於累土，他不知疲倦、從未停歇。你看它，越飛越快，越升越高，如今飛龍在天。

　　君不見黃河之水天上來，奔流到海不復回。優雅而神秘，高斯函式 $y = \exp(-x^2/2)$ 好比高山流水，上善若水，涓涓細流，利萬物而不爭。

　　海上生明月，天涯共此時。$x^2 + y^2 = 1$ 是掛在天上的白玉碟，是家裡客廳的圓飯桌，是捧在手裡的圓月餅。轉了一圈，圓心是家。

　　人有悲歡離合，月有陰晴圓缺，此事古難全。造化弄人，將 $x^2 + y^2 = 1$ 中的正號 (+) 改為負號 (-)，就變成雙曲線 $x^2 - y^2 = 1$。兩條曲線隔空相望，如此近，又如此遠，像牛郎和織女，盈盈一水間，脈脈不得語。

　　阿基米德螺旋線好似夜空中的銀河星系，把我們的目光從人世的浮塵拉到深藍的虛空，讓我們片刻間忘卻了這片土地的悲歡離合。

10.2 一元函式：一個引數

如果函式 f 以 x 作為唯一輸入值，輸出值寫作 $y = f(x)$，則該函式是一元函式。也就是說，有一個自變數的函式叫作**一元函式** (univariate function)。

本書前文介紹過，函式輸入值 x 組成的集合叫作定義域，函式輸出值 y 組成的集合叫作值域。

平面直角座標系中，一般用**線圖** (line plot 或 line chart) 作為函式的可視化方案。圖 10.4 所示為一元函式的映射關係，以及幾種一元函式範例。

通俗地講，函式就是一種數值轉化。本書第 6 章講解不等式時，我們做過這樣一個實驗，給滿足不等式條件的變數一個標籤 1(True)；不滿足不等式的變數結果為 0(False)。這實際上也是函式映射，輸入為定義域內引數的設定值，輸出為兩值之一——0 或 1。

⚠

注意 : 定義域中任一 x 在值域中有唯一對應的 y。當然，不同 x 可以對應一樣的函式值 $f(x)$。

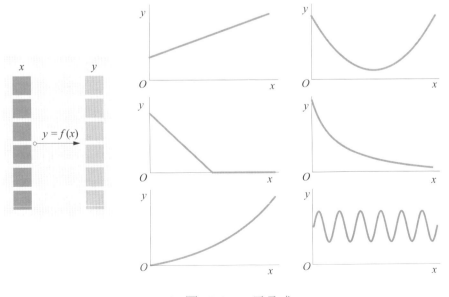

▲ 圖 10.4 一元函式

資料科學和機器學習中常用的函式一般分為**代數函式** (algebraic function) 和超越函式 (transcendental function)。代數函式是指透過常數與引數相互之間有限次的加、減、乘、除、有理指數冪和開方等運算建構的函式。本書將絕對值函式也歸類到代數函式中。

超越函式指的是「超出」代數函式範圍的函式，如對數函式、指數函式、三角函式等。常見函式的分類如圖 10.5 所示。

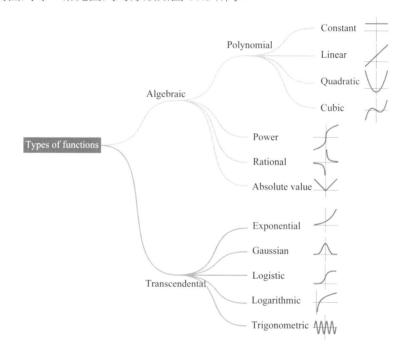

▲　圖 10.5　常見函式分類

函式在機器學習中扮演著重要角色。下面以**神經網路** (neural network) 為例，簡單介紹函式的作用。

神經網路的核心思想是模擬人腦**神經元** (neuron) 的工作原理。圖 10.6 所示為神經元基本生物學結構。神經元**細胞體** (cell body) 的核心是**細胞核心** (nucleus)，細胞核心周圍圍繞著**樹突** (dendrite)。樹突接受外部刺激，並將訊號傳遞至神經元內部。

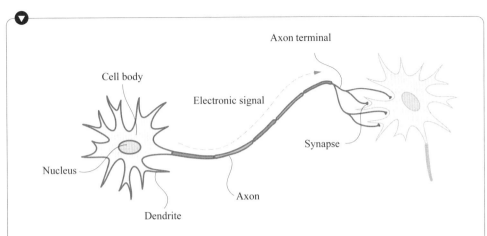

▲ 圖 10.6　神經元結構

細胞體整理不同樹突刺激，當刺激達到一定程度時，激發細胞興奮狀態；不然細胞處於抑制狀態。**軸突** (axon) 則負責將興奮狀態透過**軸突末端** (axon terminal) 的**突觸** (synapse) 等結構傳遞到另一個神經元或組織細胞。

圖 10.7 所示可看作是對神經元簡單模仿。神經元模型的輸入 x_1, x_2, ..., x_D 類似於神經元的樹突，x_i 設定值為簡單的 0 或 1。這些輸入分別乘以各自權重，再透過求和函式匯集到一起得到 x。接著，x 值再透過一個判別函式 $f(\ )$ 得到最終的值 y。

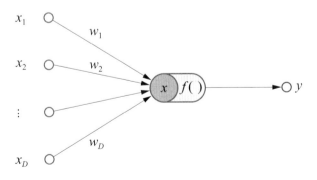

▲ 圖 10.7　最簡單的神經網路模型

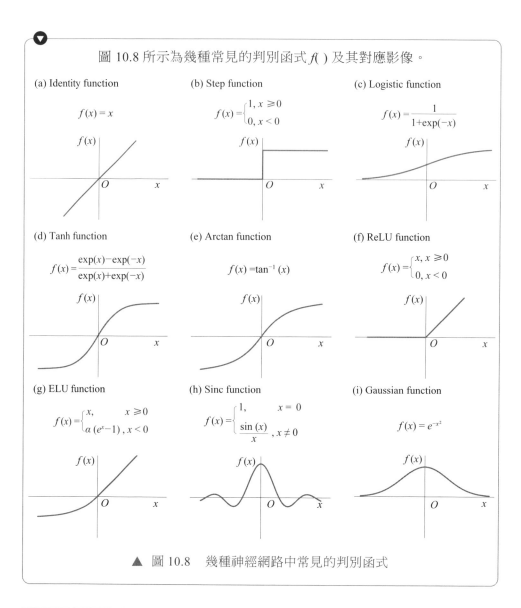

圖 10.8 所示為幾種常見的判別函式 $f(\ )$ 及其對應影像。

(a) Identity function

$$f(x) = x$$

(b) Step function

$$f(x) = \begin{cases} 1, & x \geq 0 \\ 0, & x < 0 \end{cases}$$

(c) Logistic function

$$f(x) = \frac{1}{1 + \exp(-x)}$$

(d) Tanh function

$$f(x) = \frac{\exp(x) - \exp(-x)}{\exp(x) + \exp(-x)}$$

(e) Arctan function

$$f(x) = \tan^{-1}(x)$$

(f) ReLU function

$$f(x) = \begin{cases} x, & x \geq 0 \\ 0, & x < 0 \end{cases}$$

(g) ELU function

$$f(x) = \begin{cases} x, & x \geq 0 \\ a\,(e^x - 1), & x < 0 \end{cases}$$

(h) Sinc function

$$f(x) = \begin{cases} 1, & x = 0 \\ \dfrac{\sin(x)}{x}, & x \neq 0 \end{cases}$$

(i) Gaussian function

$$f(x) = e^{-x^2}$$

▲ 圖 10.8　幾種神經網路中常見的判別函式

10.3　一元函式性質

　　學習函式時，請大家關注函式這幾個特徵：形狀及變化趨勢、 引數設定值範圍、函式值設定值範圍、函式性質等。

下面，本節利用圖 10.9 介紹一元函式的常見性質。

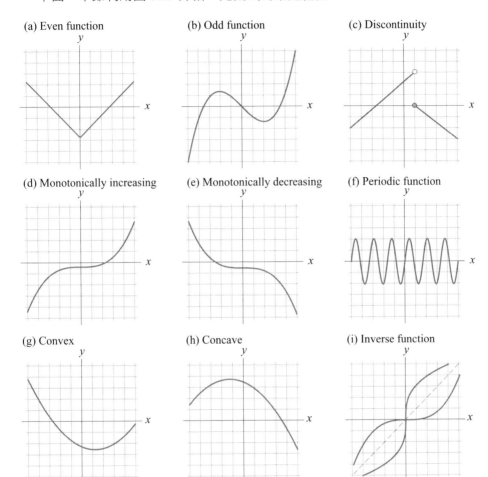

▲ 圖 10.9 一元函式常見性質

交錯性

圖 10.9(a) 所示函式為偶函式 (even function)。

若 $f(x)$ 為偶函式，則對於定義域內任意 x 以下關係都成立，即

$$f(x) = f(-x) \tag{10.1}$$

從幾何角度，若 $f(x)$ 為偶函式，則函式影像關於縱軸對稱。

如圖 10.9(b) 所示，如果 $f(x)$ 為**奇函式** (odd function)，則對於定義域內任意 x 以下關係都成立，即

$$f(-x) = -f(x) \qquad\qquad (10.2)$$

從幾何角度，若 $f(x)$ 為奇函式，則函式影像關於原點對稱。

連續性

簡單來說，**連續函式** (continuous function) 是指當函式 $y = f(x)$ 引數 x 的變化很小時，所引起的因變數 y 的變化也很小，即沒有函式值突變。與之相對的就是**不連續函式** (discontinuous function)。圖 10.9(c) 所示的函式存在**不連續** (discontinuity)。

如圖 10.10 所示，不連續函式有幾種：**漸近線間斷** (asymptotic discontinuity)，**點間斷** (point discontinuity)，以及**跳躍間斷** (jump discontinuity)。

> 導數是本書第 15 章要討論的內容。

在學習**極限** (limit) 之後，函式的**連續性** (continuity) 更容易被定義。此外，函式的連續性和**可導性** (differentiability) 有著密切聯繫。

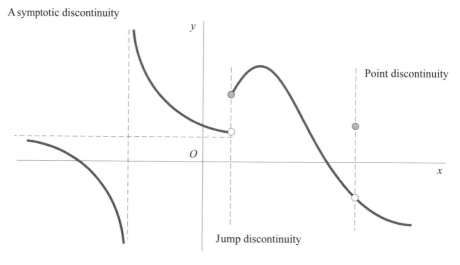

A symptotic discontinuity

Point discontinuity

Jump discontinuity

▲ 圖 10.10　幾種不連續函式特徵

單調性

圖 10.9(d) 和圖 10.9(e) 描述的是函式**單調性** (monotonicity)。圖 10.9(d) 對應的函式為**單調遞增** (monotonically increasing)，圖 10.9(e) 對應的函式則是**單調遞減** (monotonically decreasing)。

---

sympy.is_decreasing() 可以用來判斷符號函式的單調性。Bk3_Ch10_01.py 展示如何判斷函式在不同區間內的單調性。

週期性

圖 10.9(f) 所示函式具有**週期性** (periodicity)。如果函式 f 中不同位置 x 滿足下式，則函式為週期函式，即

$$f(x+T) = f(x) \qquad (10.3)$$

其中：T 為**週期** (period)，也叫最小正週期。三角函式就是典型的週期函式。圖 10.11 所示為其他四個週期函式的例子。

(a) square wave

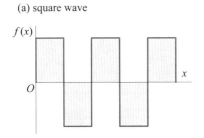

(b) triangular wave

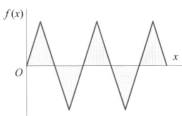

(c) sawtooth

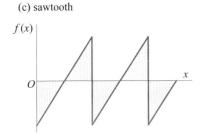

(d) complex wave

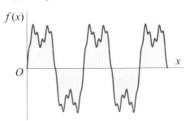

▲ 圖 10.11　四個週期函式

凸凹性

　　圖 10.9(g) 所示為**凸函式** (convex function)，圖 10.9(h) 所示為**凹函式** (concave function)。 下面介紹一下凸凹函式的確切定義和特點。

　　如圖 10.12(a) 所示，若 $f(x)$ 在區間 I 有定義，對於任意 $a, b \in I$，且 $a \neq b$，滿足

$$f\left(\frac{a+b}{2}\right) < \frac{f(a)+f(b)}{2} \tag{10.4}$$

則稱 $f(x)$ 在該區間內為凸函式。

　　如圖 10.12(b) 所示，如果對於任意 $a, b \in I$，且 $a \neq b$，滿足

$$f\left(\frac{a+b}{2}\right) > \frac{f(a)+f(b)}{2} \tag{10.5}$$

則稱 $f(x)$ 在該區間內為凹函式。

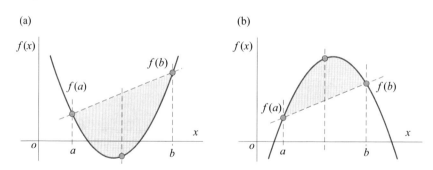

▲ 圖 10.12　函式凸凹性

　　再從切線角度來看函式凸凹性。如圖 10.13 所示，在 (a, b) 區間內一點 $x = c$，在函式上 $(c, f(c))$ 作一條切線，切線的解析式為

$$y = f(c) + k(x-c) \tag{10.6}$$

如圖 10.13(a) 所示，如果函式為凸函式，當 $x \neq c$ 時，函式 $f(x)$ 影像在切線上方，也就是說

$$f(x) > f(c) + k(x-c), \quad x \in (a,b), x \neq c \tag{10.7}$$

有人可能會問，式 (10.6) 和式 (10.7) 中的 k 是什麼？具體值是什麼？這裡說明，k 是函式在 $x = c$ 處切線的斜率。

如圖 10.13(b) 所示，如果函式為凹函式，當 $x \neq c$，函式 $f(x)$ 影像在切線下方，即

$$f(x) < f(c) + k(x-c), \quad x \in (a,b), x \neq c \tag{10.8}$$

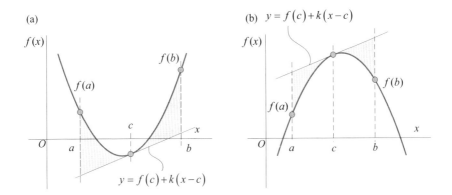

▲ 圖 10.13　切線角度看函式凸凹性

此外，函式的凸凹性和極值有著密切聯繫，本書第 19 章將介紹。

反函式

反函式 (inverse function) $x = f^{-1}(y)$ 的定義域、值域分別是函式 $y = f(x)$ 的值域、定義域。圖 10.9(i) 舉出的是函式 f 和其反函式 f^{-1}，兩者關係為

$$f^{-1}(f(x)) = x \tag{10.9}$$

原函式和反函式的影像關於直線 $y = x$ 對稱。此外，並不是所有函式都存在反函式。

隱函式

　　隱函式 (implicit function) 是由**隱式方程式** (implicit equation) 所隱含定義的函式。比如，隱式方程式 $F(x_1, x_2) = 0$ 描述 x_1 和 x_2 兩者的關係。

　　不同於一般函式，很多隱函式較難分離引數和因變數，如圖 10.14 所示的兩個例子。與函式一樣，隱函式可以擴展到多元，如圖 10.15 所示為三元隱函式的例子。後續，我們會專門介紹如何用 Python 繪製如圖 10.14 所示的隱函式影像。

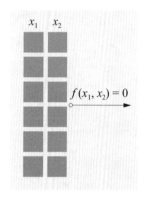
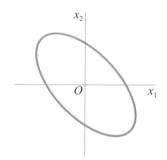
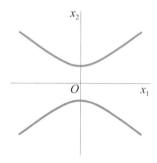

▲ 圖 10.14　二元隱函式

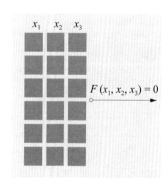
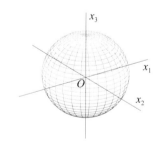
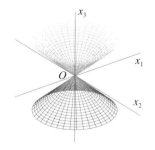

▲ 圖 10.15　三元隱函式

變化率和面積

很多數學問題要求我們準確地計算出函式的變化率。從幾何角度講，如圖 10.16(a) 所示，函式上某一點切線的斜率正是函式的變化率。微積分中，這個函式變化率叫作**導數** (derivative)。

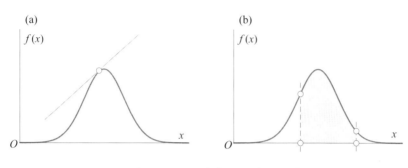

(a)

(b)

▲ 圖 10.16　函式的變化率和面積

進一步細看圖 10.16(a) 舉出的函式數值變化。如圖 10.17 所示，很明顯在 A 和 B 兩個區域，隨著 x 增大，$f(x)$ 也增大，也就是變化率為正。即 A 和 B 兩個區域，在函式曲線上任意一點做切線，切線的斜率為正。

但是，在 A 這個區域，當 x 增大時，$f(x)$ 增速加快，也就是函式「變化率的變化率」為正；而在 B 這個區域，當 x 增大時，$f(x)$ 增速逐步放緩，即函式「變化率的變化率」為負。

再看 C 和 D 兩個區域，隨著 x 增大，$f(x)$ 減小，即變化率為負。也就是說，在這兩個區域，函式曲線上任意一點作切線，切線的斜率為負。不同的是，在 C 區域，x 增大時，$f(x)$ 加速下降；在 D 區域，x 增大時，$f(x)$ 下降逐步放緩。

這個「變化率的變化率」就是二階導數，這是本書第 15 章要介紹的內容。

大家試著在 A、B、C 和 D 區內函式曲線上分別找一點畫切線，看一下切線是在函式曲線的「上方」，還是「下方」，並對應分析這個特徵和「變化率的變化率」正負的關係。

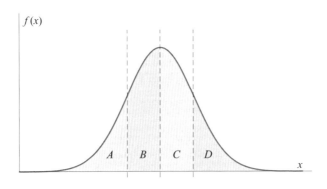

▲ 圖 10.17 細看函式的變化率

本書第 15 ～ 18 章會著重介紹導數和積分這兩個數學工具。

如圖 10.16(b) 所示，一些數學問題中求解面積時，需要計算某個函式圖形在一定設定值範圍和橫軸圍成幾何圖形的面積，這就要求大家了解**積分** (integral) 這個數學工具。

10.4 二元函式：兩個引數

有兩個引數的函式叫作**二元函式** (bivariate function)，如 $y = f(x_1, x_2)$。本書常常借助三維直角坐標系視覺化二元函式。圖 10.18 所示為二元函式映射關係以及幾個範例。

舉個例子，二元一次函式 $y = f(x_1, x_2) = x_1 + x_2$ 有 x_1 和 x_2 兩個引數。當 x_1 和 x_2 設定值分別為 $x_1 = 2$，$x_2 = 4$ 時，函式值 $f(x_1 = 2, x_2 = 4) = 2 + 4 = 6$。

此外，有多個引數的函式叫作**多元函式** (multivariate function)，如 $y = f(x_1, x_2, ..., x_D)$ 有 D 個自變數。

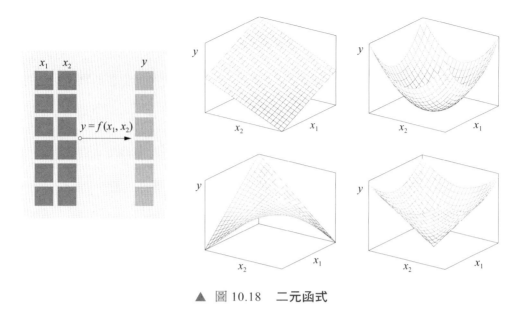

▲ 圖 10.18 二元函式

網格化資料

為了獲得 $f(x_1, x_2)$ 在三維空間的圖形，需要提供一系列整齊的網格化座標值 (x_1, x_2)，如

$$(x_1, x_2) = \begin{bmatrix} (-4,-4) & (-2,-4) & (0,-4) & (2,-4) & (4,-4) \\ (-4,-2) & (-2,-2) & (0,-2) & (2,-2) & (4,-2) \\ (-4,0) & (-2,0) & (0,0) & (2,0) & (4,0) \\ (-4,2) & (-2,2) & (0,2) & (2,2) & (4,2) \\ (-4,4) & (-2,4) & (0,4) & (2,4) & (4,4) \end{bmatrix} \tag{10.10}$$

將上述座標點 x_1 和 x_2 分離並寫成兩個矩陣形式，有

$$x_1 = \begin{bmatrix} -4 & -2 & 0 & 2 & 4 \\ -4 & -2 & 0 & 2 & 4 \\ -4 & -2 & 0 & 2 & 4 \\ -4 & -2 & 0 & 2 & 4 \\ -4 & -2 & 0 & 2 & 4 \end{bmatrix}, \quad x_2 = \begin{bmatrix} -4 & -4 & -4 & -4 & -4 \\ -2 & -2 & -2 & -2 & -2 \\ 0 & 0 & 0 & 0 & 0 \\ 2 & 2 & 2 & 2 & 2 \\ 4 & 4 & 4 & 4 & 4 \end{bmatrix} \tag{10.11}$$

式中：x_1 的每個值代表點的水平座標值；x_2 的每個值代表點的縱坐標值。numpy.meshgrid() 可以用來獲得網格化資料。

$y = f(x_1, x_2) = x_1 + x_2$ 這個二元函式便是將式 (10.11) 相同位置的數值相加得到函式值 $f(x_1, x_2)$ 的矩陣，即

⚠️
注意：式 (10.11) 中 x_1 和 x_2 僅僅是示意，本書矩陣一般記號都是大寫字母、粗體、斜體，如 A、V、X 等。

$$f(x_1, x_2) = x_1 + x_2 = \begin{bmatrix} -4 & -2 & 0 & 2 & 4 \\ -4 & -2 & 0 & 2 & 4 \\ -4 & -2 & 0 & 2 & 4 \\ -4 & -2 & 0 & 2 & 4 \\ -4 & -2 & 0 & 2 & 4 \end{bmatrix} + \begin{bmatrix} -4 & -4 & -4 & -4 & -4 \\ -2 & -2 & -2 & -2 & -2 \\ 0 & 0 & 0 & 0 & 0 \\ 2 & 2 & 2 & 2 & 2 \\ 4 & 4 & 4 & 4 & 4 \end{bmatrix} = \begin{bmatrix} -8 & -6 & -4 & -2 & 0 \\ -6 & -4 & -2 & 0 & 2 \\ -4 & -2 & 0 & 2 & 4 \\ -2 & 0 & 2 & 4 & 6 \\ 0 & 2 & 4 & 6 & 8 \end{bmatrix} \quad (10.12)$$

圖 10.19 所示為 $f(x_1, x_2) = x_1 + x_2$ 對應的三維空間平面。函式 $f()$ 則代表某種規則，將網格化資料從 x_1x_2 平面映射到三維空間。

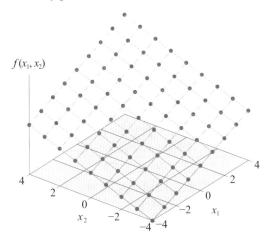

▲ 圖 10.19 　$f(x_1, x_2) = x_1 + x_2$ 對應的三維空間平面

這就是前文說的，在繪製函式影像時，如二元函式曲面，實際上輸入的函式值都是離散的、網格化的。當然，網格越密，函式曲面越精確。

實際應用中，網格的疏密可以根據函式的複雜度進行調整。比如，圖 10.19 這幅平面圖像很簡單，因此可以用比較稀疏的網格來呈現影像；但是，對於比較複雜的函式，網格則需要設置得密一些，也就是步進值小一些。

一個複雜曲面

下面我們來看一個複雜二元函式 $f(x_1, x_2)$ 對應的曲面。

圖 10.20 對應的函式解析式為

$$f\left(x_1, x_2\right) = 3\left(1-x_1\right)^2 \exp\left(-x_1^2 - \left(x_2+1\right)^2\right) - 10\left(\frac{x_1}{5} - x_1^3 - x_2^5\right)\exp\left(-x_1^2 - x_2^2\right) - \frac{1}{3}\exp\left(-\left(x_1+1\right)^2 - x_2^2\right) \quad (10.13)$$

相對於圖 10.19，圖 10.20 所示的網格更為密集，這是為了更準確地觀察分析這個比較複雜曲面的各種特徵。本章後續有關二元函式的視覺化方案，都是以上述二元函式作為例子的。

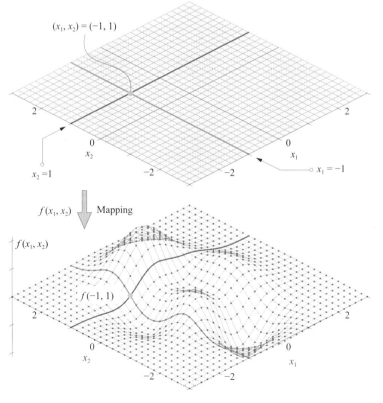

▲ 圖 10.20　網格化資料與二元函式映射

程式檔案 Bk3_Ch10_02.py 中 Bk3_Ch10_02_A 部分繪製圖 10.20 二元函式 $f(x_1, x_2)$ 對應的網格曲面。

10.5　降維：二元函式切一刀得到一元函式

如圖 10.21 所示為二元函式兩種視覺化工具——剖面線、等高線。

本節介紹剖面線，它相當於在曲面上沿著橫軸或縱軸切一刀。我們關注的是截面處曲線的變化趨勢，「切一刀」這個過程相當於降維。

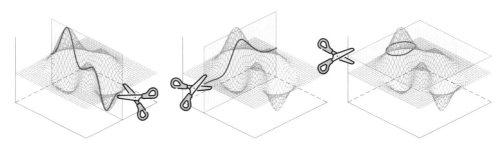

▲ 圖 10.21　函式降維

x_1y 平面方向剖面線

以式 (10.13) 所示的二元函式 $f(x_1, x_2)$ 為例，如果引數 x_2 固定在 $x_2 = c$，只有引數 x_1 變化，則 $f(x_1, x_2 = c)$ 相當於是 x_1 的一元函式。

圖 10.22 中彩色曲線所示為 x_2 固定在幾個具體值 c 時，$f(x_1, x_2 = c)$ 隨 x_1 變化的剖面線。這些剖面線就是一元函式。

利用一元函式性質，我們可以分析曲面在不同位置的變化趨勢。

如圖 10.23 所示，將一系列 $f(x_1, x_2 = c)$ 剖面線投影在 x_1y 平面上，給每條曲線塗上不同顏色，可以得到圖 10.24 所示的平面投影圖。

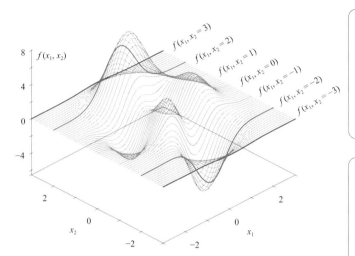

◀ 本書第 16 章要介紹的偏導數 (partial derivative) 就是研究這些剖面線變化率的數學工具。

⚠ 注意：通過剖面線得出的「局部」結論不能推廣到整個二元函式。

▲ 圖 10.22　自變數 x_2 固定，自變數 x_1 變化

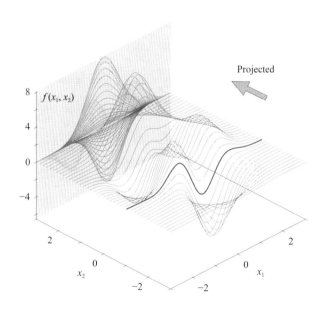

▲ 圖 10.23　將 $f(x_1, x_2)$ 剖面線投影到 x_1y 平面

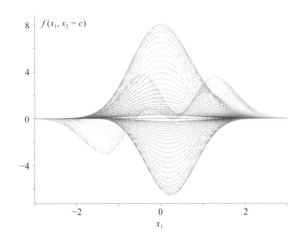

▲ 圖 10.24 剖面線在 $x_1 y$ 平面投影

程式檔案 Bk3_Ch10_02.py 中 Bk3_Ch10_02_B 部分繪製圖 10.22 、圖 10.23、圖 10.24 。

$x_2 y$ 平面方向剖面線

引數 x_1 固定，只有引數 x_2 變化時，$f(x_1, x_2)$ 相當於是 x_2 的一元函式。圖 10.25 中彩色曲線所示為 x_1 固定在具體值 c 時，$f(x_1 = c, x_2)$ 隨 x_2 的變化。

如圖 10.26 所示，將 $f(x_1 = c, x_2)$ 剖面線投影在 $x_2 y$ 平面上。給每條曲線塗上不同顏色，可以得到圖 10.27 所示的平面投影圖。

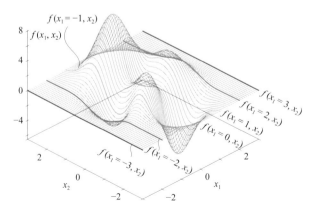

▲ 圖 10.25 引數 x_1 固定，引數 x_2 變化

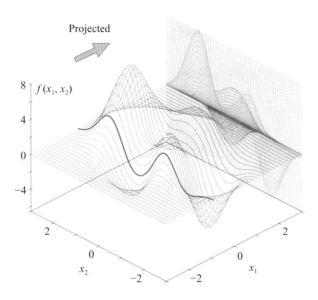

▲ 圖 10.26   將 $f(x_1, x_2)$ 剖面線投影到 x_2y 平面

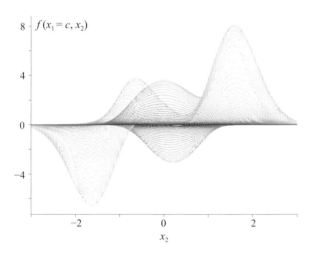

▲ 圖 10.27   剖面線在 x_2y 平面投影

程式檔案 Bk3_Ch10_02.py 中 Bk3_Ch10_02_C 部分繪製圖 10.25、圖 10.26、
圖 10.27。

10.6　等高線：由函式值相等點連成

把圖 10.28 所示的 $f(x_1, x_2)$ 曲面比作一座山峰，函式值越大，相當於山峰越高。圖中用暖色色塊表示山峰，用冷色色塊表示山谷。

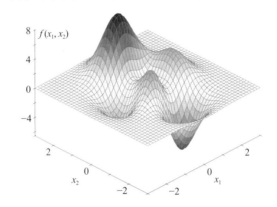

▲ 圖 10.28　用冷暖色表示函式的不同高度設定值

等高線

三維**等高線** (contour line) 和平面等高線是研究二元函式重要的手段之一。上一章在講不等式時，我們簡單提過等高線。簡單來說，曲面某一條等高線就是函式值 $f(x_1, x_2)$ 相同，即 $f(x_1, x_2) = c$ 的相鄰點連接組成的曲線。

當 c 取不同值時，便可以得到一系列對應不同高度的等高線，獲得的影像便是三維等高線圖，如圖 10.29 所示的彩色線。這些曲線可以是閉合曲線，也可以是非閉合的。

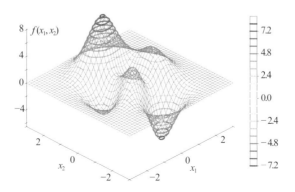

▲ 圖 10.29　二元函式三維等高線

將這些曲線垂直投影到水平面上，可以得到平面等高線圖，如圖 10.30 所示。

生活中，等高線有很多其他形式，如等溫線、等壓線、等降水線等。

圖 10.30 所示的 $f(x_1, x_2)$ 三維等高線相當於圖 10.29 在 x_1x_2 平面上的投影結果。平面等高線圖中，每條不同顏色的曲線代表一個具體函式設定值。如果把二元函式比作山峰，則等高線越密集的區域，坡度越陡峭；相反，等高線越平緩的區域，坡面越平坦。

本書第 16 章將介紹的偏導數這個數學工具可以用來量化「陡峭」和「平坦」。

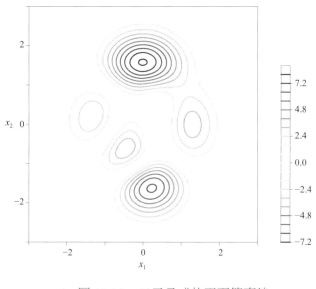

▲ 圖 10.30　二元函式的平面等高線

填充等高線

本書還常用填充等高線來視覺化二元函式。

圖 10.31 所示為 $f(x_1, x_2)$ 三維座標系中在高度為 0 的水平面上得到的平面填充等高線。圖 10.32 所示就是填充等高線在 x_1x_2 平面上的投影結果。

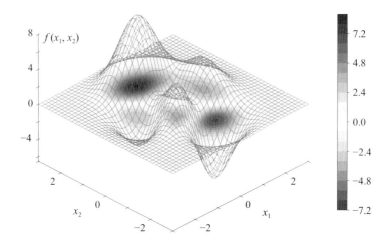

▲ 圖 10.31　三維曲面投影在水平面上得到平面填充等高線

⚠

注意：在填充等高線圖中，同一個顏色色塊代表函式範圍在某一特定區間 $[c_i, c_{i+1}]$ 內。

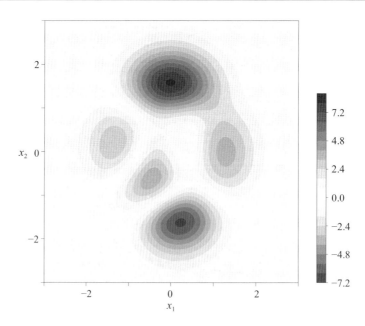

▲ 圖 10.32　平面填充等高線圖

程式檔案 Bk3_Ch10_02.py 中 Bk3_Ch10_02_D 部分繪製圖 10.28~ 圖 10.32。

在 Bk3_Ch10_02.py 基礎上，我們做了一個 App 用來互動呈現曲面特徵。請大家參考程式檔案 Streamlit_Bk3_Ch10_02.py。這個程式有個特別之處，我們用了 Plotly 函式庫中的 3D 互動繪圖函式。

沒有座標系，就沒有函式。座標系給函式以生命。希望大家在學習任何函式時，首先想到的是借助於座標系。

特別強調，在描繪函式形狀和變化趨勢時，千萬不能按自己審美偏好「手繪」函式影像！哪怕技藝再精湛，手繪函式也不能準確描繪函式的每一處細節。

函式影像必須透過撰寫程式視覺化！而且得到的曲線，千萬不要「手動」改變某點設定值，否則即是篡改了資料！

即使是程式設計繪製的影像也不是百分之百準確無誤，因為這些影像是散點連接而成的。只不過當這些點和點之間步進值較小時，影像看上去會顯得連續光滑罷了。

作者在很多數學教科書中，看到很多不負責任的「手繪」函式影像。作者本人特別不能容忍「手繪」高斯函式或高斯分佈機率密度函式曲線，這簡直就是暴殄天物！

Algebraic Functions

代數函式

引數有限次加、減、乘、除、有理指數冪和開方

數學不分種族、不分地域；對數學來說，其文化世界自成
一國。

*Mathematics knows no races or geographical boundaries; for mathematics,
the cultural world is one country.*

——大衛 • 希伯特（*David Hilbert*）| 德國數學家 | *1862 - 1943*

- matplotlib.pyplot.axhline() 繪製水平線
- matplotlib.pyplot.axvline() 繪製垂直線
- matplotlib.pyplot.contour() 繪製平面等高線
- matplotlib.pyplot.contourf() 繪製平面填充等高線
- matplotlib.pyplot.grid() 繪製網格
- matplotlib.pyplot.plot() 繪製線圖
- matplotlib.pyplot.show() 顯示圖片
- matplotlib.pyplot.xlabel() 設定 x 軸標題
- matplotlib.pyplot.ylabel() 設定 y 軸標題
- numpy.absolute() 計算絕對值
- numpy.array() 建立 array 資料型態
- numpy.cbrt(x) 計算立方根
- numpy.ceil() 計算向上取整數
- numpy.floor() 計算向下取整數
- numpy.linspace() 產生連續均勻向量數值
- numpy.meshgrid() 建立網格化資料
- numpy.sqrt() 計算平方根

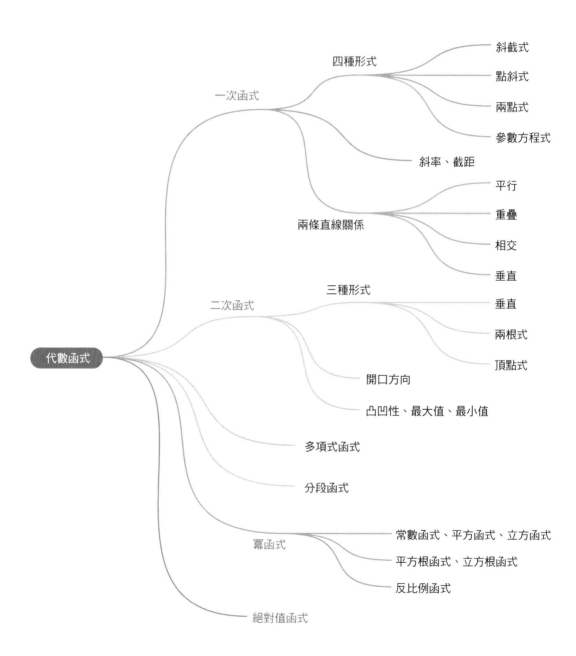

代數函式
- 一次函式
  - 四種形式
    - 斜截式
    - 點斜式
    - 兩點式
    - 參數方程式
  - 斜率、截距
  - 兩條直線關係
    - 平行
    - **重疊**
    - 相交
    - 垂直
- 二次函式
  - 三種形式
    - 垂直
    - 兩根式
    - 頂點式
  - 開口方向
  - 凸凹性、最大值、最小值
- 多項式函式
- 分段函式
- 冪函式
  - 常數函式、平方函式、立方函式
  - 平方根函式、立方根函式
  - 反比例函式
- 絕對值函式

11.1 初等函式：數學模型的基礎

大家在中學時代都接觸過的初等函式是最樸實無華的數學模型，它們是複雜數學模型的基礎。本節以二次函式為例介紹如何利用初等函式進行數學建模。

如圖 11.1(a) 所示，斜向上方拋起一個小球，忽略空氣阻力影響，小球在空中劃出的一道曲線就可以用拋物線描述。這條拋物線就是二次函式。小球在空中不同時刻的位置，以及最終的落點，都可以透過二次函式這個模型計算得到。

同樣的仰角，斜向上拋出一個紙飛機，紙飛機在空中的飛行軌跡就不得不考慮紙飛機外形、空氣氣流這些因素。如圖 11.1(b) 所示，此時拋物線已經不足以描述紙飛機的軌跡。

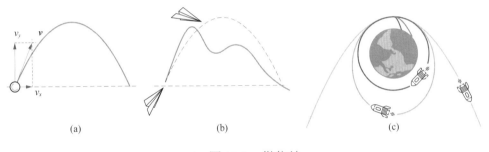

▲ 圖 11.1　拋物線

同理，很多應用場景都需要對拋物線模型進行修正。比如，擊打網球時，施加旋轉可以改變網球的飛行軌跡。射擊時，槍管膛線讓子彈旋轉飛行，這必然會讓其行進軌跡發生變化。發射炮彈時，空氣阻力與炮彈外形和飛行速度有密切關係，這顯然會影響炮彈飛行的軌跡和落點。

此外，認為拋射物體軌跡為拋物線至少基於幾個假設前提。比如，忽略空氣阻力的影響；再比如，假設大地平坦；同時假設物體受到的地心引力垂直於大地，如圖 11.2(a) 所示。

準確來說，拋射體受到的重力實際上是指向地心的，如圖 11.2(b) 所示。也就是說物體在空中飛行時，加速度朝著地球中心，它的軌跡實際上是橢圓的一部分。

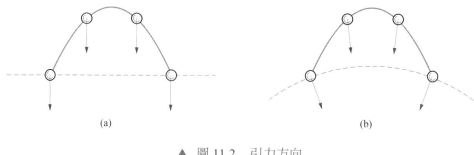

(a)　　　　　　　　　　　(b)

▲　圖 11.2　　引力方向

　　再進一步，遠端炮彈飛行就需要考慮地心引力變化、地球自轉等因素；深空探測時，飛行器軌跡還需要考慮不同星體之間的引力作用，甚至來自於太陽的光壓等因素。

　　假設前提是每個數學模型應用基礎。數學模型畢竟是對現實世界各種現象的高度抽象概括，必須忽略一些次要因素，設定必要的假設前提，才能把握主要矛盾。

　　算力有限時，對拋射一個實心小球建模時，顯然不會考慮小球的氣動因素，更不會考慮引力場因素。但是，模擬不同擊打技巧對網球飛行軌跡的影響，就不得不考慮網球旋轉和空氣流動這些因素。

　　模擬洲際導彈彈道時，氣動版面配置、空氣流體、地球自轉、引力場等因素就不再是次要因素，必須考慮這些因素才能準確判斷炮彈飛行的軌跡以及落點。

　　人類在拋物線、空氣動力學方面的進步，很大程度上來自於對彈道的研究。不得不承認，科學技術的確是把雙刃劍，備戰和戰爭有些時候是人類自然科學知識進步的加速器。

11.2 一次函式：一條斜線

四種形式

一次函式 (linear function) 有以下幾種不同的形式構造：

▶ **斜截式** (slope-intercept form)，如圖 11.3(a) 所示；

▶ **點斜式** (point-slope form)，如圖 11.3(b) 所示；

▶ **兩點式** (two-point form)，如圖 11.3(c) 所示；

▶ **參數方程式** (parametric equation)，如圖 11.3(d) 所示。

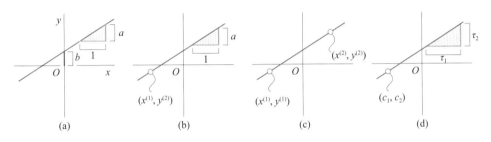

▲ 圖 11.3　一次函式的幾種構造方法

斜截式

斜截式一次函式形式為

$$y = f(x) = ax + b \tag{11.1}$$

斜截式需要兩個參數——斜率 (a) 和 y 軸截距 (b)。

當 $a = 0$ 時，函式為**常數函式** (constant function)。也就是說，**零斜率** (zero slope) 對應常數函式，即**水平線** (horizontal line)。

　　無定義斜率 (undefined slope) 代表一條**垂直線** (vertical line)，此時影像雖然是一條直線，垂直於橫軸，但它並不是函式。

　　對於 (式 11.1)，當 $b = 0$ 時，函式為**比例函式** (proportional function)，a 叫作**比例常數** (constant ratio 或 proportionality constant)。比例函式是特殊的一次函式。

　　一次函式有兩種斜率：**正斜率** (positive slope) 和**負斜率** (negative slope)。圖 11.4(a) 所示一次函式斜率大於 0，函式單調遞增。圖 11.4(b) 所示一次函式斜率小於 0，函式單調遞減。

　　簡單函式透過疊加和複合可以得到更複雜的函式，這是分析理解函式的重要角度。如圖 11.5 所示，$f(x) = x + 1$ 可以看成是比例函式 $f_1(x) = x$ 和常數函式 $f_2(x) = 1$ 疊加得到。$f(x) = -x + 1$ 可以看成是比例函式 $f_1(x) = -x$ 和常數函式 $f_2(x) = 1$ 疊加得到。

　　從幾何角度來看，比例函式 $f_1(x) = x$ 影像沿 y 軸向上移動 1 個單位就得到 $f(x) = x + 1$。

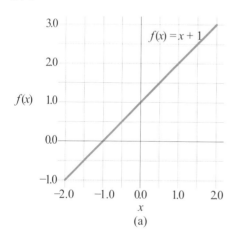 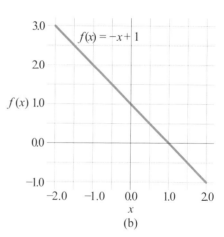

▲ 圖 11.4　一次函式

⚠

注意：對於一次函式，斜率 (a) 不能為 0。

> 本書第 24 章將比較一次函式 (含 y 軸截距)、比例函式 (不含 y 軸截距) 兩種形式的線性回歸模型。

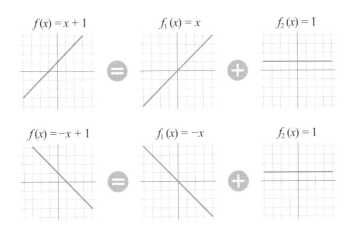

▲ 圖 11.5 函式疊加

斜率

圖 11.6 所示為一次函式 $y = w_1x$ 隨斜率的變化，有些場合我們用 w_1 代表斜率。w_1 的絕對值越大，一次函式的影像越陡峭。

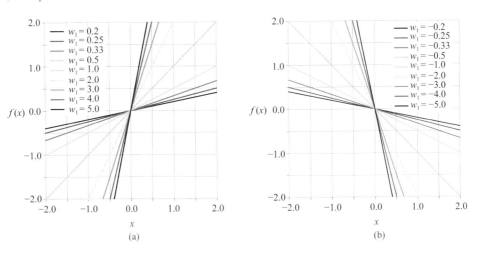

▲ 圖 11.6 一次函式 $y = w_1x$ 隨斜率的變化

截距

　　圖 11.7 所示為一次函式隨 y 軸截距變化的情況。調整一次函式 y 軸截距大小，相當於將影像上下平移。

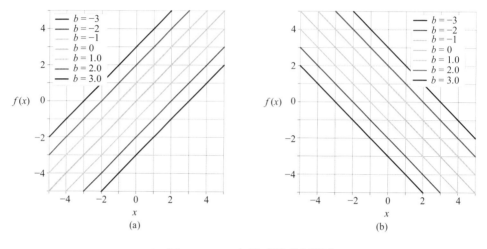

▲　圖 11.7　一次函式隨截距變化

兩條直線關係

　　如果兩條直線斜率相同，則它們相互**平行** (parallelize) 或**重合** (coincide)，如圖 11.8(a) 和圖 11.8(b) 所示。圖 11.8(c) 所示為兩條直線**相交** (intersect)，有唯一交點。

　　如果兩個一次函式的斜率乘積為 -1 ，則兩條直線**垂直** (perpendicular)，如圖 11.8(d) 所示。

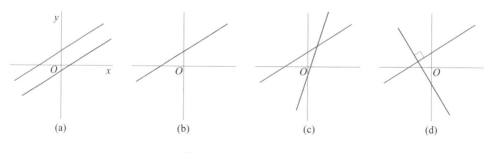

▲　圖 11.8　兩條之間的關係

點斜式

一次函式的第二種是點斜式

$$y - y^{(1)} = f(x) - y^{(1)} = a\left(x - x^{(1)}\right) \tag{11.2}$$

也就是說，給定斜率 a 和直線上的點 $(x^{(1)}, y^{(1)})$，便可以確定平面上的一條直線。

兩點式

第三種形式是兩點式，即兩點確定一條直線。一次函式透過 $(x^{(1)}, y^{(1)})$ 和 $(x^{(2)}, y^{(2)})$ 兩點，有

$$y - y^{(1)} = \underbrace{\frac{y^{(2)} - y^{(1)}}{x^{(2)} - x^{(1)}}}_{\text{Slope}}\left(x - x^{(1)}\right) \tag{11.3}$$

其中：$x^{(1)} \neq x^{(2)}$。

兩點式可以展開寫成

$$\left(y - y^{(1)}\right)\left(x^{(2)} - x^{(1)}\right) = \left(y^{(2)} - y^{(1)}\right)\left(x - x^{(1)}\right) \tag{11.4}$$

一次函式雖然看似簡單，大家千萬不要輕視。資料科學和機器學習中很多演算法都離不開一次函式，如**簡單線性回歸** (Simple Linear Regression)。簡單線性回歸也叫一元線性回歸模型，是指模型中只含有一個引數和一個因變數，模型假設引數和因變數之間存在線性關係。

人們常用有限的樣本資料去探尋變數之間的規律，並以此作為分析或預測的工具。如圖 11.9 所示，從給定的樣本資料來看，x 和 y 似乎存在某種線性關係。透過一些演算法，我們可以找到圖 11.9 中那條紅色斜線，它就是簡單線性回歸模型。而簡單線性回歸採用的解析式便是一元函式的斜截式。

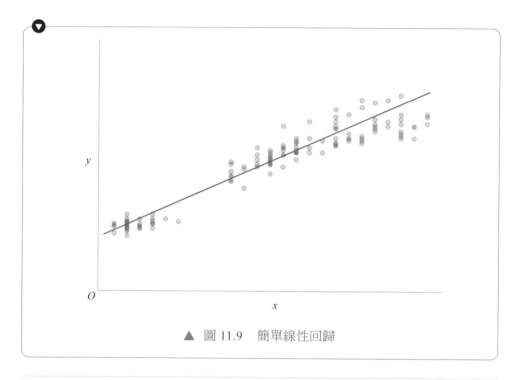

▲ 圖 11.9 簡單線性回歸

Bk3_Ch11_01.py 繪製圖 11.6 、圖 11.7 。程式中一元函式引數 x 的設定值一般是等差數列。

numpy.linspace(start,end,num) 可以用於生成等差數列，數列 start 和 end 之間 (包括 start 和 end 兩個端點數值)，數列的元素個數為 num 個，得到的結果資料型態為 array 。

11.3 二次函式：一條拋物線

二次函式 (quadratic function) 是二次多項式函式 (second order polynomial function 或 second degree polynomial function)。二次函式影像是拋物線 (parabola)，可以開口向上 (open upward) 或開口向下 (open downward)，對稱軸平行於縱軸 (the axis of symmetry is parallel to the y-axis)。

三種形式

二次函式解析式有下列三種形式：

▶ **基本式** (standard form)，如圖 11.10 (a) 所示；

▶ **兩根式** (factored form)，如圖 11.10 (b) 所示；

▶ **頂點式** (vertex form)，如圖 11.10 (c) 所示。

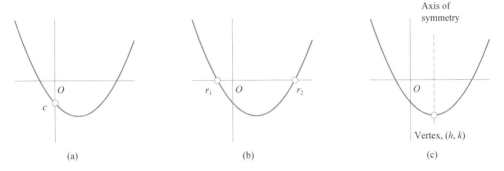

▲ 圖 11.10　二次函式的幾種構造方法

基本式

二次函式的基本式為

$$f(x) = ax^2 + bx + c, \quad a \neq 0 \tag{11.5}$$

其中：a 為 **二次項係數** (quadratic coefficient)，且 $a \neq 0$；b 為 **一次項係數** (linear coefficient)；c 為 **常數項** (constant term)，也叫 y 軸截距 (y-intercept)。

圖 11.11(a) 所示二次函式開口向上，**頂點** (vertex) 位於 y 軸，對稱軸為 y 軸。圖 11.11(b) 所示二次函式開口向下。

圖 11.11(a) 所示二次函式為凸函式，頂點位置對應函式 **最小值** (minimum)。圖 11.11(b) 所示二次函式為凹函式，頂點位置對應函式 **最大值** (maximum)。

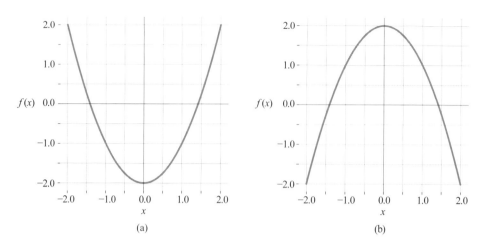

▲ 圖 11.11　不同開口方向二次函式

大家應該聽過**極大值** (maxima 或 local maxima 或 relative maxima)、**極小值** (minima 或 local minima 或 relative minima)、**最大值** (maximum 或 global maximum 或 absolute maximum)、**最小值** (minimum 或 global minimum 或 absolute minimum) 等數學概念。

這裡，我們用白話比較一下這幾個概念，讓大家有一個直觀印象。

極大值和極小值統稱**極值** (extrema 或 local extrema)，最大值和最小值統稱**最值** (global extrema)。極值是就局部而言，而最值是整體來看。極值是局部的最大或最小值，而最值是整體的最大或最小值。

把圖 11.12 所示的函式影像看成一座山峰，A、B、C、D、E、F 都是極值，即山峰和山谷的總和。 其中，A、B、C 為極大值，即山峰；D、E、F 為極小值，即山谷。

顯然，B 是最高的山峰，也就是最大值，也叫全域最大值；而 E 是最低的山谷，也就是最小值，也叫全域最小值。

回過頭來再看圖 11.11 ，圖 11.11(a) 中開口朝上拋物線的頂點對應最低的山谷，即全域最小值；圖 11.11(b) 中開口朝下拋物線的頂點為最高的山峰，即全域最大值。

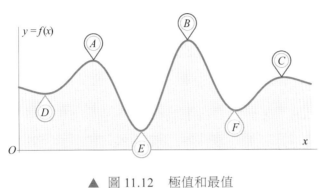

▲ 圖 11.12　極值和最值

開口大小

圖 11.13 所示為二次函式影像開口大小隨係數 a 的變化。a 的絕對值越大，開口越小，對應二次函式影像變化越劇烈。

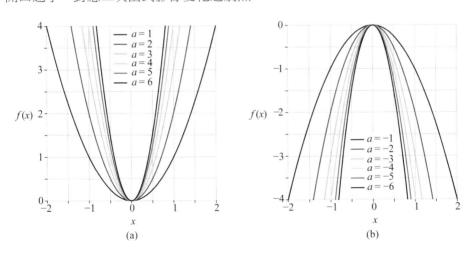

▲ 圖 11.13　二次函式隨 a 變化

兩根式

如果 $f(x)=0$ 存在兩個實數根,則二次函式可以寫成兩根式

$$f(x)=a(x-r_1)(x-r_2),\quad a\neq 0 \tag{11.6}$$

其中:r_1 和 r_2 為二次方程的根。

頂點式

二次函式另外一種常見的形式是頂點式,具體形式為

$$f(x)=a(x-h)^2+k,\quad a\neq 0 \tag{11.7}$$

其中:h 和 k 分別為頂點的橫垂直座標值。

圖 11.14(a) 所示為函式影像與 h 的關係,顯然 h 對函式的影響在水平方向位置。圖 11.14(b) 所示為函式影像與 k 的關係,k 對函式的影響在垂直方向位置。

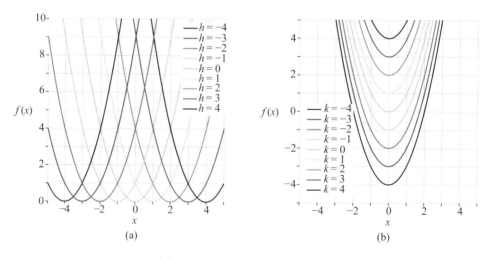

▲ 圖 11.14　二次函式隨 h 和 k 變化

前文提到,二次函式的頂點可以是函式的最大值或最小值。 該頂點也是**函式單調性** (monotonicity) 的分水嶺,即**反趨點** (turning point)。以 h 為界,二次函式的**單調區間** (intervals of monotonicity) 分別為 (-∞, h) 和 (h, +∞)。

Bk3_Ch11_02.py 繪製圖 11.13 和圖 11.14。

11.4 多項式函式：從疊加角度來看

多項式函式 (polynomial function) 相當於一次函式和二次函式的推廣，具體形式為

$$y = f(x) = a_K x^K + a_{K-1} x^{K-1} + ... + a_2 x^2 + a_1 x + a_0 = \sum_{i=0}^{K} a_i x^i \qquad (11.8)$$

其中：最高次項係數 a_K 不為 0；K 為最高次項次數。

圖 11.15 所示的幾幅圖分別展示了常數函式以及一次到五次函式的影像。可以這樣理解，任何五次多項式函式都是圖 11.15 所示的影像分別乘以相應係數疊加而成的。

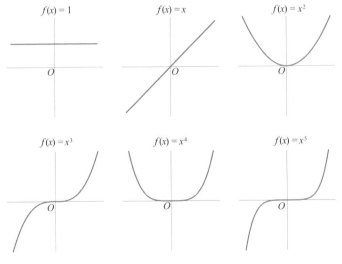

▲ 圖 11.15 常數函式到五次函式

三次函式

三次函式 (cubic function, polynomial function of degree 3) 的形式為

$$y = f(x) = a_3 x^3 + a_2 x^2 + a_1 x + a_0 \qquad (11.9)$$

舉兩個三次函式的例子 (如圖 11.16 所示)：

$$y = f(x) = x^3 - x$$
$$y = f(x) = -x^3 + x$$

(11.10)

這兩個三次函式可以看作是 x^3 和 x 經過加減運算組合而成的，如圖 11.17 所示。

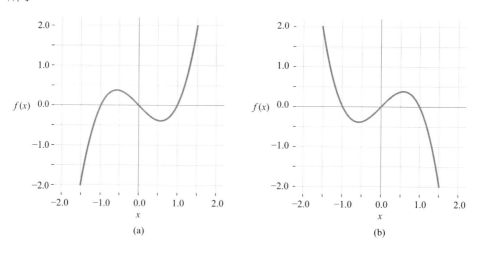

(a)　　　　　　　　　　　　　　(b)

▲ 圖 11.16　兩個三次函式

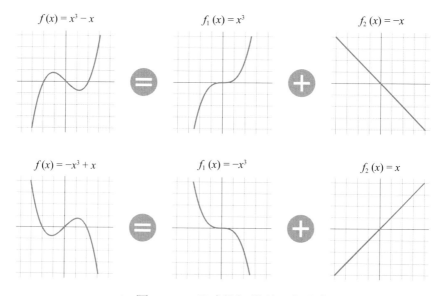

▲ 圖 11.17　函式疊加得到三次函式

前面講過一次函式可以用於一元線性回歸。線性回歸雖然簡單好用，但是並非萬能。圖 11.18 所示的資料具有明顯的「非線性」特徵，顯然不適合用線性回歸來描述。

多項式回歸可以勝任很多非線性回歸應用場合，多項式回歸採用的數學模型就是多項式函式。

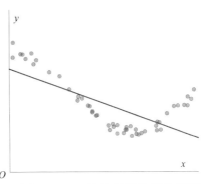

▲ 圖 11.18　線性回歸失效的例子

圖 11.19(a)、(b)、(c) 比較了三條擬合曲線，它們分別採用二次到四次一元多項式回歸模型擬合樣本資料。多項式回歸的最大優點就是可以透過增加引數次數，達到對資料更好的擬合效果；但是，對於多項式回歸，引數次數越高，越容易產生**過度擬合** (overfitting) 問題，如圖 11.19(d) 所示。

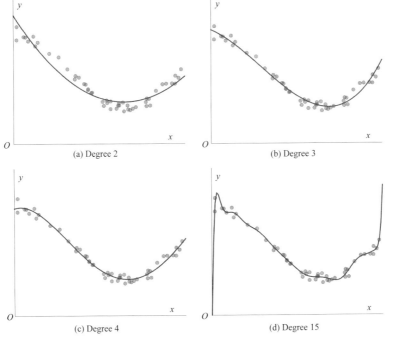

(a) Degree 2

(b) Degree 3

(c) Degree 4

(d) Degree 15

▲ 圖 11.19　逐漸增加多項式回歸次數

使用過於複雜的模型是導致過擬合的重要原因之一。過擬合模型過度捕捉訓練資料中的細節資訊，甚至是雜訊。但是，使用過擬合模型分析預測新樣本資料時，往往結果較差。

Bk3_Ch11_03.py 繪製圖 11.4 、圖 11.11 和圖 11.16。

在 Bk3_Ch11_03.py 的基礎上，我們做了一個 App 展示不同次數單項式疊加。請大家參考程式檔案 Streamlit_Bk3_Ch11_03.py 。程式檔案使用了 st.multiselect() 函式用來完成互動多選操作。

11.5　冪函式：底數為引數

冪函式 (power function) 是形如下式的函式，即

$$f(x) = k \cdot x^p \tag{11.11}$$

其中： 引數 x 為**底數** (base)；p 為**指數** (exponent 或 power)。通俗地講，冪就是一個數和它自己相乘的積，比如，$xx = x^2$ 是二次冪，$xxx = x^3$ 是三次冪，$xxxx = x^4$ 是四次冪。

表 11.1 總結了常用的冪函式，請大家關注不同函式的引數設定值範圍。

➡ 表 11.1　幾個常用冪函式

冪函式	例子	影像
常數函式 (constant function)	$f(x) = 1 = x^0$	
恒等函式 (identity function)	$f(x) = x = x^1$	

冪函式	例子	影像
平方函式 (square function)	$f(x) = x^2$	
立方函式 (cubic function)	$f(x) = x^3$	
反比例函式 (reciprocal function)	$f(x) = \dfrac{1}{x} = x^{-1}$ $x \neq 0$	
反比例平方函式 (reciprocal squared function)	$f(x) = \dfrac{1}{x^2} = x^{-2}$ $x \neq 0$	
平方根函式 (square root function)	$f(x) = \sqrt{x} = x^{\frac{1}{2}}$ $x \geq 0$	
立方根函式 (cubic root function)	$f(x) = \sqrt[3]{x} = x^{\frac{1}{3}}$	

平方根函式

圖 11.20(a) 所示的紅色曲線為**平方根函式** (square root function)，對應函式式為

$$y = f(x) = \sqrt{x} = x^{\frac{1}{2}} \tag{11.12}$$

numpy.sqrt(x) 可以用來計算平方根，也可以用 x**(1/2) 來計算。

圖 11.20(a) 還比較了平方根函式與二次函式，兩個函式的定義域顯然不同。

⚠️

注意：式 (11.12) 對應函式的定義 $x \geq 0$，即非負實數；函式值域也是非負實數。

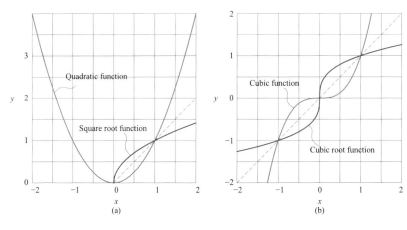

▲ 圖 11.20　平方根和立方根函式

立方根函式

圖 11.20(b) 所示紅色曲線為**立方根函式** (cubic root function)，對應函式式為

$$y = f(x) = \sqrt[3]{x} = x^{\frac{1}{3}} \tag{11.13}$$

numpy.cbrt(x) 可以用來計算立方根。Python 中 x**(1/3) 不可以計算負數的立方根。圖 11.20(b) 還比較了立方根函式和三次函式 $f(x) = x_3$，顯而易見，兩者互為反函式。

交錯性

如圖 11.21(a) 所示，當 p 為偶數時，冪函式為偶函式，影像關於 y 軸對稱。p 值越大，x 絕對值增大時，函式值越快速接近正無限大。

如圖 11.21(b) 所示，當 p 為奇數時，冪函式為奇函式，影像關於原點對稱。p 值越大，x 絕對值增大時，函式值越快速接近正無限大或負無限大。

此外，圖 11.21 所示的兩幅圖中所有函式可以寫作 $f(x)= x^p$ ，所有曲線都經過點 $(1, 1)$。

請大家修改前文程式自行繪製圖 11.21 。乘冪的英文表達見表 11.2。

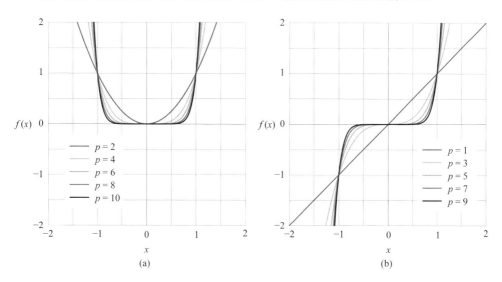

▲ 圖 11.21 冪函式 p 分別為偶數和奇數時，影像特徵

→ 表 11.2 用英文讀乘冪

數學表達	英文表達
x^n	x to the n
	x to the n-th
	x to the n-th power
	the n-th power of b
	x raised to the n-th power
	x raised to the power of n
	x raised by the exponent of n

數學表達	英文表達
a^2	*a* squared the square of *a* *a* raised to the second power *a* to the second
a^3	*a* cubed the cube of *a* *a* to the third
2^5	the fifth power of 2 2 raised to the fifth power 2 to the power of 5 2 to the fifth power 2 to the fifth 2 to the five
$y = 2^x$	*y* equals 2 to the power of *x*
$\sqrt{2} = 2^{\frac{1}{2}}$	square root of two
$\sqrt[3]{2} = 2^{\frac{1}{3}}$	cube root of two cubic root of two
$\sqrt[2]{64} = 8$	The square root of sixty four is eight.
$\sqrt[3]{64} = 4$	The cube root of sixty four is four.
$\sqrt[6]{64} = 2$	The sixth root of sixty four is two.
$\sqrt[c]{a^b}$	*c*-th root of *a* raised to the *b* power

反比例函式

反比例函式 (inversely proportional function) 的一般式為

$$y = f(x) = \frac{k}{x} \tag{11.14}$$

如圖 11.22 所示，與 $y = f(x) = 1/x$ 相比，$|k| > 1$ 時，雙曲線朝遠離原點方向拉伸；$|k| < 1$ 時，雙曲線向靠近原點方向壓縮。

漸近線

如圖 11.22 所示的反比例函式有兩條**漸近線** (asymptote)，即**水平漸近線** (horizontal asymptote) $y = 0$ 和**垂直漸近線** (vertical asymptote) $x = 0$。

所謂漸近線是指與曲線極限相關的一條直線，當曲線上某動點沿該曲線的分支移向無限大遠時，動點到該漸近線的垂直距離趨於零。圖 11.22 中，當 x 從右側接近垂直漸近線時，函式值無約束地接近**正無限大** (positive infinity)；相反地，當 x 從左側接近垂直漸近線時，函式值無約束地接近**負無限大** (negative infinity)。 比例函式的英文表達見表 11.3。

⚠️
注意：反比例函式實際上是旋轉的雙曲線。

→ 表 11.3 用英文讀比例函式

數學表達	英文表達
$y = \dfrac{k}{x}$	x is inversely proportional to y.
$h = \dfrac{k}{t^2}$	h is inversely proportional to the square of t. h varies inversely with the square of t.

有理函式

反比例函式移動之後可以得到最簡單的**有理函式** (rational function)，解析式為

$$f(x) = \frac{k}{x-h} + a \tag{11.15}$$

其中：$x \neq h$。

h 左右移動垂直漸近線，a 上下移動水平漸近線，比如

$$f(x) = \frac{1}{x-1} + 1 \qquad\qquad (11.16)$$

其中：$x \neq 1$。如圖 11.23 所示，$y = 1$ 為式 (11.16) 對應反比例函式的水平漸近線；$x = 1$ 為垂直漸近線。

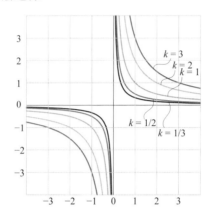

▲　圖 11.22　k 取不同值時反比例函式影像 $f(x) = k/x$

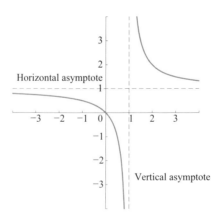

▲　圖 11.23　反比例函式兩條漸近線

11.6 分段函式：不連續函式

分段函式 (piecewise function) 是一類不連續函式；分段函式是指對應引數 x 的不同的設定值範圍，有不同的解析式的函式。

圖 11.24 所示對應分段函式。

⚠️

注意：分段函式不能算作代數函式。

$$f(x) = \begin{cases} 4 & x < -2 \\ -1 & -2 \leqslant x < 3 \\ 3 & 3 \leqslant x \end{cases} \tag{11.17}$$

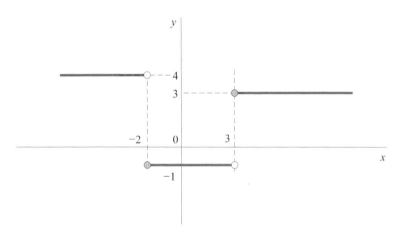

▲ 圖 11.24　分段函式

🔻

插值 (interpolation) 指的是透過已知離散資料點，在一定範圍內推導求得新資料點的方法。**線性插值** (linear interpolation) 是指插值函式為一次函式。

插值函式是分段函式時，也稱**分段插值** (piecewise interpolation)，每兩個相鄰的資料點之間便是一個分段函式，即

$$f(x) = \begin{cases} f_1(x) & x^{(1)} \leqslant x < x^{(2)} \\ f_2(x) & x^{(2)} \leqslant x < x^{(3)} \\ \cdots & \cdots \\ f_{n-1}(x) & x^{(n-1)} \leqslant x < x^{(n)} \end{cases} \tag{11.18}$$

如圖 11.25 所示，所有紅色的小數點為已知離散資料點。

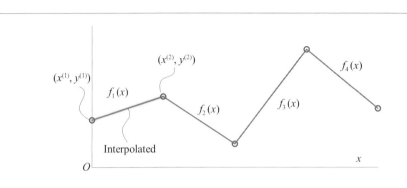

▲ 圖 11.25　一次函式兩點式用於線性插值

相鄰兩點連接得到的線段解析式便是線性插值分段函式。兩點式公式常用在線性插值中。舉個例子，利用一次函式兩點式，給定的兩點 $(x^{(1)}, y^{(1)})$ 和 $(x^{(2)}, y^{(2)})$ 可以確定分段函式 $f_1(x)$。

比較圖 11.9 和圖 11.25，我們很容易發現回歸和插值的明顯區別。如圖 11.9 所示，回歸絕不要求紅色線 (模型) 穿越所有樣本點。而如圖 11.25 所示，插值則要求分段函式穿越所有已知資料點。

絕對值函式

絕對值函式 (absolute value function) 可以視為是分段函式。絕對值函式的一般式為

$$f(x) = k|x - h| + a \tag{11.19}$$

舉個最簡單的例子

$$f(x) = k|x| \tag{11.20}$$

對於 $f(x) = k|x|$ 函式，$x = 0$ 為 $f(x)$ 的尖點，它破壞了函式的光滑。如圖 11.26 所示，k 影響絕對值函式 $f(x) = k|x|$ 的開口大小；k 的絕對值越大，絕對值函式開口越小。

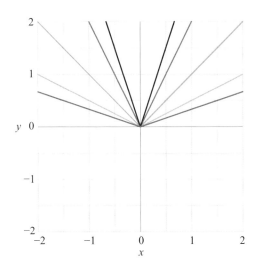

▲ 圖 11.26 k 影響絕對值函式 $f(x) = k|x|$

numpy.absolute() 計算絕對值。請大家自行撰寫程式繪製圖 11.26，並討論 k 為不同負整數時函式的影像特點。

嚴格來講，絕對值函式不屬於代數函式；但是，絕對值函式可以寫成引數的指數冪和開方的形式。比如式 (11.20) 可以寫成

$$f(x) = k\sqrt{x^2} \tag{11.21}$$

本章除了介紹幾種常見的代數函式以外，還有一個要點──參數對函式形狀、性質的影響。請大家思考以下幾個問題。

一次函式的斜率和截距，如何影響函式影像？

哪個參數影響二次函式的開口方向和大小？二次函式什麼時候存在最大值或最小值？二次函式的對稱軸位置在哪裡？

用「疊加」這個想法，請大家想一下多項式函式 $f(x) = x^4 + 2x^3 - x^2 + 5$ 相當於是由哪些函式建構而成的？它們各自的函式影像分別怎樣？

Transcendental Functions

超越函式

超出代數函式範圍的函式

科學只不過是日常思維的提煉。

The whole of science is nothing more than a refinement of everyday thinking.

——阿爾伯特 ・ 愛因斯坦（*Albert Einstein*）| 理論物理學家 | *1879 - 1955*

- matplotlib.pyplot.axhline() 繪製水平線
- matplotlib.pyplot.axvline() 繪製垂直線
- matplotlib.pyplot.contour() 繪製平面等高線
- matplotlib.pyplot.contourf() 繪製平面填充等高線
- matplotlib.pyplot.grid() 繪製網格
- matplotlib.pyplot.plot() 繪製線圖
- matplotlib.pyplot.show() 顯示圖片
- matplotlib.pyplot.xlabel() 設定 x 軸標題
- matplotlib.pyplot.ylabel() 設定 y 軸標題
- numpy.absolute() 計算絕對值
- numpy.array() 建立 array 資料型態
- numpy.cbrt() 計算立方根
- numpy.ceil() 計算向上取整數
- numpy.cos() 計算餘弦
- numpy.floor() 計算向下取整數
- numpy.linspace() 產生連續均勻向量數值
- numpy.log() 底數為 e 自然對數函式
- numpy.log10() 底數為 10 對數函式
- numpy.log2() 底數為 2 對數函式
- numpy.meshgrid() 建立網格化資料
- numpy.power() 乘冪運算
- numpy.sin() 計算正弦
- numpy.sqrt() 計算平方根

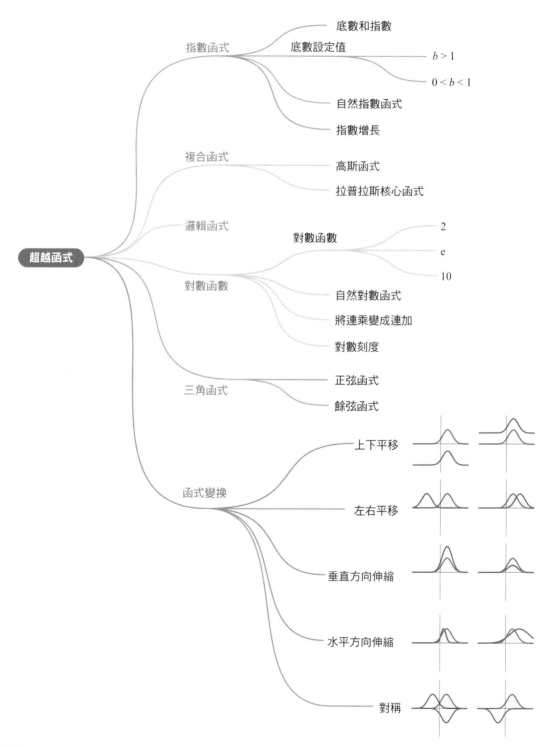

超越函式

指數函式

　　底數和指數

　　底數設定值　　　　　　　$b > 1$

　　　　　　　　　　　　　$0 < b < 1$

　　自然指數函式

　　指數增長

複合函式

　　高斯函式

　　拉普拉斯核心函式

邏輯函式

對數函數　　　　　　　2

　　　　　　　　　　e

　　　　　　　　　　10

對數函數

　　自然對數函式

　　將連乘變成連加

　　對數刻度

三角函式

　　正弦函式

　　餘弦函式

函式變換

　　上下平移

　　左右平移

　　垂直方向伸縮

　　水平方向伸縮

　　對稱

12.1 指數函式：指數為引數

指數函式 (exponential function) 的一般形式為

$$f(x) = b^x \tag{12.1}$$

其中：b 為**底數** (base)；引數 x 為**指數** (exponent)。

圖 12.1 所示為當底數取不同值時指數函式影像，這幾條曲線都經過 (0, 1)。

請大家區分底數 $b > 1$ 和 $0 < b < 1$ 兩種情況對應的指數函式影像。$b > 1$ 時，$f(x) = b^x$ 單調遞增；$0 < b < 1$ 時，$f(x) = b^x$ 單調遞減。

繪圖時，可以用 numpy.linspace() 產生 x 資料，然後用 b**x 或 numpy.power(b,x) 計算指數函式值 b^x。

⚠️
> 注意：冪函式的引數為底數，而指數函式的引數為指數。

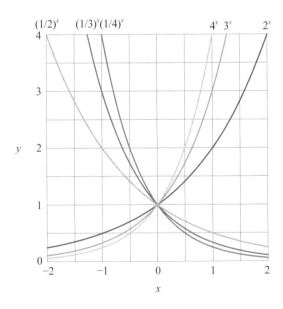

▲ 圖 12.1　不同底數的指數函式

自然指數函式

更多情況下，指數函式指的是**自然指數函式** (natural exponential function)

$$f(x) = e^x = \exp(x) \tag{12.2}$$

自然指數函式中的「自然」指的是以自然常數 e 為底數，$e \approx 2.718$。

式 (12.1) 可以轉化成以 e 為底數的函式，有

$$y = f(x) = b^x = e^{\ln b \cdot x} = \exp\left((\ln b) \cdot x\right) \tag{12.3}$$

指數函式的英文表達見表 12.1。

➜ 表 12.1　用英文讀指數函式

數學表達	英文表達
e^x	e raised to the xth power e to the x e to the power of x exponential of x exponential x
$y = e^x$	y equals(is equal to)exponential x.
$y = b^x$	y equals(is equal to)b to the x. y equals(is equal to)b raised to the power of x.
e^{x+y}	e to the quantity x plus y power e raised to the power of x plus y
$e^x + y$	the sum of e to the x and y e to the x power plus y
$e^x e^y$	the product of e to the x power and e to the y power
$e^x y$	the product of e to the x power and y e raised to the x power times y

指數增長

指數增長 (exponential growth) 模型就是用以下指數函式來表達，即

$$G(t) = (1+r)^t \qquad (12.4)$$

其中：r 為年化增長率；t 為年限。

當增長率 r 取不同值時，指數增長模型 $G(t)$ 和年限對應的關係如圖 12.2 所示。**加倍時間** (doubling time) 指的是當增長加倍時所用的時間。如圖 12.2 所示，平行於橫軸的虛線就是增長加倍所對應的高度。

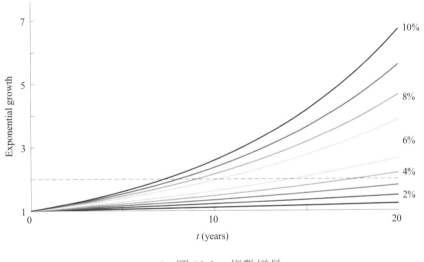

▲ 圖 12.2 指數增長

12.2 對數函式：把連乘變成連加

對數函式 (logarithmic function) 解析式為

$$y = f(x) = \log_b x \qquad (12.5)$$

其中：b 為**對數底數** (logarithmic base)，$b > 0$ 且 $b \neq 1$。式 (12.5) 所示對數函式的定義域為 $x > 0$。

如圖 12.3 所示，$b > 1$ 時，$f(x)$ 在定義域上為單調增函式；$0 < b < 1$ 時，$f(x)$ 在定義域上為單調減函式。

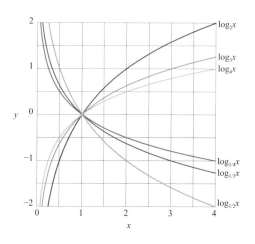

▲ 圖 12.3　不同底數的對數函式

自然對數函式

圖 12.4 所示的藍色曲線為**自然對數函式** (natural logarithmic function)，函式為

$$y = f(x) = \ln(x) = \log_e x \tag{12.6}$$

如圖 12.4 所示，自然指數函式 (紅色) 和自然對數函式 (藍色) 互為反函式，兩條曲線關於圖中虛線對稱。

NumPy 提供了下面三個特殊底數對數函式運算：

▶ 底數為 2 的對數函式 $\log_2 x$，函式為 numpy.log2()；

▶ 底數為 e 的自然對數函式 $\ln x$，函式為 numpy.log()；

▶ 底數為 10 的對數函式 $\log_{10} x$，函式為 numpy.log10()。

其他底數對數函式運算可以利用以下公式完成，即

$$\log_b x = \frac{\ln x}{\ln b} \tag{12.7}$$

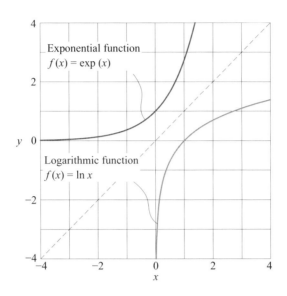

▲ 圖 12.4　自然對數函式和自然指數函式

對數運算特點

請大家關注以下幾個對數運算規則：

$$\log_b x = \frac{\log_k x}{\log_k b}$$

$$\log_b x = \frac{\log_{10} x}{\log_{10} b} = \frac{\ln x}{\ln b}$$

$$\log_{b^n} x^m = \frac{m}{n} \log_b x \tag{12.8}$$

$$x = b^{\log_b x}$$

$$x^{\log_b y} = y^{\log_b x}$$

對數的重要的性質是把連乘變成連加，即

$$\log_b (xyz) = \log_b x + \log_b y + \log_b z \tag{12.9}$$

我們會考慮用對數運算把連乘變成連加，是因為連乘不容易求偏導，而對連加求偏導則會容易很多。特別地，高斯函式存在 exp() 項，ln() 可以把指數項變成求和形式，且 ln() 不改變單調性。

在機率計算中，機率值累計乘積會出現數值非常小的正數情況，如 1e-30(10^{-30})。由於電腦的精度是有限的，無法辨識這一類資料。而取對數之後，更易於電腦的辨識。比如，對 1e-30 以 10 為底取對數後得到 -30。

對數刻度

對數刻度 (logarithmic scale 或 logarithmic axis) 是一種**非線性刻度** (nonlinear scale)，常用來描述較大的數值。圖 12.5(a) 所示的橫軸和縱軸都是**線性刻度** (linear scale)，圖中一元一次函式 $f(x)= x$ 為一條直線。圖 12.5(b) 所示的橫軸為對數刻度，圖中對數函式 $f(x)= \ln(x)$ 為一條直線。圖 12.5(c) 所示的縱軸為對數刻度，其中指數函式 $f(x)= 10^x$ 為一條直線。圖 12.5(d) 中，橫軸、縱軸都是對數刻度，圖中一元一次函式 $f(x)= x$ 還是一條直線。對數相關的英文表達見表 12.2。

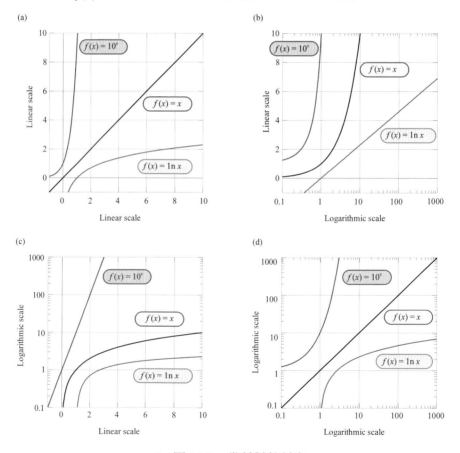

▲ 圖 12.5　幾種對數刻度

→ 表 12.2 用英文讀對數

數學表達	英文表達
$\log_4 x$	Logarithm of x with base four
$y = \log_a x$	y is the logarithm of x to the base a.
	y is equal to log base a of x.
$\ln y$	Log y to the base e
	Log to the base e of y
	Natural log(of) y
$\log_2 8 = 3$	The log base 2 of 8 is equal to 3.
	The logarithm of 8 with base 2 is 3.
	Log base 2 of 8 is 3.
$\log_4 16 = 2$	The log base 4 of 16 is equal to 2.
$\log_2 \dfrac{1}{8} = -3$	The log base 2 of 1/8 is equal to -3.
$\log_6 216 = 3$	The logarithm of 216 to the base 6 is 3.
	3 is the logarithm of 108 to the base 6.

Bk3_Ch12_01.py 繪製圖 12.5 。

12.3 高斯函式：高斯分佈之基礎

通俗地說，**複合函式** (function composition) 就是函式套函式，是把幾個簡單的函式進行複合得到一個較為複雜的函式。

高斯函式

自然指數函式經常與其他函式建構複合函式。比如，自然指數函式複合二次函式，得到**高斯函式** (Gaussian function)

$$f(x) = \exp\left(-\gamma x^2\right) \tag{12.10}$$

其中：γ 為參數，且 $\gamma > 0$。高斯函式的定義域是 $(-\infty, +\infty)$，而值域是 $(0, 1]$。這裡舉出的高斯函式關於 $x = 0$ 對稱。

圖 12.6(a) 所示為 γ 決定高斯函式形狀的情況。

⚠

注意：高斯函式無限接近 0，卻不到達 0。

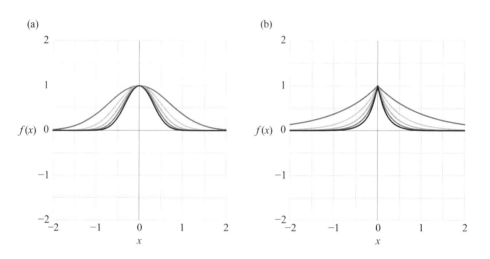

▲ 圖 12.6　高斯函式和拉普拉斯核心函式

最基本的高斯函式為

$$f(x) = \exp(-x^2) \tag{12.11}$$

下面也是常用的高斯函式的一般形式，即

$$f(x) = a \cdot \exp\left(\frac{-(x-b)^2}{2c^2}\right) \tag{12.12}$$

式 (12.12) 所示的高斯函式關於 $x = b$ 對稱。

式 (12.11) 透過縮放、平移等變換，可以得到式 (12.12)。函式變換是本章最後要講解的內容。

高斯函式和**高斯分布** (Gaussian distribution) 的**概率密度函式** (Probability Density Function, PDF) 直接相關。高斯函式可以進一步推廣得到**徑向基核函式** (radial basis function, RBF)。

下一章將介紹二元高斯函式的性質。此外，鑑於高斯函式的重要性，本書後續導數、積分相關內容都會以高斯函式作為實例。

高斯小傳

高斯函式以著名數學家**高斯** (Carl Friedrich Gauss) 命名，生平大事如圖 12.7 所示。

在資料科學和機器學習領域，高斯的名字無處不在，比如大家耳熟能詳的高斯核心函式、高斯消去、高斯分佈、高斯平滑、高斯單純貝氏、高斯判別分析、高斯過程、高斯混合模型等。並不是高斯發明了這些演算法；而是，後來人在創造這些演算法時，都用到了高斯分佈。

被稱作數學王子的高斯，出身貧寒。母親做過女傭近乎文盲，父親多半生靠體力討生活。據說，高斯自幼喜歡讀書，特別是與數學相關的書籍；渴望學習、熱愛知識是他的驅動力，而非顏如玉、黃金屋。

卡爾・弗里德里希・高斯 (Carl Friedrich Gauss)
德國數學家、物理學家、天文學家 | 1777 - 1855
常被稱作數學王子，在數學的每個領域開疆拓土。
叢書關鍵字： ●等差數列 ●高斯分佈 ●最小平方法 ●高斯單純貝氏 ●高斯判別分析 ●高斯過程 ●高斯混合模型 ●高斯核心函式

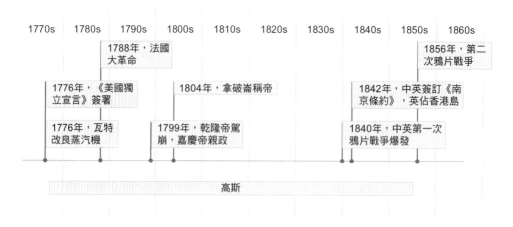

▲ 圖 12.7　高斯所處時代大事記

拉普拉斯核心函式

此外，絕對值函式 $|x|$ 與指數函式進行複合，得到的是一元**拉普拉斯核心函式** (Laplacian kernel function)

$$f(x) = \exp(-\gamma|x|) \tag{12.13}$$

圖 12.6(b) 所示為 γ 決定拉普拉斯核心函式形狀的情況。

⚠️

> 注意：圖 12.6(b) 中拉普拉斯核心函式在 x = 0 處有「尖點」，它破壞了函式的平滑。拉普拉斯核心函式也經常出現在機器學習的一些演算法當中。

12.4　邏輯函式：在 0 和 1 之間設定值

邏輯函式 (logistic function) 也可以視作是自然指數函式擴展得到的複合函式。最簡單的一元邏輯函式為

$$f(x) = \frac{1}{1+\exp(-x)} = \frac{\exp(x)}{1+\exp(x)} \tag{12.14}$$

更一般的一元邏輯函式形式為

$$f(x) = \frac{1}{1+\exp\left(-\left(b_0 + b_1 x\right)\right)} \tag{12.15}$$

可以明顯發現邏輯函式的設定值範圍在 0 和 1 之間，函式無限接近 0 和 1，卻不能達到。如圖 12.8 所示，b_1 影響影像的陡峭程度，注意圖中 $b_0 = 0$。

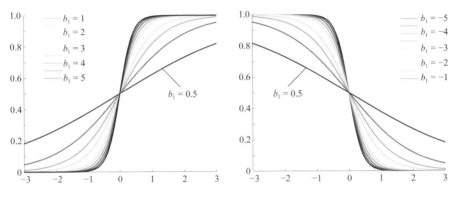

▲ 圖 12.8　b_1 影響邏輯函式的陡峭程度

中心點位置

下面確定 $f(x) = 1/2$ 位置，令

$$f(x) = \frac{1}{1+\exp\left(-\left(b_0 + b_1 x\right)\right)} = \frac{1}{2} \tag{12.16}$$

整理得到

$$x = -\frac{b_0}{b_1} \tag{12.17}$$

這個點被稱為邏輯函式中心所在位置。如圖 12.9 所示，$b_1 = 1$，b_0 決定邏輯函式中心所在位置。

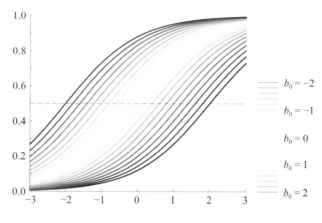

▲ 圖 12.9　$b_1 = 1$ 時，b_0 決定邏輯函式中心位置

邏輯回歸 (logistic regression) 模型基於邏輯函式。邏輯回歸雖然被稱作回歸模型，但是它經常用於做分類，特別是二分類。

上一章我們看到線性回歸中輸出值 y 是連續值。如圖 12.10 所示，邏輯回歸中 y 可以為離散值，如 0、1。因此，我們也可以把邏輯函式想像成一個開關。此外，邏輯回歸可以視為是在線性回歸的基礎上增加了一個非線性映射。

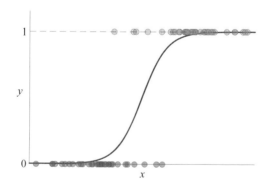

▲ 圖 12.10　邏輯回歸可以用來做二分類

邏輯曲線增長

自然界和人類社會中，指數增長這種 **J 型增長** (J-shaped growth) 一般只在一段時間記憶體在。各種條件會限制增長幅度，如人口增長不可能一直按指數增長持續下去，畢竟地球的**承載能力** (carrying capability) 有限。

而邏輯曲線中可以用來模擬人口增長的 **S 型增長曲線** (S-shaped growth curve)，如圖 12.11 所示。

S 型增長曲線中，開始階段類似於指數增長。

然後，隨著種群個體不斷增多，受限於有限資源，個體之間對食物、生存空間等關鍵資源的爭奪越來越激烈，增長阻力變得越來越大，增速開始放慢。

最後，增長逐漸停止，趨向於瓶頸。

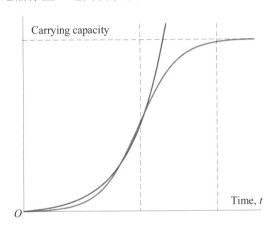

▲ 圖 12.11　邏輯函式模擬人口增長

S 型函式

邏輯函式是 **S 型函式** (sigmoid function 或 S-shaped function) 的一種。S 型函式因其函式影像形似字母 S 而得名。機器學習和深度學習中，S 型函式經常出現。

常見的 S 型函式還有雙曲正切函式 $f(x) = \tanh(x)$、反正切函式 $f(x) = \arctan(x)$、誤差函式 $f(x) = \text{erf}(x)$ 等。

本書會在第 18 章專門介紹誤差函式。

一些代數函式也可以歸類為 S 型函式，如

$$f(x) = \frac{x}{1+|x|}, \quad f(x) = \frac{x}{\sqrt{1+x^2}} \tag{12.18}$$

圖 12.12 所示比較了幾種常用的 S 型函式曲線。請注意，圖 12.12 中反正切函式為 $f(x) = \frac{2}{\pi}\arctan\left(\frac{\pi}{2}x\right)$。

計算雙曲正切使用的函式為 numpy.tanh()。誤差函式用的是符號函式 sympy.erf()。

雙曲正切函式 $f(x) = \tanh(x)$ 與式 (12.14) 邏輯函式的關係為

$$f(x) = \frac{1}{1+\exp(-x)} = \frac{\exp(x)}{1+\exp(x)} = \frac{1}{2} + \frac{1}{2}\tanh\left(\frac{x}{2}\right) \tag{12.19}$$

圖 12.12 中，除式 (12.19) 以外，函式的設定值範圍都是 (-1, 1)。這些函式都無限接近 -1 和 1，但是不能達到。

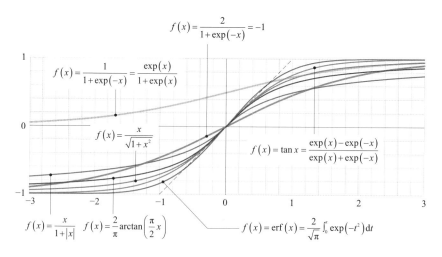

▲ 圖 12.12　比較常用的幾種 S 型函式曲線形狀

tanh() 函式

在很多機器學習演算法中，sigmoid 函式特指 tanh() 函式。給定 tanh() 函式一般式為

$$f(x) = \tanh(\gamma x) \tag{12.20}$$

圖 12.13 所示為 γ 影響曲線形狀的情況。

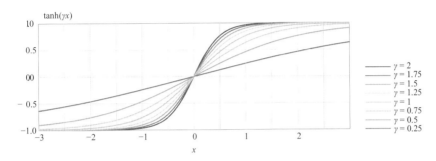

▲ 圖 12.13　γ 影響雙曲正切函式形狀

12.5 三角函式：週期函式的代表

本節介紹幾個常用的三角函式。**三角函式** (trigonometric function 或 circular function) 是一類**週期函式** (periodic function)。

正弦函式

正弦波 (sine wave 或 sinusoid) 是一種常見的波形，如物理學中的**正弦交流電** (sinusoidal alternating current)。圖 12.14(a) 所示為最基本的**正弦函式** (sine function)，即

$$y = f(x) = \sin x \tag{12.21}$$

圖 12.14(a) 所示正弦函式定義域為整個實數域。函式 $f(x) = \sin x$ 是**奇函式** (odd function)，關於原點對稱。這個函式的**週期** (period) 是 $T = 2\pi$，函式值域是 [-1, 1]。準確來說，這個週期 T 是最小正週期。

圖 12.14(a) 所示正弦函式取得極大值 1 對應的 x 為

$$x = \frac{\pi}{2} + 2\pi n \qquad (12.22)$$

其中：n 為整數。

正弦函式的極小值為 -1 對應的 x 為

$$x = -\frac{\pi}{2} + 2\pi n \qquad (12.23)$$

numpy.sin() 函式可以用於完成正弦計算。

餘弦函式

圖 12.14(b) 所示為**餘弦函式** (cosine function)，即

$$y = f(x) = \cos x \qquad (12.24)$$

　　圖 12.14(b) 所示餘弦函式是偶函式，關於縱軸對稱；$y = \cos x$ 相當於圖 12.14(a) 所示的正弦函式水平向左移動 $\pi/2$ 。餘弦函式也是週期為 2π 的週期函式。numpy.cos() 函式可以用於完成餘弦計算。

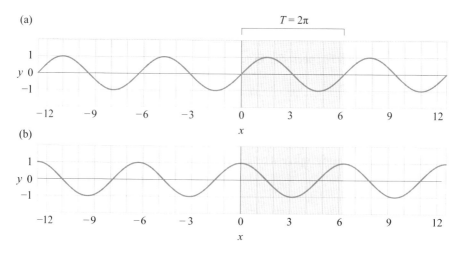

▲ 圖 12.14　正弦函式和餘弦函式

表 12.3 中總結了六個常用三角函式的影像及性質。三角函式的英文表達見表 12.4。

➜ 表 12.3 六個三角函式的影像和性質

函式	性質	影像
正弦 (sine) $y = \sin x$ numpy.sin()	定義域：整個實數集 值域：[-1, 1] 最小正週期：2π 奇函式，影像關於原點對稱 極大值為 1，極小值為 -1	
餘弦 (cosine) $y = \cos x$ numpy.cos()	定義域：整個實數集 值域：[-1, 1] 最小正週期：2π 偶函式，影像關於 y 軸對稱 極大值為 1，極小值為 -1	
正切 (tangent) $y = \tan x$ 也記做 $y = \mathrm{tg}(x)$ numpy.tan()	定義域：$\left\{ x \mid x \neq k\pi + \dfrac{\pi}{2}, k \in \mathbb{Z} \right\}$ 值域：整個實數集 最小正週期：π 奇函式，影像關於原點對稱 不存在極值	
餘切 (cotangent) $y = \cot x$ 也記做 $y = \mathrm{ctg}(x)$ 1/numpy.tan()	定義域：$\left\{ x \mid x \neq k\pi, k \in \mathbb{Z} \right\}$ 值域：整個實數集 最小正週期：π 奇函式，影像關於原點對稱 不存在極值	
正割 (secant) $y = \sec x$ 1/numpy.cos()	定義域：$\left\{ x \mid x \neq k\pi + \dfrac{\pi}{2}, k \in \mathbb{Z} \right\}$ 值域：$\lvert \sec x \rvert \geq 1$ 最小正週期：2π 偶函式，影像關於 y 軸對稱 不存在極值	cos x

函式	性質	影像
餘割 (cosecant) $y = \csc x$ 1/numpy.sin()	定義域：$\{x \mid x \neq k\pi, k \in \mathbb{Z}\}$ 值域：$\mid \csc x \mid \geq 1$ 最小正週期：2π 奇函式，影像關於原點對稱 不存在極值	

➜ 表 12.4　用英文讀三角函式

數學表達	英文表達
$\sin\theta + x$	Sine of theta, that quantity plus x
$\sin(\theta + \omega)$	Sine of sum theta plus omega Sine of the quantity theta plus omega
$\sin(\theta) \cdot x$	Sine theta times x
$\sin(\theta\omega)$	Sine of the product theta time omega
$(\sin\theta^2) \cdot x$	Sine of theta squared, that quantity times x
$(\sin^2\theta) \cdot x$	Sine squared of theta, that quantity times x

12.6　函式變換：平移、縮放、對稱

本章最後利用高斯函式與大家探討函式變換。常見的函式變換有三種：平移、縮放和對稱。給定某個函式 $y = f(x)$ 解析式為

$$f(x) = 2\exp\left(-(x-1)^2\right) \tag{12.25}$$

平移

如圖 12.15 所示，相對於 $y = f(x)$，$f(x) + c$ 為垂直向上平移 c 單位 (vertical shift up by c units)；$f(x) - c$ 則為將原函式垂直向下平移 c 單位 (vertical shift down by c units)。

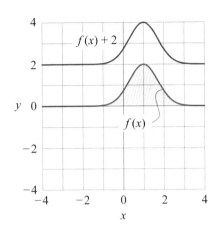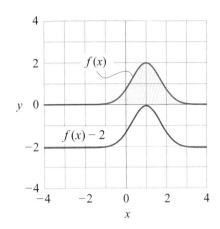

▲ 圖 12.15　原函式 $y = f(x)$ 上下平移

如圖 12.16 所示，相對於 $y = f(x)$，$f(x + c)$ 相當於函式向左平移 c 單位 (horizontal shift left by c units)，$c > 0$；$f(x - c)$ 相當於原函式向右平移 c 單位 (horizontal shift right by c units)。

⚠️
注意：水平平移不影響函式圖像和橫軸包圍的面積。

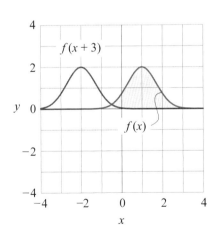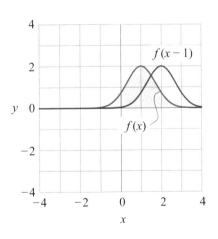

▲ 圖 12.16　原函式 $y = f(x)$ 左右平移

縮放

如圖 12.17所示，相對於 $y = f(x)$，$cf(x)$ 相當於函式進行**垂直方向縮放** (vertical scaling)。$c > 1$ 時，$cf(x)$ **垂直方向拉伸** (vertical stretch)；$0 < c < 1$ 時，$cf(x)$ **垂直方向壓縮** (vertical compression)。

⚠️
這種幾何變換等比例縮放面積。

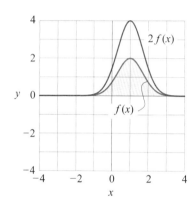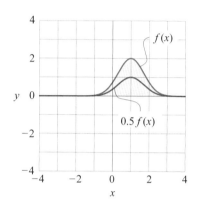

▲ 圖 12.17　原函式 $y = f(x)$ 垂直方向伸縮

如圖 12.18 所示，相對於 $y = f(x)$，$f(cx)$ 相當於函式進行**水平方向伸縮** (horizontal scaling)。$c > 1$ 時，**水平方向壓縮** (horizontal compression)；$0 < c < 1$ 時，**水平方向拉伸** (horizontal stretch)。此時，面積等比例縮放，縮放比例為 $1/c$。

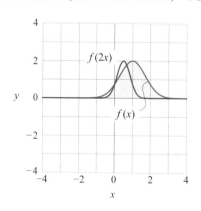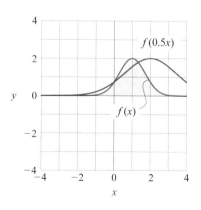

▲ 圖 12.18　原函式 $y = f(x)$ 水平方向伸縮

如圖 12.19 所示，相對於 $f(x)$，$cf(cx)$ 面積不變。

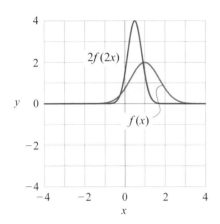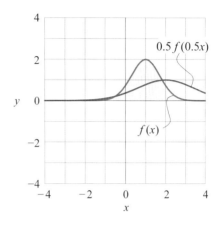

▲ 圖 12.19　原函式 $y = f(x)$ 水平方向、垂直方向同時伸縮

對稱

如圖 12.20 所示，相對於 $y = f(x)$，$f(-x)$ 相當於函式關於 y 軸對稱 (reflection about y axis)；$-f(x)$ 相當於函式關於 x 軸對稱 (reflection about x axis)；而 $f(x)$ 與 $-f(-x)$ 關於原點對稱。

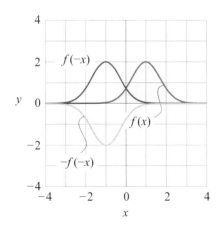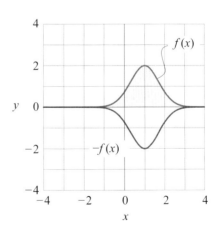

▲ 圖 12.20　原函式 $y = f(x)$ 關於橫軸、縱軸對稱

一元高斯分佈的機率密度函式解析式為

$$f_X(x) = \frac{1}{\sigma\sqrt{2\pi}} \exp\left(\frac{-1}{2}\left(\frac{x-\mu}{\sigma}\right)^2\right) \tag{12.26}$$

其中：μ 為平均值；σ 為標準差。

高斯分佈的機率密度函式實際上可以透過高斯函式經過函式變換得到。

觀察式 (12.26) 中指數部分存在兩個函式變換——橫軸縮放 (σ)、橫軸平移 (μ)。

令

$$z = \frac{x-\mu}{\sigma} \tag{12.27}$$

將式 (12.27) 代入式 (12.26)，整理得到

$$f_Z(z) = \frac{1}{\sigma\sqrt{2\pi}} \exp\left(\frac{-1}{2}z^2\right) \tag{12.28}$$

式 (12.28) 中分母 $\sigma\sqrt{2\pi}$，造成的是縱向縮放作用，保證曲線下方面積為 1。理解這步變換需要積分知識。圖 12.21 所示為以上三步幾何變換。

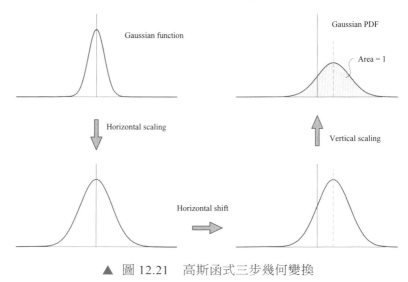

▲ 圖 12.21　高斯函式三步幾何變換

Bk3_Ch12_02.py 繪製圖 12.15~ 圖 12.20。

在 Bk3_Ch12_02.py 基礎上，我們做了一個 App 用來互動呈現不同參數對高斯函式的形狀和位置影響。請大家參考程式檔案 Streamlit_Bk3_Ch12_02.py。

本章有兩個要點——函式在數值轉化的作用、函式變換。

機器學習各種演算法中，函式造成資料轉化的作用，如把設定值在正負無限大之間的數值轉化在 0 和 1 之間。

平移、縮放、對稱等函式變換是幾何變換在函式上的應用。請大家格外注意，函式變換過程前後形狀、單調性、極值點、對稱軸、面積等性質的變化。

Bivariate Functions

13 二元函式

從三維幾何圖形角度理解

> 當然，我們可以使用任何需要符號；不要嘲笑符號；發明
> 它們，它們很強大。事實上，很大程度上數學就是在發明
> 更好的符號。
>
> *We could, of course, use any notation we want; do not laugh at notations;*
> *invent them, they are powerful. In fact, mathematics is, to a large extent,*
> *invention of better notations.*
>
> ——理查 · 費曼（*Richard P. Feynman*）| 美國理論物理學家 | *1918 - 1988*

- Axes3D.plot_surface() 繪製三維曲面
- matplotlib.pyplot.contour() 繪製等高線圖
- matplotlib.pyplot.contourf() 繪製填充等高線圖
- numpy.linspace() 在指定的間隔內，傳回固定步進值的資料
- numpy.meshgrid() 生成網格資料

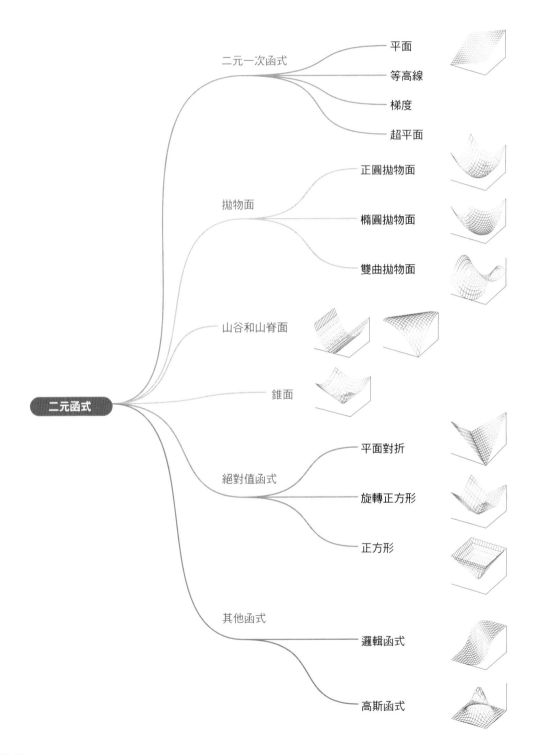

二元函式
- 二元一次函式
  - 平面
  - 等高線
  - 梯度
  - 超平面
- 拋物面
  - 正圓拋物面
  - 橢圓拋物面
  - 雙曲拋物面
- 山谷和山脊面
- 錐面
- 絕對值函式
  - 平面對折
  - 旋轉正方形
  - 正方形
- 其他函式
  - 邏輯函式
  - 高斯函式

13.1 二元一次函式：平面

二元一次函式是一元一次函式的擴展，一般式為

$$y = f\left(x_1, x_2\right) = w_1 x_1 + w_2 x_2 + b \tag{13.1}$$

當 w_1 和 w_2 均為 0 時，$f(x_1, x_2) = b$ 為二元常數函式，影像平行於 $x_1 x_2$ 水平面。

用矩陣乘法，式 (13.1) 可以寫成

$$y = f\left(x_1, x_2\right) = \mathbf{w}^{\mathrm{T}} \mathbf{x} + b \tag{13.2}$$

其中

$$\mathbf{w} = \begin{bmatrix} w_1 \\ w_2 \end{bmatrix}, \quad \mathbf{x} = \begin{bmatrix} x_1 \\ x_2 \end{bmatrix} \tag{13.3}$$

當 y 取一定值時，如 $y = c$，平面將退化為一條直線

$$w_1 x_1 + w_2 x_2 + b = c \tag{13.4}$$

從另外一個角度，c 相當於 $f(x_1, x_2)$ 平面的某一條等高線，即 $f(x_1, x_2)$ 的等高線為直線。

舉個例子

圖 13.1 所示影像對應解析式為

$$y = f\left(x_1, x_2\right) = x_1 + x_2 = \underbrace{\begin{bmatrix} 1 \\ 1 \end{bmatrix}}_{\mathbf{w}}^{\mathrm{T}} \underbrace{\begin{bmatrix} x_1 \\ x_2 \end{bmatrix}}_{\mathbf{x}} \tag{13.5}$$

圖 13.1(a) 所示為式 (13.5) 對應的平面，圖中黑色直線對應 $x_1 + x_2 = 0$，即 $x_2 = -x_1$。圖 13.1(b) 所示 $f(x_1, x_2)$ 平面的等高線都平行於 $x_1 + x_2 = 0$。由於 $f(x_1, x_2)$ 為線性函式，因此等高線平行，且間距相同。

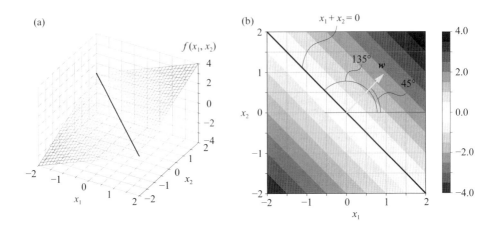

▲ 圖 13.1 $f(x_1, x_2) = x_1 + x_2$ 網格圖和等高線圖

圖 13.1(b) 中黃色箭頭為 $f(x_1, x_2)$ 增大的方向，箭頭與 x_1 軸正方向夾角為 45°。細心的讀者應該發現了，黃色箭頭對應的向量就是 w，即

$$w = \begin{bmatrix} 1 \\ 1 \end{bmatrix} \tag{13.6}$$

圖 13.1(b) 中，向量垂直於等高線並指向 $f(x_1, x_2)$ 的增大方向。這並非巧合，實際上 w 向量便是**梯度向量** (gradient vector)。本書在前文講解不等式時，提到過梯度這個概念，不過當時我們關注的僅是梯度的反方向，即梯度下降方向而已。

本書內容不斷深入，大家會理解 w 的幾何意義以及梯度向量這一重要概念。這裡先給大家留下一個印象。

此外，相信大家已經意識到向量是個多面手，向量不僅是一列或一行數，還是有方向的線段。 大家會經常聽到這句話──有向量的地方，就有幾何！希望大家在看到向量出現時，多從幾何角度思考向量的幾何內涵。

第二個例子

圖 13.2 所示平面對應的解析式為

$$y = f\left(x_1, x_2\right) = -x_1 + x_2 = \underbrace{\begin{bmatrix} -1 \\ 1 \end{bmatrix}^{\mathrm{T}}}_{w} \underbrace{\begin{bmatrix} x_1 \\ x_2 \end{bmatrix}}_{x} \tag{13.7}$$

圖 13.2(b) 中黃色箭頭同樣指向 $f(x_1, x_2)$ 增大的方向，對應式 (13.7) 中的 w。箭頭與 x_1 軸正方向夾角為 135°。

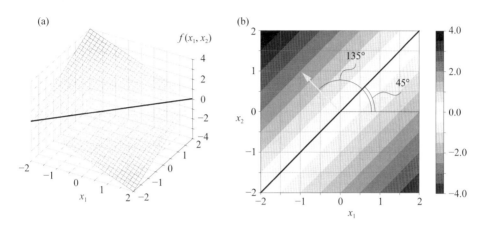

▲ 圖 13.2 $f(x_1, x_2) = -x_1 + x_2$ 網格圖和等高線圖

等高線平行縱軸

當 $w_1 = -1$，$w_2 = 0$，$b = 0$ 時，$f(x_1, x_2)$ 平面高度僅受到 x_1 影響。圖 13.3 所示影像對應的解析式為

$$y = f\left(x_1, x_2\right) = -x_1 = \underbrace{\begin{bmatrix} -1 \\ 0 \end{bmatrix}^{\mathrm{T}}}_{w} \underbrace{\begin{bmatrix} x_1 \\ x_2 \end{bmatrix}}_{x} \tag{13.8}$$

圖 13.3(a) 所示平面平行於 x_2 軸，即縱軸。圖 13.3(b) 所示 $f(x_1, x_2)$ 平面等高線同樣平行於 x_2 軸。圖 13.3(b) 中，黃色箭頭為函式 $f(x_1, x_2)$ 增大的方向，箭頭平行於 x_1 軸向左，即朝向 x_1 軸負方向。

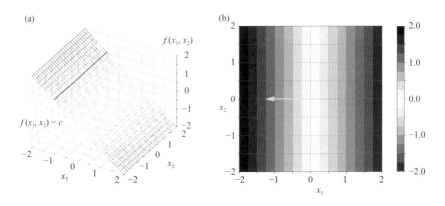

▲ 圖 13.3 $f(x_1, x_2) = -x_1$ 網格圖和等高線圖

等高線平行橫軸

當 $w_1 = 0$，$w_2 = 1$，$b = 0$ 時，$f(x_1, x_2)$ 平面僅受到 x_2 影響。圖 13.4 所示影像對應的解析式為

$$y = f(x_1, x_2) = x_2 = \underbrace{\begin{bmatrix} 0 \\ 1 \end{bmatrix}^{\mathrm{T}}}_{w} \underbrace{\begin{bmatrix} x_1 \\ x_2 \end{bmatrix}}_{x} \tag{13.9}$$

圖 13.4(a) 所示平面平行於 x_1 軸。圖 13.4(b) 所示 $f(x_1, x_2)$ 平面等高線同樣平行於 x_1 軸。圖 13.4(b) 中黃色箭頭同樣為 $f(x_1, x_2)$ 增大的方向，箭頭指向 x_2 軸正方向。

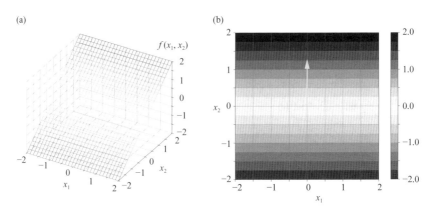

▲ 圖 13.4 $f(x_1, x_2) = x_2$ 網格圖和等高線圖

平面疊加

如圖 13.5 所示，若干平面疊加得到的還是平面。函式 $f_i(x_1, x_2)$ 中下角標 i 為函式序號，不同序號代表不同函式。

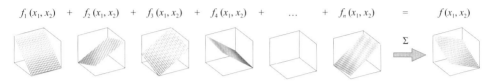

$$f_1(x_1, x_2) \quad + \quad f_2(x_1, x_2) \quad + \quad f_3(x_1, x_2) \quad + \quad f_4(x_1, x_2) \quad + \quad \ldots \quad + \quad f_n(x_1, x_2) \quad = \quad f(x_1, x_2)$$

▲ 圖 13.5　若干平面疊加得到的還是平面

超平面

一次函式中變數數量繼續增多時，將獲得**超平面** (hyperplane)，對應的解析式為

$$y = f\left(x_1, x_2, ..., x_D\right) = w_1 x_1 + w_2 x_2 + ... + w_D x_D + b \tag{13.10}$$

將式 (13.10) 寫成矩陣運算形式為

$$y = f\left(\boldsymbol{x}\right) = \boldsymbol{w}^{\mathrm{T}} \boldsymbol{x} + b \tag{13.11}$$

其中

$$\boldsymbol{w} = \begin{bmatrix} w_1 \\ w_2 \\ \vdots \\ w_D \end{bmatrix}, \quad \boldsymbol{x} = \begin{bmatrix} x_1 \\ x_2 \\ \vdots \\ x_D \end{bmatrix} \tag{13.12}$$

平面直線、三維空間直線、三維空間平面可以借助不和數學工具進行描述，詳見表 13.1 。請讀者格外注意區分代數中函式、方程式、參數方程式三個概念之間的差別。

➜ 表 13.1　不同數學工具描繪直線和平面

數學工具	類型	影像
$f\left(x_1\right) = w_1 x_1 + b$	函式	

數學工具	類型	影像
$w_1x_1 + w_2x_2 + b = 0$	方程式	
$\begin{cases} x_1 = c_1 + \tau_1 t \\ x_2 = c_2 + \tau_2 t \end{cases}$	參數方程式	
$f(x_1, x_2) = w_1x_1 + w_2x_2 + b$	函式	
$w_1x_1 + w_2x_2 + w_3x_3 + b = 0$	方程式	
$\begin{cases} x_1 = c_1 + \tau_1 t \\ x_2 = c_2 + \tau_2 t \\ x_3 = c_3 + \tau_3 t \end{cases}$	參數方程式	

本書前文介紹過一元線性回歸，回歸模型中只含有一個引數和一個因變數。從影像上來看，一元線性回歸模型就是一條直線。

引數的個數增加到兩個時，我們便可以得到二元線性回歸。二元線性回歸解析式可以寫成 $y = b_0 + b_1x_1 + b_2x_2$，這就是我們本節介紹的二元一次函式，對應的影像為一個平面。

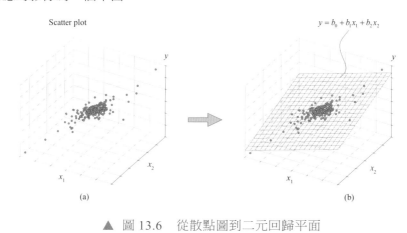

▲ 圖 13.6　從散點圖到二元回歸平面

▼

圖 13.6(a) 所示是三維直角座標系散點圖。透過觀察散點圖，我們可以發現因變數隨引數變化的大致趨勢。

圖 13.6(b) 中紅色平面就是二元線性回歸模型對應的圖形，這個平面試圖用一個平面 (線性) 解釋引數和因變數之間的量化關係。

Bk3_Ch13_01.py 繪製圖 13.1~ 圖 13.4。程式中建立了三個自訂函式，用於視覺化。另外，請大家修改 Bk3_Ch13_01.py 並繪製本章後續影像。

13.2 正圓拋物面：等高線為正圓

正圓拋物面 (circular paraboloid) 的是**拋物面** (paraboloid) 的一種特殊形式，它的等高線為正圓。 正圓拋物面最簡單的形式為

$$y = f(x_1, x_2) = a\left(x_1^2 + x_2^2\right) \tag{13.13}$$

式 (13.13) 可以寫成矩陣運算形式，即

$$y = f(x_1, x_2) = \underbrace{\begin{bmatrix} x_1 \\ x_2 \end{bmatrix}}_{x}^{\mathrm{T}} \begin{bmatrix} a & 0 \\ 0 & a \end{bmatrix} \underbrace{\begin{bmatrix} x_1 \\ x_2 \end{bmatrix}}_{x} = a \underbrace{\begin{bmatrix} x_1 \\ x_2 \end{bmatrix}}_{x}^{\mathrm{T}} \underbrace{\begin{bmatrix} x_1 \\ x_2 \end{bmatrix}}_{x} = a x^{\mathrm{T}} x = a \|x\|^2 \tag{13.14}$$

向量的模

請大家格外注意，式 (13.14) 可以寫成 $y = f(x_1, x_2) = a\|x\|^2$ 這種形式，其中 $\|x\|$ 叫向量 x 的**模** (norm)。

如圖 13.7 所示，有了座標系，向量 x 可以視為平面上有方向的線段，它有大小和方向兩個性質。$\|x\|$ 為向量 x 的模，就是向量的長度，定義為

$$\|x\| = \sqrt{x_1^2 + x_2^2} \tag{13.15}$$

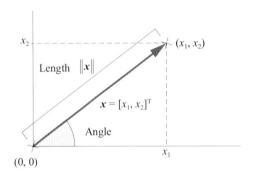

▲ 圖 13.7 向量有大小和方向兩個性質

建議大家回想本書第 7 章介紹的「等距線」這個概念，回憶歐氏距離對應的等距線有怎樣的特點。本書第 22 將繼續探討。

觀察式 (13.15)，利用畢氏定理，$\|\boldsymbol{x}\|$ 相當於 (x_1, x_2) 和原點 $(0, 0)$ 之間的距離，即歐氏距離。而式 (13.14) 相當於歐氏距離的平方。

開口朝上

圖 13.8 所示為正圓拋物面開口朝上，對應的解析式為

$$y = f(x_1, x_2) = x_1^2 + x_2^2 = \underbrace{\begin{bmatrix} x_1 \\ x_2 \end{bmatrix}}_{\boldsymbol{x}}^{\mathrm{T}} \begin{bmatrix} 1 & 0 \\ 0 & 1 \end{bmatrix} \underbrace{\begin{bmatrix} x_1 \\ x_2 \end{bmatrix}}_{\boldsymbol{x}} = \boldsymbol{x}^{\mathrm{T}}\boldsymbol{x} = \|\boldsymbol{x}\|^2 \tag{13.16}$$

觀察圖 13.8(b)，三維等高線為一系列同心正圓。觀察等高線變化和曲面，可以發現等高線越密集，曲面變化越劇烈，也就是說曲面坡面越陡峭。圖 13.8 所示曲面的最小值點為 $(0, 0)$。

注意：圖 13.8 (b) 中黃色箭頭不再平行。但是，不同位置的黃色箭頭都垂直於等高線，並指向函式增大方向。

要想獲得黃色箭頭 (梯度向量) 準確解析式就需要用到偏導數這個數學工具，偏導數是本書第 16 章要介紹的內容。

另外，當 x_1 為定值時，如 $x_1 = 1$，得到的曲線為拋物線

$$y = f(x_1 = 1, x_2) = 1 + x_2^2 \tag{13.17}$$

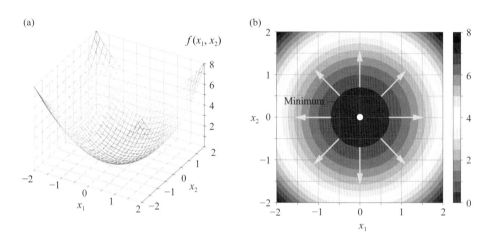

▲ 圖 13.8　開口朝上正圓拋物面網格圖和等高線圖

開口朝下

圖 13.9 所示同樣為正圓拋物面，但開口朝下，解析式為

$$y = f(x_1, x_2) = -x_1^2 - x_2^2 = \underbrace{\begin{bmatrix} x_1 \\ x_2 \end{bmatrix}}_{x}^{\mathrm{T}} \begin{bmatrix} -1 & 0 \\ 0 & -1 \end{bmatrix} \underbrace{\begin{bmatrix} x_1 \\ x_2 \end{bmatrix}}_{x} = -\boldsymbol{x}^{\mathrm{T}}\boldsymbol{x} \tag{13.18}$$

圖 13.9 所示曲面在 (0, 0) 處取得最大值點。

圖 13.9(b) 中不同位置的黃色箭頭也都垂直於等高線，並指向函式增大方向。圖 13.8(b) 中箭頭發散，但是圖 13.9(b) 中箭頭匯聚。這和曲面的凸凹性有關。圖 13.8(a) 中曲面為凸面，而圖 13.9(a) 中曲面為凹面。

值得注意的是，圖 13.8 關於 x_1x_2 平面鏡像便得到圖 13.9。

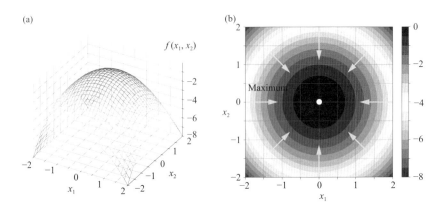

▲ 圖 13.9 開口朝下正圓拋物面網格圖和等高線圖

本書前文介紹過函式變換思想，在三維直角座標系中，將式 (13.14) 中的二元函式變數 (x_1, x_2) 平移 (c_1, c_2) 得到

$$y = f(x_1, x_2) = -(x_1 - c_1)^2 - (x_2 - c_2)^2 = -(\boldsymbol{x} - \boldsymbol{c})^{\mathrm{T}} (\boldsymbol{x} - \boldsymbol{c}) = -\|\boldsymbol{x} - \boldsymbol{c}\|^2 \qquad (13.19)$$

其中：$\mathbf{c} = [c_1, c_2]^{\mathrm{T}}$。

舉個例子，當 $c = [1, 1]^{\mathrm{T}}$ 時，式 (13.19) 對應的拋物面曲面和等高線如圖 13.10 所示。圖 13.9 所示影像在 $x_1 x_2$ 平面平移 $c = [1, 1]^{\mathrm{T}}$，便可以得到圖 13.10 所示影像。正圓拋物面的中心移動到了 (1, 1)。相應地，最大值點也移動到了 (1, 1)。

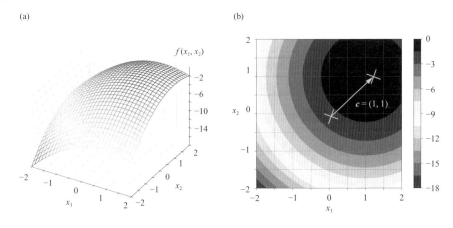

▲ 圖 13.10 拋物面平移

13.3 橢圓拋物面：等高線為橢圓

開口朝上

開口朝上**橢圓拋物面** (elliptic paraboloid) 的一般形式為

$$y = f(x_1, x_2) = \frac{x_1^2}{a^2} + \frac{x_2^2}{b^2} = \underbrace{\begin{bmatrix} x_1 \\ x_2 \end{bmatrix}}_{x}^{\mathrm{T}} \begin{bmatrix} 1/a^2 & 0 \\ 0 & 1/b^2 \end{bmatrix} \underbrace{\begin{bmatrix} x_1 \\ x_2 \end{bmatrix}}_{x} \tag{13.20}$$

其中：a 和 b 都不為 0。特別地，當 $a^2 = b^2$ 時，橢圓拋物面便是正圓拋物面。

將 (13.20) 寫成

$$y = f(x_1, x_2) = x^{\mathrm{T}} \begin{bmatrix} 1/a & 0 \\ 0 & 1/b \end{bmatrix} \begin{bmatrix} 1/a & 0 \\ 0 & 1/b \end{bmatrix} x = \left(\begin{bmatrix} 1/a & 0 \\ 0 & 1/b \end{bmatrix} x \right)^{\mathrm{T}} \begin{bmatrix} 1/a & 0 \\ 0 & 1/b \end{bmatrix} x \tag{13.21}$$

如圖 13.11 所示，我們可以發現，從幾何角度來看，上式中的對角方陣造成的就是「縮放」這個幾何操作。

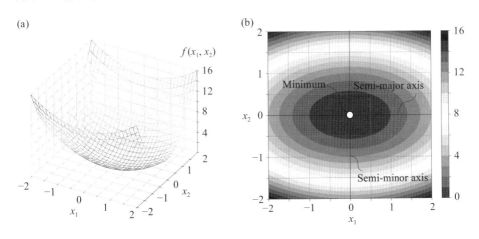

▲ 圖 13.11　開口朝上正橢圓拋物面網格圖和等高線圖

舉個例子

圖 13.11 所示橢圓拋物面開口朝上，解析式為

$$y = f(x_1, x_2) = x_1^2 + 3x_2^2 = \underbrace{\begin{bmatrix} x_1 \\ x_2 \end{bmatrix}}_{x}^{\mathrm{T}} \begin{bmatrix} 1 & 0 \\ 0 & 3 \end{bmatrix} \underbrace{\begin{bmatrix} x_1 \\ x_2 \end{bmatrix}}_{x} \qquad (13.22)$$

圖 13.11 所示橢圓拋物面的最小值點位於 (0, 0)。圖 13.8 所示影像在 x_2 軸方向以一定比例縮放便可以得到圖 13.11 所示影像。

如圖 13.11(b) 所示,三維等高線為一系列橢圓。這些橢圓為正橢圓,其半長軸位於 x_1 軸。

回顧一下前文介紹過的橢圓相關概念。**長軸** (major axis) 是過焦點與橢圓相交的線段長,也叫作橢圓最長的直徑;**半長軸** (semi-major axis) 是橢圓長軸的一半長。**短軸** (minor axis) 為橢圓最短的直徑,**半短軸** (semi-minor axis) 為短軸的一半。

開口朝下

圖 13.12 所示正橢圓拋物面開口朝下,對應解析式為

$$y = f(x_1, x_2) = -3x_1^2 - x_2^2 = \underbrace{\begin{bmatrix} x_1 \\ x_2 \end{bmatrix}}_{x}^{\mathrm{T}} \begin{bmatrix} -3 & 0 \\ 0 & -1 \end{bmatrix} \underbrace{\begin{bmatrix} x_1 \\ x_2 \end{bmatrix}}_{x} \qquad (13.23)$$

如圖 13.12(b) 所示,三維等高線為正橢圓,半長軸位於 x_2 軸。圖 13.12 所示曲面最大值點位於 (0, 0)。

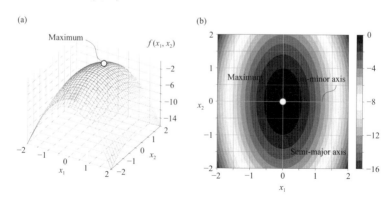

▲ 圖 13.12　開口朝下正橢圓拋物面網格圖和等高線圖

旋轉

圖 13.13 所示旋轉橢圓拋物面開口朝上，解析式為

$$y = f(x_1, x_2) = x_1^2 + x_1 x_2 + x_2^2 = \underbrace{\begin{bmatrix} x_1 \\ x_2 \end{bmatrix}^{\mathrm{T}}}_{x} \begin{bmatrix} 1 & 1/2 \\ 1/2 & 1 \end{bmatrix} \underbrace{\begin{bmatrix} x_1 \\ x_2 \end{bmatrix}}_{x} \tag{13.24}$$

觀察圖 13.13(b) 可以容易發現三維等高線不再是正橢圓，而是旋轉橢圓。旋轉橢圓的長半軸與 x_1 軸正方向的夾角為 135°。

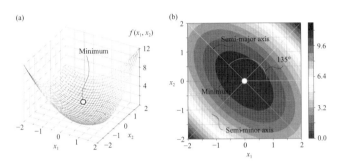

▲ 圖 13.13　開口朝上旋轉橢圓拋物面網格圖和等高線圖

圖 13.14 所示為旋轉橢圓拋物面開口朝下，對應解析式為

$$y = f(x_1, x_2) = -x_1^2 + x_1 x_2 - x_2^2 = \underbrace{\begin{bmatrix} x_1 \\ x_2 \end{bmatrix}^{\mathrm{T}}}_{x} \begin{bmatrix} -1 & 1/2 \\ 1/2 & -1 \end{bmatrix} \underbrace{\begin{bmatrix} x_1 \\ x_2 \end{bmatrix}}_{x} \tag{13.25}$$

圖 13.14 所示三維等高線橢圓旋轉方向與圖 13.13 正好相反。圖 13.14 所示影像的最大值點位於 (0, 0)。

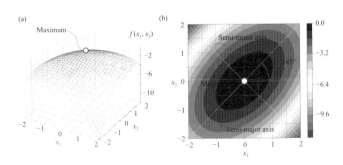

▲ 圖 13.14　開口朝下旋轉橢圓拋物面網格圖和等高線圖

在多元線性回歸中，為了簡化模型複雜度，可以引入**正規項** (regularizer)。正規項的目的是「收縮」，即讓某些估計參數變小，甚至為 0。

L2 正規是常見的正規方法之一。圖 13.15 所示左上位置旋轉橢圓拋物面上紅叉「×」對應的位置就是二元線性回歸中最佳參數 b_1 和 b_2 (不考慮常數 b_0) 所在位置。

從幾何角度，引入 L2 正規項，就相當於在旋轉拋物面上疊加一個正圓拋物面。觀察圖 13.15 右圖，可以發現引入正圓拋物面後，參數 b_1 和 b_2 位置相對更靠近原點。這便是 L2 正規項 (正圓曲面) 造成的作用。

L2 正規項權重越大，其影響越大，即紅叉「×」位置越靠近原點。

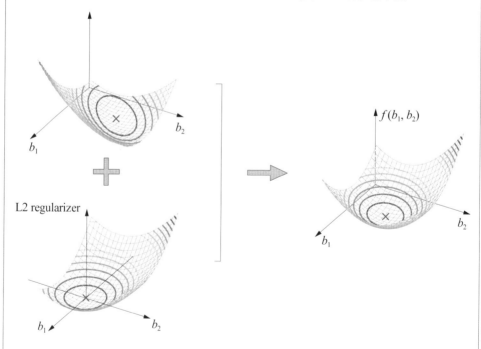

▲ 圖 13.15　線性回歸中，L2 正規化相當於橢圓拋物面和正圓拋物面疊加

橢圓相關性質對於資料科學和機器學習中的很多演算法至關重要。

13.4 雙曲拋物面：馬鞍面

雙曲拋物面 (hyperbolic paraboloid) 也叫馬鞍面 (saddle surface)，因其形狀酷似馬鞍而得名。雙曲拋物面的一般形式為

$$y = f(x_1, x_2) = \frac{x_1^2}{a^2} - \frac{x_2^2}{b^2} = \underbrace{\begin{bmatrix} x_1 \\ x_2 \end{bmatrix}}_{x}^{\mathrm{T}} \begin{bmatrix} 1/a^2 & 0 \\ 0 & -1/b^2 \end{bmatrix} \underbrace{\begin{bmatrix} x_1 \\ x_2 \end{bmatrix}}_{x} \tag{13.26}$$

舉個例子

圖 13.16 所示雙曲拋物面的解析式為

$$y = f(x_1, x_2) = x_1^2 - x_2^2 = \underbrace{\begin{bmatrix} x_1 \\ x_2 \end{bmatrix}}_{x}^{\mathrm{T}} \begin{bmatrix} 1 & 0 \\ 0 & -1 \end{bmatrix} \underbrace{\begin{bmatrix} x_1 \\ x_2 \end{bmatrix}}_{x} \tag{13.27}$$

觀察圖 13.16(b)，可以發現三維等高線為一系列雙曲線。而曲面中心點，也稱作**鞍點** (saddle point)，鞍點既不是曲面的最大值點也不是最小值點。

本章前文看到正圓和橢圓拋物面的等高線為閉合曲線；而圖 13.16(b) 中的等高線不再閉合。此外請大家自行在圖 13.16(b) 中四條黑色等高線不同點處，畫出前文介紹的黃色箭頭 (即梯度向量)；要求箭頭垂直於該點處等高線，並指向函式增大方向 (朝向暖色系)。

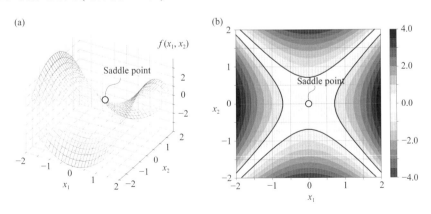

▲ 圖 13.16　雙曲拋物面網格圖和等高線圖

旋轉

圖 13.17 所示為旋轉雙曲線拋物面，解析式為

$$y = f(x_1, x_2) = x_1 x_2 = \underbrace{\begin{bmatrix} x_1 \\ x_2 \end{bmatrix}}_{x}^{\mathrm{T}} \begin{bmatrix} 0 & 1/2 \\ 1/2 & 0 \end{bmatrix} \underbrace{\begin{bmatrix} x_1 \\ x_2 \end{bmatrix}}_{x} \tag{13.28}$$

式 (13.28) 即為圖 13.17(b) 所示等高線，它實際上是一系列反比例函式曲線。比較圖 13.16(b)，可以發現圖 13.17(b) 中的雙曲線旋轉了 45°。

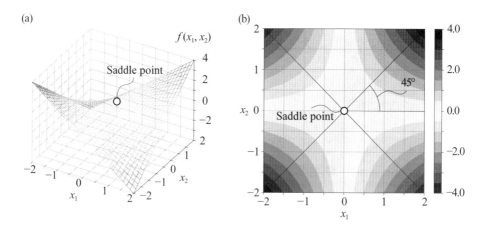

▲ 圖 13.17　旋轉雙曲拋物面網格圖和等高線圖

13.5 山谷和山脊：無數極值點

本節介紹山谷面和山脊面，和它們的幾何特徵。

山谷面

圖 13.18 所示為山谷面 (valley surface)，對應解析式為

$$y = f(x_1, x_2) = x_1^2 = \underbrace{\begin{bmatrix} x_1 \\ x_2 \end{bmatrix}}_{x}^{\mathrm{T}} \begin{bmatrix} 1 & 0 \\ 0 & 0 \end{bmatrix} \underbrace{\begin{bmatrix} x_1 \\ x_2 \end{bmatrix}}_{x} \tag{13.29}$$

觀察圖 13.18(b) 可以發現，山谷面存在無數極小值點，並且這些極小值點均在一條直線上。

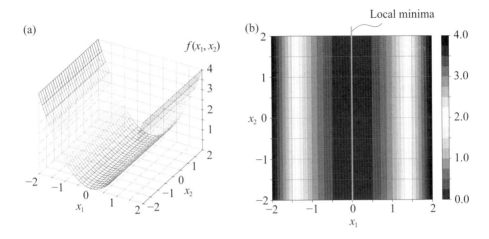

▲ 圖 13.18　山谷面網格圖和等高線圖

疊加

如圖 13.19 所示的正圓拋物面可以視為由兩個山谷面疊加得到的，即

$$y = f(x_1, x_2) = x_1^2 + x_2^2 \tag{13.30}$$

很多曲面都可以視為是若干不同類型的曲面疊加而成的。這個幾何角度對於理解一些機器學習和資料科學演算法非常重要。

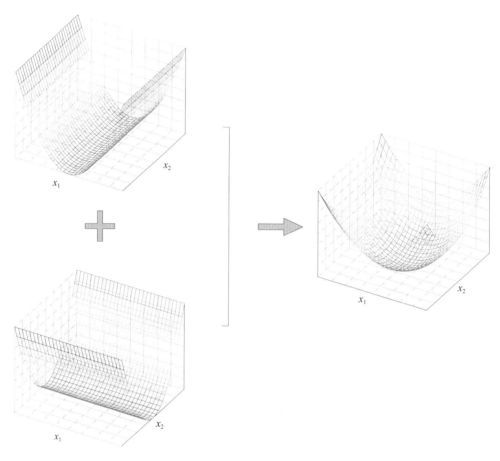

▲ 圖 13.19　兩個山谷面合成得到正圓面

山脊面

圖 13.20 所示為旋轉**山脊面** (ridge surface)，解析式為

$$y = f(x_1, x_2) = -\frac{x_1^2}{2} + x_1 x_2 - \frac{x_2^2}{2} = \underbrace{\begin{bmatrix} x_1 \\ x_2 \end{bmatrix}}_{x}^{\mathrm{T}} \begin{bmatrix} -1/2 & 1/2 \\ 1/2 & -1/2 \end{bmatrix} \underbrace{\begin{bmatrix} x_1 \\ x_2 \end{bmatrix}}_{x} \tag{13.31}$$

圖 13.20(b) 告訴我們，山脊面有一系列極大值點，它們在同一條斜線上。

也請大家在圖 13.20(b) 中黑色等高線的不同點繪製梯度方向箭頭。

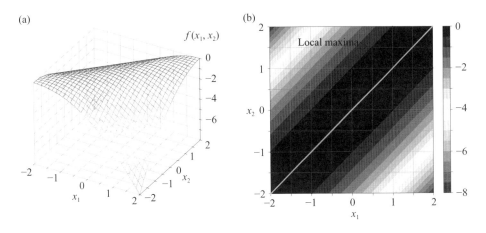

▲ 圖 13.20　旋轉山脊面網格圖和等高線圖

大家可能已經發現，本章前文介紹的平面或二次曲面都可以寫成一般式，
即

$$f\left(x_1, x_2\right) = ax_1^2 + bx_1x_2 + cx_2^2 + dx_1 + ex_2 + f \tag{13.32}$$

在 Bk3_Ch13_01.py 基礎上，我們做了一個 App 用來互動呈現不同參數
對上述函式對應的曲面影響。並採用 Plotly 呈現互動 3D 曲面。請參考
Streamlit_Bk3_Ch13_01.py。

13.6　錐面：正圓拋物面開方

開口朝上

開口朝上正圓拋物面解析式開平方取正，便可以得到錐面。圖 13.21 所示**錐面** (cone surface) 開口朝上，對應解析式為

$$y = f\left(x_1, x_2\right) = \sqrt{x_1^2 + x_2^2} = \sqrt{x^\mathsf{T}x} = \|x\| \tag{13.33}$$

觀察圖 13.21(b) 可以發現，錐面的等高線為一系列同心圓。

　　圖 13.21 所示曲面在 (0, 0) 處取得最小值。但是 (0, 0) 並不光滑，該點為尖點。

　　值得注意的是，圖 13.21(b) 中不同等高線之間均勻漸變，這顯然不同於圖 13.8(b)。為了更進一步地量化比較，請大家試著寫程式繪製 $y = |x|$ 和 $y = x^2$ 這兩個函式，觀察曲線變化，大家就會理解為什麼圖 13.21 等高線均勻變化，而圖 13.8 等高線離中心越遠越密集。這個分析想法就是透過「降維」來分析二元函式、多元函式，即固定其他變數，觀察函式隨某個特定變數的變化。

> ⚠
> 注意 : 在這個尖點處，無法找到曲面的切線或切面。

> ◀
> 本書第 16 章介紹的偏導數這個工具，用的也是「降維」這個思路。

　　前文說過，向量模 $\|x\|$ 代表向量長度，也就是距離，即歐氏距離。圖 13.21(b) 中不同等高線代表與 (0, 0) 距離相同，這些等高線就是歐氏距離「等距線」。

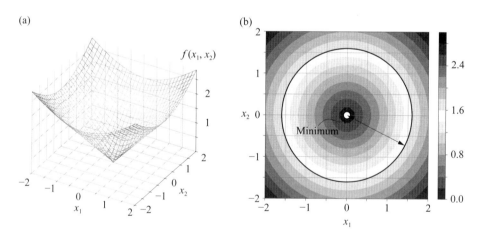

▲ 圖 13.21　正圓錐面 (開口朝上) 網格圖和等高線圖

開口朝下

　　式 (13.33) 前加上負號便得到如圖 13.22 所示開口向下錐面，解析式為

$$y = f(x_1, x_2) = -\sqrt{x_1^2 + x_2^2} \qquad\qquad (13.34)$$

圖 13.22(b) 所示錐面的等高線同樣為一系列均勻漸變同心圓，錐面在 (0, 0) 取得最大值。最大值點處也是尖點。

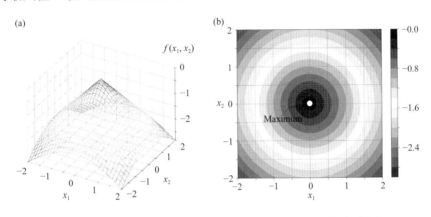

▲ 圖 13.22　正圓錐面 (開口朝下) 網格圖和等高線圖

對頂圓錐

中軸保持在一條直線上，將圖 13.21 和圖 13.22 兩個圓錐面在頂點處拼接在一起便可以得到如圖 13.23 所示的**對頂圓錐** (double cone 或 vertically opposite circular cone)。大家在前文已經看到了對頂圓錐和圓錐曲線之間的關係。

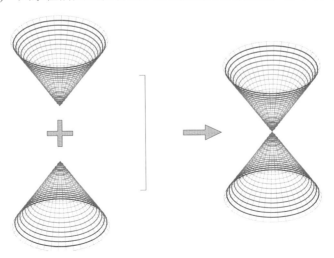

▲ 圖 13.23　對頂圓錐

Bk3_Ch13_02.py 繪製圖 13.23 中開口朝上的圓錐面。注意，圖 13.23 中網格面是在極座標系中生成的。

13.7 絕對值函式：與超橢圓有關

本節將絕對值函式擴展到二元，本節將建構三個不同絕對值函式。

平面對折

第一個例子，$x_1 + x_2$ 取絕對值，具體解析式為

$$y = f(x_1, x_2) = |x_1 + x_2| \qquad (13.35)$$

如圖 13.24 所示，式 (13.35) 所示影像相當於將 $f(x_1, x_2) = x_1 + x_2$ 平面對折。

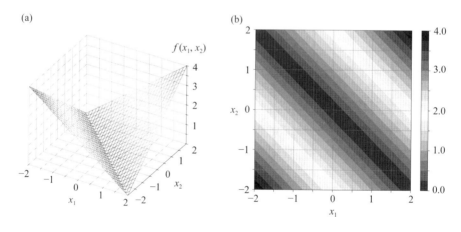

▲ 圖 13.24　$f(x_1, x_2) = |x_1 + x_2|$ 空間形狀

此外，式 (13.35) 相當於旋轉山谷面解析式開平方取正，即

$$y = f(x_1, x_2) = \sqrt{(x_1 + x_2)^2} \qquad (13.36)$$

旋轉正方形

第二個例子，x_1 和 x_2 分別取絕對值再求和，解析式為

$$y = f(x_1, x_2) = |x_1| + |x_2| \tag{13.37}$$

圖 13.25 所示的 $f(x_1, x_2) = |x_1| + |x_2|$ 等高線影像為一系列旋轉正方形。

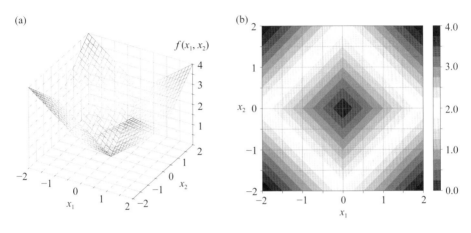

▲ 圖 13.25 $f(x_1, x_2) = |x_1| + |x_2|$ 空間形狀

正方形

第三個絕對值函式的例子，x_1 和 x_2 分別取絕對值，比較大小後取兩者中最大值，即

$$y = f(x_1, x_2) = \max\left(|x_1|, |x_2|\right) \tag{13.38}$$

如圖 13.26 所示，$f(x_1, x_2) = \max(|x_1|, |x_2|)$ 對應的三維等高線為正方形。

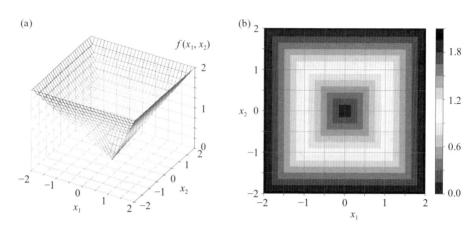

▲ 圖 13.26 $f(x_1, x_2) = \max(|x_1|, |x_2|)$ 空間形狀

◀ 本節介紹的三個絕對值函式和本書第 9 章介紹的超橢圓存在聯繫。

實際上,上一節介紹的錐面也可以視為是一種絕對值函式,即

$$y = f(x_1, x_2) = \sqrt{|x_1|^2 + |x_2|^2} = \|\boldsymbol{x}\| \tag{13.39}$$

⚠ 注意:請大家注意區分絕對值和向量模這兩個數學概念。

▼ 本章前文介紹過,引入正規項可以簡化多元線性回歸。

除了 L2 正規項,L1 正規項也經常使用。

如圖 13.27 所示,引入 L1 正規項,相當於在旋轉拋物面上疊加一個解析式為 $f(b_1, b_2) = \alpha(|b_1| + |b_2|)$ 的絕對函式曲面。觀察圖 13.27 中的右圖,發現曲面出現了「折痕」,這些「折痕」來自於 L1 正規項曲面,它們破壞了曲面的光滑。

引入 L1 正規項,參數 b_1 和 b_2 位置更靠近原點。特別地,當 L1 正規項權重增大到一定程度時,b_1 或 b_2 最佳化解可以為 0 。也就是說,紅叉「×」位置可能在橫軸或縱軸上。這種特性是 L2 正規項不具備的。

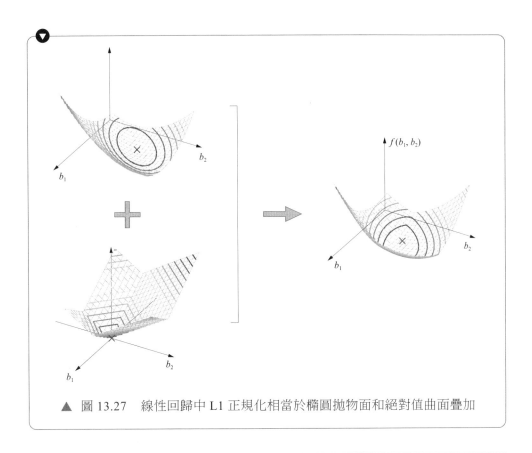

▲ 圖 13.27　線性回歸中 L1 正規化相當於橢圓拋物面和絕對值曲面疊加

13.8　邏輯函式：從一元到二元

本節將一元邏輯函式推廣到二元。二元邏輯函式對應的一般解析式為

$$y = f(x_1, x_2) = \frac{1}{1 + \exp\left(-\left(w_1 x_1 + w_2 x_2 + b\right)\right)} \tag{13.40}$$

寫成矩陣運算形式為

> ⚠ 注意：式 (13.41) 可以視為一個複合函式。

$$y = f(\boldsymbol{x}) = \frac{1}{1 + \exp\left(-\left(\boldsymbol{w}^{\mathrm{T}} \boldsymbol{x} + b\right)\right)} \tag{13.41}$$

13-27

舉個例子

當 $w_1 = 1$，$w_2 = 1$，$b = 0$ 時，式 (13.40) 可以寫成

$$y = f(x_1, x_2) = \frac{1}{1 + \exp\left(-\left(x_1 + x_2\right)\right)} \tag{13.42}$$

觀察圖 13.28 所示曲面可以發現，當 $x_1 + x_2$ 趨近於正無限大時，式 (13.42) 趨近於 1，卻無法達到 1。當 $x_1 + x_2$ 趨向於負無限大時，式 (13.42) 趨近於 0，卻無法達到 0。

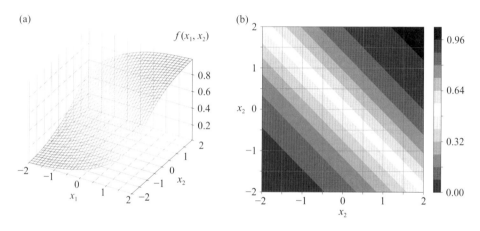

▲ 圖 13.28　$f(x_1, x_2) = 1/(1 + \exp(-(x_1 + x_2)))$ 空間形狀

再舉個例子

當 $w_1 = 4$，$w_2 = 4$，$b = 0$ 時，式 (13.40) 可以寫成

$$y = f(x_1, x_2) = \frac{1}{1 + \exp\left(-4\left(x_1 + x_2\right)\right)} \tag{13.43}$$

圖 13.29 所示為式 (13.43) 對應的曲面。對比圖 13.28 和圖 13.29，不難發現，當 w_1 和 w_2 增大後，坡面變得更加陡峭。

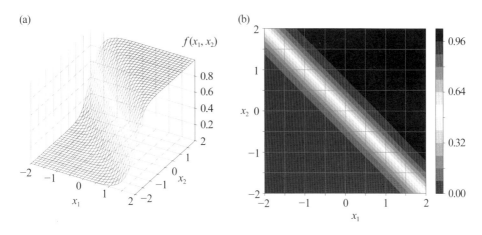

▲ 圖 13.29 $f(x_1, x_2) = 1/(1 + \exp(-4(x_1 + x_2)))$ 空間形狀

二元 tanh() 函式

上一章提到，邏輯函式是 S 型函式的一種；而機器學習中，sigmoid 函式很多時候特指 tanh() 函式。二元 tanh() 函式形式為

$$y = f(x_1, x_2) = \tanh\left(\gamma\left(w_1 x_1 + w_2 x_2\right) + r\right) \tag{13.44}$$

寫成矩陣運算形式為

$$y = f(\boldsymbol{x}) = \tanh\left(\gamma \boldsymbol{w}^{\mathrm{T}} \boldsymbol{x} + r\right) \tag{13.45}$$

舉個例子

當 $\gamma = 1$，$w_1 = 1$，$w_2 = 1$，r = 0 時，

$$y = f(x_1, x_2) = \tanh\left(x_1 + x_2\right) \tag{13.46}$$

圖 13.30 所示為式 (13.46) 對應的曲面以及平面等高線。當 γ 增大時，曲面也變得陡峭。比如，圖 13.31 對應 $\gamma = 4$，$w_1 = 1$，$w_2 = 1$，r = 0 的函式曲面。

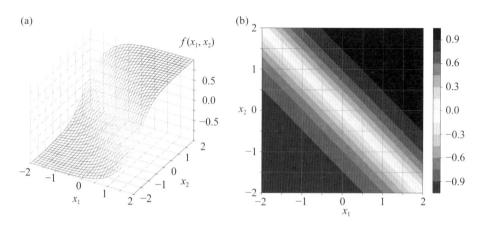

▲ 圖 13.30　二元 sigmoid 核心函式 ($\gamma = 1$，$w_1 = 1$，$w_2 = 1$，r = 0)

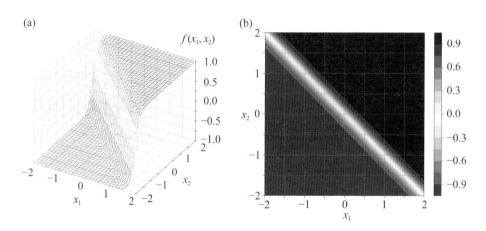

▲ 圖 13.31　二元 sigmoid 核心函式 ($\gamma = 4$，$w_1 = 1$，$w_2 = 1$，r = 0)

13.9 高斯函式：機器學習的多面手

本節將一元高斯函式推廣到二元。

二元高斯函式的一般形式為

$$y = f\left(x_1, x_2\right) = \exp\left(-\gamma\left(\left(x_1 - c_1\right)^2 + \left(x_2 - c_2\right)^2\right)\right) \tag{13.47}$$

舉個例子

當 $\gamma = 1$，$c_1 = 0$，$c_2 = 0$ 時，二元高斯函式的函式解析式為

$$y = f(x_1, x_2) = \exp\left(-\left(x_1^2 + x_2^2\right)\right) = \exp\left(-\boldsymbol{x}^T \boldsymbol{x}\right) = \exp\left(-\|\boldsymbol{x}\|^2\right) \tag{13.48}$$

圖 13.32 所示為式 (13.48) 對應的曲面和平面等高線。

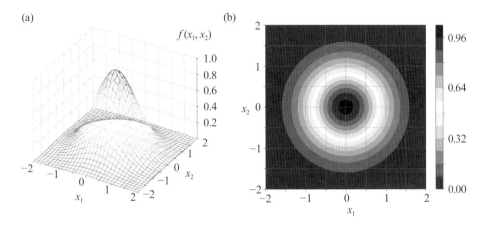

▲ 圖 13.32　高斯核心曲面 ($\gamma = 1$，$c_1 = 0$，$c_2 = 0$)

再舉個例子

當 $\gamma = 2$，$c_1 = 0$，$c_2 = 0$ 時，二元高斯函式為

$$y = f(x_1, x_2) = \exp\left(-2\left(x_1^2 + x_2^2\right)\right) = \exp\left(-2\boldsymbol{x}^T \boldsymbol{x}\right) = \exp\left(-2\|\boldsymbol{x}\|^2\right) \tag{13.49}$$

圖 13.33 所示為式 (13.49) 對應的曲面和平面等高線。比較圖 13.32 和圖 13.33，可以發現隨著 γ 增大，曲面變得更尖、更陡峭。

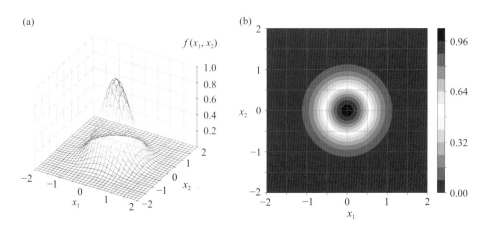

▲ 圖 13.33　高斯核心曲面 ($\gamma = 2$，$c_1 = 0$，$c_2 = 0$)

本書前文簡單介紹過一種重要的機器學習方法——**支援向量機**。如圖 13.34 所示，SVM 基本原理是找到一條灰色「寬帶」，將綠色點和藍色點分開，並讓灰色「**間隔 (margin)**」最寬。

灰色「間隔」中心線 (圖 13.34 中紅色直線) 便是分割邊界，即**分類決策邊界** (decision boundary)。

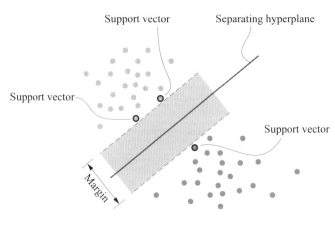

▲ 圖 13.34　支援向量機原理

但是，實際情況卻是，很多資料並不能用一條直線將不同標籤樣本分類，如圖 13.35 所示的情況。

對於這種情況，我們需要採用**核心技巧** (kernel trick)。核心技巧的基本想法就是將資料映射到高維空間中，讓資料在這個高維空間中線性可分。

▲ 圖 13.35　線性不可分資料

核心技巧原理如圖 13.36 所示。原資料線性不可分，顯然不能用一筆直線將資料分成兩類。

但是，將原來二維資料投射到三維空間之後，就可以用一個平面將資料輕易分類。這個投射規則便是**核心函式** (kernel function)，而高斯函式是重要的核心函式之一。圖 13.36(b) 所示是由若干高斯函式疊加而成的。紅色等高線便是分類決策邊界。

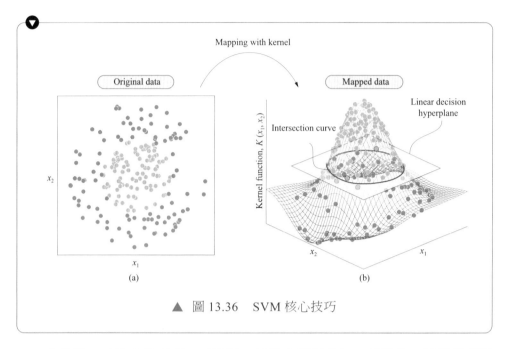

Mapping with kernel

Original data

Mapped data

Linear decision hyperplane

Intersection curve

Kernel function, $K(x_1, x_2)$

x_2

x_1

x_2

x_1

(a)

(b)

▲ 圖 13.36　SVM 核心技巧

　　本章將一元函式推廣到二元情況，並將它們與幾何、最佳化、機器學習聯繫起來。雖然，這樣顯得「急功近利」，但是我們必須承認，帶著「學以致用」的目標學習數學，將大大提高學習效率。

Sequences

14 數列

也是一種特殊函式

有數字的地方，就存在美。

Wherever there is number, there is beauty.

——普羅克洛（*Proclus*）| 古希臘哲學家 | *412 B.C. - 485 B.C.*

- numpy.sum() 計算數列和
- numpy.cumsum() 計算累積和
- numpy.cumprod() 計算累積乘積
- numpy.arange() 根據指定的範圍以及設定的步進值，生成一個等差數列，
  資料型態為陣列
- matplotlib.pyplot.stem() 繪製火柴棒圖

第 **14** 章 數列

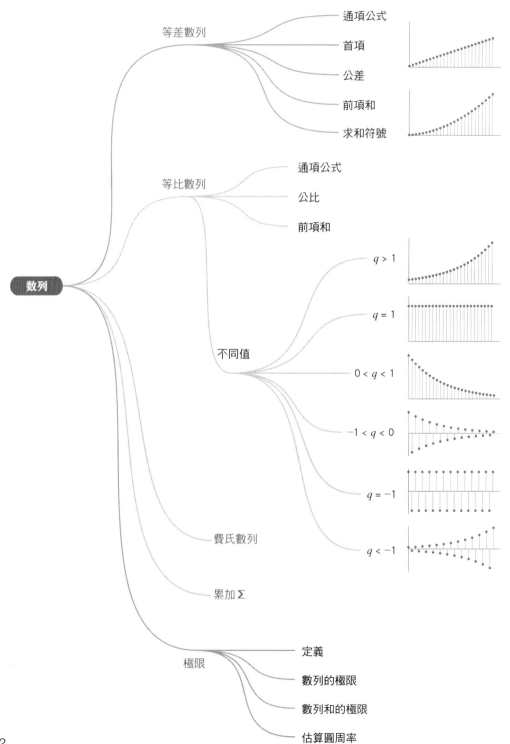

14.1 芝諾悖論：阿基里斯追不上烏龜

芝諾悖論 (Zeno's paradoxes) 中最有名的例子莫過於「阿基里斯追烏龜」，如圖 14.1 所示。

阿基里斯 (Achilles) 是古希臘神話中的勇士，可謂飛毛腿。而烏龜的奔跑速度僅是阿基里斯的 1/10 。賽跑比賽時，阿基里斯讓烏龜在自己前面 100 m 處起跑，他自己在後面追。

根據芝諾悖論，阿基里斯不可能追上烏龜。

芝諾的邏輯是這樣的，賽跑過程中，阿基里斯必須先追到 100 m 處，而此時烏龜已經向前爬行了 10 m 。此時，相當於烏龜還是領先阿基里斯 10 m ，這算是一個新的起跑點。阿基里斯繼續追烏龜，當他跑了 10 m 之後，烏龜則又向前爬了 1 m 。於是，阿基里斯還需要再追上 1 公尺，與此同時烏龜又向前爬了 1/10 m 。如此往復，結論是阿基里斯永遠也追不上烏龜。為了方便視覺化，假設烏龜爬行速度是阿基里斯奔跑速度的 1/2 。設定，阿基里斯奔跑速度為 10 m/s，神龜爬 (飛) 行速度為 5 m/s。

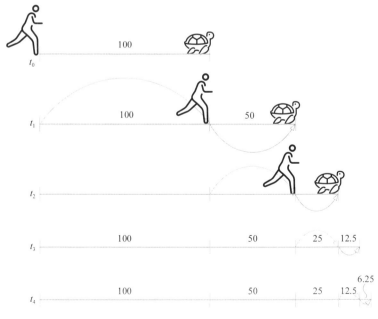

▲ 圖 14.1　阿基里斯追烏龜 (單位：m)

$t_0 = 0$ s 時刻，烏龜在阿基里斯前方 100 m 處，兩者同時起跑。

$t_1 = 10$ s ，阿基里斯跑了 10 s ，追到 100 m；而這段時間，烏龜向前跑了 50 m 。因此，此刻烏龜領先優勢為 50 m 。

$t_2 = 10 + 5$ s ，阿基里斯又跑了 5 s ，又追了 50 m 。5 s 時間，烏龜跑了 25 m ，而此時烏龜領先優勢為 25 m 。

$t_3 = 10 + 5 + 2.5$ s ，阿基里斯又跑了 2.5 s ，再追了 25 m 。此刻烏龜領先優勢為 12.5 m 。

$t_4 = 10 + 5 + 2.5 + 1.25$ s ，阿基里斯再追了 12.5 m ，此刻烏龜領先優勢為 6.25 m 。

時間無限可分，距離無限可分，上述過程無窮盡也，似乎阿基里斯永遠也追不上烏龜。

同向追趕問題

看到這裡，大家一定會有不同意見。

這分明就是一道小學算數的「同向追趕問題」，距離之差 (100 m) 除以速度之差 (5 m/s) 就可以計算出阿基里斯追上烏龜所需要的時間為 20 s。而 20 s 時間，阿基里斯一共跑了 200 m，如圖 14.2 所示。

這種解題想法固然正確。但是，解題過程的前提條件是，假設阿基里斯恰好追上了烏龜！

解題技巧在數學思想面前，不值一提。實際上，看似無比荒誕的阿基里斯追烏龜問題，其中蘊含的數學思想才是核心。

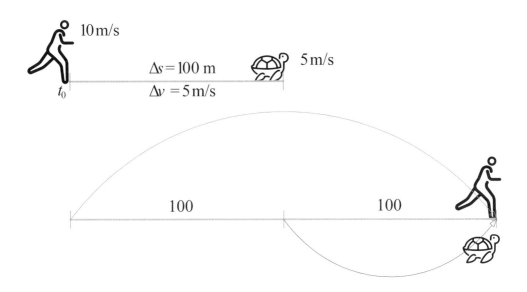

▲ 圖 14.2　小學數學同向追趕問題

一尺之棰，日取其半，萬世不竭

下面用數列這個數學工具來分析上述問題。**數列** (sequence) 是指按照一定規則排列的一列數。將圖 14.1 中每段時間間隔寫成一個數列，有

$$10, \quad 5, \quad 2.5, \quad 1.25, \quad 0.625, \quad 0.3125, \quad 0.15625, \quad 0.078125, \quad \cdots \qquad (14.1)$$

圖 14.3(a) 所示用火柴棒圖型視覺化式 (14.1) 中的數列。

追趕時間的逐項和也寫成一個數列累加，即

$$10, \quad 15, \quad 17.5, \quad 18.75, \quad 19.375, \quad 19.6875, \quad 19.84375, \quad 19.921875, \quad \cdots \qquad (14.2)$$

圖 14.3(b) 所示火柴棒圖為式 (14.2) 的數列。可以發現上述數列似乎逐漸趨向於 20，即阿基里斯追上烏龜所需要的時間。

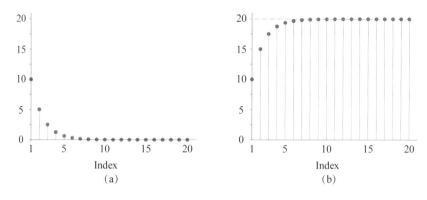

▲ 圖 14.3　時間間隔數列和時間逐項和數列

將阿基里斯在不同時刻之間奔跑的距離寫成一列數，有

$$100,\quad 50,\quad 25,\quad 12.5,\quad 6.25,\quad 3.125,\quad 1.5625,\quad 0.78125,\quad \cdots \tag{14.3}$$

容易發現，這個數列就是大家熟悉的等比數列。上述數列的逐項和組成了一個新數列，即

$$100,\quad 150,\quad 175,\quad 187.5,\quad 193.75,\quad 196.875,\quad 198.4375,\quad 199.21875,\quad \cdots \tag{14.4}$$

可以發現上述數列似乎逐漸趨向於 200，即阿基里斯追上烏龜總共奔跑的距離。

大家經常會遇到類似於比較 1 和 0.99999 大小之類的數學問題，其中蘊含的數學思想就是極限。本章就講解數列、數列前 n 項和、極限等數學工具。

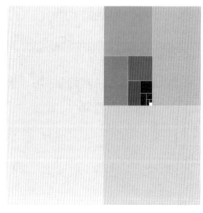

　　　　　　▲ 圖 14.4　日取其半，萬世不竭

14.2 數列分類

幾種常見的數列如下。

▶ **等差數列** (arithmetic sequence 或 arithmetic progression)，圖 14.5 (a) 所示為遞增等差數列，圖 14.5(b) 所示為遞減等差數列；

▶ **等比數列** (geometric sequence 或 geometric progression)，圖 14.5 (c) 所示為遞增等比數列，圖 14.5(d) 所示為遞減等比數列；

▶ **正負相間數列** (sign sequence 或 bipolar sequence)，如圖 14.5 (e) 和 (f) 所示；

▶ **費氏數列** (Fibonacci sequence)，如圖 14.5 (g) 所示；

▶ **隨機數列** (random sequence)，如圖 14.5 (h) 所示。

此外，根據數列項的數量，數列可以分為**有限項數列** (finite sequence) 和**無限項數列** (infinite sequence)。

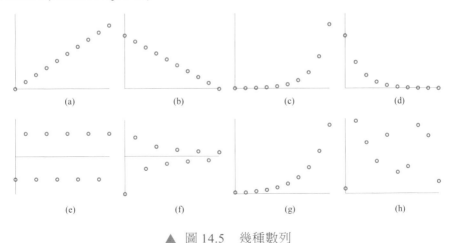

▲ 圖 14.5　幾種數列

14.3　等差數列：相鄰兩項差相等

等差數列是指數列中任何相鄰兩項的差相等，如 1, 2, 3, 4, 5, 6, 7, 8, 9, 10, ...

等差數列中相鄰兩項的差值稱作**公差** (common difference)。將數列的第 k 項用一個具體含有參數 k 式子表示出來，稱作該數列的通項公式。

等差數列通項公式 a_k 的一般式為

$$a_k = a + (k-1) \cdot d \tag{14.5}$$

其中：a_1(讀作 a sub one) 為數列第一項，即**首項** (initial term)，$a_1 = a$；d 為公差；k 為**項數** (number of terms)。numpy.arange() 和 numpy.linspace() 可以用於生成等差數列。

式 (14.5) 所示等差數列前 k 項之和為 S_k，有

$$S_k = a + (a+d) + (a+2d) + ... + (a+(k-1) \cdot d)$$
$$= \sum_{i=1}^{k} (a+(i-1) \cdot d) = a \cdot k + \frac{k(k-1)}{2} \cdot d \tag{14.6}$$

其中：i 為**索引** (index)，也叫序號；Σ 為求和符號，是希臘字母 σ 的大寫，讀作 sigma。numpy.sum() 可以用於計算數列和。

尤拉 (Leonhard Euler) 最先使用 Σ 來表達求和。

相信讀者還記得，等差數列求和的計算方法——首項加末項之和，乘以項數，然後除以 2。相傳，這個等差數列求和方法是**高斯** (Johann Carl Friedrich Gauss) 年僅 10 歲的時候發現的。

⚠️
注意區分, $\prod$ 是求積符號, 它是希臘字母 π 的大寫。

本書第 1 章介紹，給定一列數，除了求和之外，還有**累計求和** (cumulative sum)。比如，等差數列 1, 2, 3, 4, 5, 6, 7, 8, 9, 10 的累積和為 1, 3(1 + 2), 6(1 + 2 + 3), 10(1 + 2 + 3 + 4), 15, 21, 28, 36, 45, 55 。累積和的最後一項也是數列之和。numpy.cumsum() 可以用於計算數列累計求和。

下面，我們撰寫一段 Python 程式，計算等差數列 1, 2, 3, 4, 5, ..., 99, 100 之和，以及數列累計和。並繪製圖 14.6 所示的兩圖；圖 14.6(a) 所示為 a_k 隨序數的變化，圖 14.6(b) 所示為和 S_k 隨序數的變化。

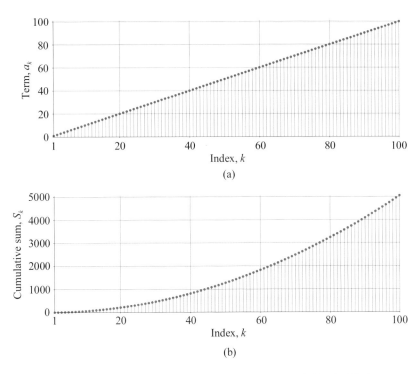

▲ 圖 14.6　等差數列 1,2,3,4,5,...,99,100 和數列累積和

　　從函式角度，數列也是函式，k 為引數，a_k 為因變數。需要特殊強調的是 k 的設定值為正整數。如圖 14.6(a) 所示，式 (14.5) 可以視為特殊的一次函式。

　　從函式角度來看，式 (14.6) 中 k 為引數，設定值同樣為正整數，S_k 為因變數。如圖 14.6(b) 所示，式 (14.6) 可以視為特殊的二次函式。

　　數列身為特殊的函式，也具有各種函式性質。

　　$d > 0$ 時，如圖 14.7(a) 所示數列 a_k 遞增；$d < 0$ 時，如圖 14.7(c) 所示數列 a_k 遞減。

　　$d > 0$ 時，如圖 14.7(b) 所示 S_k 影像開口向上，呈現出凸性；$d < 0$ 時，數列遞減，如圖 14.7(d) 所示 S_k 影像開口向下，呈現出凹性。

　　數列相關的英文表達詳見表 14.1。

→ 表 14.1 數列英文表達

數學表達	英文表達
$a_n + a_{n-1} + \cdots + a_1 + a_0$	a sub n plus a sub n minus one plus dot dot dot plus a sub one plus a sub zero a sub n plus a sub n minus one plus ellipsis plus a sub one plus a sub zero
$a_n \cdot a_{n-1} \cdot \ldots \cdot a_1 \cdot a_0$	a sub n times a sub n times one plus dot dot dot times a sub one times a sub zero
$a_0 + x\left(a_1 + x\left(a_2 + \ldots\right)\right)$	a sub zero plus x times quantity of a sub one plus x times quantity of a sub two plus dot dot dot
$\left(a_n - a_{n-1}\right)^2$	a sub n minus a sub quantity n minus one all squared

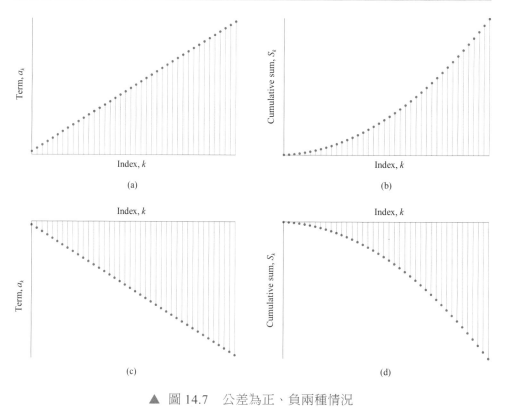

▲ 圖 14.7 公差為正、負兩種情況

Bk3_Ch14_01.py 計算並繪製圖 14.6 。

14.4 等比數列：相鄰兩項比值相等

等比數列指的是數列中任何相鄰兩項比值相等，如 2, 4, 8, 16, 32, 64, 128, ...

等比數列的比值稱為**公比** (common ratio)。等比數列第 k 項 a_k 的一般式為

$$a_k = aq^{k-1} = \frac{a}{q}q^k \tag{14.7}$$

其中：a 為首項；q 為公比。

⚠️
注意：q 不為 0。

從函式角度，式 (14.7) 為特殊的指數函式——q 為底數，引數 k 為指數，k 的設定值範圍為正整數。

式 (14.7) 所示等比數列前 k 項之和 S_k 為

$$S_k = a + aq + aq^2 + aq^3 + \cdots + aq^{k-1}$$
$$= \sum_{i=0}^{k-1} a \cdot q^i = \frac{a\left(q^k-1\right)}{(q-1)} = \frac{a}{q-1}q^k - \frac{a}{q-1} \tag{14.8}$$

請大家回憶等比數列求和技巧。首先，計算 S_k 和 q 乘積為

$$S_k q = aq + aq^2 + aq^3 + \cdots + aq^{k-1} + aq^k \tag{14.9}$$

⚠️
注意：式 (14.8) 中 q 不為 1。從函式角度講，式 (14.7) 也是指數函式。

式 (14.9) 和式 (14.8) 等式左右分別相減，並整理得到 S_k 為

$$S_k q - S_k = S_k\left(q-1\right) = aq^k - a = a\left(q^k-1\right)$$
$$\Rightarrow S_k = \frac{a\left(q^k-1\right)}{(q-1)} \tag{14.10}$$

函式角度

圖 14.8 所示為六種等比 q 取不同值時，等比數列的特點。

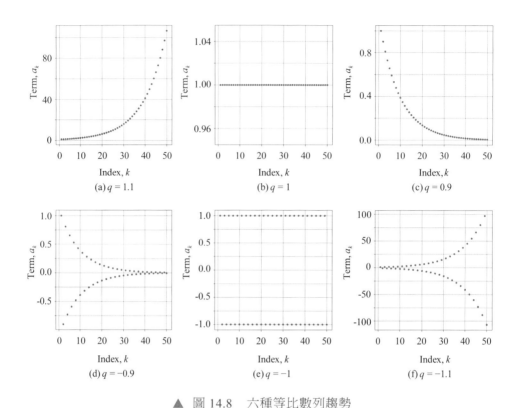

▲　圖 14.8　六種等比數列趨勢

當 $q > 1$ 時，等比數列呈現出**指數增長** (exponential growth)，如圖 14.8(a) 所示。當 $q = 1$ 時，等比數列退化成常數數列，如圖 14.8(b) 所示。

當 $0 < q < 1$ 時，等比數列呈現出**衰退** (decay)，如圖 14.8(c) 所示。

當 $-1 < q < 0$ 時，等比數列呈現兩種特性：**振盪** (oscillate) 和**收斂** (converge)，如圖 14.8(d) 所示。當 $q = -1$ 時，等比數列只是反覆振盪，也就是正負相間數列，如圖 14.8(e) 所示。

當 $q < -1$ 時，等比數列振盪**發散** (diverge)，如圖 14.8(f) 所示。

Bk3_Ch14_02.py 繪製圖 14.8 所示的幾幅子圖。

在 Bk3_Ch14_02.py 的基礎上，我們做了一個 App 用來互動呈現 q 對數列的影響。並採用 Plotly 呈現互動散點影像。請參考 Streamlit_Bk3_Ch14_02.py。

▽

數列在巨量資料和機器學習中有著廣泛應用，下面舉一個例子介紹等比數列在指數加權移動平均 (Exponentially Weighted Moving Average, EWMA) 方法中的應用。

一般情況，求解**平均值** (Simple Average, SA) 時，對不同時間點的觀察值指定相同的權重，如

$$SA = \frac{1}{n}\left(s_1 + s_2 + s_3 + \ldots + s_n\right)$$ (14.11)

其中：所有觀察值中 s_1 為最舊的資料；s_n 為最新資料。

採用 EWMA 可以保證越新的觀察值享有越高的權重，這樣估算得到的平均值能夠反映出資料近期趨勢，即

$$EWMA = \frac{(1-\lambda)}{1-\lambda^n}\left(\lambda^{n-1}s_1 + \lambda^{n-2}s_2 + \lambda^{n-3}s_3 + \ldots + \lambda^0 s_n\right)$$ (14.12)

其中：λ 為**衰減係數** (decay factor)，設定值範圍在 0 ~ 1。λ 越小，衰減越明顯。

可以發現索引為 i 的權重 w_i 計算式為

$$w_i = \frac{(1-\lambda)}{1-\lambda^n}\lambda^{n-i}$$ (14.13)

索引連續變化時，權重 w_i 便組成一個等比數列。圖 14.9 所示為 EWMA 權重隨衰減係數的變化情況。

EWMA 權重一個重要的性質是所有權重之和為 1，也就是

$$\sum_{i=1}^{n} w_i = \frac{(1-\lambda)}{1-\lambda^n}\left(\lambda^{n-1} + \lambda^{n-2} + \lambda^{n-3} + \ldots + \lambda^0\right) = 1$$ (14.14)

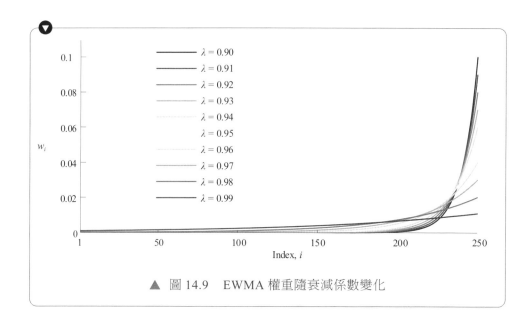

▲ 圖 14.9　EWMA 權重隨衰減係數變化

14.5　費氏數列

本書第 4 章介紹過費氏數列和巴斯卡三角的關係。**費氏數列** (Fibonacci sequence)，又被稱作黃金分割數列。

費氏數列可以透過**遞迴** (recursion) 方法獲得，即

$$\begin{cases} F_0 = 0 \\ F_1 = 1 \\ F_n = F_{n-1} + F_{n-2}, \ n > 2 \end{cases} \tag{14.15}$$

於是，包括第 0 項，費氏數列的前 10 項為

$$0, \ 1, \ 1, \ 2, \ 3, \ 5, \ 8, \ 13, \ 21, \ 34, \ 55 \tag{14.16}$$

Bk3_Ch14_03.py 產生並列印費氏數列。

黃金分割

費氏數列與**黃金分割** (golden ratio) 有著密切聯繫。圖 14.10 所示為利用費氏數列建構的矩形，這個矩形是對黃金分割矩形的近似。黃金矩形的長寬比例 φ 為

$$\varphi = \frac{\sqrt{5}+1}{2} \approx 1.61803 \tag{14.17}$$

圖 14.10 所示矩形的長寬比例為

$$\frac{21+13}{21} \approx 1.61905 \tag{14.18}$$

圖 14.10 所示的螺旋線叫作**費氏螺旋線** (Fibonacci spiral)，它是對**黃金螺旋線** (golden spiral) 的近似。

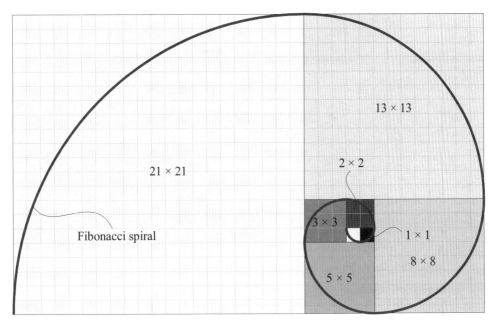

▲ 圖 14.10 費氏數列和黃金分割關係

14.6 累加：大寫西格瑪

求和符號 (summation symbol)——大寫西格瑪 Σ (capital sigma)—— 是表達求和的便捷記法。

以下式為例，a_i 描述求和中的每一項，下標 i 代表**索引** (index variable 或 index)，也叫序號，有

$$\sum_{i=1}^{n} a_i = a_1 + a_2 + \cdots + a_{n-1} + a_n \tag{14.19}$$

Σ 下側和上側的數字分別代表**求和索引下限** (lower bound of summation) 和**求和索引上限** (upper bound of summation)，如圖 14.11 所示。

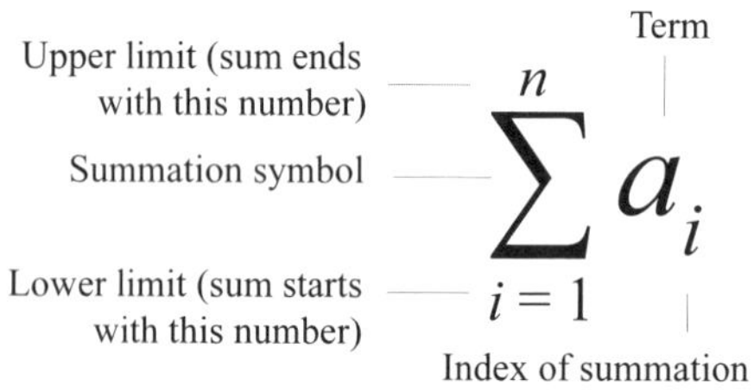

▲ 圖 14.11　大西格瑪求和記號

常用表達索引的字母有 i、j、k、m、n 等，採用什麼索引字母並不影響求和結果，如

$$\sum_{i=1}^{100} a_i = \sum_{j=1}^{100} a_j = \sum_{k=1}^{100} a_k \tag{14.20}$$

Σ 中索引上、下限可以都是具體正整數，如

$$\sum_{i=1}^{5} a_i = a_1 + a_2 + a_3 + a_4 + a_5 \tag{14.21}$$

Σ 中索引上、下限也可以都是代數符號，如

$$\sum_{i=m}^{n} a_i = a_m + a_{m+1} + \cdots + a_{n-1} + a_n \tag{14.22}$$

Σ 的索引也可以是滿足集合運算的標籤，如

$$\sum_{i \in S} a_i \qquad (14.23)$$

降維

如圖 14.12 所示，當索引 i 在一定範圍變化時，如 $1 \sim n$，數列 $\{a_i\}(i = 1 \sim n)$ 本身相當於一個陣列，而索引 i 像是方向。

對 $\{a_i\}(i = 1 \sim n)$ 求和，相當於在 i 方向上將陣列「壓扁」，得到一個純量 $\sum_i a_i$。$\sum_i a_i$ 除以 n(也就是數列元素個數)，便獲得了平均數。

從空間角度來看，數列 $\{a_i\}$ 是一維陣列，索引 i 就是它的維度。而求和運算 $\sum_i a_i$ 相當於「降維」，得到的「和」只是一個數值，沒有維度。

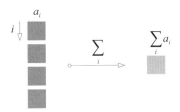

▲ 圖 14.12 從陣列角度看求和

線性代數運算

看到這裡，大家是否想得到，此處圖 14.12 所示數列 $\{a_i\}$ 相當於一個列向量 $\boldsymbol{a}$，即

$$\boldsymbol{a} = \begin{bmatrix} a_1 \\ a_2 \\ \vdots \\ a_n \end{bmatrix} \qquad (14.24)$$

本書第 2 章在講解向量和矩陣時提到過，對列向量 $\boldsymbol{a}$ 所有元素求和可以利用向量內積或矩陣運算得到，即

$$\sum_{i=1}^{n} a_i = \boldsymbol{1} \cdot \boldsymbol{a} = \boldsymbol{a} \cdot \boldsymbol{1} = \begin{bmatrix} a_1 \\ a_2 \\ \vdots \\ a_n \end{bmatrix} \cdot \begin{bmatrix} 1 \\ 1 \\ \vdots \\ 1 \end{bmatrix} = \boldsymbol{a}^\mathrm{T} \boldsymbol{1} = \boldsymbol{1}^\mathrm{T} \boldsymbol{a} = \begin{bmatrix} 1 & 1 & \cdots & 1 \end{bmatrix} @ \begin{bmatrix} a_1 \\ a_2 \\ \vdots \\ a_n \end{bmatrix} \tag{14.25}$$

其中：$\boldsymbol{1}$ 就是全 1 列向量，與 $\boldsymbol{a}$ 等長。

這樣，我們就把數列求和、向量、向量內積、矩陣乘法這幾個概念聯繫起來，如圖 14.13 所示。

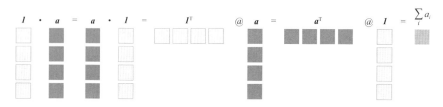

▲ 圖 14.13　從向量內積和矩陣乘法角度看求和

下面介紹幾個有關求和符號的重要法則。

對數運算把連乘變為連加

類似於 Σ，Π (capital pi) 用於標記多項相乘，如

$$\prod_{i=1}^{n} a_i = a_1 a_2 \cdots a_{n-1} a_n \tag{14.26}$$

本書第 12 章提到，對數運算可以將連乘轉化為連加，如

$$\ln\left(\prod_{i=1}^{n} a_i\right) = \ln a_1 + \ln a_2 + \cdots + \ln a_{n-1} + \ln a_n = \sum_{i=1}^{n} \ln a_i \tag{14.27}$$

乘係數

常數 c 乘 a_i，再求和 $\sum_{i=1}^{n} c a_i$，等於常數 c 乘 $\sum_{i=1}^{n} a_i$，即

$$\sum_{i=1}^{n} c a_i = c\left(\sum_{i=1}^{n} a_i\right) = c\sum_{i=1}^{n} a_i \tag{14.28}$$

其中：c 相當於「縮放」；$\sum\limits_{i}$ 相當於「降維」。如圖 14.14 所示，式 (14.28) 相當於「縮放→降維」等價於「降維→ 縮放」。

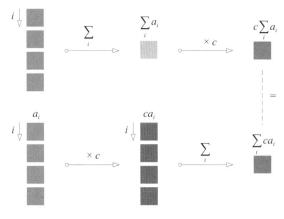

▲ 圖 14.14 乘係數

特別地，如果：Σ 內為一常數 a，則有

$$\sum_{i=1}^{n} a = na \tag{14.29}$$

分段求和

可以根據索引排列，將求和分割成幾個部分分別求和，如

$$\sum_{i=1}^{n} a_i = \left(a_1 + a_2 + \cdots + a_k\right) + \left(a_{k+1} + a_{k+2} + \cdots + a_n\right)$$
$$= \sum_{i=1}^{k} a_i + \sum_{i=k+1}^{n} a_i \tag{14.30}$$

分段求和常用在對齊不同長度的陣列中，以便化簡計算，如圖 14.15 所示。

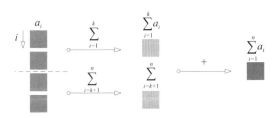

▲ 圖 14.15　分段求和

兩項相加減

擁有相同索引的兩項相加再求和，等於分別求和再相加，即

$$\sum_{i=1}^{n}\left(a_i + b_i\right) = \sum_{i=1}^{n} a_i + \sum_{i=1}^{n} b_i \tag{14.31}$$

上述法則也適用於減法，即

$$\sum_{i=1}^{n}\left(a_i - b_i\right) = \sum_{i=1}^{n} a_i - \sum_{i=1}^{n} b_i \tag{14.32}$$

平方

Σ 內為 a_i 的平方，則有

$$\sum_{i=1}^{n}\left(a_i^2\right) = \sum_{i=1}^{n} a_i^2 = a_1^2 + a_2^2 + a_3^2 + \cdots + a_n^2 \tag{14.33}$$

如圖 14.16 所示，利用前文式 (14.24) 定義的列向量 $\boldsymbol{a}$，式 (14.33) 等價於

$$\sum_{i=1}^{n} a_i^2 = \boldsymbol{a} \cdot \boldsymbol{a} = \boldsymbol{a}^{\mathsf{T}} \boldsymbol{a} \tag{14.34}$$

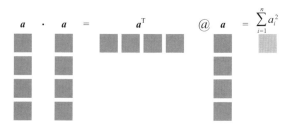

▲ 圖 14.16　從向量內積和矩陣乘法角度看 $\sum_{i=1}^{n} a_i^2$

$\sum_{i=1}^{n} a_i$ 的平方則為

$$\left(\sum_{i=1}^{n} a_i\right)^2 = \left(a_1 + a_2 + a_3 + \cdots + a_n\right)^2 \tag{14.35}$$

顯然，式 (14.33) 與式 (14.35) 不相同，即

$$\sum_{i=1}^{n}\left(a_i^2\right) \neq \left(\sum_{i=1}^{n}a_i\right)^2 \tag{14.36}$$

乘法

擁有相同索引的 a_i 與 b_i 相乘，再求和，有

$$\sum_{i=1}^{n}\left(a_i b_i\right) = a_1 b_1 + a_2 b_2 + a_3 b_3 + \cdots a_n b_n \tag{14.37}$$

定義列向量 $\boldsymbol{b}$，$\boldsymbol{b}$ 和 $\boldsymbol{a}$ 形狀相同，$\boldsymbol{b}$ 的元素為 b_i。如圖 14.17 所示，$\sum_{i=1}^{n}\left(a_i b_i\right)$ 等價於

$$\sum_{i=1}^{n}\left(a_i b_i\right) = \boldsymbol{a} \cdot \boldsymbol{b} = \boldsymbol{b} \cdot \boldsymbol{a} = \boldsymbol{a}^{\mathrm{T}}\boldsymbol{b} = \boldsymbol{b}^{\mathrm{T}}\boldsymbol{a} \tag{14.38}$$

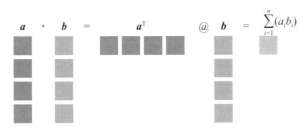

▲ 圖 14.17 從向量內積和矩陣乘法角度看 $\sum_{i=1}^{n}a_i b_i$

$\sum_{i=1}^{n}a_i$ 和 $\sum_{i=1}^{n}b_i$ 相乘展開得到

$$\left(\sum_{i=1}^{n}a_i\right)\left(\sum_{i=1}^{n}b_i\right) = \sum_{i=1}^{n}a_i\sum_{i=1}^{n}b_i = \left(a_1 + a_2 + \cdots a_n\right)\left(b_1 + b_2 + \cdots b_n\right) \tag{14.39}$$

顯然，式 (14.37) 與式 (14.39) 不相同，即

$$\sum_{i=1}^{n}\left(a_i b_i\right) \neq \left(\sum_{i=1}^{n}a_i\right)\left(\sum_{i=1}^{n}b_i\right) \tag{14.40}$$

二重求和

一些情況，我們需要用到二重求和記號 ΣΣ，如

$$\sum_{i=1}^{3}\sum_{j=2}^{4}a_i b_j = \sum_{i=1}^{3} a_i b_2 + a_i b_3 + a_i b_4 \tag{14.41}$$
$$= \left(a_1 b_2 + a_1 b_3 + a_1 b_4\right) + \left(a_2 b_2 + a_2 b_3 + a_2 b_4\right) + \left(a_3 b_2 + a_3 b_3 + a_3 b_4\right)$$

⚠

注意：式中內層 Σ 索引為 j，外層 Σ 索引為 i。先對索引 j 求和，再對索引 i 求和。注意上式中，每個元素只有一個索引，相當於只有一個維度。

兩個索引

實踐中，經常遇到的情況是一項有兩個、甚至更多索引，如 $a_{i,j}$ 有兩個索引 i 和 j。

根據本節前文分析想法，舉個例子，索引 i 的設定值範圍為 $1 \sim n$，索引 j 的設定值範圍為 $1 \sim m$，陣列 $a_{i,j}$ 相當於有 i 和 j 兩個維度。

這是否讓大家想到了本書第 1 章講過的矩陣，如圖 14.18 所示，$a_{i,j}$ 相當於矩陣 A 的第 i 行、第 j 列元素。

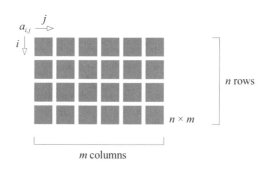

▲ 圖 14.18 $n \times m$ 矩陣 A

本節後續內容就圍繞圖 14.19 所示熱圖舉出的二維陣列展開，這個陣列有 8 行、12 列。

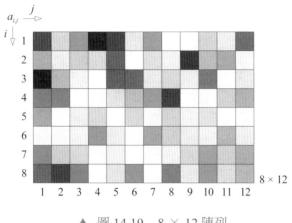

▲ 圖 14.19　8 × 12 陣列

偏求和

下面先介紹單維求和，也就是沿著一個索引求和。我們給它取個名字，叫「偏求和」。

首先聊聊 $a_{i,j}$ 對索引 i 偏求和，有

> 這個「偏」字呼應本書第 16、18 章要介紹的「偏導數」「偏微分」「偏積分」等概念。

$$\underbrace{\sum_{i=1}^{n} a_{i,j}}_{\text{Sum over } i} \Rightarrow \sum_{i=1}^{n} a_{i,1}, \ \sum_{i=1}^{n} a_{i,2}, \ \cdots \ \sum_{i=1}^{n} a_{i,m} \qquad (14.42)$$

我們發現，這裡得到的不是一個求和，而是 m 個和。也就是說，圖 14.18 中每一列數值求和，每一列都有一個「偏求和」結果。

通俗地講，$a_{i,j}$ 就是個「表格」，$\sum_{i} a_{i,j}$ 就是按列求和，每列有一個和。

如圖 14.20 所示，$\sum_{i=1}^{n} a_{i,7}$ 代表對陣列第 7 列元素求和。

$\sum_i a_{i,j}$ 除以 n，得到的就是每一列元素的平均數。

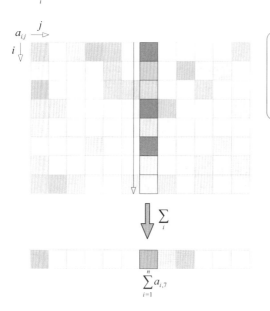

注意：為了簡化數學表達，我們也常用 $\sum_i a_{i,j}$ 代表對索引的求和，求和上下限不再給出。

▲ 圖 14.20　將二維陣列的第 7 列求和

這相當於矩陣 $a_{i,j}$ 沿著索引 i 被「壓扁」。如圖 14.21 所示，原來資料有兩個維度——索引 i 和 j；而現在只剩一個維度——索引 j。

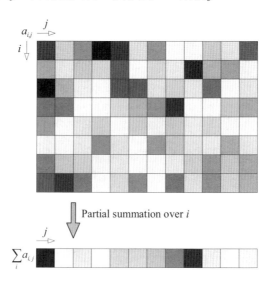

Partial summation over i

▲ 圖 14.21　將二維陣列沿著索引 i 代表的方向「壓扁」

同理，如圖 14.22 所示，$a_{i,j}$ 對索引 j 偏求和 $\sum_i a_{i,j}$，相當於沿著索引 j 方向將陣列「壓扁」；$\sum_i a_{i,j}$ 只剩 i 這一個維度。

通俗地講，a_{ij} 就是個「表格」，$\sum_i a_{i,j}$ 就是按行求和，每行有一個和。

$\sum_i a_{i,j}$ 除以 m，得到的就是每一行元素的平均數。

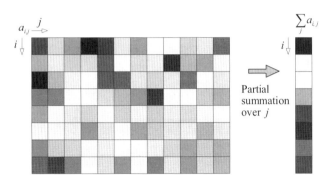

▲ 圖 14.22　將二維陣列沿著索引 j 代表的方向「壓扁」

多重求和

而 $\sum_i a_{i,j}$ 和 $\sum_i a_{i,j}$ 沿著各自剩餘最後一個方向再次「壓扁」，得到的就是 a_{ij} 所有元素的和。 這種情況，求和順序不影響結果，即

$$\sum_{i=1}^{n}\underbrace{\sum_{j=1}^{m}a_{i,j}}_{\text{Sum over } j} = \sum_{j=1}^{m}\underbrace{\sum_{i=1}^{n}a_{i,j}}_{\text{Sum over } i} \tag{14.43}$$

上式也可以寫作

$$\sum_{j,i}a_{i,j} = \sum_{i,j}a_{i,j} \tag{14.44}$$

其中：下標「j,i」表示先對 j 求和、再對 i 求和；下標「i,j」表示先對 i 求和、再對 j 求和。 圖 14.23 所示為上述計算的過程分解。

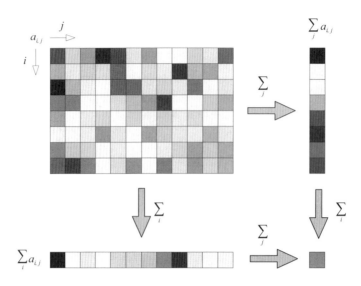

▲ 圖 14.23 求和順序不影響結果

⚠

注意:只有陣列是「方方正正」的結構時,式 (14.43) 和式 (14.44) 才成立;
否則,求和先後順序會影響到結果。這一點和多重積分中積分先後順序原
理一致。

舉個例子,有

$$\sum_{i=1}^{3}\sum_{j=2}^{4}a_{i,j} = \sum_{i=1}^{3}a_{i,2}+a_{i,3}+a_{i,4}$$
$$= \left(a_{1,2}+a_{1,3}+a_{1,4}\right)+\left(a_{2,2}+a_{2,3}+a_{2,4}\right)+\left(a_{3,2}+a_{3,3}+a_{3,4}\right)$$

(14.45)

調換求和順序,得到

$$\sum_{j=2}^{4}\sum_{i=1}^{3}a_{i,j} = \sum_{j=2}^{4}a_{1,j}+a_{2,j}+a_{3,j}$$
$$= \left(a_{1,2}+a_{2,2}+a_{3,2}\right)+\left(a_{1,3}+a_{2,3}+a_{3,3}\right)+\left(a_{1,4}+a_{2,4}+a_{3,4}\right)$$

(14.46)

可以發現式 (14.45) 和式 (14.46) 相等。

矩陣運算角度

前文介紹的「偏求和」與多重求和都可以透過矩陣運算得到結果。

如圖 14.24 所示，$a_{i,j}$ 對索引 i 偏求和等價於矩陣運算

$$\boldsymbol{I}^\mathrm{T} \boldsymbol{A} = \sum_i a_{i,j} \tag{14.47}$$

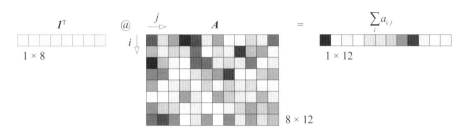

▲ 圖 14.24　計算矩陣 $\boldsymbol{A}$ 每列元素和

⚠ 注意：式 (14.47) 中全 1 列向量 $\boldsymbol{I}$ 的形狀為 8 × 1，轉置得到 $\boldsymbol{I}^\mathrm{T}$ 的形狀為 1×8

如圖 14.25 所示，$a_{i,j}$ 對索引 j 偏求和等價於矩陣運算

$$\boldsymbol{A}\boldsymbol{I} = \sum_j a_{i,j} \tag{14.48}$$

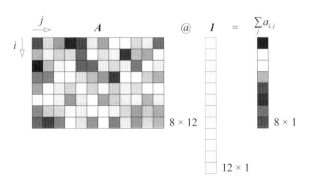

▲ 圖 14.25　計算矩陣 $\boldsymbol{A}$ 每行元素和

> ⚠️
> 注意：式 (14.48) 中全 1 列向量 *1* 的形狀為 12×1。

如圖 14.26 所示，求矩陣 *A* 所有元素之和對應的矩陣運算為

$$\sum_i \sum_j a_{i,j} = \sum_j \sum_i a_{i,j} = \boldsymbol{1}^{\mathrm{T}} \boldsymbol{A} \boldsymbol{1} \tag{14.49}$$

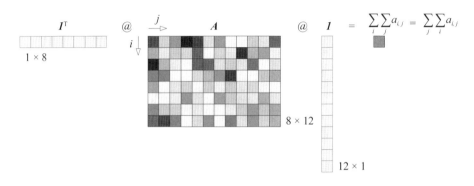

▲ 圖 14.26　計算二維矩陣 *A* 所有元素之和

> ⚠️
> 再次強調：式 (14.49) 中兩個 *1* 向量形狀不同。

兩個以上索引

　　某一項可能有超過兩個索引，如 $a_{i,j,k}$ 有三個索引，則陣列 $\{a_{i,j,k}\}$ 相當於有三個維度。 圖 14.27 所示為三維陣列的多重求和運算，求和的順序為「*j*, *k*, *i*」。

　　首先， $a_{i,j,k}$ 沿 *j* 索引求和，得到 $\sum_j a_{i,j,k}$ 。相當於一個立方體「壓扁」為一個平面，將三維降維到二維。

　　然後，再沿 *k* 索引求和，進一步將平面「壓扁」得到一維陣列。此時，陣列只有一個索引 *i*。

　　最後，沿著 *i* 再求和，得到一個純量 $\sum_{j,k,i} a_{i,j,k}$ 。

　　請大家自行繪製按照「*i*, *j*, *k*」這個順序求和得到 $\sum_{j,k,i} a_{i,j,k}$ 的過程示意圖。

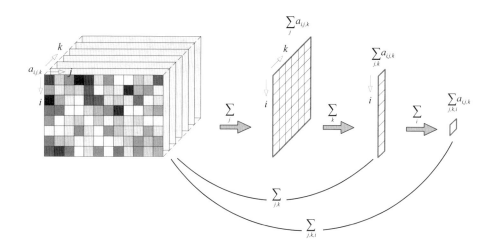

▲ 圖 14.27　三維陣列的求和運算

對於多維陣列，建議大家了解一下 Python 中 xarray 這個工具套件。此外，Pandas 資料幀也是處理多維陣列不錯的工具。

愛因斯坦曾經提出過以自己名字命名的求和法則，叫作**愛因斯坦求和約定** (Einstein summation convention)。Numpy 中 numpy.einsum() 函式的運算規則就是基於愛因斯坦求和約定。

求和和求積的英文表達詳見表 14.2。

◐
愛因斯坦求和約定簡化多維陣列求和運算。

→ 表 14.2　求和和求積的英文表達

數學表達	英文表達
$\sum\limits_{i=1}^{n} a_i$	The sum of all the terms(small) a sub(small)i, where i takes the integers from one to(small) n. The sum from(small) i equals one to(small) n,(small) a sub i. The sum as(small) i runs from one to n of(small) a sub(small) i.
$\sum\limits_{n=1}^{5} 2n$	The sum of 2 times n as n goes from 1 to 5. The summation of the expression $2n$ for integer values of n from 1 to 5.
$\prod\limits_{i=1}^{n} a_i$	The multiplication of all the terms a sub i, where i takes the values from one to n. The product from i equals 1 to n of a sub i.
$\prod\limits_{i=1}^{\infty} y_i$	The product from i equals one to infinity of y sub i.

Bk3_Ch14_04.py 繪製本節二維陣列熱圖，並計算「偏求和」。請大家自行計算這個二維陣列所有元素之和。

14.7　數列極限：微積分的一塊基石

數列極限

數列 $\{a_n\}$ 極限存在的確切定義為：設 $\{a_n\}$ 為一數列，如果存在常數 C，對於任意給定的正數 ε, 不管 ε 有多小，總存在正整數 N，使得 $n > N$ 時，下面的不等式均成立，即

$$|a_n - C| < \varepsilon \tag{14.50}$$

那麼就稱常數 C 是數列 $\{a_n\}$ 的極限；也可以說，數列 $\{a_n\}$ 收斂於 C，記做

$$\lim_{n \to \infty} a_n = C \tag{14.51}$$

其中：lim 是英文 limit 的縮寫；$n \to \infty$ 表示 n 趨向於無限大。

如果極限 C 不存在，則稱數列 $\{a_n\}$ 極限不存在。

幾個例子

給定等比數列

$$a_n = \frac{1}{2^n} \tag{14.52}$$

當 n 趨向於無限大時，數列值趨向於零，即

$$\lim_{n \to \infty} a_n = \lim_{n \to \infty} \frac{1}{2^n} = 0 \tag{14.53}$$

對於以下數列，當 n 趨向於無限大時，數列值在兩個定值之間振盪；因此，不存在極限，即

$$a_n = (-1)^n \tag{14.54}$$

對於以下數列，當 n 趨向於無限大時，數列值急速增加至無限大，即發散；因此，也不存在極限，即

$$a_n = 2^n \tag{14.55}$$

收斂的數列，可以自下而上收斂、從上往下收斂、振盪收斂。

圖 14.28 舉出了三個收斂數列的例子。圖 14.28(c) 對應的數列為

$$\lim_{n \to \infty} \left(1 + \frac{1}{n}\right)^n = e \tag{14.56}$$

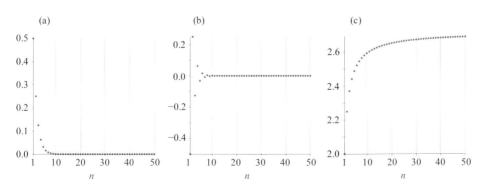

▲ 圖 14.28　收斂數列

數列和的極限

此外，數列之和也可以收斂。下式就是一個收斂的數列之和，數列之和隨 n 變化趨勢如圖 14.29(a) 所示，即有

$$1+\frac{1}{2}+\frac{1}{4}+\frac{1}{8}+\frac{1}{16}+\cdots=\sum_{n=0}^{\infty}\frac{1}{2^n}=2 \tag{14.57}$$

如圖 14.29(b) 所示，下面數列之和也是收斂於 1，即

$$\frac{1}{1\times2}+\frac{1}{2\times3}+\frac{1}{3\times4}+\frac{1}{4\times5}+\frac{1}{5\times6}+\cdots=\sum_{n=1}^{\infty}\frac{1}{n(n+1)}=1 \tag{14.58}$$

如圖 14.29(c) 所示，自然對數底數 e 也可以用數列和的極限來近似，即

$$\sum_{k=0}^{\infty}\frac{1}{k!}=1+\frac{1}{1}+\frac{1}{1\times2}+\frac{1}{1\times2\times3}+\frac{1}{1\times2\times3\times4}+\cdots=e \tag{14.59}$$

但是 $1/n$ 這個數列之和並不收斂，即

$$1+\frac{1}{2}+\frac{1}{3}+\frac{1}{4}+\frac{1}{5}+\cdots=\sum_{n=1}^{\infty}\frac{1}{n} \tag{14.60}$$

如果在以上數列中每一項增加正負號交替，則這個數列之和收斂，且有

$$1-\frac{1}{2}+\frac{1}{3}-\frac{1}{4}+\frac{1}{5}-\cdots=\sum_{n=1}^{\infty}\frac{(-1)^{n-1}}{n}=\ln2 \tag{14.61}$$

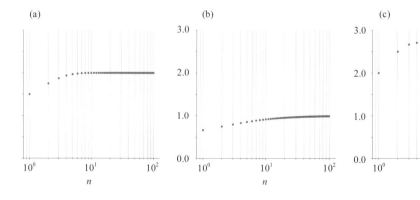

▲ 圖 14.29　數列之和收斂

Bk3_Ch14_05.py 繪製圖 14.29。程式中利用 sympy.limit_seq() 函式計算極限值。

14.8 數列極限估算圓周率

本書第 3 章介紹，古代數學家透過割圓術不斷提高圓周率的估算精度。隨著數學方法的發展，很多數學家發現可以用數列和來逼近圓周率。這是圓周率估算的一次顛覆性進步。

比如萊布尼茲發現，以下數列之和逼近於 $\pi/4$ ，即

$$\frac{\pi}{4} \approx 1 - \frac{1}{3} + \frac{1}{5} - \frac{1}{7} + ... + \frac{(-1)^{n+1}}{2n-1} \tag{14.62}$$

即

$$\pi = 4\sum_{k=1}^{\infty} \frac{(-1)^{k+1}}{2k-1} \tag{14.63}$$

圖 14.30 所示為上式隨著 k 不斷增加逼近圓周率值的情況。

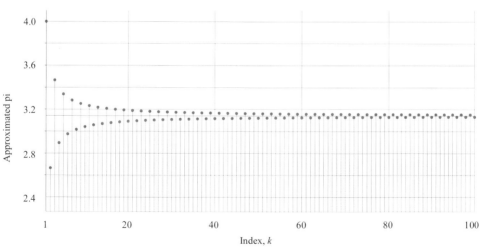

▲ 圖 14.30　數列之和逼近圓周率

Bk3_Ch14_06.py 繪製圖 14.30。

本章介紹的大寫西格瑪求和、極限這兩個數學工具是微積分的基礎。

大家在學習大寫西格瑪求和時，請務必從幾何、資料、維度、矩陣運算這幾個角度分析求和運算；不然，複雜多層求和運算會讓大家暈頭轉向。

此外，有了數列和極限這兩個數學概念，我們在圓周率估算方法上又進了一步。

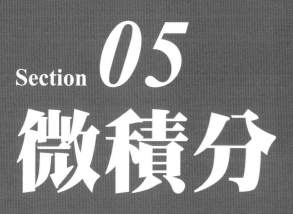

Section *05*
微積分

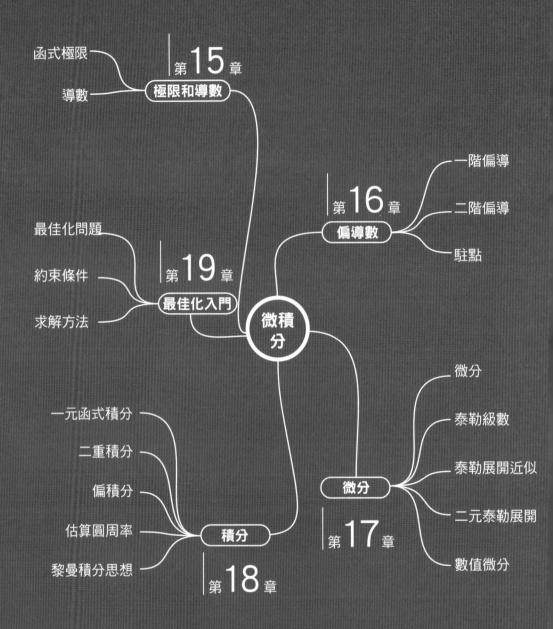

函式極限

導數

第**15**章
極限和導數

第**16**章
偏導數

一階偏導

二階偏導

駐點

最佳化問題

約束條件

求解方法

第**19**章
最佳化入門

微積
分

最佳化入門

一元函式積分

二重積分

偏積分

估算圓周率

黎曼積分思想

積分

第**18**章

微分

微分

泰勒級數

泰勒展開近似

二元泰勒展開

第**17**章

數值微分

學習地圖 第**5**板塊

Limit and Derivative

極限和導數

函式切線斜率，即變化率

微積分是現代數學的第一個成就，它的重要性怎麼評價都不為過。我認為它比其他任何東西都更明確地定義了現代數學的起源。而作為其邏輯發展的數學分析系統，仍然是精確思維的最大技術進步。

The calculus was the first achievement of modern mathematics and it is difficult to overestimate its importance. I think it defines more unequivocally than anything else the inception of modern mathematics; and the system of mathematical analysis, which is its logical development, still constitutes the greatest technical advance in exact thinking.

——約翰 · 馮 · 諾伊曼（*John von Neumann*）| 美國籍數學家 | *1903 - 1957*

- sympy.abc import x 定義符號變數 x
- sympy.diff() 求解符號函式導數和偏導解析式
- sympy.Eq() 定義符號等式
- sympy.evalf() 將符號解析式中未知量替換為具體數值
- sympy.limit() 求解極限
- sympy.plot_implicit() 繪製隱函式方程式
- sympy.series() 求解泰勒展開級數符號式
- sympy.symbols() 定義符號變數

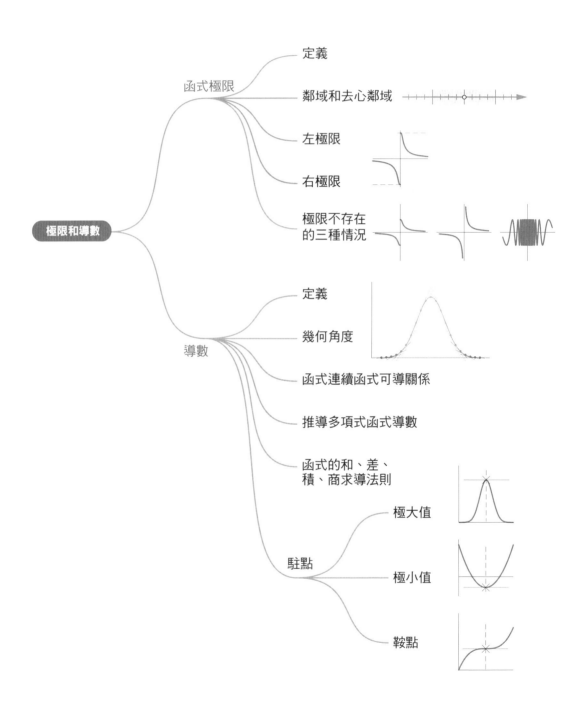

15.1 牛頓小傳

「如果說我比別人看得更遠，那是因為我站在巨人們的肩上。」

1642 年年底，**艾薩克・牛頓** (Sir Isaac Newton) 呱呱墜地，同年年初伽利略駕鶴西歸。牛頓從伽利略手中接過了智慧火炬。這可能完全是巧合，但又何嘗不是某種命中註定。在伽利略等科學先驅者開墾的沃土上，即使沒有培育出牛頓，也會註定會造就馬頓、羊頓、米頓……

艾薩克・牛頓 (Sir Isaac Newton)
英國物理學家、數學家 | 1643 - 1727
提出萬有引力定律、牛頓運動定律，與萊布尼茲共同發明微積分

年輕的牛頓坐在果園裡，思考物理學。蘋果熟了，從樹上落下，砸到了牛頓的腦門。牛頓發出了一個驚世疑問，蘋果為什麼會下落？

是的，蘋果為什麼會下落，而非飛向更遙遠的天際呢？對這些問題的系統思考讓牛頓提出了萬有引力定律 (見圖 15.1)。

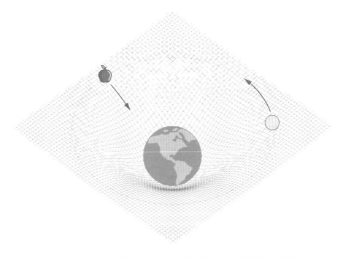

▲ 圖 15.1　地心引力場作用下的月球和蘋果

　　牛頓的成就不止於此。他提出三大運動定律,並出版了《自然哲學的數學原理》(*Mathematical Principles of Natural Philosophy*);他利用三棱鏡發現了七色光譜;發明了反射望遠鏡,並提出了光的微粒說;他和萊布尼茲分別獨立發明了微積分等。任何人有其中任意一個貢獻,就可以留名青史;然而,牛頓一個人完成了上述科學進步。

　　牛頓時代時間軸如圖 15.2 所示。

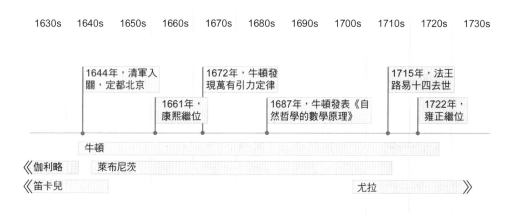

▲ 圖 15.2　牛頓時代時間軸

自然和自然規律隱藏在黑暗之中。
上帝說:交給牛頓吧!
於是一切豁然開朗。
Nature and Nature's laws lay hid in night:
God said, Let Newton be! and all was light.

——亞歷山大‧蒲柏 *(Alexander Pope)* | 英國詩人 | *1688 - 1744*

15.2 極限：研究微積分的重要數學工具

微積分 (calculus) 是研究實數域上函式的微分與積分等性質的學科，而極限是微積分最重要的數學工具。**連續** (continuity)、**導數** (derivative) 和**積分** (integral) 這些概念都是透過極限來定義的。

上一章簡單介紹了數列極限、數列求和的極限。本節主要介紹函式極限。

函式極限

首先介紹一下函式極限的定義。

設函式 $f(x)$ 在點 a 的某一個去心鄰域內有定義，如果存在常數 C，對於任意給定的正數 ε，不管它多小，總存在正數 δ，使得 x 滿足不等式

$$0 < |x - a| < \delta \qquad (15.1)$$

對應函式值 $f(x)$ 都滿足

$$|f(x) - C| < \varepsilon \qquad (15.2)$$

則常數 C 就是函式 $f(x)$ 當 $x \to a$ 時的極限，記做

$$\lim_{x \to a} f(x) = C \qquad (15.3)$$

舉個例子

給定函式

$$f(x) = \left(1 + \frac{1}{x}\right)^x \qquad (15.4)$$

如圖 15.3 所示，當 x 趨向於正無限大時，函式極限為 e，即

$$\lim_{x \to +\infty} f(x) = \mathrm{e} \qquad (15.5)$$

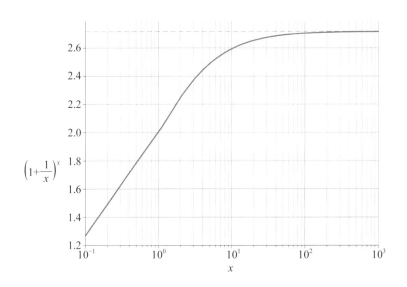

▲ 圖 15.3　當 x 趨向正無限大，函式 $f(x)$ 極限值

鄰域

這裡解釋一下鄰域這個概念。**鄰域** (neighbourhood) 實際上就是一個特殊的開區間。如圖 15.4 所示，點 a 的 $h(h > 0)$ 鄰域滿足 $a - h < x < a + h$。

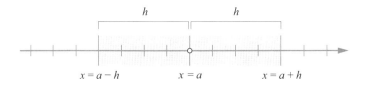

▲ 圖 15.4　鄰域

其中：a 為鄰域的中心，h 為鄰域的半徑。而**去心鄰域** (deleted neighborhood 或 punctured neighborhood) 指的是：在 a 的鄰域中去掉 a 的集合。

Bk3_Ch15_01.py 計算極限並繪製圖 15.3。

15.3 左極限、右極限

請注意式 (15.1) 的絕對值符號。如圖 15.5 所示，這代表著 x 從右 ($x > a$)、左 ($x < a$) 兩側趨向於 a。下面，我們聊一聊從右側和左側趨向於 a 分別有怎樣的區別和聯繫。

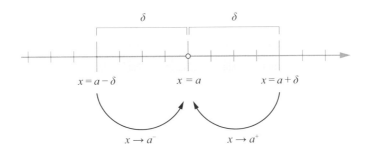

▲ 圖 15.5 x 分別從左右兩側趨向 a

右極限

將式 (15.1) 絕對值符號去掉取正得到

$$0 < x - a < \delta \tag{15.6}$$

稱之為 x 從右側趨向於 a，記做 $x \to a^+$。

隨之，將式 (15.3) 中極限條件改為 $x \to a^+$，C 叫作函式 $f(x)$ 的**右極限** (right-hand limit 或 right limit)，記做

$$\lim_{x \to a^+} f(x) = C \tag{15.7}$$

左極限

相反，如果將式 (15.1) 中的絕對值符號去掉並取負，有

$$-\delta < x - a < 0 \tag{15.8}$$

稱之為 x 從左側趨向於 a，記做 $x \to a^-$。

將式 (15.3) 中極限條件改為 $x \to a^-$，C 叫作函式 $f(x)$ 的 **左極限** (left-hand limit 或 left limit)，記做

$$\lim_{x \to a^-} f(x) = C \tag{15.9}$$

當式 (15.7) 和式 (15.9) 都成立時，式 (15.3) 才成立。也就是說，當 $x \to a$ 時函式 $f(x)$ 極限存在的充分必要條件是，左右極限均存在且相等。

極限不存在

如圖 15.6 所示，函式在 $x = 0$ 的右極限為 1，即

$$\lim_{x \to 0^+} \frac{1}{1 + 2^{-1/x}} = 1 \tag{15.10}$$

而函式在 $x = 0$ 的左極限為 0，即

$$\lim_{x \to 0^-} \frac{1}{1 + 2^{-1/x}} = 0 \tag{15.11}$$

> ⚠ 請大家格外注意，即便左右極限均存在，如果兩者不相等，則極限也不存在。

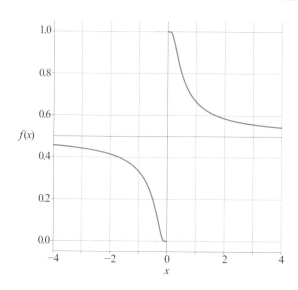

▲ 圖 15.6　函式 $f(x)$ 左右極限不同

顯然函式在 $x = 0$ 處不存在極限。此外，$f(x)$ 在 $x = 0$ 處沒有定義。

$\lim\limits_{x \to a} f(x)$ 不存在可能有三種情況：① $f(x)$ 在 $x = a$ 處左右極限不一致；② $f(x)$ 在 $x = a$ 處趨向於無限大；③ $f(x)$ 在趨向 $x = a$ 時在兩個定值之間振盪。這三種情況分別對應圖 15.7 所示的三幅子圖。

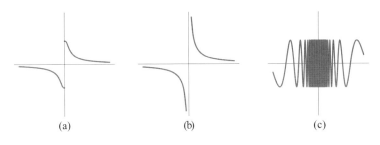

(a)   (b)   (c)

▲ 圖 15.7　極限不存在的三種情況

極限相關的英文表達見表 15.1。

➔ 表 15.1　極限的英文表達

數學表達	英文表達
$\lim\limits_{\Delta x \to 0} f(x) = b$	As delta x approaches 0, the limit for f of x equals b.
$\Delta x \to 0$	Delta x approaches zero.
$\Delta x \to 0^+$	Delta x goes to zero from the right. Delta x approaches to zero from the right.
$\Delta x \to 0^-$	Delta x goes to zero from the left. Delta x approaches to zero from the left.
$\lim\limits_{\Delta x \to 0}$	The limit as delta x approaches zero. The limit as delta x tends to zero.
$\lim\limits_{x \to a^+}$	The limit as x approaches a from the right. The limit as x approaches a from the above.
$\lim\limits_{x \to a^-}$	The limit as x approaches a from the left. The limit as x approaches a from the below.
$\lim\limits_{x \to c} f(x) = L$	The limit of $f(x)$ as x approaches c is L.

數學表達	英文表達
$\lim\limits_{n \to \infty} a_n = L$	The limit of a sub n as n approaches infinity equals L.
$\lim\limits_{x \to -\infty} f(x) = L_1$	the limit of f of x as x approaches negative infinity is capital L sub one.
$\lim\limits_{x \to +\infty} f(x) = L_2$	the limit of f of x as x approaches positive infinity is capital L sub two.

Bk3_Ch15_02.py 求函式左右極限，並繪製圖 15.6。

15.4 幾何角度看導數：切線斜率

導數 (derivative) 描述函式在某一點處的變化率。從幾何角度看，導數可以視作函式曲線切線的斜率。

切線斜率

舉個中學物理中的例子，加速度 a 是速度 v 的變化率，速度 v 是距離 s 的變化率。

如圖 15.8 所示，等速直線運動中，距離函式 $s(t)$ 對於時間 t 是一個一次函式。從影像角度看，$s(t)$ 是一條斜線。

$s(t)$ 影像的切線斜率不隨時間變化，也就是說等速直線運動的速度函式 $v(t)$ 的影像為常數函式。

而 $v(t)$ 的切線斜率為 0，說明加速度 $a(t)$ 影像為設定值為 0 的常數函式。

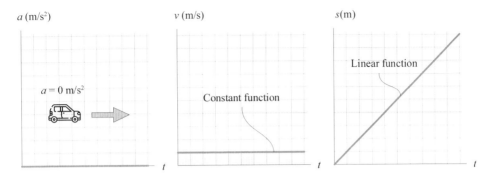

▲ 圖 15.8　等速直線運動：加速度、速度、距離影像

　　再看個例子。如圖 15.9 所示，對於等加速直線運動，距離函式 $s(t)$ 對於時間 t 是一個二次函式。從影像上看，$s(t)$ 在不同時間 t 位置的切線斜率不同。隨著 t 增大，切線斜率不斷增大，說明運動速度隨 t 的增大而增大。

　　完成本章學習後，大家會知道二次函式的導數是一次函式，也就是說速度函式 $v(t)$ 的影像為一次函式。

　　顯然，速度函式 $v(t)$ 的切線斜率不隨時間變化。因此，$a(t)$ 影像為常數函式，即加速度為定值。

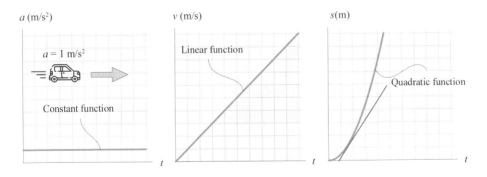

▲ 圖 15.9　等加速直線運動：加速度、速度、距離

換個角度來看，$a(t)$ 與橫軸在一定時間範圍，比如在 $[t_1, t_2]$ 區間圍成的面積就是速度變化 $v_2 - v_1$。同理，$v(t)$ 與橫軸在 $[t_1, t_2]$ 圍成的面積就是距離變化 $s_2 - s_1$。完成這個運算的數學工具就是第 18 章要介紹的定積分。簡單來說，積分就是求面積和體積。

再從數值單位變化角度，如圖 15.9 三幅子圖縱軸所示，加速度的單位為 m/s²，速度的單位為 m/s，距離的單位是 m。距離 (m) 隨時間 (s) 的變化，單位就是 m/s；速度 (m/s) 隨時間 (s) 的變化，單位就是 m/s/s，即 m/s²。

反向來看，加速度 (m/s²) 到速度 (m/s) 就是求面積的過程。加速度縱軸的單位為 m/s²，而橫軸的單位為 s，因此結果的單位為 m/s² × s，即 m/s。

同理，速度縱軸的單位為 m/s，橫軸單位為 s，因此結果的單位為 m/s × s，即 m。

再次提醒大家，不管是加減乘除，還是微分積分，都要注意數值單位。

函式導數定義

下面介紹函式導數的確切定義。

對於函式 $y = f(x)$，引數 x 在 a 點處的微小增量 Δx，會導致函式值增量 $\Delta y = f(a + \Delta x) - f(a)$。

當 Δx 趨向於 0 時，函式值增量 Δy 和引數增量 Δx 比值的極限存在，則稱 $y = f(x)$ 在 a 處可導 (function f of x is differentiable at a)。這個極限值便是函式 $f(x)$ 在 a 點處的一階導數值，即

$$f'(a) = f'(x)\big|_{x=a} = \frac{\mathrm{d}f(x)}{\mathrm{d}x}\big|_{x=a} = \lim_{\Delta x \to 0} \frac{f(a + \Delta x) - f(a)}{\Delta x} \tag{15.12}$$

如圖 15.10 所示，從幾何角度看，隨著 Δx 不斷減小，割線不斷接近於切線。

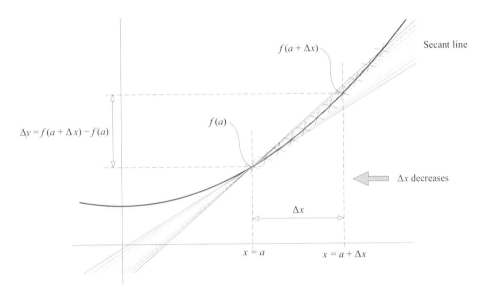

$f(a + \Delta x)$

Secant line

$\Delta y = f(a + \Delta x) - f(a)$

$f(a)$

Δx decreases

Δx

$x = a$ $x = a + \Delta x$

▲ 圖 15.10   導數就是變化率

Δ 和 d 都是「差」(difference) 的含義。但是，Δ 代表近似值，如 $\Delta x \to 0$；而 d 是精確值，如 dx 。通俗地講，dx 是 Δx 趨向於 0 的精確值。

如果函式 $y = f(x)$ 在 $x = a$ 處**可導** (differentiable)，則函式在該點處**連續** (continuous)；但是，函式在某一點處連續並不表示函式可導，如圖 15.11 所示。

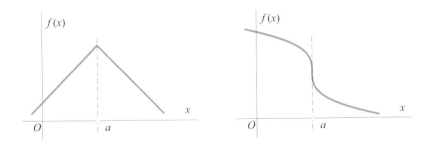

$f(x)$ $f(x)$

O a x O a x

▲ 圖 15.11   函式在 $x = a$ 連續但不可導的兩種情況

⚠

再次注意：本書用 x_1、x_2、x_3 等等表達變數，而非變數 x 設定值。如果有必要對引數設定值進行編號，本書會使用上標記法 $x^{(1)}$、$x^{(2)}$、$x^{(3)}$ 等。

Bk3_Ch15_03.py 繪製圖 15.10。

在 Bk3_Ch15_03.py 基礎上，我們做了一個 App 用來視覺化函式曲線不同點如何用割線近似函式切線斜率。請參考 Streamlit_Bk3_Ch15_03.py。

15.5 導數也是函式

導數也常被稱作導數函式或導函式，因為導數也是函式。

圖 15.12 所示函式曲線在不同點處切線斜率隨著引數 x 變化。再次強調，函式 $f(x)$ 對引數 x 的一階導數 $f'(x)$ 也是一個函式，它的引數也是 x。$f'(x)$ 可以讀作 (f prime of x)。

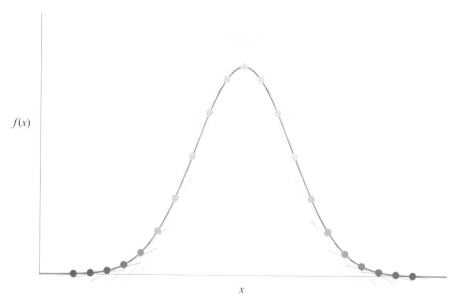

▲ 圖 15.12　函式不同點處切線斜率隨著引數 x 變化

一階導數

給定二次函式 $f(x) = x^2$。下面利用式 (15.12) 推導它的一階導數，有

$$f'(x) = \lim_{\Delta x \to 0} \frac{f(x + \Delta x) - f(x)}{\Delta x} = \lim_{\Delta x \to 0} \frac{(x + \Delta x)^2 - x^2}{\Delta x}$$
$$= \lim_{\Delta x \to 0} \frac{2x\Delta x + \Delta x^2}{\Delta x} \qquad (15.13)$$
$$= \lim_{\Delta x \to 0} 2x + \underset{\to 0}{\Delta x} = 2x$$

從幾何角度看，$f(x) = x^2$ 相當於邊長為 x 的正方形面積。圖 15.13 所示為當 x 增加到 $x + \Delta x$ 時，函式值變化對應的正方形面積變化。x 到 $x + \Delta x$，正方形面積增加了 $2x\Delta x + \Delta x^2$。

根據導數定義，函式導數為比值 $(2x\Delta x + \Delta x^2)/\Delta x = 2x + \Delta x$；當 $\Delta x \to 0$ 時，可以消去 Δx 一項。

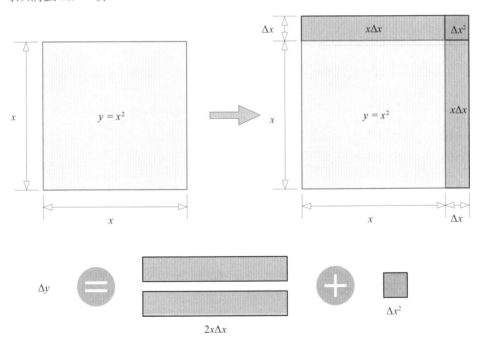

▲ 圖 15.13　幾何角度推導 $f(x) = x^2$ 的一階導數

同理，推導 $f(x) = x^n$ 的導數，設 n 為大於 1 的正整數，有

$$
\begin{aligned}
f'(x) &= \lim_{\Delta x \to 0} \frac{f(x + \Delta x) - f(x)}{\Delta x} = \lim_{\Delta x \to 0} \frac{(x + \Delta x)^n - x^n}{\Delta x} \\
&= \lim_{\Delta x \to 0} \frac{x^n + nx^{n-1}\Delta x + \dfrac{n(n-1)}{2}x^{n-2}\Delta x^2 + \cdots + \Delta x^n - x^n}{\Delta x} \\
&= \lim_{\Delta x \to 0} (nx^{n-1} + \underbrace{\frac{n(n-1)}{2}x^{n-2}\Delta x + \cdots + \Delta x^{n-1}}_{\to 0}) = nx^{n-1}
\end{aligned}
\tag{15.14}
$$

舉個例子

圖 15.14(a) 所示函式為

$$
f(x) = x^2 + 2 \tag{15.15}
$$

根據前文推導，它的一階導數解析式為

$$
f'(x) = 2x \tag{15.16}
$$

如圖 15.14(b) 所示，式 (15.15) 這個二次函式的一階導數影像為一條斜線。

x < 0 時，隨著 x 增大，$f(x)$ 減小，此時函式導數為負。當 $x > 0$ 時，隨著 x 增大，$f(x)$ 增大，函式導數為正。值得注意的是 $x = 0$ 時，$f(x)$ 取得**最小值** (minimum)，此處函式 $f(x)$ 的導數值為 0。

而對式 (15.16) 再求一階導數得到的結果是常數函式，具體如圖 15.14(c) 所示。

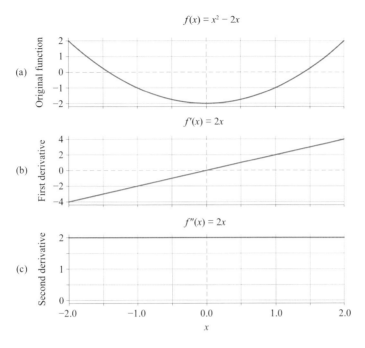

▲ 圖 15.14　二次函式以及其一階導數、二階導數

表 15.2 總結了常用函式的導數及影像，請大家自行繪製這些影像。

→ 表 15.2　常用函式的導數及影像

函式	函式影像舉例	一階導數	一階導數影像舉例
常數函式 $f(x) = C$	$f(x) = 1$	$f'(x) = 0$	$f'(x) = 0$
一次函式 $f(x) = ax$	$f(x) = -x + 1$	$f'(x) = a$	$f'(x) = -1$

函式	函式影像舉例	一階導數	一階導數影像舉例
二次函式 $f(x) = ax^2 + bx + c$	$f(x) = x^2$	$f'(x) = 2ax + b$	$f'(x) = 2x$
冪函式 $f(x) = x^p$	$f(x) = 5x$	$f'(x) = px^{p-1}$	$f'(x) = 5x^4$
正弦函式 $f(x) = \sin x$	$f(x) = \sin(x)$	$f'(x) = \cos x$	$f'(x) = \cos(x)$
餘弦函式 $f(x) = \cos x$	$f(x) = \cos(x)$	$f'(x) = -\sin x$	$f'(x) = -\sin(x)$
指數函式 $f(x) = b^x$ $(b > 0, b \neq 1)$	$f(x) = 2^x$	$f'(x) = \ln b \cdot b^x$	$f'(x) = \ln 2 \cdot 2^x$

函式	函式影像舉例	一階導數	一階導數影像舉例
自然指數函式 $f(x) = \mathrm{e}^x = \exp(x)$	$f(x) = \exp(x)$	$f'(x) = \mathrm{e}^x = \exp(x)$	$f'(x) = \exp(x)$
對數函式 $f(x) = \log_b x$ $(x > 0, b > 0, b \neq 1)$	$f(x) = \log_{10}(x)$	$f'(x) = \dfrac{1}{\ln b \cdot x}$	$f'(x) = 1/(\ln 10 \cdot x)$
自然對數函式 $f(x) = \ln x$ $(x > 0)$	$f(x) = \ln(x)$	$f'(x) = \dfrac{1}{x}$	$f'(x) = 1/x$
高斯函式 $f(x) = \exp(-\gamma x^2)$	$f(x) = \exp(-x^2)$	$f'(x) = -2\gamma x \exp(-\gamma x^2)$	$f'(x) = -2x \cdot \exp(-x^2)$

二階導數

式 (15.15) 這個二次函式的二階導數是其一階導數的一階導數，有

$$f''(x) = 2 \tag{15.17}$$

如圖 15.14(c) 所示，式 (15.15) 這個二次函式的二階導數影像為一條水平線，即常數函式。 圖 15.15 所示為高斯函式以及其一階導數和二階導數的函式影像。

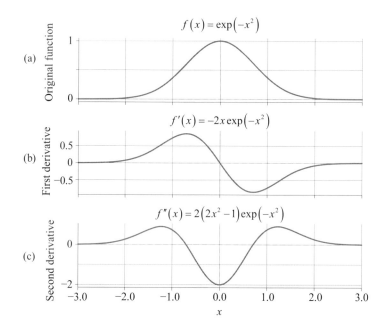

▲ 圖 15.15　高斯函式以及其一階導數、二階導數

⚠️

容易發現，函式 f(x) 在 x = 0 處取得最大值，對應的一階導數為 0，二階導數為負。這一點對於理解一元函式的極值非常重要，本書第 19 章將深入介紹。

圖 15.16 所示為三次函式以及其一階導數和二階導數函式影像。容易發現，x = 0 處函式一階導數為 0；但是，x = 0 既不是應函式的最大值，也不是最小值。

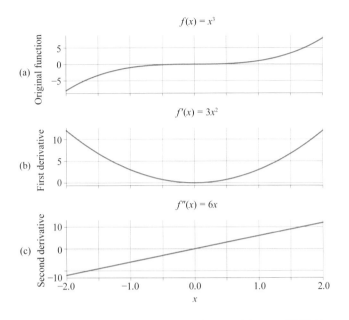

▲ 圖 15.16　三次函式以及其一階導數、二階導數

駐點

有了以上分析，我們可以聊一聊駐點這個概念。

對於一元函式 $f(x)$，**駐點** (stationary point) 是函式一階導數為 0 的點。從影像上來看，一元函式 $f(x)$ 在駐點處的切線平行於 x 軸。

如圖 15.17 所示，駐點可能是一元函式的極小值、極大值或鞍點。

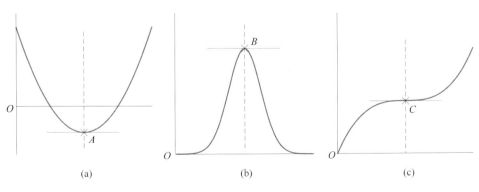

▲ 圖 15.17　駐點可能是極小值、極大值或鞍點

⚠️

注意：這裡我們沒有用最大值和最小值，這是因為函式可能存在不止一個「山峰」或「山谷」。

◀

本書第 19 章將在講解最佳化問題時深入探討這些概念。

常用的導數法則及導數相關的英文表達詳見表 15.3 和表 15.4。

➜ 表 15.3　常用的導數法則

和	$\left(f(x)+g(x)\right)' = f'(x)+g'(x)$
差	$\left(f(x)-g(x)\right)' = f'(x)-g'(x)$
積	$\left(f(x)\cdot g(x)\right)' = f'(x)\cdot g(x)+f(x)\cdot g'(x)$
商	$\left(\dfrac{f(x)}{g(x)}\right)' = \dfrac{f'(x)\cdot g(x)-f(x)\cdot g'(x)}{g^2(x)}$
倒數	$\left(\dfrac{1}{f(x)}\right)' = \dfrac{-f'(x)}{f^2(x)}$

➜ 表 15.4　導數相關的英文表達

數學表達	英文表達
$\mathrm{d}y$	$\mathrm{d}y$ differential of y
$\dfrac{\mathrm{d}y}{\mathrm{d}x}$	the derivative of y with respect to x the derivative with respect to x of y $\mathrm{d}y$ by $\mathrm{d}x$ $\mathrm{d}y$ over $\mathrm{d}x$
$\mathrm{d}f(x)$	the derivative of f of x
$\dfrac{\mathrm{d}f(x)}{\mathrm{d}x}$	the derivative of f of x with respect to x

數學表達	英文表達
$\dfrac{\mathrm{d}f(a)}{\mathrm{d}x}$	the derivative of f with respect to x at a d y by d x at a d y over d x at a
$\dfrac{\mathrm{d}x^3}{\mathrm{d}x} = 3x^2$	The derivative of x cubed with respect to x equals three x squared.
$\dfrac{\mathrm{d}^2 y}{\mathrm{d}x^2}$	d two y by d x squared the second derivative of y with respect to x
$\dfrac{\mathrm{d}^2 x^3}{\mathrm{d}x^2} = 6x$	The second derivative of x cubed with respect to x equals to six x.
$\dfrac{\mathrm{d}^n y}{\mathrm{d}x^n}$	nth derivative of y with respect to x
$f'(x)$	f dash x f prime of x the derivative of f of x with respect to x the first-order derivative of f with respect to x
$f'(a)$	f prime of a
$f''(x)$	f double-dash x f double prime of x the second derivative of f with respect to x the second-order derivative of f with respect to x
$f'''(x)$	f triple prime of x f triple-dash x f treble-dash x the third derivative of f with respect to x the third-order derivative of f with respect to x
$f^{(4)}(x)$	the fourth derivative of f with respect to x the fourth-order derivative of f with respect to x
$f^{(n)}(x)$	the nth derivative of f with respect to x the nth-order derivative of f with respect to x f to the nth prime of x

數學表達	英文表達
$f'(g(x))$	f prime of g of x f prime at g of x
$f'(g(x))g'(x)$	the product of f prime of g of x and g prime of x
$(f(x)g(x))'$	the quantity of f of x times g of x, that quantity prime
$f'(x)g(x)+f(x)g'(x)$	f prime of x times g of x, that product plus f of x times g prime of x
$\left(\dfrac{f(x)}{g(x)}\right)'$	the quantity f of x over g of x, that quantity prime
$\dfrac{f'(x)g(x)-f(x)g'(x)}{g^2(x)}$	the fraction, the numerator is f prime of x times g of x, that product minus f of x times g prime of x, the denominator is g squared of x

Bk3_Ch15_04.py 繪製圖 15.14；請讀者修改程式繪製本節其他影像。本節程式採用 sympy.abc import x 定義符號變數，然後利用 sympy.diff() 計算一階導數函式符號式；利用 sympy.lambdify() 將符號式轉換成函式。

　　每個天才的誕生都需要時代、社會、思想的土壤。牛頓之所以成為牛頓，是一代代巨匠層層壘土的結果。

　　牛頓開創經典牛頓力學系統，以此為基礎的牛頓機械論自然觀讓當時人類思想界天翻地覆，它是人類文明的劃時代的里程碑。必須意識到牛頓的力學系統是基於哥白尼、開普勒、伽利略等人知識之上的繼承和發展。在牛頓所處的時代，哥白尼的日心說已經深入人心，開普勒提出行星運動三定律，伽利略發現慣性定律和自由落體定律。此外，牛頓之所以能發明微積分，離不開笛卡兒創立的解析幾何。

　　人類知識系統是由一代代學者不斷繼承發展而豐富壯大的。每一個發現、每一條定理，都是知識系統重要的一環，它們既深受前輩學者影響，又啟發後世學者。

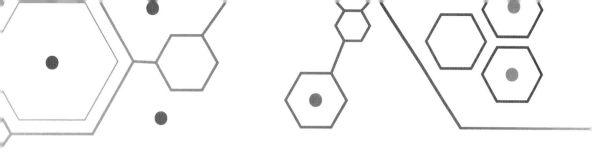

Partial Derivative

偏導數

只對多元函式一個變數求導，其他變數保持定值

我不知道世人看我的眼光。依我看來，我不過是一個在海邊玩耍的孩子，不時找到幾個光滑卵石、漂亮貝殼，而驚喜萬分；而展現在我面前的是，真理的浩瀚海洋，靜候探索。

I do not know what I may appear to the world, but to myself I seem to have been only like a boy playing on the sea-shore, and diverting myself in now and then finding a smoother pebble or a prettier shell than ordinary, whilst the great ocean of truth lay all undiscovered before me.

——艾薩克・牛頓（*Isaac Newton*）| 英國數學家、物理學家 | *1643 - 1727*

- ax.plot_surface() 繪製立體曲面圖
- ax.plot_wireframe() 繪製線方塊圖
- matplotlib.pyplot.contour() 繪製等高線圖
- matplotlib.pyplot.contourf() 繪製填充等高線圖
- sympy.abc 引入符號變數
- sympy.diff() 求解符號導數和偏導解析式
- sympy.exp() 符號自然指數函式
- sympy.lambdify() 將符號運算式轉化為函式
- sympy.symbols() 定義符號變數

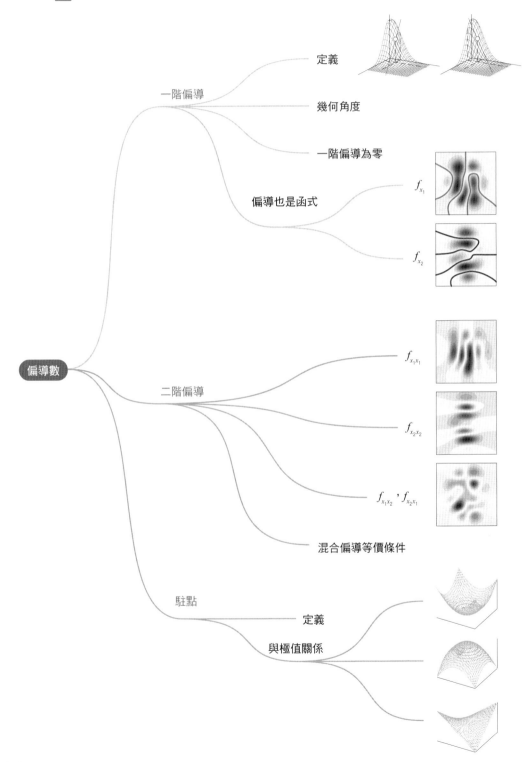

一階偏導
　定義
　幾何角度
　一階偏導為零
　偏導也是函式
　　f_{x_1}
　　f_{x_2}

偏導數

二階偏導
　$f_{x_1 x_1}$
　$f_{x_2 x_2}$
　$f_{x_1 x_2}$, $f_{x_2 x_1}$
　混合偏導等價條件

駐點
　定義
　與極值關係

16.1 幾何角度看偏導數

上一章介紹一元函式導數時，我們知道它是一元函式的變化率。從幾何角度來看，導數就是一元函式曲線上某點切線的斜率。

之前我們講過，一般情況下二元函式 $f(x_1, x_2)$ 可以視作曲面。如圖 16.1 所示，如果函式 $f(x_1, x_2)$ 曲面上某一點 $(a, b, f(a, b))$ 光滑，則該點處有無數條切線。

而我們特別關注的兩條切線是圖 16.2(a) 和圖 16.2(b) 紅色直線對應的切線。圖 16.2(a) 中的切線平行於 x_1y 平面，圖 16.2(b) 中的切線平行於 x_2y 平面。這用到的就是本書第 10 章介紹的剖面線思想。

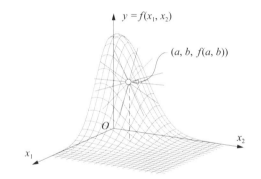

▲ 圖 16.1　光滑 $f(x_1, x_2)$ 某點的切線有無數條

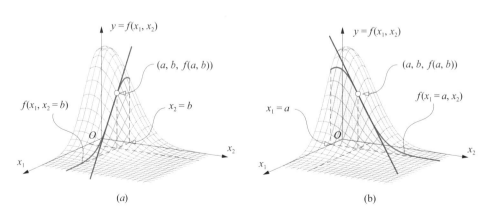

▲ 圖 16.2　幾何角度看 $f(x_1, x_2)$ 偏導

把 x_2 固定在 b，即 $x_2 = b$，圖 16.2(a) 所示切線斜率代表二元函式 $f(x_1, x_2)$ 在 (a, b) 處沿著 x_1 的變化率。把 x_1 固定在 a，即 $x_1 = a$，圖 16.2(b) 所示切線斜率代表二元函式 $f(x_1, x_2)$ 在 (a, b) 處沿著 x_2 的變化率。**偏導數** (partial derivative) 正是研究這種二元乃至多元函式變化率的工具。

對多元函式 $f(x_1, x_2, ..., x_D)$ 來說，偏導數是關於函式的某一個特定變數 x_i 的導數，而其他變數保持恆定。

本節透過二元函式介紹偏導數的定義。

偏導數定義

設 $f(x_1, x_2)$ 是定義在 $\mathbb{R}^2$ 上的二元函式，$f(x_1, x_2)$ 在點 (a, b) 的某一鄰域內有定義。

將 x_2 固定在 $x_2 = b$，則 $f(x_1, x_2)$ 變成了一個關於 x_1 的一元函式 $f(x_1, b)$。$f(x_1, b)$ 在 $x_1 = a$ 處關於 x_1 可導，則稱 $f(x_1, x_2)$ 在點 (a, b) 處關於 x_1 **可偏微分** (partially differentiable)。

用極限方法，$f(x_1, x_2)$ 在點 (a, b) 處關於 x_1 的偏導定義為

$$f_{x_1}(a,b) = \frac{\partial f}{\partial x_1}\bigg|_{\substack{x_1=a \\ x_2=b}} = \lim_{\Delta x_1 \to 0} \frac{f\left(a+\Delta x_1, \overset{\text{Fixed}}{\overbrace{b}}\right) - f\left(a, \overset{\text{Fixed}}{\overbrace{b}}\right)}{\Delta x_1} \tag{16.1}$$

圖 16.2(a) 所示網格面為 $f(x_1, x_2)$ 的函式曲面。從幾何角度看偏導數，平行於 $x_1 y$ 平面，在 $x_2 = b$ 切一刀得到淺藍色的剖面線，偏導 $f_{x_1}(a, b)$ 就是藍色剖面線在 $(a, b, f(a, b))$ 點的切線的斜率。

同理，$f(x_1, x_2)$ 在 (a, b) 點對於 x_2 的偏導可以定義為

⚠

注意，在三維直角座標系中，該切線平行 $x_1 y$ 平面。

$$f_{x_2}(a,b) = \frac{\partial f}{\partial x_2}\bigg|_{\substack{x_1=a\\x_2=b}} = \lim_{\Delta x_2 \to 0} \frac{f\left(\overset{\text{Fixed}}{\overset{\frown}{a}},b+\Delta x_2\right) - f\left(\overset{\text{Fixed}}{\overset{\frown}{a}},b\right)}{\Delta x_2} \tag{16.2}$$

也從幾何角度分析，如圖 16.2(b) 所示，偏導 $f_{x_2}(a,b)$ 就是藍色剖面線在 (a, b, f(a, b)) 點的切線斜率。該切線平行 $x_2 y$ 平面。

一個多極值曲面

下面給定一個較複雜的二元函式 $f(x_1, x_2)$ 講解偏導，有

$$f(x_1,x_2) = 3(1-x_1)^2 \exp\left(-x_1^2-(x_2+1)^2\right) - 10\left(\frac{x_1}{5}-x_1^3-x_2^5\right)\exp\left(-x_1^2-x_2^2\right) - \frac{1}{3}\exp\left(-(x_1+1)^2-x_2^2\right) \tag{16.3}$$

對 x_1 偏導

圖 16.3 所示有 $f(x_1, x_2)$ 曲面上的一系列散點。在每一個散點處，繪製平行於 $x_1 y$ 平面的切線，這些切線的斜率就是該點處 $f(x_1,x_2)$ 對 x_1 的偏導 $\partial f/\partial x_1 = f_{x_1}$。

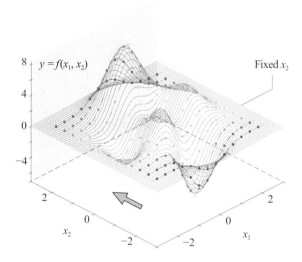

▲ 圖 16.3 $f(x_1, x_2)$ 曲面上不同點 $f(x_1, x_2 = b)$ 切線

將這些切線投影到 $x_1 y$ 平面可以得到如圖 16.4 所示的平面投影。

如前文所述，固定 $x_2 = b$，$f(x_1, x_2)$ 這個二元函式變成了一個關於 x_1 的一元函式 $f(x_1, x_2 = b)$。不同 b 值對應不同的 $f(x_1, x_2 = b)$ 函式，對應圖 16.4 中的不同曲線。

在這些 $f(x_1, x_2 = b)$ 一元函式曲線上的某點作切線，切線斜率就是二元函式 $f(x_1, x_2)$ 對 x_1 的偏導。

再次觀察圖 16.4，發現每一條曲線都能找到至少一條切線平行於 x_1 軸，也就是切線斜率為 0。將這些切線斜率為 0 的點連在一起可以得到圖 16.5 中的綠色曲線。不難看出，綠色曲線經過曲面的每個「山峰」和「山谷」，也就是二元函式極大值和極小值。這一點觀察對後續最佳化問題求解非常重要。

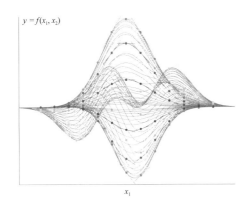 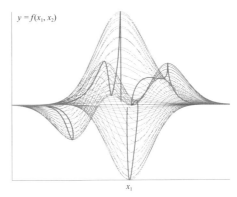

▲ 圖 16.4　$f(x_1, x_2 = b)$ 函式和切線在 x_1y 平面投影

▲ 圖 16.5　將滿足 $f_{x_1}(x_1, x_2) = 0$ 的點連成線

對 x_2 偏導

下面，我們用同樣幾何角度分析 $f(x_1, x_2)$ 對 x_2 的偏導 $\partial f / \partial x_2 = f x_2$。

如圖 16.6 所示，繪製 $f(x_1, x_2)$ 曲面上不同位置平行於 x_2y 平面的切線，而這些切線斜率就是不同點處 $f(x_1, x_2)$ 對 x_2 的偏導 $\partial f / \partial x_2 = f x_2$。

將這些切線投影到 x_2y 平面可以得到圖 16.7 所示的平面投影。圖 16.7 中曲線都相當於一元函式，曲線上不同點切線斜率就是偏導。偏導用到的思維實際

上也相當於「降維」，將三維曲面投影到平面上得到一系列曲線，然後再研究「變化率」。也就是說，偏導的核心實際上還是一元函式的導數。

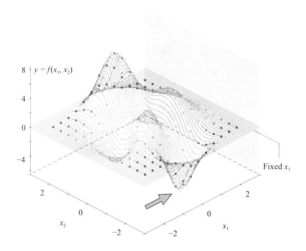

▲ 圖 16.6　$f(x_1, x_2)$ 曲面上不同點處繪製 $f(x_1 = a, x_2)$ 切線

圖 16.8 所示的深藍色曲線滿足 $f_{x_2}(x_1, x_2) = 0$。同樣，我們發現這條深藍色曲線經過曲面的「山峰」和「山谷」。本章後文會換一個角度來看圖 16.5 中的綠色曲線和圖 16.8 中的深藍色曲線。

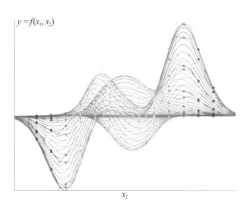

▲ 圖 16.7　$f(x_1 = a, x_2)$ 函式和切線在 x_2y 平面投影

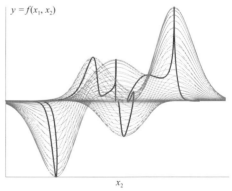

▲ 圖 16.8　將滿足 $f_{x_2}(x_1, x_2) = 0$ 的點連成線

本章開頭說過，光滑曲面任意一點有無數條切線；也就是說，給定曲面一點 $(a, b, f(a, b))$ 從不同角度都可以獲得曲面在該點處的切線。而對 x_1 偏導和對 x_2 偏導只能幫助我們定義兩條切線。

大家可能會問，如何確定其他方向上切線斜率呢？這些「偏導數」又叫什麼？

偏導數相關的英文表達詳見表 16.1。

目前，我們已經掌握的數學工具尚不足以解決這個問題。

➜ 表 16.1　偏導數的英文表達

數學表達	英文表達
∂	Partial d, curly d, curved d, del
∂y	Partial y The partial derivative of y
$\dfrac{\partial y}{\partial x}$	Partial derivative of y with respect to x Partial y over partial x Partial derivative with respect to x of y
$\dfrac{\partial^2 y}{\partial x^2}$	Partial two y by partial x squared The second partial derivative of y with respect to x
$\dfrac{\partial^2 f}{\partial x \partial y}$	Second partial derivative of f, first with respect to x and then with respect to y
$\dfrac{\partial f}{\partial x_1}$	The partial derivative of f with respect to x sub one Partial d f over partial x sub one
$\dfrac{\partial^2 f}{\partial x_1^2}$	The second partial derivative of f with respect to x sub one Partial two f by partial x sub one squared

16.2 偏導也是函式

上一章說到導數也叫導函式,這是因為導數也是函式;同樣,偏導數也叫偏導函式,因為它也是函式。

對 x_1 偏導

計算式 (16.3) 舉出的二元函式 $f(x_1, x_2)$ 對 x_1 的一階偏導 $f_{x_1}(x_1, x_2)$ 解析式為

$$
\begin{aligned}
f_{x_1}(x_1, x_2) = & -6x_1(1-x_1)^2 \exp\left(-x_1^2 - (x_2+1)^2\right) \\
& -2x_1\left(10x_1^3 - 2x_1 + 10x_2^5\right)\exp\left(-x_1^2 - x_2^2\right) \\
& -\frac{1}{3}(-2x_1 - 2)\exp\left(-x_2^2 - (x_1+1)^2\right) \\
& +(6x_1 - 6)\exp\left(-x_2^2 - (x_1+1)^2\right) \\
& +(30x_1^2 - 2)\exp\left(-x_1^2 - x_2^2\right)
\end{aligned}
\tag{16.4}
$$

可以發現,$f_{x_1}(x_1, x_2)$ 也是一個二元函式。

圖 16.9 所示為 $f_{x_1}(x_1, x_2)$ 曲面,請大家格外注意圖中的綠色等高線,它們對應 $f_{x_1}(x_1, x_2) = 0$(圖 16.5 中的綠色曲線)。

圖 16.10 所示為 $f_{x_1}(x_1, x_2)$ 的平面填充等高線,從這個角度看 $f_{x_1}(x_1, x_2) = 0$ 對應的綠色等高線更加方便。本章末將探討綠色等高線與 $f(x_1, x_2)$ 曲面極值點的關係。

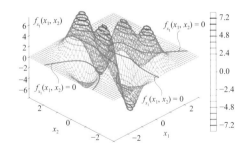

▲ 圖 16.9　二元函式 $f(x_1, x_2)$ 對 x_1 一階偏導 $f_{x_1}(x_1, x_2)$ 曲面

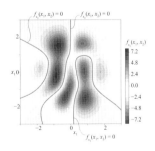

▲ 圖 16.10　$f_{x_1}(x_1, x_2)$ 平面填充等高線

程式檔案 Bk3_Ch16_01.py 中 Bk3_Ch16_01_A 部分繪製圖 16.9 和圖 16.10。

對 x_2 偏導

　　配合前文程式，請讀者自行計算 $f(x_1, x_2)$ 對於 x_2 的一階偏導 $f_{x_2}(x_1, x_2)$ 解析式。圖 16.11 所示為 $f_{x_2}(x_1, x_2)$ 曲面。

　　圖 16.12 所示為 $f_{x_2}(x_1, x_2)$ 曲面填充等高線，圖中深藍色等高線對應 $f_{x_2}(x_1, x_2) = 0$。

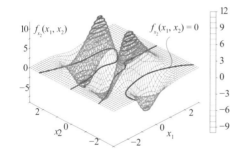

▲　圖 16.11　二元函式 $f(x_1, x_2)$ 對 x_2 一階偏導 $f_{x_1}(x_1, x_2)$ 曲面

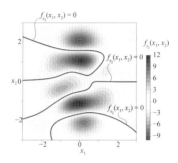

▲　圖 16.12　$f_{x_2}(x_1, x_2)$ 平面填充等高線

程式檔案 Bk3_Ch16_01.py 中 Bk3_Ch16_01_B 部分繪製圖 16.11 和圖 16.12。

16.3　二階偏導：一階偏導函式的一階偏導

　　假設某個二元函式 $f(x_1, x_2)$ 對 x_1、x_2 分別具有偏導數 $f_{x_1}(x_1, x_2)$、$f_{x_2}(x_1, x_2)$。上一節內容告訴我們 $f_{x_1}(x_1, x_2)$、$f_{x_2}(x_1, x_2)$ 也是關於 x_1、x_2 的二元函式。

　　如果一階偏導函式 $f_{x_1}(x_1, x_2)$、$f_{x_2}(x_1, x_2)$ 也有其各自的一階偏導數，則稱該「一階偏導的一階偏導」是 $f(x_1, x_2)$ 的二階偏導數。

對 x_1 二階偏導

$f_{x_1}(x_1, x_2)$ 對 x_1 求一階偏導便得到 $f(x_1, x_2)$ 對 x_1 的二階偏導，記做

$$\frac{\partial}{\partial x_1}\left(\frac{\partial f}{\partial x_1}\right) = \frac{\partial^2 f}{\partial x_1^2} = f_{x_1 x_1} = \left(f_{x_1}\right)_{x_1} \tag{16.5}$$

圖 16.13 所示為二階偏導 $f_{x_1 x_1}$ 的曲面和平面填充等高線。

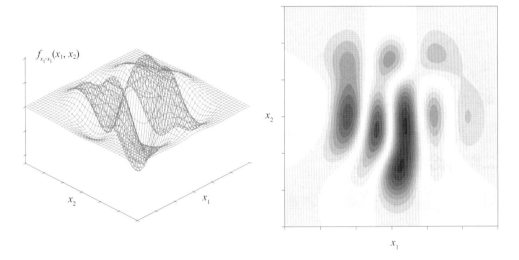

▲ 圖 16.13　二階偏導 $f_{x_1 x_1}$ 曲面和平面填充等高線

對 x_2 二階偏導

$f_{x_2}(x_1, x_2)$ 對 x_2 求一階偏導便得到 $f(x_1, x_2)$ 對 x_2 的二階偏導，記做

$$\frac{\partial}{\partial x_2}\left(\frac{\partial f}{\partial x_2}\right) = \frac{\partial^2 f}{\partial x_2^2} = f_{x_2 x_2} = \left(f_{x_2}\right)_{x_2} \tag{16.6}$$

圖 16.14 所示為二階偏導 $f_{x_2 x_2}$ 曲面和平面填充等高線。

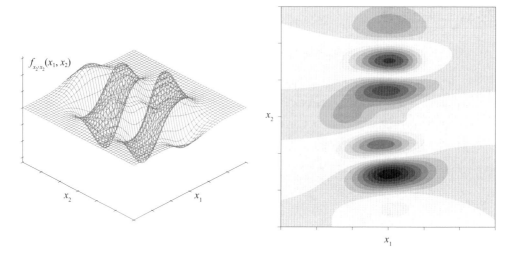

▲ 圖 16.14　二階偏導 f_{x_2,x_2} 曲面和平面填充等高線

二階混合偏導

$f_{x_1}(x_1, x_2)$ 對 x_2 求一階偏導得到 $f(x_1, x_2)$ 先對 x_1、後對 x_2 的二階混合偏導，記做

$$\frac{\partial}{\partial x_2}\left(\frac{\partial f}{\partial x_1}\right) = \underbrace{\frac{\partial^2 f}{\partial x_1 \partial x_2}}_{x_1 \to x_2} = f_{x_1 x_2} = \left(f_{x_1}\right)_{x_2} \tag{16.7}$$

⚠

注意：請大家注意偏導先後順序, 先 x_1 後 x_2。

$f_{x_2}(x_1, x_2)$ 對 x_1 求一階偏導得到 $f(x_1, x_2)$ 先對 x_2、後對 x_1 的二階混合偏導，記做

$$\frac{\partial}{\partial x_1}\left(\frac{\partial f}{\partial x_2}\right) = \underbrace{\frac{\partial^2 f}{\partial x_2 \partial x_1}}_{x_2 \to x_1} = f_{x_2 x_1} = \left(f_{x_2}\right)_{x_1} \tag{16.8}$$

⚠ 注意：再次請大家注意混合偏導的先後順序。不同教材的記法存在順序顛倒。為了方便大部分讀者習慣，本章混合偏導記法採用同濟大學撰寫的《高等數學》中的記法規則。

如果函式 $f(x_1, x_2)$ 在某個特定區域內兩個二階混合偏導 $f_{x_2 x_1}$、$f_{x_1 x_2}$ 連續，那麼這兩個混合偏導數相等，即

$$\frac{\partial^2 f}{\partial x_2 \partial x_1} = \frac{\partial^2 f}{\partial x_1 \partial x_2} \tag{16.9}$$

函式的二階偏導連續，因此 $f_{x_2 x_1}$ 和 $f_{x_1 x_2}$ 等價。圖 16.15 所示為二階偏導 $f_{x_1 x_2}$ ($= f_{x_2 x_1}$) 曲面和填充等高線。

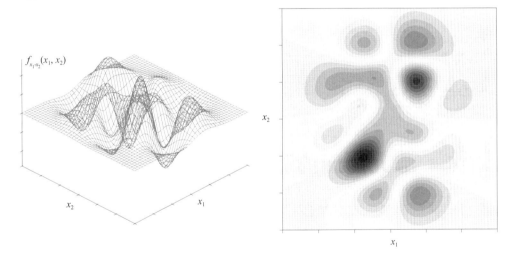

▲ 圖 16.15　二階偏導 $f_{x_1 x_2}$ ($= f_{x_2 x_1}$) 曲面和填充等高線

與巴斯卡三角的聯繫

圖 16.16 所示為偏導數與巴斯卡三角的聯繫。

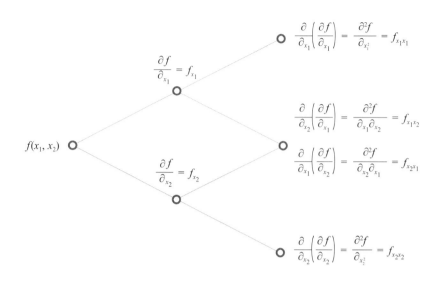

▲ 圖 16.16　巴斯卡三角在偏導數的應用

程式檔案 Bk3_Ch16_01.py 中 Bk3_Ch16_01_C 部分繪製圖 16.13、圖 16.14、圖 16.15。

16.4 二元曲面的駐點：一階偏導為 0

上一章介紹過駐點這個概念。對於一元函式 $f(x)$，駐點處函式一階導數為 0。從幾何影像上來看，$f(x)$ 在駐點的切線平行於橫軸。駐點可能對應一元函式的極小值、極大值或鞍點。

而對於二元函式，駐點對應兩個一階偏導為 0 的點。從幾何角度看，駐點處切面平行於水平面。

對 x_1 一階偏導為 0

圖 16.9 和圖 16.10 舉出 $f_{x_1}(x_1, x_2) = 0$ 對應的座標點 (x_1, x_2) 位置。如果將滿足 $f_{x_1}(x_1, x_2) = 0$ 等式的所有點映射到 $f(x_1, x_2)$ 曲面上，可以得到圖 16.17 所示的綠色曲線。

仔細觀察圖 16.17 中的綠色曲線，它們都經過 $f(x_1, x_2)$ 曲面上的極大值和極小值點。這一點，在圖 16.18 所示的填充等高線上看得更清楚。

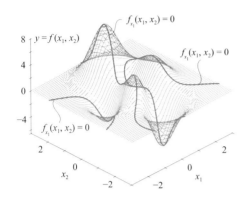

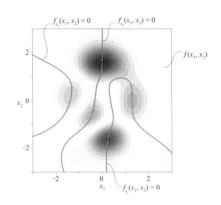

▲ 圖 16.17　$f_{x_1}(x_1, x_2) = 0$ 投影在 $f(x_1, x_2)$ 曲面上

▲ 圖 16.18　將 $f_{x_1}(x_1, x_2) = 0$ 投影在 $f(x_1, x_2)$ 曲面填充等高線上

對 x_2 一階偏導為 0

同理，圖 16.11 和圖 16.12 舉出了 $f_{x_2}(x_1, x_2) = 0$ 對應的座標點 (x_1, x_2) 位置。將滿足 $f_{x_2}(x_1, x_2) = 0$ 等式的所有點映射到 $f(x_1, x_2)$ 曲面上，得到圖 16.19 所示的藍色曲線。圖 16.19 中藍色曲線也都經過 $f(x_1, x_2)$ 曲面上的極大值和極小值點。圖 16.20 所示為平面填充等高線圖。

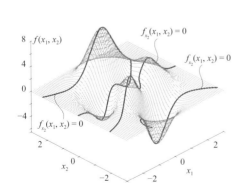

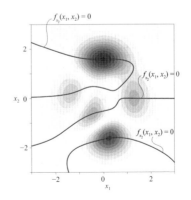

▲ 圖 16.19　$f_{x_2}(x_1, x_2) = 0$ 投影在 $f(x_1, x_2)$ 曲面上

▲ 圖 16.20　將 $f_{x_2}(x_1, x_2) = 0$ 投影在 $f(x_1, x_2)$ 曲面填充等高線上

二元函式駐點

將 $f_{x_1}(x_1, x_2) = 0$（綠色曲線）和 $f_{x_1}(x_1, x_2) = 0$（藍色曲線）同時映射到 $f(x_1, x_2)$ 曲面，得到圖 16.21 所示影像。

$f(x_1, x_2)$ 曲面山峰和山谷，也就是極大和極小值點，正好都位於藍色和綠色曲線的交點處。

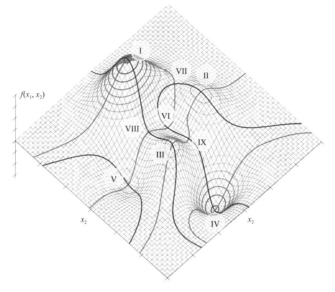

▲ 圖 16.21　$f_{x_1}(x_1, x_2) = 0$ 和 $f_{x_2}(x_1, x_2) = 0$ 同時投影在 $f(x_1, x_2)$ 曲面上

從圖 16.22 所示的等高線中更容易發現，Ⅰ、Ⅱ、Ⅲ點為極大值點，其中 Ⅰ 為最大值點；Ⅳ、Ⅴ、Ⅵ為極小值點，其中Ⅳ為最小值點。

與此同時，我們也發現還有三個藍綠曲線的交點Ⅶ、Ⅷ、Ⅸ，它們既不是極大值點，也不是極小值點。Ⅶ、Ⅷ、Ⅸ就是所謂的鞍點。

比如，在Ⅸ點，沿著綠色線向Ⅳ運動是下山，而沿著藍色線向Ⅲ運動是上山。

程式檔案 Bk3_Ch16_01.py 中 Bk3_Ch16_01_D 部分繪製圖 16.18、圖 16.20、圖 16.21、圖 16.22 四幅影像。請讀者自行繪製圖 16.17 和圖 16.19 兩幅影像。

在 Bk3_Ch16_01.py 基礎上，我們做了一個 App 並用 Plotly 繪製偏導函式的 3D 互動曲面。請參考 Streamlit_Bk3_Ch16_01.py。

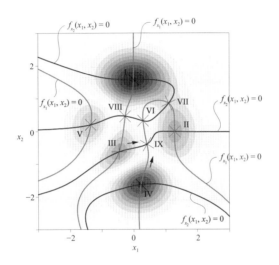

▲ 圖 16.22 $f_{x_1}(x_1, x_2) = 0$ 和 $f_{x_2}(x_1, x_2) = 0$ 同時投影在 $f(x_1, x_2)$ 曲面填充等高線

◀ 對於具有多個「山峰」和「山谷」的曲面，利用一階偏導為 0 來判斷極值點顯然不充分。本書將在第 19 章介紹如何判斷二元函式的極值點。

一元函式導數是函式變化率，幾何角度是曲線切線斜率。本章利用「降維」這個想法，將一元函式導數這個數學工具拿來分析二元函式；對於二元函式或多元函式，我們給這個數學工具取了個名字叫作「偏導數」。「偏」字就是只考慮一個變數或一個維度。我們在介紹大寫西格瑪 Σ 時，也創造了「偏求和」這個概念；在之後的積分內容中，我們還會見到「偏積分」。

　　本章還利用剖面線和等高線這兩個視覺化工具分析二元函式特徵。請大家格外注意二元函式鞍點的性質。

Differential

微分

微分是線性近似

我看得比別人更遠，那是因為我站在一眾巨人們的臂膀
之上。

If I have seen further than others, it is by standing upon the shoulders of giants.

——艾薩克 · 牛頓（*Isaac Newton*）| 英國數學家、物理學家 | *1643 - 1727*

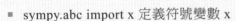

- sympy.abc import x 定義符號變數 x
- sympy.diff() 求解符號導數和偏導解析式
- sympy.evalf() 將符號解析式中的未知量替換為具體數值
- sympy.lambdify() 將符號運算式轉化為函式
- sympy.series() 求解泰勒展開級數符號式
- sympy.symbols() 定義符號變數

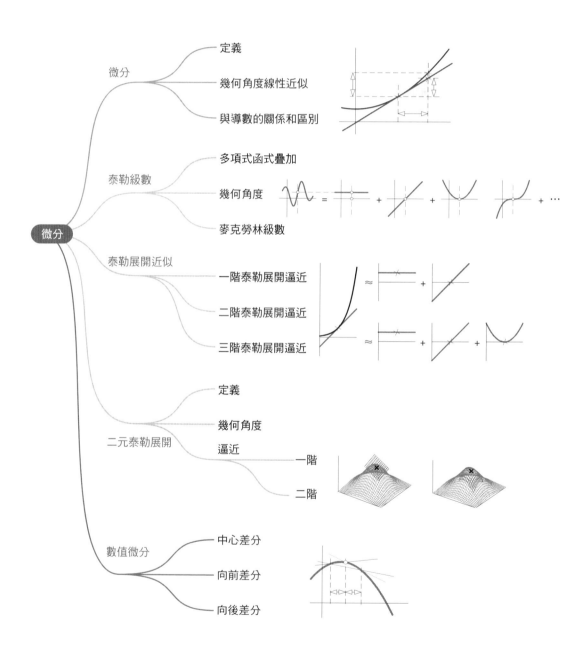

17.1 幾何角度看微分：線性近似

微分 (differential) 是函式的局部變化的一種線性描述。如圖 17.1 所示，微分可以近似地描述當函式引數設定值出現足夠小的 Δx 變化時，函式值的變化 Δy。

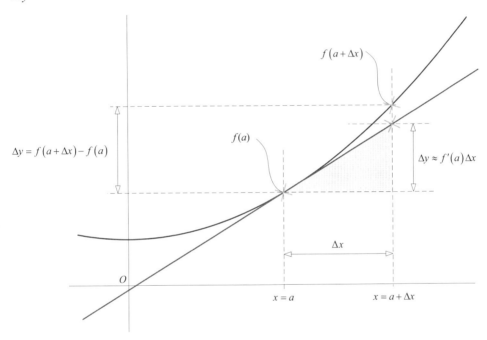

▲ 圖 17.1 對一元函式來說，微分是線性近似

假設函式 *f(x)* 在某個區間內有定義。給定該區間內一點 a，當 a 變動到 $a + \Delta x$(也在該區間內) 時，函式實際增量 Δy 為

$$\Delta y = f(a+\Delta x)-f(a) \tag{17.1}$$

而增量 Δy 可以近似為

$$\Delta y = f(a+\Delta x)-f(a) \approx f'(a)\Delta x \tag{17.2}$$

其中：$f'(a)$ 為函式在 $x = a$ 處的一階導數。本書第 15 章講過，函式 $f(x)$ 在某一點處的一階導數值是函式在該點處切線的斜率值。

整理上式，$f(a + \triangle x)$ 可以近似寫成

$$f\left(a+\Delta x\right) \approx f'\left(a\right)\Delta x + f\left(a\right)$$ (17.3)

令

$$x = a + \Delta x$$ (17.4)

可以寫成

$$f\left(x\right) \approx f'\left(a\right)\left(x-a\right) + f\left(a\right)$$ (17.5)

式 (17.5) 就是一次函式的點斜式。一次函式通過點 $(a, f(a))$，斜率為 $f'(a)$。

如圖 17.1 所示，從幾何角度，微分用切線這條斜線代替曲線。實踐中，複雜的非線性函式可以通過局部線性化來簡化運算。

圖 17.2 和圖 17.3 所示分別為高斯函式與其一階導數函式在若干點處的切線。

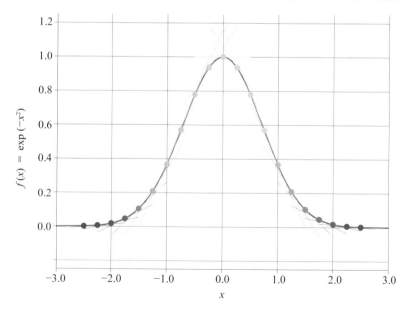

▲ 圖 17.2　高斯函式不同點處切線

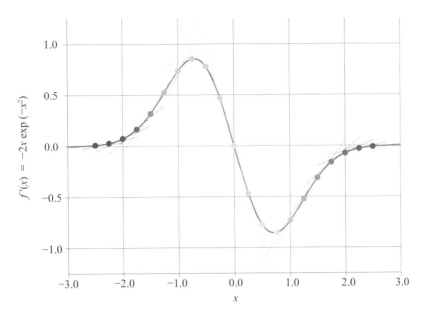

▲ 圖 17.3　高斯函式一階導數不同點處切線

17.2　泰勒級數：多項式函式近似

英國數學家**布魯克・泰勒** (Sir Brook Taylor) 在 1715 年發現了**泰勒級數** (Taylor's theorem)。泰勒級數是一種強大的函式近似工具。

布魯克・泰勒 (Brook Taylor)

英國數學家 | 1685-1731

以泰勒公式和泰勒級數聞名

當**展開點** (expansion point) 為 $x = a$ 時，一元函式 $f(x)$ 的**泰勒展開** (Taylor expansion) 形式為

$$
\begin{aligned}
f(x) &= \sum_{n=0}^{\infty} \frac{f^{(n)}(a)}{n!}(x-a)^n \\
&= \underbrace{f(a)}_{\text{Constant}} + \underbrace{\frac{f'(a)}{1!}(x-a)}_{\text{Linear}} + \underbrace{\frac{f''(a)}{2!}(x-a)^2}_{\text{Quadratic}} + \underbrace{\frac{f'''(a)}{3!}(x-a)^3}_{\text{Cubic}} + \cdots
\end{aligned}
\tag{17.6}
$$

其中：a 為**展開點** (expansion point)。式中的階乘是多項式求導產生的。展開點為 0 的泰勒級數又叫作**麥克勞林級數** (Maclaurin series)。

如圖 17.4 所示，泰勒展開相當於一系列多項式函式疊加，用於近似表示某個複雜函式。

⚠️

注意：圖中常數函式圖像對應的高度 $f(a)$ 提供了 $x = a$ 處 $f(x)$ 的函式值。而剩餘其他多項式函式在展開點 $x = a$ 處函式值均為 0

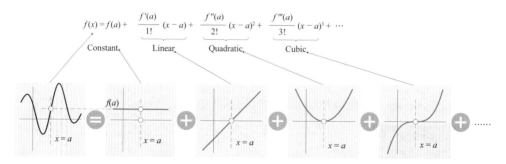

▲ 圖 17.4　一元函式泰勒展開原理

實際應用中，在應用泰勒公式近似計算時需要截斷，也就是只取有限項。

上一節介紹微分時，式 (17.5) 實際上就是泰勒公式取前兩項，即用「常數函式 + 一次函式」疊加近似原函式 $f(x)$，有

$$
f(x) \approx \underbrace{f(a)}_{\text{Constant}} + \underbrace{\frac{f'(a)}{1!}(x-a)}_{\text{Linear}} = f(a) + f'(a)(x-a)
\tag{17.7}
$$

在式 (17.7)「常數函式 + 一次函式」的基礎上，再增加「二次函式」成分，我們便得到二次近似為

$$f(x) \approx \underbrace{f(a)}_{\text{Constant}} + \underbrace{\frac{f'(a)}{1!}(x-a)}_{\text{Linear}} + \underbrace{\frac{f''(a)}{2!}(x-a)^2}_{\text{Quadratic}} \tag{17.8}$$

圖 17.5 和圖 17.6 所示分別為高斯函式與其一階導數函式不同點處的二次近似。泰勒公式把複雜函式轉為多項式疊加。相較其他函式而言，多項式函式更容易計算微分、積分。本章後續將介紹利用泰勒展開近似的方法。

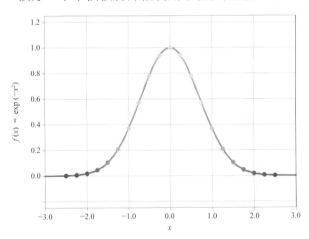

▲ 圖 17.5　高斯函式不同點處二次近似

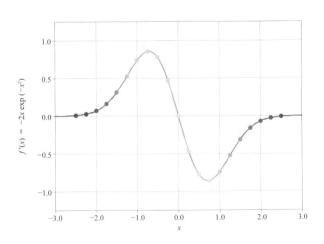

▲ 圖 17.6　高斯函式一階導數不同點處二次近似

Bk3_Ch17_01.py 繪製圖 17.5 和圖 17.6。

在 Bk3_Ch17_01.py 基礎上,我們做了一個 App 展示曲線上不同點的一次和二次近似。請參考 Streamlit_Bk3_Ch17_01.py。

17.3 多項式近似和誤差

再次強調,泰勒展開的核心是用一系列多項式函式疊加來逼近某個函式。實際應用中,泰勒級數常用來近似計算複雜的非線性函式,並估計誤差。

給定原函式 $f(x)$ 為自然指數函式

$$f(x) = \exp(x) = e^x \tag{17.9}$$

在 $x = 0$ 處,該函式的泰勒級數展開為

$$e^x = \sum_{n=0}^{\infty} \frac{x^n}{n!} = \frac{x^0}{0!} + \frac{x^1}{1!} + \frac{x^2}{2!} + \frac{x^3}{3!} + \frac{x^4}{4!} + \frac{x^5}{5!} + \cdots = 1 + x + \frac{x^2}{2} + \frac{x^3}{6} + \frac{x^4}{24} + \frac{x^5}{120} + \cdots \tag{17.10}$$

如前文所述,在具體應用場合,泰勒公式需要截斷,只取有限項進行近似運算。一個函式的有限項的泰勒級數叫作泰勒展開式。

常數函式

在 $x = 0$ 點處,$f(x)$ 函式值為

$$f(0) = \exp(0) = 1 \tag{17.11}$$

圖 17.7 所示為用常數函式來近似原函式,即

$$f_0(x) = \underset{\text{Constant}}{1} \tag{17.12}$$

圖 17.8 所示為比較原函式和常數函式,並舉出誤差隨 x 的變化。常數函式為平行橫軸的直線,它的估計能力顯然明顯不足。

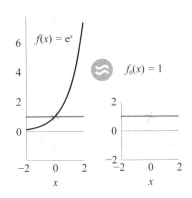

▲ 圖 17.7　常數函式近似

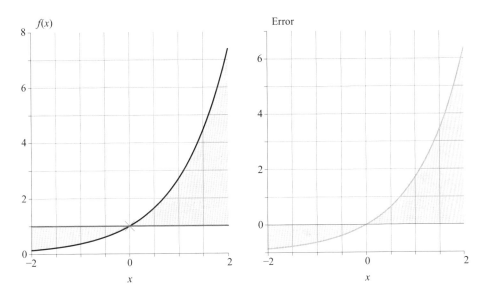

▲ 圖 17.8　常數函式近似及誤差

一次函式

原函式 $f(x)$ 的一階導數為

$$f'(x) = \exp(x) \tag{17.13}$$

$x = 0$ 處一階導數為切線斜率

$$f'(0) = \exp(0) = 1 \qquad (17.14)$$

用一次函式來近似原函式，有

$$f_1(x) = \underset{\text{Constant}}{1} + \underset{\text{Linear}}{x} \qquad (17.15)$$

圖 17.9 所示為「常數函式 + 一次函式」近似的原理。

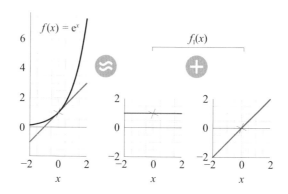

▲ 圖 17.9　「常數函式 + 一次函式」近似

　　疊加常數函式和一次函式，常被稱作**一階泰勒展開** (first-order Taylor polynomial/expansion/ approximation 或 first-degree Taylor polynomial)。一階泰勒展開是最常用的逼近手段。

　　原函式和泰勒多項式的差被稱為泰勒公式的餘項，即誤差，有

$$R(x) = f(x) - f_1(x) = f(x) - \left(\underset{\text{Constant}}{1} + \underset{\text{Linear}}{x} \right) \qquad (17.16)$$

圖 17.10 所示為一階泰勒展開的近似和誤差；離展開點 $x = a$ 越遠，誤差越大。

　　也就是說，非線性函式在 $x = a$ 附近可以用這個一次函式近似。當 x 遠離 a 時，這個近似就變得不準確。

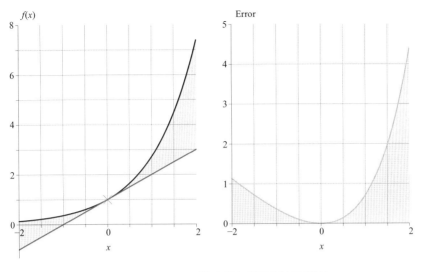

▲ 圖 17.10　一階泰勒展開近似及誤差

二次函式

用二次多項式函式近似原函式，有

$$f_2(x) = \underbrace{1}_{\text{Constant}} + \underbrace{x}_{\text{Linear}} + \underbrace{\frac{x^2}{2}}_{\text{Quadratic}} \tag{17.17}$$

式 (17.17) 也叫 **二階泰勒展開** (second-order Taylor polynomial/expansion/ approximation)。如圖 17.11 所示，二階泰勒展開疊加了三個成分，即「常數函 式 + 一次函式 + 二次函式」。

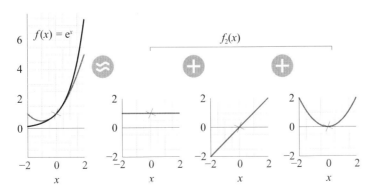

▲ 圖 17.11　「常數函式 + 一次函式 + 二次函式」近似原函式

圖 17.12 所示為二階泰勒展開近似及誤差。相較圖 17.10 ，圖 17.12 中的誤差明顯變小了。

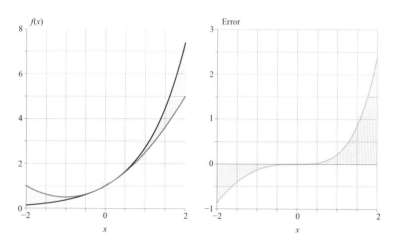

▲ 圖 17.12　二階泰勒展開近似及誤差

三次函式

用三次多項式函式近似原函式，有

$$f_3\left(x\right) = \underset{\text{Constant}}{1} + \underset{\text{Linear}}{x} + \underset{\text{Quadratic}}{\frac{x^2}{2}} + \underset{\text{Cubic}}{\frac{x^3}{6}} \tag{17.18}$$

圖 17.13 所示為「常數函式 + 一次函式 + 二次函式 + 三次函式」疊加近似原函式。比較圖 17.12 和圖 17.14 ，增加三次項後，逼近效果有了提高，誤差進一步減小。

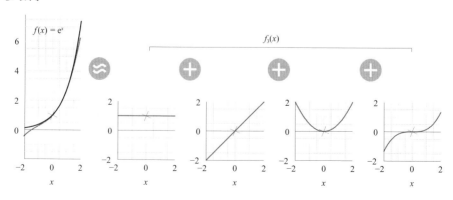

▲ 圖 17.13　「常數函式 + 一次函式 + 二次函式 + 三次函式」近似原函式

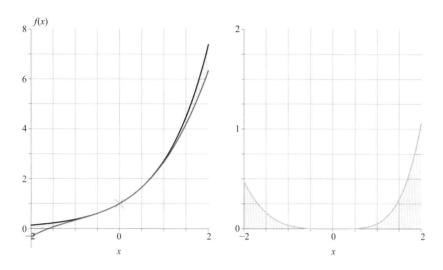

▲ 圖 17.14　三次函式近似原函式及誤差

四次函式

　　圖 17.15 所示為用四次多項式函式近似原函式，有

$$f(x) = \exp(x) \approx f_4(x) = \underbrace{1}_{\text{Constant}} + \underbrace{x}_{\text{Linear}} + \underbrace{\frac{x^2}{2}}_{\text{Quadratic}} + \underbrace{\frac{x^3}{6}}_{\text{Cubic}} + \underbrace{\frac{x^4}{24}}_{\text{Quartic}} \qquad (17.19)$$

　　一般來說，泰勒多項式展開的項數越多，也就是多項式冪次越高，逼近效果越好；但是，實際應用中，線性逼近和二次逼近用得最為廣泛。誤差分析相關內容本書不做探討，對於誤差分析感興趣的同學可以自行學習。

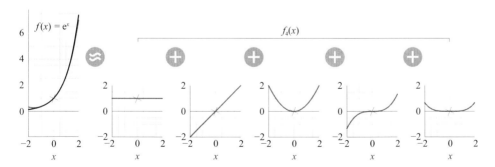

▲ 圖 17.15　「常數函式＋一次函式＋二次函式＋三次函式＋四次函式」近似原函式

Bk3_Ch17_02.py 繪製本節影像；請大家改變展開點位置，比如 $x = 1$、$x = -1$，並觀察比較近似及誤差。

在 Bk3_Ch17_02.py 基礎上，我們做了一個 App 比較不同泰勒展開項數對逼近結果的影響，請參考 Streamlit_Bk3_Ch17_02.py。

17.4　二元泰勒展開：用多項式曲面近似

上一節介紹的一元泰勒展開也可以擴展到多元函式。本節以二元函式為例介紹多元函式的泰勒展開。

給定二元函式 $f(x_1, x_2)$，它的泰勒展開式可以寫成

$$f(x_1, x_2) = \underbrace{f(a,b)}_{\text{Constant}} + \underbrace{f_{x_1}(a,b)(x_1 - a) + f_{x_2}(a,b)(x_2 - b)}_{\text{Plane}}$$
$$+ \underbrace{\frac{1}{2!}\left[f_{x_1 x_1}(a,b)(x_1 - a)^2 + 2f_{x_1 x_2}(a,b)(x_1 - a)(x_2 - b) + f_{x_2 x_2}(a,b)(x_2 - b)^2 \right]}_{\text{Quadratic}} + \cdots \qquad (17.20)$$

⚠

注意：式中假定兩個混合偏導相同，即 $f_{x1x2}(a, b) = f_{x2x1}(a, b)$。

將式 (17.20) 寫成矩陣運算形式為

$$f(x_1, x_2) = f(a,b) + \begin{bmatrix} f_{x_1}(a,b) \\ f_{x_2}(a,b) \end{bmatrix}^{\mathrm{T}} \begin{bmatrix} x_1 - a \\ x_2 - b \end{bmatrix} + \frac{1}{2!} \begin{bmatrix} x_1 - a \\ x_2 - b \end{bmatrix}^{\mathrm{T}} \begin{bmatrix} f_{x_1 x_1}(a,b) & f_{x_2 x_1}(a,b) \\ f_{x_1 x_2}(a,b) & f_{x_2 x_2}(a,b) \end{bmatrix} \begin{bmatrix} x_1 - a \\ x_2 - b \end{bmatrix} + \cdots \qquad (17.21)$$

如圖 17.16 所示，從幾何角度講，二元函式泰勒展開相當於水平面、斜面、二次曲面、三次曲面等多項式曲面疊加。

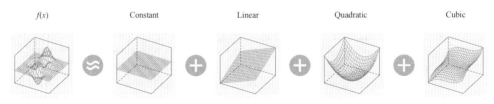

▲ 圖 17.16　二元函式泰勒展開原理

舉個例子

給定二元高斯函式

$$y = f(x_1, x_2) = \exp\left(-\left(x_1^2 + x_2^2\right)\right) \tag{17.22}$$

二元函式 $f(x_1, x_2)$ 的一階偏導

$$f_{x_1}(x_1, x_2) = \frac{\partial f}{\partial x_1}(x_1, x_2) = -2x_1 \exp\left(-\left(x_1^2 + x_2^2\right)\right)$$
$$f_{x_2}(x_1, x_2) = \frac{\partial f}{\partial x_2}(x_1, x_2) = -2x_2 \exp\left(-\left(x_1^2 + x_2^2\right)\right) \tag{17.23}$$

圖 17.17 所示為兩個一階偏導函式的平面等高線圖；圖中 × 為展開點位置，水平面位置座標為 (-0.1, -0.2)。

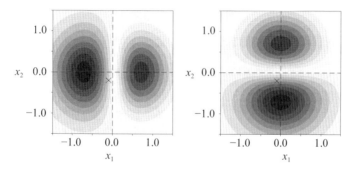

▲ 圖 17.17　一階偏導數三維等高線

式 (17.22) 中的二元函式 $f(x_1, x_2)$ 二階偏導為

$$f_{x_1 x_1}(x_1, x_2) = \frac{\partial^2 f}{\partial x_1^2}(x_1, x_2) = \left(-2 + 4x_1^2\right)\exp\left(-\left(x_1^2 + x_2^2\right)\right)$$
$$f_{x_2 x_2}(x_1, x_2) = \frac{\partial^2 f}{\partial x_2^2}(x_1, x_2) = \left(-2 + 4x_2^2\right)\exp\left(-\left(x_1^2 + x_2^2\right)\right)$$
$$f_{x_1 x_2}(x_1, x_2) = \frac{\partial^2 f}{\partial x_1 \partial x_2}(x_1, x_2) = 4x_1 x_2 \exp\left(-\left(x_1^2 + x_2^2\right)\right) \tag{17.24}$$
$$f_{x_2 x_1}(x_1, x_2) = \frac{\partial^2 f}{\partial x_2 \partial x_1}(x_1, x_2) = 4x_1 x_2 \exp\left(-\left(x_1^2 + x_2^2\right)\right)$$

顯然，兩個混合偏導相同，即

$$f_{x_1 x_2}(x_1, x_2) = f_{x_2 x_1}(x_1, x_2) \tag{17.25}$$

圖 17.18 所示為兩個二階偏導函式的平面等高線圖。

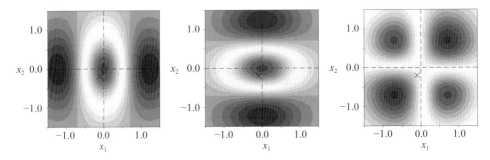

▲ 圖 17.18　二階偏導數三維等高線

展開點 (-0.1, -0.2) 處的函式值以及一階、二階偏導數具體值為

$$f(-0.1, -0.2) = 0.951, \quad \begin{cases} f_{x_1}(-0.1, -0.2) = 0.190 \\ f_{x_2}(-0.1, -0.2) = 0.380 \end{cases}, \quad \begin{cases} f_{x_1 x_1}(-0.1, -0.2) = -1.864 \\ f_{x_2 x_2}(-0.1, -0.2) = -1.750 \\ f_{x_1 x_2}(-0.1, -0.2) = f_{x_2 x_1}(-0.1, -0.2) = 0.076 \end{cases} \tag{17.26}$$

常數函式

類似前文，我們本節也採用逐步分析。首先用二元常函式來估計 $f(x_1, x_2)$，即

$$f(x_1, x_2) \approx \underbrace{f(a, b)}_{\text{Constant}} \tag{17.27}$$

這相當於用一個平行於 $x_1 x_2$ 平面的水平面來近似 $f(x_1, x_2)$。

圖 17.19 所示為用常數函式估計二元高斯函式，常數函式對應的解析式為

$$f(x_1, x_2) \approx f(-0.1, -0.2) = 0.951 \tag{17.28}$$

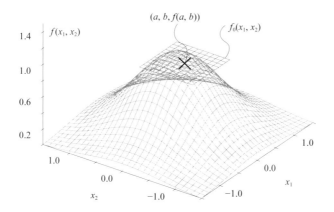

▲ 圖 17.19　用常數函式估計二元高斯函式

一次函式

用一次泰勒展開估計 $f(x_1, x_2)$，有

$$f(x_1, x_2) \approx \underbrace{f(a,b)}_{\text{Constant}} + \underbrace{f_{x_1}(a,b)(x_1 - a) + f_{x_2}(a,b)(x_2 - b)}_{\text{Plane}} \tag{17.29}$$

相當於用「水平面 + 斜面」疊加來近似 $f(x_1, x_2)$。

圖 17.20 所示為一階泰勒展開估計原函式，二元一次函式對應解析式為

$$\begin{aligned} f(x_1, x_2) &\approx f(-0.1, -0.2) + f_{x_1}(-0.1, -0.2)(x_1 - (-0.1)) + f_{x_2}(-0.1, -0.2)(x_2 - (-0.2)) \\ &= 0.951 + 0.190(x_1 + 0.1) + 0.380(x_2 + 0.2) \end{aligned} \tag{17.30}$$

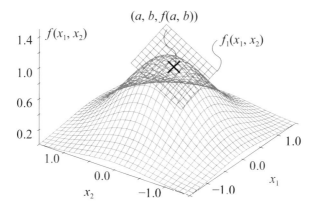

▲ 圖 17.20　用二元一次函式估計二元高斯函式

二次函式

用二次泰勒展開估計 $f(x_1, x_2)$，有

$$
f(x_1, x_2) \approx \underbrace{f(a,b)}_{\text{Constant}} + \underbrace{f_{x_1}(a,b)(x_1-a) + f_{x_2}(a,b)(x_2-b)}_{\text{Plane}}
$$
$$
+ \underbrace{\frac{1}{2!}\left[f_{x_1 x_1}(a,b)(x_1-a)^2 + 2f_{x_1 x_2}(a,b)(x_1-a)(x_2-b) + f_{x_2 x_2}(a,b)(x_2-b)^2 \right]}_{\text{Quadratic}}
\tag{17.31}
$$

相當於用「水平面 + 斜面 + 二次曲面」疊加來近似 $f(x_1, x_2)$。

圖 17.21 所示為二階泰勒展開估計原函式，二元二次函式對應解析式為

$$
f_2(x_1, x_2) = 0.951 + 0.190(x_1+0.1) + 0.380(x_2+0.2)
$$
$$
+ \frac{1}{2}\left[-1.864(x_1+0.1)^2 + 0.152(x_1+0.1)(x_2+0.2) - 1.750(x_2+0.2)^2 \right]
\tag{17.32}
$$

請大家用本節程式自行展開整理上式。

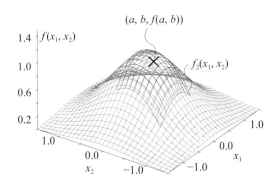

▲ 圖 17.21　用二次函式估計二元高斯函式

Bk3_Ch17_03.py 繪製圖 17.19~ 圖 17.21 三幅圖。建議大家自己用 Streamlit 把這個程式改成一個 App。

17.5 數值微分：估算一階導數

並不是所有函式都能得到導數的解析解，很多函式需要用數值方法近似求得導數。數值方法就是「近似」。

三種方法

本節介紹三種一次導數的數值估算方法：**向前差分** (forward difference)、**向後差分** (backward difference)、**中心差分** (central difference)，具體如圖 17.22 所示。

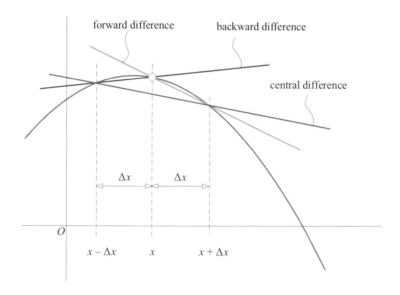

▲ 圖 17.22　三種一次導數的數值估計方法

一階導數向前差分的具體公式為

$$f'(x) \approx \frac{f(x+\Delta x) - f(x)}{\Delta x} \tag{17.33}$$

一階導數向後差分的具體公式為

$$f'(x) \approx \frac{f(x) - f(x - \Delta x)}{\Delta x} \tag{17.34}$$

一階導數的中心差分形式為

$$f'(x) \approx \frac{f(x + \Delta x) - f(x - \Delta x)}{2\Delta x} \tag{17.35}$$

舉個例子

給定高斯函式

$$f(x) = \exp(-x^2) \tag{17.36}$$

我們可以很容易計算得到它的一階導數函式解析式為

$$f(x) = -2x \exp(-x^2) \tag{17.37}$$

圖 17.23 所示為高斯函式和它的一階導數影像。同時，我們用三種不同的數值方法在 x 取不同值時估算式 (17.37)。

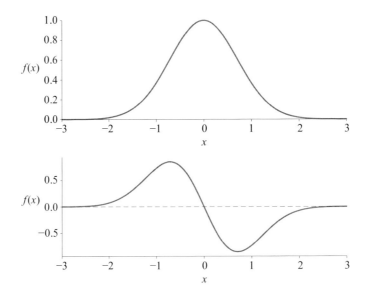

▲ 圖 17.23　高斯函式和它的一階導數影像

設定 $\triangle x = 0.2$，圖 17.24 所示為對比中心差分、向前差分、向後差分結果。圖 17.24 中，中心差分的結果相對好一些。

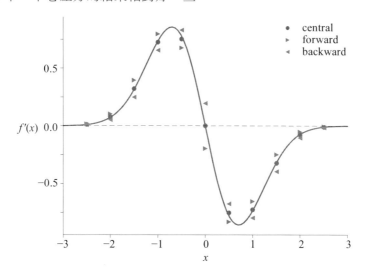

▲ 圖 17.24　對比中心差分、向前差分、向後差分結果 ($\triangle x = 0.2$)

圖 17.25 所示為 $x = 1$，步進值 $\triangle x$ 取不同值時，中心差分、向前差分、向後差分結果對比。很明顯，當 $\triangle x$ 減小時，中心差分更快地收斂於解析解，具有更高的精度。

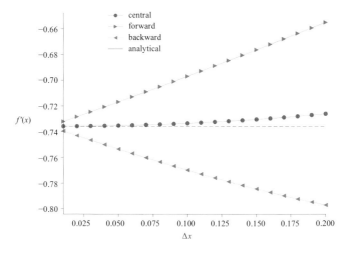

▲ 圖 17.25　步進值 $\triangle x$ 不同時中心差分、向前差分、向後差分結果

Bk3_Ch17_04.py 完成三種差分運算，並繪製圖 17.24 和圖 17.25。

本章有三個關鍵點——微分、泰勒展開、數值微分。

再次強調，導數是函式的變化率，而微分是函式的線性近似。從幾何角度來看，微分用切線近似非線性函式。

泰勒展開是一系列多項式函式的疊加，用於近似某個複雜函式；最為常用的是一階泰勒展開和二階泰勒展開。

並不是所有的函式都能很容易求得導數，對於求導困難的函式，我們可以採用數值微分的方法。 本章介紹了三種不同的方法。

Fundamentals of Integral

18 積分

源自於求面積、體積等數學問題

有苦才有甜。

He who hasn't tasted bitter things hasn't earned sweet things.

——戈特弗里德 · 萊布尼茲（*Gottfried Wilhelm Leibniz*）| 德意志數學家、哲學家 |*1646-1716*

- numpy.vectorize() 將自訂函式向量化
- sympy.abc import x 定義符號變數 x
- sympy.diff() 求解符號導數和偏導解析式
- sympy.Eq() 定義符號等式
- sympy.evalf() 將符號解析式中的未知量替換為具體數值
- sympy.integrate() 符號積分
- sympy.symbols() 定義符號變數

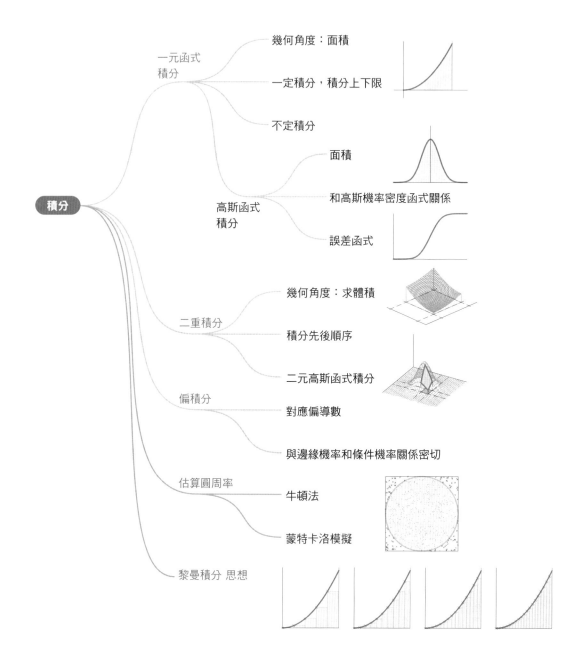

18.1 萊布尼茲：既生瑜，何生亮

實際上，人類對積分的探索要遠早於微分。古時候，各種文明都在探索不同方法計算不規則形狀的長度、面積、體積，人類幾何知識則在這個過程中不斷進步並且系統化。前文介紹過早期數學家估算圓周率時用內接或外切正多邊形近似正圓，其中蘊含的數學思想也是積分的基礎。

積分的本來含義就是求和，拉丁語 summa 首字母 s 縱向拉伸，便得到積分符號 ∫。積分符號 ∫ 的發明者便是**萊布尼茲** (Gottfried Wilhelm Leibniz)。

戈特弗里德·威廉·萊布尼茲 (Gottfried Wilhelm Leibniz)
德國哲學家、數學家 | 1646-1716
與牛頓先後獨立發明了微積分，創造的微積分符號至今被廣泛使用

萊布尼茲是 17 世紀少有的通才，這個德國人是律師、哲學家、工程師，更是優秀的數學家。

牛頓和萊布尼茲各自獨立發明微積分，兩者就微積分發明權爭執了很長時間。牛頓在 17 世紀的學術界呼風喚雨，是學術天空中最耀眼的星辰，萊布尼茲和其他學者的光芒則顯得暗淡很多。很可能是因為這個原因，英國皇家學會公開判定「牛頓是微積分的第一發明人」。

但是，萊布尼茲顯得大度很多，他公開表示「在從世界開始到牛頓生活的時代的全部數學中，牛頓的工作超過了一半。」

不管誰發明了微積分，萊布尼茲的微積分數學符號被後世廣泛採用，這也是一種成就。

18.2　從小車等加速直線運動說起

回顧本書第 15 章講解導數時舉出的等加速直線運動的例子。

如圖 18.1 所示，等加速直線運動中，加速度 $a(t)$ 是常數函式，影像是水平線 $a(t)=$ 1(忽略單位)。時間 $0 \sim t$ 內，水平線和橫軸圍成的面積是個矩形。容易求解矩形面積，這個面積對應速度函式 $v(t)= t$。

顯然，$v(t)$ 是個一次函式，影像為一條透過原點的斜線。時間範圍為 $0 \sim t$，$v(t)$ 斜線和橫軸圍成的面積是個三角形。三角形的面積對應距離函式 $s(t)= t^2/2$。而 $s(t)$ 是個二次函式，影像為拋物線。

求解矩形面積和三角形面積顯然難不倒我們。但是，當我們把問題的難度稍微提高。比如，將變數從 t 換成 x ，把距離函式寫成 $f(x)= x^2/2$。

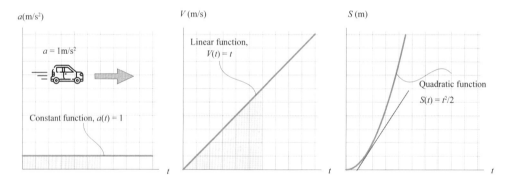

▲ 圖 18.1　等加速直線運動：加速度、速度、距離

如圖 18.2 所示，x 在一定區間內，二元函式 $f(x)$ 曲線和橫軸組成的這塊形狀不規則圖形，要精確計算它的面積，怎麼辦呢？

還有，如何計算圖 18.3 中 $f(x, y)$ 曲面在 D 區域內和水平面圍成的幾何形體的體積呢？

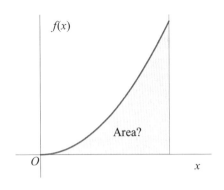

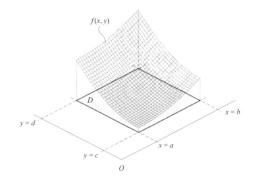

▲ 圖 18.2 $f(x)$ 在固定區間積分求面積   ▲ 圖 18.3 $f(x, y)$ 在區域 D 進行二重積分求體積

解決這些問題需要借助本章要講解的重要數學工具——積分。

18.3 一元函式積分

導數、偏導、積分、二重積分

本書第 15 章講過，導數關注變化率。對一元函式，如圖 18.4 所示，從幾何角度來看，導數相當於曲線切線斜率。而對二元函式來說，偏導數是二元函式曲面某點在特定方向的切線斜率，微分則是線性近似。

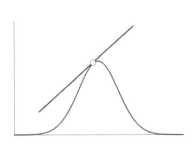
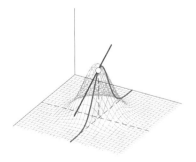

▲ 圖 18.4   幾何角度看導數、偏導數、微分等數學工具

　　積分是微分的逆運算，積分關注變化累積，如曲線面積、曲面體積，如圖 18.5 所示。導數、微分、積分這些數學工具合稱微積分，微積分是定量研究變化過程的重要數學工具。

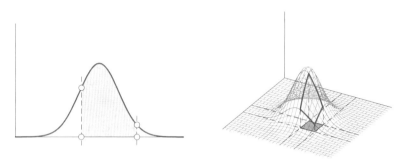

▲ 圖 18.5　幾何角度看積分、多重積分等數學工具

一元函式積分

　　一元函式 $f(x)$ 引數 x 在區間 $[a, b]$ 上的定積分運算記做

$$\int_a^b f(x)\mathrm{d}x \tag{18.1}$$

　　其中：a 為**積分下限** (lower bound)；b 為**積分上限** (upper bound)。

　　如圖 18.6 所示，對於一元函式，曲線在橫軸之上包圍的面積為正，曲線在橫軸之下包圍的面積為負。

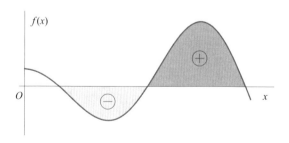

▲ 圖 18.6　積分有正負之分

⚠

注意：積分有正負之分，也就是說面積值有正負。

類比的話，一次函式積分類似於下列累加

$$\sum_{i=1}^{n} a_i = a_1 + a_2 + \cdots + a_{n-1} + a_n \tag{18.2}$$

舉個例子

圖 18.7(a) 所示為下列一次函式的定積分，即

$$\int_0^1 \left(x^2 + \frac{1}{2} \right) \mathrm{d}x = \left(\frac{1}{3}x^3 + \frac{1}{2}x \right)_0^1 = \frac{5}{6} \approx 0.8333 \tag{18.3}$$

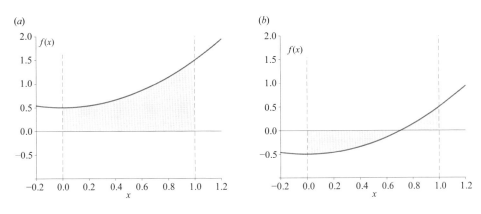

▲ 圖 18.7　兩個函式的定積分

圖 18.7(b) 所示為下列函式的定積分，即

$$\int_0^1 \left(x^2 - \frac{1}{2} \right) \mathrm{d}x = \left(\frac{1}{3}x^3 - \frac{1}{2}x \right)_0^1 = -\frac{1}{6} \approx -0.1667 \tag{18.4}$$

圖 18.7(a) 所示函式影像向下移動一個單位便得到圖 18.7(b)。因此，式 (18.3) 和式 (18.4) 兩個定積分存在下列關係

$$\int_0^1 \left(x^2 + \frac{1}{2} \right) \mathrm{d}x - \int_0^1 \left(x^2 - \frac{1}{2} \right) \mathrm{d}x = 1 \tag{18.5}$$

若定積分存在，定積分則是一個具體的數值；而不定積分結果一般是一個函式運算式。積分相關的英文表達詳見表 18.1。

→ 表 18.1　積分的英文表達

數學表達	英文表達
$\int_1^3 x^3\,dx$	the integral from one to three of x cubed d x
$\int f(x)\,dx$	the integral f of x d x the indefinite integral of f with respect to x
$\int_a^b f(x)\,dx$	the integral from a to b of f of x d x

Bk3_Ch18_01.py 計算定積分並繪製圖 18.7 所示兩幅子圖。

18.4 高斯函式積分

高斯函式積分有自己的名字——**高斯積分** (Gaussian integral)。

前文提過，高斯函式和**高斯分佈** (Gaussian distribution) 聯繫緊密；因此，高斯積分在機率統計中也扮演著重要角色。

座標變換方法可以求解高斯積分；但是，本書不會介紹如何推導高斯積分，這部分內容留給感興趣的讀者自己探索。

本章想從幾何視角和大家聊聊有關高斯積分的一些重要性質，這部分內容與高斯分佈有著密切聯繫。

對於一元高斯函式積分，請大家首先留意積分結果，即

$$\int_{-\infty}^{\infty} \exp(-x^2)\,dx = \sqrt{\pi} \tag{18.6}$$

如圖 18.8 所示，高斯函式 $f(x) = \exp(-x^2)$ 與整個 x 軸圍成的面積為 π。再次強調，圖 18.8 中的高斯函式趨向於正、負無限大時，函式值無限接近於 0，但是達不到 0。

定積分

再舉個定積分的例子，給定積分上下限，計算高斯函式定積分

$$\int_{-0.5}^{1} \exp\left(-x^2\right) \mathrm{d}x \approx 1.208 \tag{18.7}$$

前文提過如果不定積分存在，則函式的不定積分結果是函式。比如，如圖 18.9 所示，對高斯函式從 $-\infty$ 積分到 x 可得到

$$F(x) = \int_{-\infty}^{x} \exp\left(-t^2\right) \mathrm{d}t \tag{18.8}$$

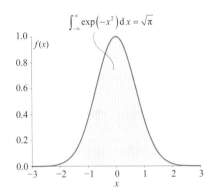
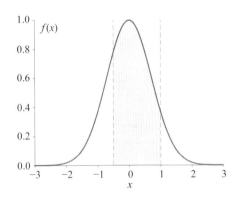

▲ 圖 18.8　高斯函式正負無限大積分面積　　▲ 圖 18.9　高斯函式定積分

圖 18.10 中藍色曲線所示為上述高斯積分 $F(x)$ 隨 x 的變化。 這樣式 (18.7) 可以用 $F(x)$ 計算定積分

> ⚠ 注意：高斯函式積分沒有解析解。

$$\int_{-0.5}^{1} \exp\left(-x^2\right) \mathrm{d}x = F(1) - F(-0.5) \approx 1.633 - 0.425 = 1.208 \tag{18.9}$$

圖 18.10 所示為利用 $F(x)$ 計算式 (18.7) 定積分的原理。

另外注意下面這個積分公式，即

$$\int_{-\infty}^{\infty} \frac{1}{\sqrt{2\pi}} \exp\left(-\frac{x^2}{2}\right) \mathrm{d}x = 1 \tag{18.10}$$

看到這個公式，大家是否聯想到一元標準正態分佈機率密度函式 PDF。分母上為 $\sqrt{2\pi}$ 的作用是歸一化，也就是讓函式和整個橫軸圍成的面積為 1。這解釋了為什麼高斯分佈機率密度函式的分母上有 $\sqrt{2\pi}$ 這個縮放係數。

Bk3_Ch18_02.py 計算高斯函式積分並且繪製圖 18.9 和圖 18.10。

18.5　誤差函式：S 型函式的一種

透過調取程式結果，大家可能已經發現高斯函式積分的結果是用 erf() 函式來表達的。 erf(x) 函式就是鼎鼎有名的**誤差函式** (error function)，即

$$\text{erf}(x) = \frac{1}{\sqrt{\pi}} \int_{-x}^{x} \exp\left(-t^2\right) dt = \frac{2}{\sqrt{\pi}} \int_{0}^{x} \exp\left(-t^2\right) dt \tag{18.11}$$

誤差函式是利用高斯積分定義的，它沒有一般意義上的解析式。

前文提過，誤差函式是 S 型函式的一種。誤差函式在機率統計、資料科學、機器學習中應用廣泛。一般情況，誤差函式引數 x 的設定值為正值，但是為了計算方便，erf() 的輸入也可以是負值。x 為負值時，下式成立，即

$$\text{erf}\left(x\right) = -\text{erf}\left(-x\right) \tag{18.12}$$

圖 18.11 所示為誤差函式影像。

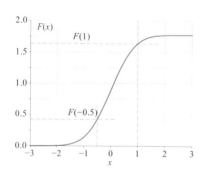

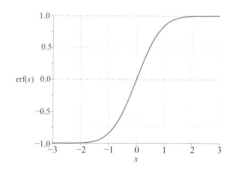

▲ 圖 18.10　用 $F(x)$ 計算高斯定積分　　　　▲ 圖 18.11　誤差函式

高斯函式從 - ∞ 積分到 x 對應的高斯積分與誤差函式的關係為

$$F\left(x\right)=\int_{-\infty}^{x}\exp\left(-t^{2}\right)\mathrm{d}t=\underbrace{\frac{\sqrt{\pi}}{2}}_{\text{Scale}}\mathrm{erf}\left(x\right)+\underbrace{\frac{\sqrt{\pi}}{2}}_{\text{Shift}} \tag{18.13}$$

透過上述公式可以看出誤差函式先是透過縱軸縮放，再沿縱軸平移便可以得到高斯積分。

Bk3_Ch18_03.py 繪製圖 18.11 。注意，sympy.erf() 可以接受負值。

18.6 二重積分：類似二重求和

先對 x 積分

給定積分區域 $D = \{(x, y)|\ a < x < b, c < y < d\}$，$f(x,y)$ 二重積分記做

$$\int_{c}^{d}\int_{a}^{b}f\left(x,y\right)\mathrm{d}x\,\mathrm{d}y \tag{18.14}$$

請注意上式二重積分的先後次序，先對 x 積分，再對 y 積分。 也就是說，內部這一層 $\int_{x=a}^{x=b}f\left(x,y\right)\mathrm{d}x$ 先消去 x，變成有關 y 的一元函式；然後再對 y 積分，即

$$\int_{c}^{d}\int_{a}^{b}f\left(x,y\right)\mathrm{d}x\,\mathrm{d}y=\int_{y=c}^{y=d}\underbrace{\overbrace{\int_{x=a}^{x=b}f\left(x,y\right)\mathrm{d}x}^{\text{Eliminate }x}}_{\text{A function of }y}\mathrm{d}y \tag{18.15}$$

其中：$\int_{x=a}^{x=b}f\left(x,y\right)\mathrm{d}x$ 相當於降維，也就是「壓縮」。

從幾何角度講，如圖 18.12 所示，當 $y = c$ 時，$\int_{x=a}^{x=b}f\left(x,y=c\right)\mathrm{d}x$ 結果為圖中暖色陰影區域面積，也就是壓縮為一個值。

先對 y 積分

如果調換積分順序，先對 y 積分，$\int_{y=c}^{y=d} f(x,y)\mathrm{d}y$ 相當於消去 y，得到有關 x 的一元函式；然後再對 x 積分，即

$$\int_a^b \int_c^d f(x,y)\mathrm{d}y\mathrm{d}x = \int_{x=a}^{x=b} \overbrace{\underbrace{\int_{y=c}^{y=d} f(x,y)\mathrm{d}y}_{\text{A function of } x}}^{\text{Eliminate } y} \mathrm{d}x \tag{18.16}$$

如圖 18.13 所示，當 $x = a$ 時，$\int_{y=c}^{y=d} f(x=a,y)\mathrm{d}y$ 結果為圖中冷色陰影區域面積，即壓縮為一個值。

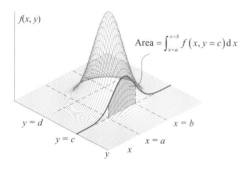

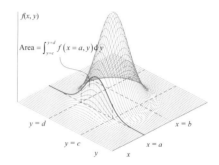

▲ 圖 18.12　$f(x, y)$ 先對 x 積分，相當於沿 x 軸壓縮

▲ 圖 18.13　$f(x, y)$ 先對 y 積分，相當於沿 y 軸壓縮

調換積分順序

特別地，如果 $f(x, y)$ 在矩形局域 $D = \{(x, y)|\ a < x < b, c < y < d\}$ 內連續，下列二重積分先後順序可以調換，即

$$\int_c^d \int_a^b f(x,y)\mathrm{d}x\mathrm{d}y = \int_a^b \int_c^d f(x,y)\mathrm{d}y\mathrm{d}x \tag{18.17}$$

通俗地講，如果積分的區域相對於座標系「方方正正」，則積分順序可以調換。

類比的話，二重積分類似於下列二重累加，即

$$\sum_{i=1}^{n}\sum_{j=1}^{m}a_{i,j} \tag{18.18}$$

⚠️

千萬注意：二重積分、多重積分中，積分先後順序不能隨意調換，上述例子僅僅是個特例而已。有關多重積分順序調換內容，本書不多作講解。

二元高斯函式

舉個例子，給定二元高斯函式 $f(x, y)$，有

$$f(x,y) = \exp\left(-x^2 - y^2\right) \tag{18.19}$$

$f(x, y)$ 的二重不定積分 $F(x,y)$ 可以用誤差函式表達為

$$F(x,y) = \int_{-\infty}^{y}\int_{-\infty}^{x}\exp\left(-u^2 - v^2\right)\mathrm{d}u\,\mathrm{d}v = \frac{\pi}{4}\mathrm{erf}(x)\mathrm{erf}(y) + \frac{\pi}{4}\mathrm{erf}(x) + \frac{\pi}{4}\mathrm{erf}(y) + \frac{\pi}{4} \tag{18.20}$$

圖 18.14 所示為 $F(x,y)$ 曲面以及三維等高線。圖 18.15 所示為 $F(x,y)$ 曲面在 xz 平面、yz 平面的投影，可以發現投影得到的曲線形狀類似於誤差函式。

特別地，$f(x, y)$ 曲面和整個水平面圍成的體積為 π，即

$$\int_{-\infty}^{\infty}\int_{-\infty}^{\infty}\exp\left(-x^2 - y^2\right)\mathrm{d}x\,\mathrm{d}y = \pi \tag{18.21}$$

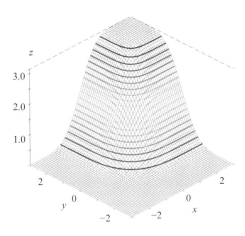

▲ 圖 18.14　二元高斯函式二重不定積分 $F(x,y)$ 曲面

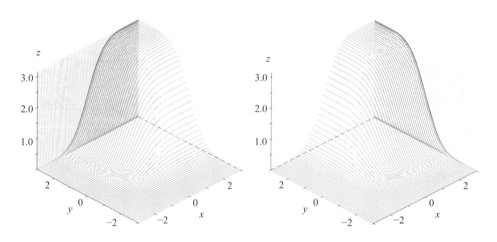

▲ 圖 18.15　$F(x,y)$ 曲面在 xz 平面、yz 平面的投影

Bk3_Ch18_04.py 完成本節二重積分計算。

18.7「偏積分」：類似偏求和

本書第 14 章介紹過「偏求和」、偏導數，「偏」字的意思是考慮一個變數，將其他變數視為定值。本節自創一個積分概念——「偏積分」，下面兩式就是「偏積分」，即

$$\int_a^b f(x,y)\mathrm{d}x$$
$$\int_c^d f(x,y)\mathrm{d}y \tag{18.22}$$

類比的話，偏積分類似於前文介紹的偏求和，即

$$\sum_{i=1}^{n} a_{i,j}, \quad \sum_{j=1}^{m} a_{i,j} \tag{18.23}$$

對 y 偏積分

給定二元高斯函式 $f(x, y)$ 為

$$f(x, y) = \exp(-x^2 - y^2) \tag{18.24}$$

$f(x, y)$ 對於 y 從負無限大到正無限大偏積分，得到的結果變成了關於 x 的高斯函式

$$\int_{-\infty}^{\infty} \exp(-x^2 - y^2)\, \mathrm{d}y = \sqrt{\pi}\exp(-x^2) \tag{18.25}$$

從幾何角度來看，如圖 18.16 所示，$f(x, y)$ 對 y 從負無限大到正無限大偏積分，相當於 x 取某個值時，如 $x = c$，對二元高斯函式 $f(x, y)$ 曲線作個剖面，剖面線 (圖 18.16 彩色曲線) 與其水平面投影組成面積 (圖 18.16 彩色陰影區域) 就是偏積分結果。

正如圖 18.17 所示，式 (18.25) 的偏積分結果是有關 x 的一元高斯函式。

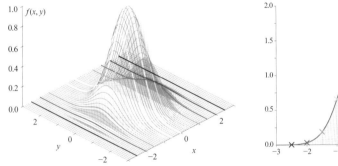

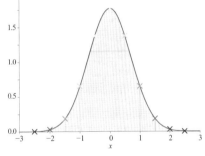

▲ 圖 18.16　二元高斯函式 $f(x, y)$ 對 y 偏積分　　▲ 圖 18.17　對 y 偏積分的結果是關於 x 的高斯函式

對 x 偏積分

同理，二元高斯函式 $f(x, y)$ 對 x 從負無限大到正無限大偏積分，結果為關於 y 的高斯函式，即

$$\int_{-\infty}^{\infty} \exp(-x^2 - y^2)\, \mathrm{d}x = \sqrt{\pi}\exp(-y^2) \tag{18.26}$$

⚠ 再次注意：偏積分是我們創造的詞，對應偏導數「偏積分」這個概念會幫助我們理解連續隨機變數的邊緣機率和條件機率。

圖 18.18 所示為式 (18.26) 的幾何含義。

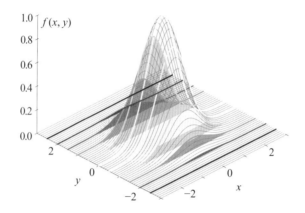

▲ 圖 18.18　二元高斯函式 $f(x, y)$ 對 x 偏積分

Bk3_Ch18_05.py 計算高斯二元函式偏積分。

18.8 估算圓周率：牛頓法

本書前文介紹過估算圓周率的不同方法。隨著數學工具的不斷升級，有了微積分這個強有力的工具，我們可以介紹牛頓估算圓周率的方法。

圖 18.19 中舉出的函式 $f(x)$ 是某個圓形的上半圓。這個圓的中心位於 (0.5, 0)，半徑為 0.5。上半圓函式 $f(x)$ 的解析式為

$$f(x) = \sqrt{x - x^2} \tag{18.27}$$

在這個半圓中，劃定圖 18.19 左圖所示的陰影區域，它對應的圓心角度為 $60°$。

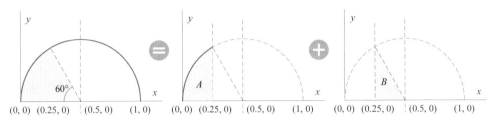

▲ 圖 18.19　面積關係

整個陰影區域的面積為 $\pi/24$。而這個區域的面積可以分成 A 和 B 兩部分。

B 部分為直角三角形，面積很容易求得，具體值為

$$B = \frac{\sqrt{3}}{32} \tag{18.28}$$

因此，A 的面積為扇形面積減去 B 的面積，即

$$A = \frac{\pi}{24} - \frac{\sqrt{3}}{32} \tag{18.29}$$

整理，得到圓周率和 A 的關係為

$$\pi = 24 \times \left(\frac{\sqrt{3}}{32} + A \right) \tag{18.30}$$

而面積 A 可以透過定積分得到，即

$$A = \int_0^{\frac{1}{4}} \sqrt{x - x^2} \, \mathrm{d}x = \int_0^{\frac{1}{4}} \sqrt{x} \sqrt{1-x} \, \mathrm{d}x \tag{18.31}$$

其中：$\sqrt{1-x}$ 可以用泰勒展開寫成

$$\sqrt{1-x} = 1 - \frac{1}{2}x - \frac{1}{8}x^2 - \frac{1}{16}x^3 - \frac{5}{128}x^4 - \cdots \tag{18.32}$$

將式 (18.32) 代入積分式 (18.31)，得到

$$
\begin{aligned}
A &= \int_0^{\frac{1}{4}} \sqrt{x - x^2}\, \mathrm{d}x \\
&= \int_0^{\frac{1}{4}} x^{\frac{1}{2}} \left(1 - \frac{1}{2}x - \frac{1}{8}x^2 - \frac{1}{16}x^3 - \frac{5}{128}x^4 - \cdots \right) \mathrm{d}x \\
&= \int_0^{\frac{1}{4}} \left(x^{\frac{1}{2}} - \frac{1}{2}x^{\frac{3}{2}} - \frac{1}{8}x^{\frac{5}{2}} - \frac{1}{16}x^{\frac{7}{2}} - \frac{5}{128}x^{\frac{9}{2}} - \cdots \right) \mathrm{d}x \\
&= \left(\frac{2}{3}x^{\frac{3}{2}} - \frac{1}{5}x^{\frac{5}{2}} - \frac{1}{28}x^{\frac{7}{2}} - \frac{1}{72}x^{\frac{9}{2}} - \frac{5}{704}x^{\frac{11}{2}} - \cdots \right) \Bigg|_{x=0}^{x=\frac{1}{4}} \\
&= \frac{2}{3 \times 2^3} - \frac{1}{5 \times 2^5} - \frac{1}{28 \times 2^7} - \frac{1}{72 \times 2^9} - \frac{5}{704 \times 2^{11}} - \cdots
\end{aligned}
\tag{18.33}
$$

這樣 A 可以寫成級數求和的形式，即

$$
A = -\sum_{n=0}^{\infty} \frac{(2n)!}{2^{4n+2}(n!)^2 (2n-1)(2n+3)}
\tag{18.34}
$$

於是圓周率可以透過下式近似得到，即

$$
\pi = 24 \times \left(\frac{\sqrt{3}}{32} - \sum_{n=0}^{\infty} \frac{(2n)!}{2^{4n+2}(n!)^2 (2n-1)(2n+3)} \right)
\tag{18.35}
$$

　　圖 18.20 所示為圓周率估算結果隨 n 增加而不斷收斂。觀察曲線，可以發現這個估算過程收斂的速度很快。以上就是牛頓估算圓周率的方法。

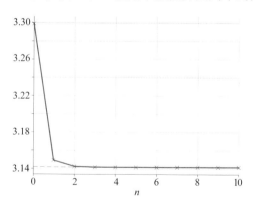

▲ 圖 18.20　牛頓方法估算圓周率

Bk3_Ch18_06.py 繪製圖 18.20。

本章前文黎曼積分的思想 - 透過無限逼近來確定積分值。利用這一想法，我們也可以估算圓周率。如圖 18.21 所示，我們可以用不斷細分的正方形估算單位圓的面積，從而估算圓周率。而這一想法實際上就是蒙地卡羅模擬估算圓周率的核心。

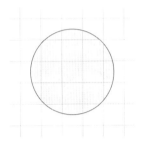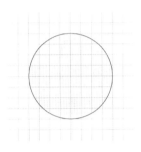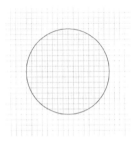

▲ 圖 18.21

蒙地卡羅模擬 (Monte Carlo simulation) 在巨量資料分析和機器學習中佔據重要的位置。蒙地卡羅模擬以摩納哥的賭城蒙地卡羅命名，是一種使用隨機數並以機率理論為指導的數值計算方法。

下面簡單介紹利用如何用蒙地卡羅模擬估算圓周率 π。

在如圖 18.21 所示單位圓 ($r = 1$) 的周圍，建構一個以圓心為中心、以圓直徑為邊長的外切正方形。圓形面積 Acircle 和正方形面積 Asquare 容易求得，即

$$\begin{cases} A_{\text{circle}} = \pi r^2 = \pi \\ A_{\text{square}} = \left(2r\right)^2 = 4 \end{cases} \tag{18.36}$$

進而求得圓周率 π 與兩個面積的比例關係為

$$\pi = 4 \times \frac{A_{\text{circle}}}{A_{\text{square}}} \tag{18.37}$$

然後，在這個正方形區域內產生滿足均勻隨機分佈的 n 個資料點。生活中均勻隨機分佈無處不在。大家可以想像一下，一段時間沒有人打理的房間內，落滿灰塵。不考慮房間內特殊位置 (視窗、 暖氣口等) 的氣流影響，灰塵的分佈就類似於「均勻隨機分佈」。

統計落入圓內的資料點個數 m 與總資料點總數 n 的比值，這個比值即為圓面積和正方形面積之比近似值。帶入式 (18.37) 可得

$$\pi \approx 4 \times \frac{m}{n} \tag{18.38}$$

圖 18.22 所示為四個蒙地卡羅模擬實驗，隨機點總數 n 分別為 100 、500 、1000 和 5000 。可以發現隨著 n 增大，估算得到的圓周率 π 不斷接近真實值。

這種估算圓周率的方法思想來源於在 18 世紀提出的**布豐投針問題** (Buffon's needle problem)。實際上，布豐投針實驗要比這裡介紹的蒙地卡羅模擬方法更為複雜。

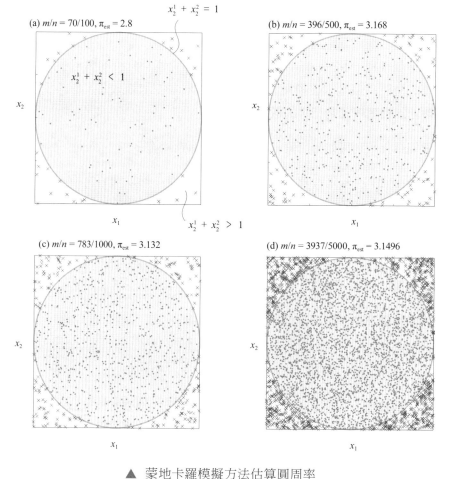

▲ 蒙地卡羅模擬方法估算圓周率

我們做了一個 App 展示圖 18.22 中介紹的隨機點總數對圓周率估算的結果影響。請參考 Streamlit_ Bk3_Ch18_09.py。

18.9 數值積分：黎曼求積

有些函式看著不複雜，竟然也沒有積分解析解，如高斯函式 $f(x)= \exp(-x^2)$。因為高斯函式積分很

常用，人們還創造出了誤差函式。對於沒有解析解的積分，我們通常使用數值積分方法。本節討論如何用數值方法估算積分。

將平面圖形切成細長條

德國數學家**黎曼** (Bernhard Riemann, 1826- 1866) 提出了一個求積解決方案——將不規則圖形切成細長條。然後這些細長條近似看成一個個矩形，計算出它們的面積。這些矩形面積求和，可以用於近似不規則形狀的面積。

狹長長方形越細，也就是圖 18.23 中所示的 Δx 越小，長方形就越貼合區域形狀，就越能精確估算面積。特別地，當細長條的寬度 Δx 趨近於 0 時，得到的面積的極限值就是不規則形狀的面積。

看到圖 18.23 這幅圖，大家應該會想到本書第 3 章介紹圓周率估算時，劉徽說的：「割之彌細，所失彌少，割之又割，以至於不可割，則與圓周合體而無所失矣。」兩者思想如出一轍。

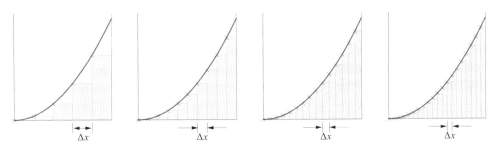

▲ 圖 18.23　細長條切得越細，面積估算越精確

將立體圖形切成細高立方體

　　也用黎曼求積想法計算體積。如圖 18.24 所示，我們可以用一個個細高立方體體積之和來近似估算幾何體的體積。

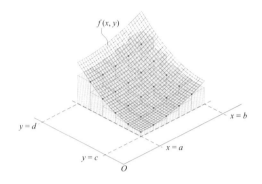

▲　圖 18.24　　將不規則幾何體分割成細高立方體

　　如圖 18.25 所示，隨著細長立方體不斷變小，這些立方體的體積之和不斷接近不規則幾何體的真實體積。

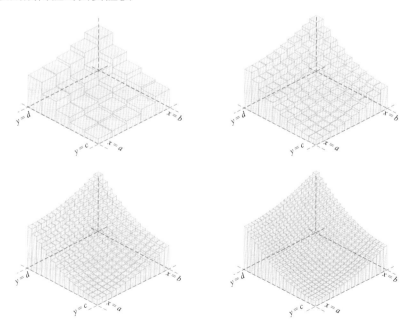

▲　圖 18.25　　隨著細長立方體不斷變小，立方體體積之和不斷接近不規則形體的真實體積

基本數值積分方法

如圖 18.26(a) 所示，在 [a, b] 區間內，為估算函式在區間內與 x 軸形成的面積，用左側 a 點的函式值 f(a) 進行積分估值運算，有

$$\int_a^b f(x)\mathrm{d}x \approx (b-a)f(a) \tag{18.39}$$

這種方法叫作向前差分，也叫 left Riemann sum 。這實際上就是用矩陣面積估算函式積分。

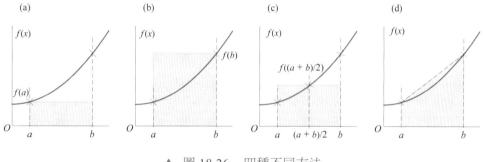

(a)　　　　　(b)　　　　　(c)　　　　　(d)

▲ 圖 18.26　　四種不同方法

如圖 18.26(b) 所示，用 [a, b] 區間右側 b 點函式值 f(b) 進行積分估值運算叫作向後差分，也叫 right Riemann sum ，有

$$\int_a^b f(x)\mathrm{d}x \approx (b-a)f(b) \tag{18.40}$$

如圖 18.26(c) 所示，用 [a, b] 區間中間點 (a + b) /2 的函式值 f((a + b) /2) 作為矩形高度來估值叫作中值差分，也叫 middle Riemann sum ，有

$$\int_a^b f(x)\mathrm{d}x \approx (b-a)f\left(\frac{a+b}{2}\right) \tag{18.41}$$

圖 18.26 中前三種都是用矩形面積估算積分。

圖 18.26(d) 舉出的是所謂梯形法,這種方法用 $f(a)$ 和 $f(b)$ 的平均值進行結算,有

$$\int_a^b f(x)\,\mathrm{d}x \approx (b-a)\left(\frac{f(a)+f(b)}{2}\right) \tag{18.42}$$

如果數值積分採用固定步進值 $\triangle x$。把 $[a, b]$ 區間分成 n 段,則 $\triangle x$ 為

$$\triangle x = \frac{b-a}{n} \tag{18.43}$$

當然,我們也可以採用可變步進值,這不是本節要介紹的內容。

實踐中,我們還會用到其他的數值積分方法。它們的差別一般在於兩點之間的插值方法,也就是用什麼樣的簡單函式盡可能逼近原函式。比如,圖 18.26 所示前三種方法採用的是水平線 (常數函式),只不過水平線的高度不同而已。圖 18.26 中第四種方法採用兩點之間的斜線,即一次函式。再比如,**辛普森法** (Simpson method) 用拋物線插值,**牛頓 - 柯帝士法** (Newton-Cotes method) 採用的是 Lagrange 插值。

程式實現

本節僅介紹如何用程式實現圖 18.26 中前三種數值的積分方法。

圖 18.27 、圖 18.28 、圖 18.29 所示三幅圖對比步進值 $\triangle x$ 分別取 0.2、0.1 、0.05 時三種數值積分法結果。圖 18.30 所示為隨著分段數 n 增大,三種數值積分結果不斷收斂的過程。容易發現,middle Riemann sum 更快地逼近真實值,它的精度顯然更高。感興趣的讀者,可以自行了解數值積分中代數精度和誤差等概念。

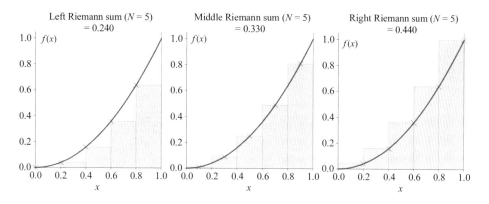

▲ 圖 18.27　步進值 △x = 0.2

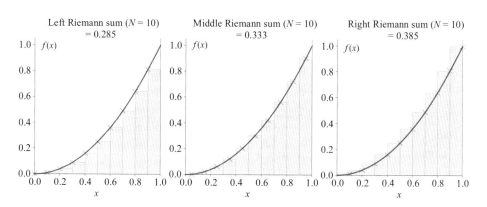

▲ 圖 18.28　步進值 △x = 0.1

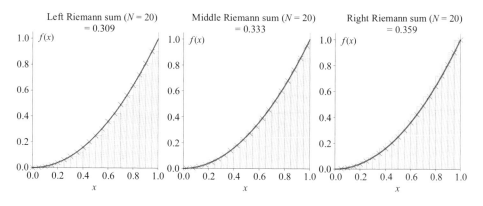

▲ 圖 18.29　步進值 △x = 0.05

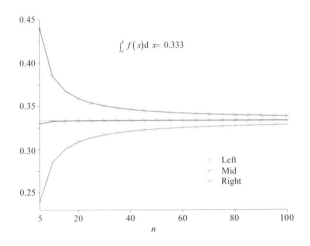

▲ 圖 18.30　三種數值積分隨分段數 n 變化

Bk3_Ch18_07.py 繪製圖 18.27~ 圖 18.29。請大家自行撰寫程式繪製圖 18.30。

在 Bk3_Ch18_07.py 的基礎上，我們做了一個 App 展示步進值 Δx 對數值積分結果影響。請參考 Streamlit_Bk3_Ch18_07.py。

二重數值積分

　　本節最後介紹如何用程式實現二重數值積分。圖 18.31 所示為某個二元函式曲面，我們要計算曲面和水平面在圖中舉出的區域內包圍的體積。

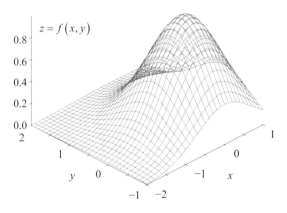

▲ 圖 18.31　二元函式曲面

　　圖 18.32 所示為用數值積分方法，不斷減小在 x 和 y 方向的步進值，從而提高二重積分估算精度。

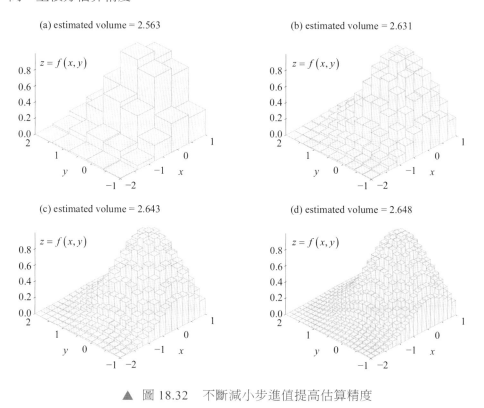

(a) estimated volume = 2.563

(b) estimated volume = 2.631

(c) estimated volume = 2.643

(d) estimated volume = 2.648

▲ 圖 18.32　不斷減小步進值提高估算精度

Bk3_Ch18_08.py 繪製圖 18.32。

　　本書有關微積分的內容到此告一段落。機器學習，特別是深度學習中，還有兩個重要的微積分話題——自動求導、卷積。很遺憾，限於篇幅，本書只能蜻蜓點水般聊一聊在資料科學、機器學習最常用的微積分內容。本書介紹的微積分內容只是整個微積分系統的冰山一角，希望讀者日後能夠更全面地學習提高。

　　有了微積分這個數學工具，下一章我們初步探討最佳化問題的相關內容。

3Blue1Brown 有針對微積分的系列視訊：

▶ https://www.3blue1brown.com/topics/calculus

想要系統學習微積分的讀者，向大家推薦 James Stewart 編著的 Calculus: Early Transcendentals。 該書專屬網頁如下：

▶ https://www.stewartcalculus.com/

Fundamentals of Optimization

最佳化入門

在一定區域內，尋找山峰、山谷

宇宙結構是完美的，是造物主的傑作；因此，宇宙中最大化、最小化準則無處不在。

For since the fabric of the universe is most perfect and the work of a most wise Creator, nothing at all takes place in the universe in which some rule of maximum or minimum does not appear.

——萊昂哈德 · 尤拉（*Leonhard Euler*）| 瑞士數學家、物理學家 | *1707-1783*

- scipy.optimize.Bounds() 定義最佳化問題中的上、下界約束
- scipy.optimize.LinearConstraint() 定義線性約束條件
- scipy.optimize.minimize() 求解最小化最佳化問題
- sympy.abc import x 定義符號變數 x
- sympy.diff() 求解符號導數和偏導解析式
- sympy.Eq() 定義符號等式
- sympy.evalf() 將符號解析式中的未知量替換為具體數值
- sympy.symbols() 定義符號變數

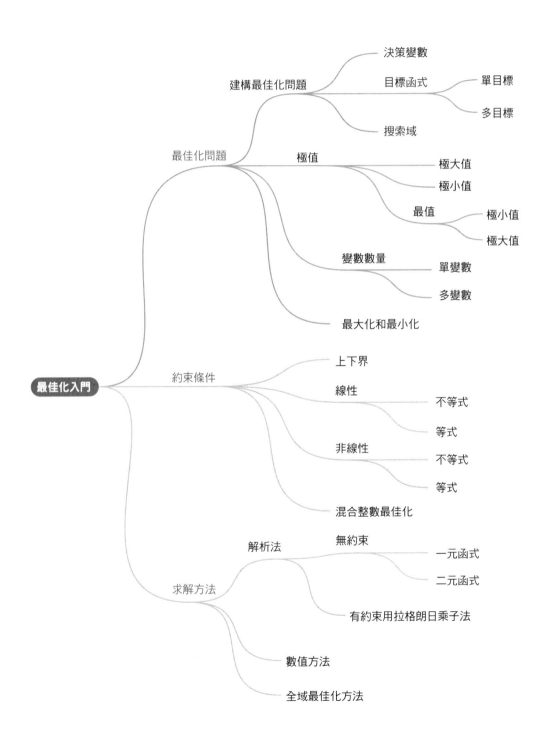

19.1 最佳化問題：尋找山峰、山谷

資料科學、機器學習離不開**求解最佳化問題** (optimization problem)。毫不誇張地說，機器學習中所有演算法最終都變成求解最佳化問題。

本書前文講過一些有關最佳化問題的概念，比如最大值、最小值、極大值和極小值等。有了微積分這個數學工具，我們可以更加深入、系統地探討最佳化問題這個話題。

簡單地說，最佳化問題是在替定約束條件下改變**變數** (variable 或 optimization variable)，用某種數學方法，尋找特定目標的**最佳解** (optimized solution 或 optimal solution 或 optimum)。

更通俗地講，最佳化問題好比在一定區域範圍內，徒步尋找最低的山谷或最高的山峰，如圖 19.1 所示。

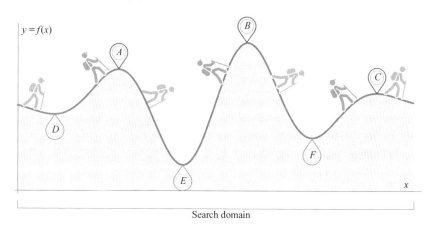

▲ 圖 19.1 爬上尋找山谷和山峰

圖 19.1 所示這個最佳化問題的變數是登山者在水平方向位置座標值 x。

最佳化目標 (optimization objective) 是**搜尋域** (search domain) 內的海拔值 y。

山谷對應**極小值** (minima 或 local minima 或 relative minima)，山峰對應**極大值** (maxima 或 local maxima 或 relative maxima)。

極值

從一元函式角度講，函式 $f(x)$ 在 $x = a$ 點的某個鄰域內有定義，對於 a 的去心鄰域內任一 x 滿足

$$f(a) < f(x) \tag{19.1}$$

就稱 $f(a)$ 是函式的極小值。也可以說，$f(x)$ 在 a 點處取得極小值，$x = a$ 是函式 $f(x)$ 的極值點。相反，如果 a 的去心鄰域內任一 x 滿足

$$f(a) > f(x) \tag{19.2}$$

則稱 $f(a)$ 是函式的極大值，即 $f(x)$ 在 a 點處取得極大值，同樣 $x = a$ 也是函式 $f(x)$ 的極值點。

極值 (extrema 或 local extrema) 是**極大值**和**極小值**的統稱。通俗地講，極值是搜尋區域內所有的山峰和山谷，圖 19.1 中 A、B、C、D、E 和 F 這六個點水平座標 x 值對應極值點。

想像一下，爬圖 19.1 這座山的時候，當你爬到山峰最頂端時，朝著任何方向邁出一步，對應都是

下山，表示海拔 y 降低；而當你來到山谷最低端時，向左或向右邁一步都是上山，對應海拔 y 抬升，如圖 19.2 所示。這看似生活常識的認知，實際上是很多最佳化方法的核心思想。

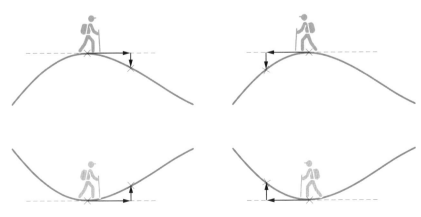

▲ 圖 19.2　上山和下山

最值

如果某個極值是整個指定搜尋區域內的極大值或極小值，這個極值又被稱作是**最大值** (maximum 或 global maximum) 或**最小值** (minimum 或 global minimum)。

最大值和最小值統稱**最值** (global extrema)。

圖 19.1 搜尋域內有三座山峰 (A、B 和 C)，即搜尋域極大值。而 B 是最高的山峰，因此 B 叫**全域最大值** (global maximum)，簡稱最大值，即站在 B 點一覽眾山小；A 和 C 是**區域極大值** (local maximum)。

從一元函式角度講，函式 $f(x)$ 在整個搜尋域內有定義，對於搜尋域內任一 x 滿足

$$f(a) < f(x) \tag{19.3}$$

就稱 $f(a)$ 是函式的最小值，$x = a$ 是函式 $f(x)$ 的全域最佳解。

如圖 19.1 所示，搜尋域內有 D、E 和 F 三個山谷，即極小值。其中，E 是**全域極小值** (global minimum)，也叫最小值；D 和 F 是**局域極小值** (local minimum)。

總地來說，爬山尋找最高山峰是最大化最佳化過程，而尋找最深山谷便是最小化最佳化過程。這個尋找方法對應各種最佳化演算法，這是本書要逐步介紹的內容。

■ 19.2 建構最佳化問題

最小化最佳化問題

最小化最佳化問題可以寫成

$$\underset{x}{\arg\min}\, f(x) \tag{19.4}$$

　　其中：arg min 的含義是 argument of the minima；x 為引數，多變數一般寫成列向量；$f(x)$ 為 **目標函式** (objective function)，它可以是個函式解析式 (如 $f(x) = x^2$)，也可以是個無法用解析式表達的模型。

　　如圖 19.3 所示，迷宮中從 A 點到 B 點，小車可以走走停停，行駛時速度一定，小車對路線記錄為短期記憶。目標是不斷最佳化小車自主尋找出口的演算法，以使得小車走出迷宮用時最短。走出迷宮的用時就是這個最佳化問題的目標函式，這個目標函式顯然不能寫成一個簡單的函式。

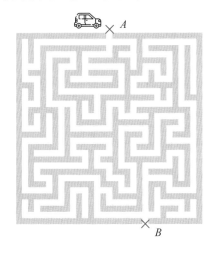

▲ 圖 19.3　小車自主尋找最佳路徑

最佳化變數

　　前文提過，x 為最佳化變數，也叫決策變數。最佳化變數可以是一個未知量 x，最佳化變數也可以是多個未知量組成的列向量，如 $x = [x_1, x_2, ..., x_D]^T$。

⚠

> 注意：最佳化變數採用的符號未必都是 x。以一元線性回歸為例，如圖 19.4 所示，藍色點為樣本資料點，找到一筆斜線能夠極佳地描述資料 x 和 y 的關係。如果將斜線寫成 $y = ax + b$，顯然 a 和 b 就是這個最佳化問題的變數；如果用 $y = b_1 x + b_0$ 這個形式的解析式，b_1 和 b_0 則是最佳化問題的變數；大家以後肯定會見到很多文獻 $y = \theta_1 x + \theta_0$ 或 $y = w_1 x + w_0$ 作為線性回歸模型，最佳化問題的變數則變為 θ_1 和 θ_0 或 w_1 和 w_0。

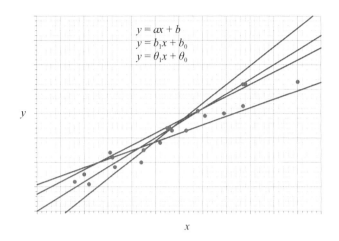

$$y = ax + b$$
$$y = b_1x + b_0$$
$$y = \theta_1x + \theta_0$$

▲ 圖 19.4　一元最小平方線性回歸中的最佳化變數

大家可能會問,圖 19.4 這個一元線性回歸最佳化問題的目標函式是什麼呢?
賣個關子,這個問題答案留到本書文末的「雞兔同籠三部曲」中回答。

　　如果最佳化問題的變數只有一個,則這類最佳化叫作**單變數最佳化** (single-variable optimization);如果最佳化問題有多個變數,則最佳化問題叫**多變數最佳化** (multi-variable optimization)。

　　當只有一個最佳化變數時,目標函式可以寫成一元函式 $f(x)$,$f(x)$ 和變數 x 的關係可以在平面上表達,如圖 19.5(a) 所示。

　　有兩個最佳化變數,如 x_1 和 x_2,目標函式為二元函式 $f(x_1, x_2)$ 時,$f(x_1, x_2)$、x_1 和 x_2 的關係可以利用三維等高線表達,如圖 19.5(b) 所示。

　　平面等高線也可以展示兩個最佳化變數最佳化問題,如圖 19.5(c) 所示。

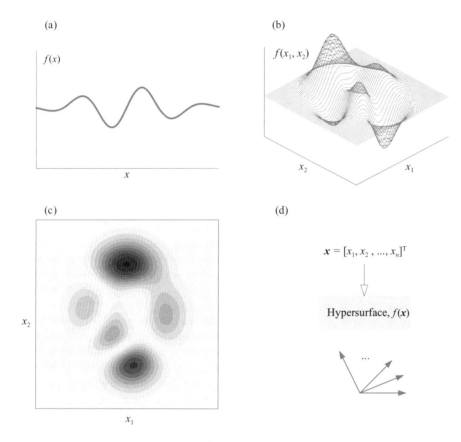

▲ 圖 19.5　目標函式隨變數數量變化

　　當最佳化變數數量不斷增多時，最佳化變數要寫成列向量 $\boldsymbol{x} = [x_1, x_2, ..., x_D]^T$，$f(\boldsymbol{x})$ 在多維空間中會形成一個**超曲面** (hypersurface)。

　　此外，最佳化目標可以有一個或多個。具有不止一個目標函式最佳化問題叫作**多目標最佳化** (multi- objective optimization)。本書將專門介紹多目標最佳化。

最大化最佳化問題

　　最大化最佳化問題可以寫成

$$\underset{\boldsymbol{x}}{\arg\max} \, f(\boldsymbol{x}) \tag{19.5}$$

實際上，標準最佳化問題一般都是最小化最佳化問題。而最大化問題目標函式改變符號 (乘 -1)，就可以轉化為最小化問題，即

$$\underset{x}{\arg\max} f(x) \quad \Leftrightarrow \quad \underset{x}{\arg\min} -f(x) \tag{19.6}$$

圖 19.6 所示為一個最大化問題轉化為最小化問題。

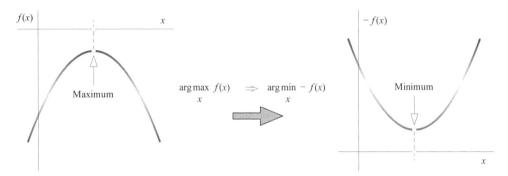

▲ 圖 19.6　最大化問題轉化為最小化問題

19.3　約束條件：限定搜尋區域

最佳化變數設定值並非隨心所欲，必須在一定範圍之內。變數的設定值範圍叫作**定義域** (domain)，也叫作**搜尋空間** (search space)、**選擇集** (choice set)。

範圍內的每一個點為一個**潛在解** (candidate solution 或 feasible solution)。

最佳化變數設定值範圍的條件稱作**約束條件** (constraints)。根據約束條件的有無，最佳化問題分為以下兩類。

▶ **無約束最佳化問題** (unconstrained optimization)

▶ **受約束最佳化問題** (constrained optimization)

五類約束

多數最佳化問題都是受約束最佳化問題，常見的約束條件分為以下幾種。

- ▶ **上下界** (lower and upper bounds)，$l \leq x \leq u$；

- ▶ **線性不等式** (linear inequalities)，$g(x) = Ax - b \leq 0$；

- ▶ **線性等式** (linear equalities)，$h(x) = A_{eq}x - b_{eq} = 0$；

- ▶ **非線性不等式** (nonlinear inequalities)，$c(x) \leq 0$；

- ▶ **非線性等式** (nonlinear equalities)，$c_{eq}(x) = 0$。

幾種約束條件複合在一起組成最佳化問題約束。大家應該已經發現，這五類約束條件對應的就是本書第 6 章介紹的幾種不等式。

最小化問題

結合約束條件，建構完整最小化問題方法為

$$
\begin{aligned}
&\underset{x}{\arg\min}\, f(x) \\
&\text{subject to: } l \leq x \leq u \\
&\qquad\qquad Ax - b \leq 0 \\
&\qquad\qquad A_{eq}x - b_{eq} = 0 \\
&\qquad\qquad c(x) \leq 0 \\
&\qquad\qquad c_{eq}(x) = 0
\end{aligned}
\tag{19.7}
$$

其中：subject to 代表「受限於」「約束於」，常簡寫成 s.t.。

下面，我們一一介紹各種約束條件。

上下界約束

首先討論上下界約束，用矩陣形式表達為

$$
l \leq x \leq u
\tag{19.8}
$$

其中：列向量 l 為**下界** (lower bound 常簡寫為 lb)；列向量 u 為**上界** (upper bound 常簡寫為 ub)。

圖 19.7 所示為變數 x_1 設定值範圍為 $x_1 \geq 1$ 對應區間為 $[1, +\infty)$。有了這個搜尋範圍，我們發現二元函式 $f(x_1, x_2)$ 的最高山峰和最低山谷都被排除在外。

Python 中，float('inf') 可以表達正無限大，float('-inf') 表達負無限大。最佳化問題建構約束時，常用 numpy.inf 生成正無限大，用 -numpy.inf 生成負無限大。

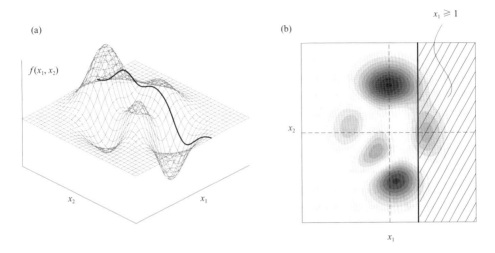

▲ 圖 19.7　x_1 的下界為 1，上界為正無限大

如圖 19.8 所示，變數 x_1 設定值範圍為 $-2 \leq x_1 \leq 1$，對應區間為閉區間 $[-2, 1]$。在求解最佳化問題時，一般的最佳化器都默認區間為閉區間，如 $[a, b]$。也就是尋找最佳化解時，搜尋範圍包含區間 a 和 b 兩端。

如果一定要將 b 這個端點排除在搜尋範圍之外，可以用 $b - \varepsilon$ 代替 b，ε 是個極小的正數，如 $\varepsilon = 10^{-5}$。

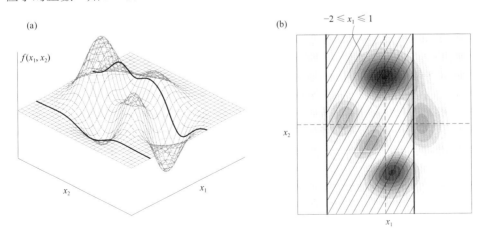

▲ 圖 19.8　x_1 的下界為 -2，上界為 1

　　圖 19.9 所示的搜尋範圍對應 $-1 \leq x_2 \leq 1$，對應區間為閉區間 [-1, 1]。圖 19.10 所示的搜尋區域同時滿足 $-2 \leq x_1 \leq 1$ 和 $-1 \leq x_2 \leq 1$，將兩者寫成式 (19.8) 形式得到

$$\underbrace{\begin{bmatrix} -2 \\ -1 \end{bmatrix}}_{l} \leq x = \begin{bmatrix} x_1 \\ x_2 \end{bmatrix} \leq \underbrace{\begin{bmatrix} 1 \\ 1 \end{bmatrix}}_{u} \tag{19.9}$$

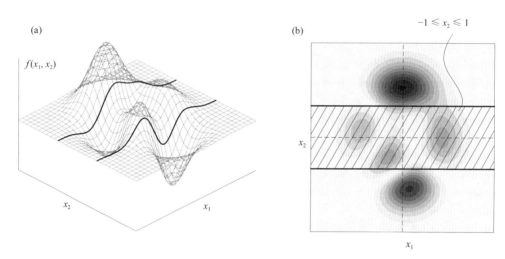

▲ 圖 19.9　x_2 的下界為 -1，上界為 1

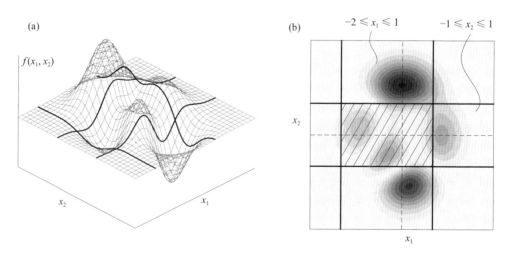

▲ 圖 19.10　同時滿足 $-2 \leq x_1 \leq 1$ 和 $-1 \leq x_2 \leq 1$ 的搜索區域

線性不等式約束

線性不等式約束表達為

$$Ax \leq b \tag{19.10}$$

也常記作

$$g(x) = Ax - b \leq 0 \tag{19.11}$$

圖 19.11 所示的搜尋區域為線性不等式約束，滿足 $x_1 + x_2 - 1 \geq 0$。

> ⚠ 再次強調，本書最佳化問題中約束條件一般用「小於等於」，如 $-x_1 - x_2 + 1 \leq 0$。

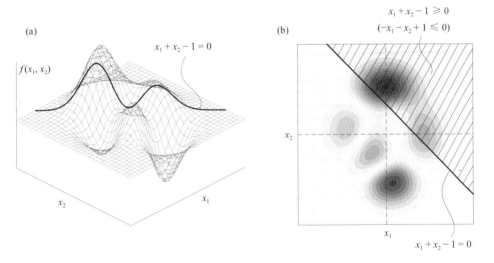

(a)

$f(x_1, x_2)$

$x_1 + x_2 - 1 = 0$

x_2

x_1

(b)

$x_1 + x_2 - 1 \geq 0$

$(-x_1 - x_2 + 1 \leq 0)$

x_2

x_1

$x_1 + x_2 - 1 = 0$

▲ 圖 19.11　$x_1 + x_2 - 1 \geq 0$ 對應的搜尋區域

線性不等式組

下例為三個線性不等式建構的約束條件：

$$\begin{cases} x_1 - 0.5x_2 \geqslant -1 \\ x_1 + 2x_2 \geqslant 1 \\ x_1 + x_2 \leqslant 2 \end{cases} \tag{19.12}$$

首先將三個不等式所有大於等於號 (≥) 調整為小於或等於符號 (≤)，得到

$$\begin{cases} -x_1 + 0.5x_2 \leqslant 1 \\ -x_1 - 2x_2 \leqslant -1 \\ x_1 + x_2 \leqslant 2 \end{cases} \tag{19.13}$$

然後用矩陣形式描述這一組約束條件為

$$\underbrace{\begin{bmatrix} -1 & 0.5 \\ -1 & -2 \\ 1 & 1 \end{bmatrix}}_{A} \underbrace{\begin{bmatrix} x_1 \\ x_2 \end{bmatrix}}_{x} \leqslant \underbrace{\begin{bmatrix} 1 \\ -1 \\ 2 \end{bmatrix}}_{b} \tag{19.14}$$

這三個線性不等式約束聯立在一起便組成圖 19.12 所示的搜尋空間。

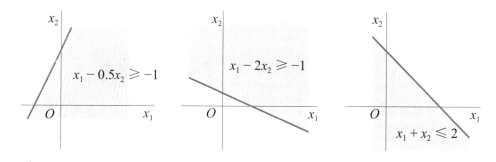

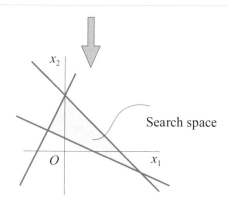

▲ 圖 19.12   三個線性不等式約束建構的搜尋區域

線性等式約束

線性等式約束表達為

$$A_{eq}x = b_{eq} \tag{19.15}$$

式 (19.15) 常記作 $h(x) = A_{eq}x - b_{eq} = 0$。線性等式約束很好理解，線性約束條件對應的搜尋範圍為一條直線、一個平面或超平面。

比如，圖 19.11 中黑色線代表線性約束條件 $x_1 + x_2 - 1 = 0$。也就是說，有了這個線性等式約束，我們只能在圖 19.11 黑色曲線上尋找二元函式 $f(x_1, x_2)$ 的最大值或最小值。

非線性不等式約束

非線性不等式約束用下式表達，即

$$c(x) \leq 0 \tag{19.16}$$

舉個例子，圖 19.13 中陰影部分搜尋區域對應非線性不等式約束條件

$$\frac{x_1^2}{2} + x_2^2 - 1 \leq 0 \tag{19.17}$$

Python 中，可以同時定義非線性不等式約束的上下界，即

$$l \leq c(x) \leq u \tag{19.18}$$

非線性不等式一般透過建構自訂函式完成。

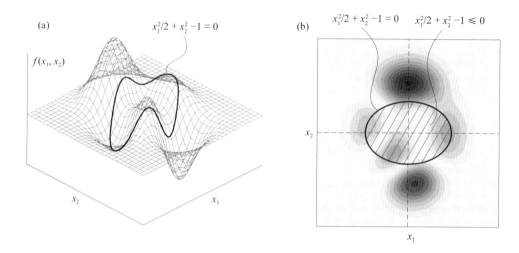

▲ 圖 19.13　非線性不等式約束條件

非線性等式約束透過下式定義，即

$$c_{eq}(x) = 0 \qquad\qquad (19.19)$$

非線性等式約束很容易理解。以圖 19.13 為例，滿足 $x_1^2/2 + x_2^2 - 1 \leq 0$ 的搜尋區域限定在橢圓上。

最值出現的位置

當約束條件存在時，最值可能出現在約束條件限定的邊界上。

如圖 19.14(a) 所示，給定搜尋區域，函式的最大值、最小值均在搜尋區域內部。

而圖 19.14(b) 中，$f(x)$ 的最小值出現在約束條件的右側邊界上。

圖 19.14(c) 中，$f(x)$ 的最大值出現在約束條件的左側邊界上。

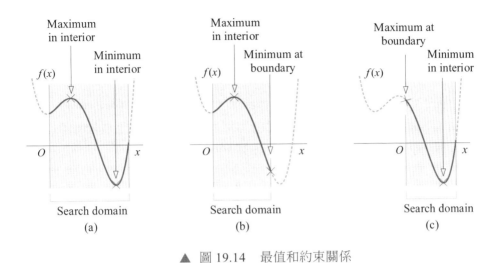

▲ 圖 19.14　最值和約束關係

混合整數最佳化

很多最佳化問題要求變數全部為整數或部分為整數。**混合整數最佳化**(mixed integer optimization) 可以同時包含整數和連續變數。圖 19.15 所示為在 x_1x_2 平面上三種約束情況：x_1 為整數，x_2 為整數，以及 x_1 和 x_2 均為整數。

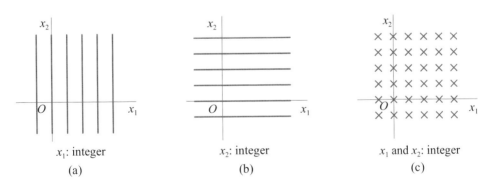

▲ 圖 19.15　混合整數最佳化

19.4 一元函式的極值點判定

本節從最簡單的一次函式入手，介紹如何判定極值點。

觀察圖 19.16 所示函式，函式為連續函式，沒有中斷點。同樣把圖 19.16 看作一座山，不難發現，某個山峰 (極大值) 緊鄰的左側是上坡 (區域遞增函式)，而緊鄰的右側是下坡 (區域遞降函式)，如圖 19.16 所示。

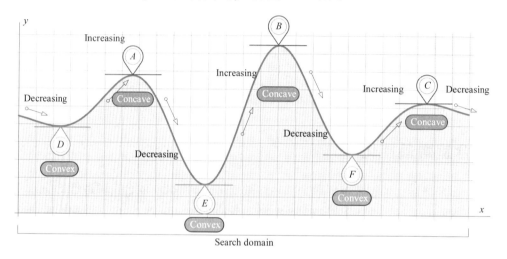

▲ 圖 19.16　極值兩側的增減性質

而某個山谷 (極小值) 則恰好相反，山谷緊鄰的左側是下坡 (區域遞減函式)，而緊鄰的右側是上坡 (區域遞增函式)。不管是山峰還是山谷，只要函式光滑連續，則極值點處的切線為水平線。

一階導數

本書第 15 章在講解導數時說過，一元函式曲線上某點的導數，就是該點曲線切線斜率。

如果一元函式處處可導，如圖 19.16 所示，則不管站在山谷點、還是山峰點，切線均為水平，即導數為 0。

對於一元函式 $f(x)$，函式一階導數為 0 的點叫**駐點** (stationary point)；而駐點可能是一元函式的極大值、極小值，或是鞍點。

這樣，我們便獲得了一元可導函式極值的必要條件，而非充分條件。

如果函式 $f(x)$ 在 $x = a$ 處可導，且在該點取得極值，則一階導數 $f'(a) = 0$。

要判斷極值點是極大值，還是極小值點，我們需要利用二階導數進一步分析。

二階導數

觀察山谷 (極小值點)D、E 和 F，可以發現這三點區域函式都是局部為**凸** (convex)；而山頂 A、B 和 C 所在的局域函式都是局部為**凹** (concave)。大家經常聽說的**凸最佳化** (convex optimization) 正是研究定義於凸集中的凸函式最小化的問題。

這樣，我們便可以透過二階導數的正負來進一步判斷極值點是極大值還是極小值。

函式 $f(x)$ 在 $x = a$ 處有二階導數，且一階導數 $f'(a) = 0$，即 $x = a$ 為駐點；如果二階導數 $f'(a) > 0$，則函式 $f(x)$ 在 $x = a$ 處取得極小值；如果二階導數 $f''(a) < 0$，函式 $f(x)$ 在 $x = a$ 處取得極大值。

圖 19.17 所示為最大值和最小值點處函式值、一階導數和二階導數變化的細節圖。原函式一階導數的一階導數是原函式的二階導數。

位於極大值點附近，當 x 增大時，二階導數值需要為負值才能保證一階導數從正值穿越 0 點到負值。

而極小值點附近，二階導數數值需要為正，這樣 x 增大才能使一階導數從負值穿越 0 點到正值。

再次注意：本書採用的凸凹定義和部分教材正好相反。

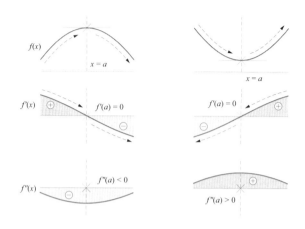

▲ 圖 19.17　極大值和極小值點局部，用正弦餘弦重畫圖

一階導數和二階導數均為 0

如果函式駐點的一階導數和二階導數都為 0，可以用駐點左右的一階導數符號判定極值。圖 19.18 所示分別舉出原函式以及其一階導數、二階導數影像。

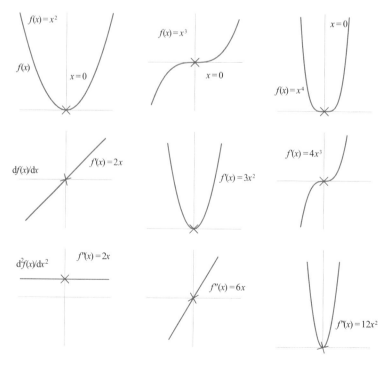

▲ 圖 19.18　透過一階導數和二階導數判斷極值

對於 $f(x)=x^2$，在 $x=0$ 處，一階導數為 0，而且二階導數為正，容易判斷 x = 0 對應函式極小值點；透過進一步判斷，函式不存在其他極小值點，因此這個極小值點也是函式的最小值點。

而 $f(x)=x^3$，在 $x=0$ 處函式的一階導數和二階導數都為 0，但是 $x=0$ 左右的一階導數都為正，顯然 $x=0$ 為函式的鞍點，不是極值點。

對於 $f(x)=x^4$，在 $x=0$ 處函式的一階導數和二階導數雖然也都為 0，但是 x = 0 左右一階導數分別為負和正，顯然 $x=0$ 為函式的極小值點。

尋找極值點

另外，函式在導數不存在的點也可能取得極值；另外，考慮約束條件，函式也可能在約束邊界上取得極值。

總的來說，尋找極值時大家需要注意三類點：①駐點（一階導數為 0 點），如圖 19.19 中的 C 和 D 點；②不可導點；③搜尋區域邊界點，參考上一節圖 19.14。

注意，本書前文提到導數不存有又分為三種情況：①間斷點，如圖 19.19 中的 A 和 B 點；②尖點，如圖 19.19 中的 E 點；③切線垂直，即斜率為無限大，如圖 19.19 中的 F 點。

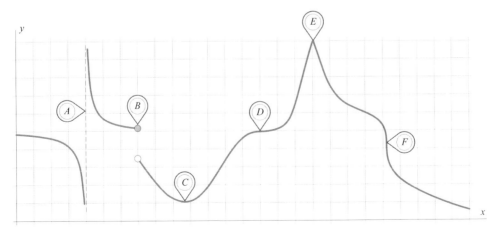

▲ 圖 19.19　一次函式值得關注的幾個點

程式設計求解最佳化問題

本節最後舉個例子，求解無約束條件下下列一元函式 $f(x)$ 的最小值以及對應的最佳化解，即

$$\min_x f(x) = -2x \cdot \exp(-x^2) \qquad (19.20)$$

函式的一階導數為

$$f'(x) = 4x^2 \cdot \exp(-x^2) - 2\exp(-x^2) \qquad (19.21)$$

一階導數為 0 有兩個解，分別是

$$x = \pm \frac{\sqrt{2}}{2} \qquad (19.22)$$

請大家自行計算函式二階導數在 $x = \pm 22$ 處的具體值。

圖 19.20(a) 所示為 $f(x)$ 的函式影像，容易判斷 $x = 22$，函式取得最小值。圖 19.20(b) 所示為 $f(x)$ 函式一階導數的函式影像，$x = 22$ 處一階導數為 0。

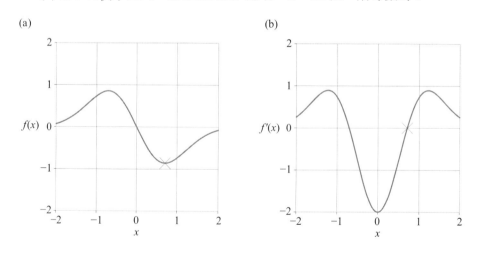

▲ 圖 19.20　一次函式影像和一階導函式影像，極小值點位置

Bk3_Ch19_01.py 完成最佳化問題求解，並繪製圖 19.20。

19.5 二元函式的極值點判定

二元以及多元函式的極值點判定並沒有一元函式那麼直接，下面簡單介紹一下。

一階偏導

二元函式 $y = f(x_1, x_2)$ 在點 (a, b) 處分別對 x_1 和 x_2 存在偏導，且在 (a, b) 處有極值，則有

$$f_{x_1}(a,b) = 0, \quad f_{x_2}(a,b) = 0 \tag{19.23}$$

對於二元函式極值的判定，一階偏導數 $f_{x_1}(x_1, x_2) = 0$ 和 $f_{x_2}(x_1, x_2) = 0$ 同時成立的點 (x_1, x_2) 為二元函式 $f(x_1, x_2)$ 的駐點。如圖 19.21 所示，駐點可以是極小值、極大值或鞍點。

二階偏導

如果 $f(x_1, x_2)$ 在 (a, b) 鄰域內連續，且函式的一階偏導及二階偏導連續，令

$$A = f_{x_1 x_1}(a,b), \quad B = f_{x_1 x_2}(a,b), \quad C = f_{x_2 x_2}(a,b) \tag{19.24}$$

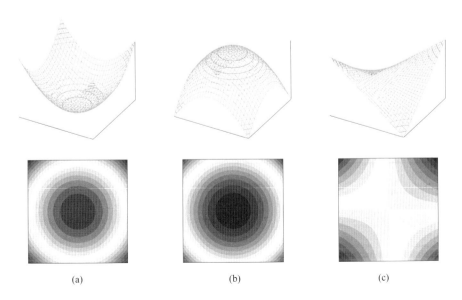

(a)　　　　　　　　　(b)　　　　　　　　　(c)

▲ 圖 19.21　二元函式駐點的三種情況

$f(x_1, x_2)$ 在 (a, b) 一階偏導為 0，$f_{x_1}(a, b) = 0$，$f_{x_2}(a, b) = 0$，$f(a, b)$ 是否為極值點可以透過下列條件判斷。

① $AC - B^2 > 0$ 存在極值，且當 $A < 0$ 有極大值，$A > 0$ 時有極小值。

② $AC - B^2 < 0$ 沒有極值。

③ $AC - B^2 = 0$，可能有極值，也可能沒有極值，需要進一步討論。

舉個例子

在沒有約束的條件下，確定下列二元函式的極小值點：

$$\min_{x_1, x_2} f(x_1, x_2) = -2x_1 \cdot \exp\left(-x_1^2 - x_2^2\right) \tag{19.25}$$

圖 19.22 所示為 $f(x_1, x_2)$ 的曲面和等高線影像，顯然函式存在一個最小值點。

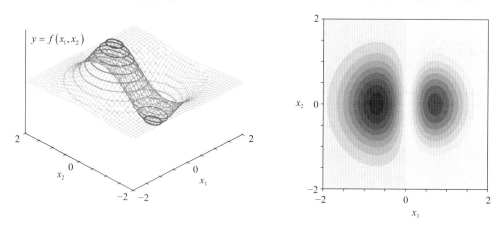

▲ 圖 *19.22*　$f(x_1, x_2)$ 曲面和等高線影像

$f(x_1, x_2)$ 對於 x_1 的一階偏導 $f_{x_1}(x_1, x_2)$ 的解析式為

$$f_{x_1}(x_1, x_2) = \left(4x_1^2 - 2\right)\exp\left(-x_1^2 - x_2^2\right) \tag{19.26}$$

> ⚠
> 再次強調：如 19.23 所示，一偏 $f_{x_1}(x_1, x_2)$ 也是一个二元函 。

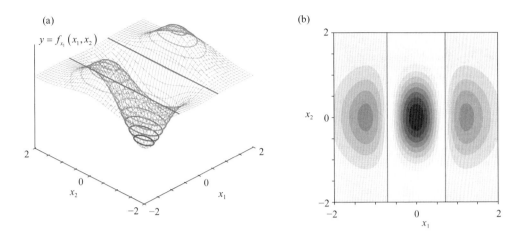

▲ 圖 19.23　一階偏導 $f_{x_1}(x_1, x_2)$ 曲面和等高線影像

$f(x_1, x_2)$ 對於 x_2 的一階偏導 $f_{x_2}(x_1, x_2)$ 的解析式為

$$f_{x_2}(x_1, x_2) = 4x_1 x_2 \exp\left(-x_1^2 - x_2^2\right) \tag{19.27}$$

圖 19.24 所示為一階偏導 $f_{x_2}(x_1, x_2)$ 的曲面和等高線影像。圖 19.24 中深藍色曲線對應 $f_{x_2}(x_1, x_2)= 0$。圖 19.25 舉出的是 $f_{x_2}(x_1, x_2)$ 曲面和等高線，上面墨綠色曲線對應 $f_{x_1}(x_1, x_2)= 0$，深藍色曲線對應 $f_{x_2}(x_1, x_2)= 0$。

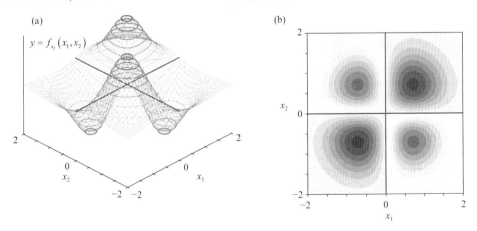

▲ 圖 19.24　一階偏導 $f_{x_2}(x_1, x_2)$ 曲面和等高線影像

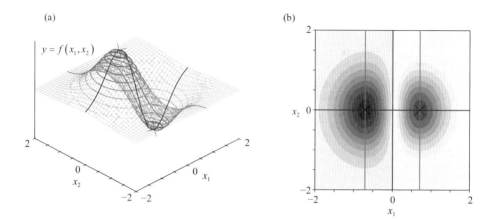

▲ 圖 19.25　$f(x_1, x_2)$ 曲面和等高線影像，墨綠色曲線對應 $f_{x_1}(x_1, x_2) = 0$ ，深藍色曲線對應 $f_{x_2}(x_1, x_2) = 0$

$f(x_1, x_2)$ 對 x_1 的二階偏導為

$$A = f_{x_1 x_1}(x_1, x_2) = 4x_1\left(3 - 2x_1^2\right)\exp\left(-x_1^2 - x_2^2\right) \tag{19.28}$$

$f(x_1, x_2)$ 對 x_1 和 x_2 的混合二階偏導為

$$B = f_{x_1 x_2}(x_1, x_2) = f_{x_2 x_1}(x_1, x_2) = 4x_2\left(1 - 2x_2^2\right)\exp\left(-x_1^2 - x_2^2\right) \tag{19.29}$$

$f(x_1, x_2)$ 對 x_2 的二階偏導為

$$C = f_{x_2 x_2}(x_1, x_2) = 4x_1\left(1 - 2x_2^2\right)\exp\left(-x_1^2 - x_2^2\right) \tag{19.30}$$

$AC - B^2$ 對應的解析式為

$$AC - B^2 = f_{x_2 x_2}(x_1, x_2) = \left(-32x_1^4 - 32x_1^2 x_2^2 + 48x_1^2 - 16x_2^2\right)\exp\left(-x_1^2 - x_2^2\right) \tag{19.31}$$

如圖 19.26(a) 所示的兩個鞍點處，$AC - B^2$ 均大於 0，這說明兩點均為極值點；根據圖 19.26(b) 可以判定極數值型態。

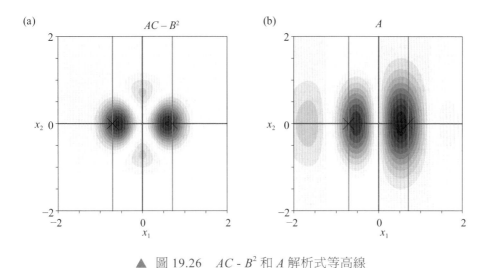

▲ 圖 19.26　AC - B^2 和 A 解析式等高線

有約束條件

在式 (19.25) 的基礎上，加上非線性約束條件

$$\min_{x_1, x_2} f(x_1, x_2) = -2x_1 \cdot \exp\left(-x_1^2 - x_2^2\right)$$
$$\text{s.t.} \quad |x_1| + |x_2| - 1 \leqslant 0 \tag{19.32}$$

如圖 19.27(a) 所示，這個非線性約束條件對最佳化結果沒有影響。

換一個約束條件

$$\min_{x_1, x_2} f(x_1, x_2) = -2x_1 \cdot \exp\left(-x_1^2 - x_2^2\right)$$
$$\text{s.t.} \quad |x_1| + |x_2 + 1| - 1 \leqslant 0 \tag{19.33}$$

圖 19.27(b) 所示，最佳化結果出現在了邊界上。

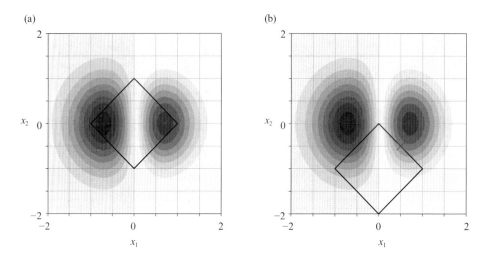

▲ 圖 19.27　兩個非線性條件對最佳化結果影響

Bk3_Ch19_02.py 求解含有非線性約束條件的最佳化問題，並繪製圖 19.27。

　　本章浮光掠影地全景介紹了最佳化問題及求解方法。本章舉出的求解方法是不含約束條件的解析法。

Section *06*

機率統計

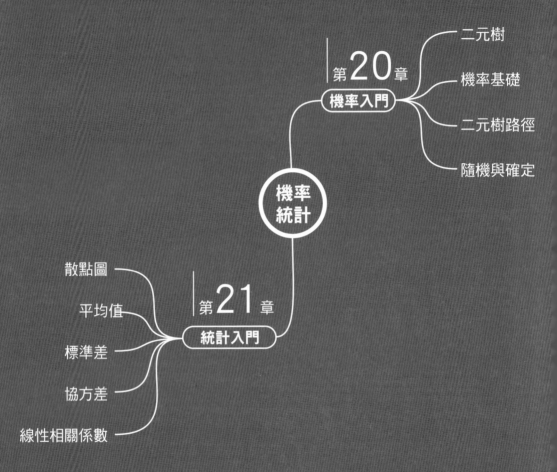

第20章
機率入門

二元樹

機率基礎

二元樹路徑

隨機與確定

機率
統計

散點圖

平均值

標準差

協方差

線性相關係數

第21章
統計入門

Fundamentals of Probability

機率入門

從巴斯卡三角到古典機率模型

這個世界的真正邏輯是機率的推演。

The true logic of this world is the calculus of probabilities.

——詹姆斯 • 克拉克 • 麥克斯威（*James Clerk Maxwell*）| 英國數學物理學家 | *1831-1879*

- ax.invert_xaxis() 調轉 x 軸
- ax1.spines['right'].set_visible(False) 除去影像右側黑框線
- ax1.spines['top'].set_visible(False) 除去影像上側黑框線
- itertools.combinations() 無放回取出組合
- itertools.combinations_with_replacement() 有放回取出組合
- itertools.permutations() 無放回排列
- matplotlib.pyplot.barh() 繪製水平長條圖
- matplotlib.pyplot.stem() 繪製火柴棒圖
- numpy.concatenate() 將多個陣列進行連接
- numpy.stack() 將矩陣疊加
- numpy.zeros_like() 用於生成和輸入矩陣形狀相同的零矩陣
- scipy.special.binom() 產生二項式係數
- sympy.Poly 將符號代數式轉化為多項式

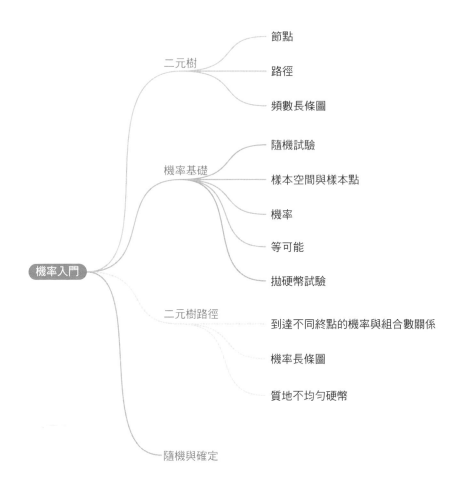

20.1 機率簡史：出身賭場

　　機率是現代人類的自然思維方式。大家在日常交流時，用到「預測」「估計」「肯定」「百分之百的把握」「或許」「百分之五十可能性」「大概」「可能」「恐怕」「絕無可能」等字眼時，思維便已經進入了機率的範圍。

　　機率論的目的就是將這些字眼公理化、量化。

　　義大利學者**吉羅拉莫・卡爾達諾** (Girolamo Cardano,1501-1576) 可以說是文藝復興時期百科全書式的人物。他做過執業醫生，第一個發表三次代數方程式的一般解法，他還是賭場的常勝將軍。

　　卡爾達諾死後才向世人公佈自己創作的賭博秘笈《論賭博的遊戲》(*Book on Games of Chance*)，這本書首次對機率進行了系統介紹。他在書中用投骰子遊戲講解等可能事件和其他機率概念。值得一提的是，卡爾達諾的父親與達・芬奇是好友。和達・芬奇一樣，卡爾達諾也是私生子。

　　機率論的基本原理是在**帕斯卡** (Blaise Pascal, 1623- 1662) 和**費馬** (Pierre de Fermat, 1607- 1665) 的一系列來往書信中架設起來的。他們在書信中討論的是著名的賭博獎金分配問題。

　　舉個例子說明賭博獎金分配問題。A、B 兩人玩拋硬幣遊戲，每次拋一枚硬幣，硬幣朝上 A 得一分，硬幣朝下 B 得一分，誰先得到 10 分誰就贏得所有獎金。但是，遊戲進行到途中突然中斷，此時 A 得分 7 分，B 得分 5 分，兩人此時應該如何分配獎金？

　　在帕斯卡和費馬的討論中，他們提出了列舉法。一些書信中也能看到他們談到利用巴斯卡三角和二項式展開求解賭博獎金分配問題。

　　克利斯蒂安・惠更斯 (Christiaan Huygens, 1629-1695) 擴展了帕斯卡和費馬的理論。惠更斯 1657 年發表了《論賭博中的計算》(*On Reasoning in Games of Chance*)，被很多人認為是機率論誕生的標識。

　　法國數學家**亞伯拉罕・棣莫弗** (Abraham deMoivre, 1667-1754) 繼續推動機率論的發展，他首先提出正態分佈、中心極限定理等。在處理萊布尼茲 - 牛頓微積分發明權之爭時，棣莫弗還被選做裁決人之一。

　　貝氏 (Thomas Bayes, 1701-1761) 在自己的論文《解決機會學說中的問題》(*An Essay Towards Solving a Problem in the Doctrine of Chances*) 中探討了條件機率，這使得貝氏成為貝氏學派的開山鼻祖。

　　在機率領域，**高斯** (Carl Friedrich Gauss, 1777-1855) 發明了最小平方法。雖然正態分佈常被稱作高斯分佈，但是高斯不是正態分佈的第一發明者。

　　法蘭西斯・高爾頓 (Francis Galton, 1822- 1911) 則提出回歸、相關係數等重要統計學概念。有趣的是，高爾頓是查理斯・達爾文的表弟。而俄羅斯數學家**安德雷・柯爾莫哥洛夫** (Andrey Kolmogorov, 1903- 1987) 對機率論公理化所作出卓越的貢獻。他認為，「機率論作為數學學科，可以而且應該從公理開始建設，和幾何、代數的發展之路一樣。」

　　如圖 20.1 所示，機率論和統計學兩門學科相互交融，而且發展歷史跨度很大，太多學者造成了推動作用。很可惜，限於篇幅，本節只能走馬觀花地用幾句話概括關鍵人物的生平。

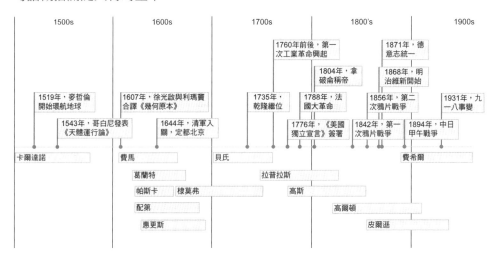

▲ 圖 20.1　機率論、統計學發展時間軸

20.2　二元樹：一生二、二生三

　　巴斯卡三角可謂是算數、代數、幾何、數列、機率的完美結合體。沿著帕斯卡和費馬的想法，本章從巴斯卡三角入手來和大家探討機率論的核心思想。

　　本節首先從一個全新角度解讀巴斯卡三角——**二叉樹** (binomial tree)。將本書第 4 章介紹的巴斯卡三角逆時針旋轉 90 度，得到圖 20.2 所示的二元樹。圖 20.2 中每個點稱作**節點** (node)。

試想，一名登山者從最左側初始點出發，沿著二元樹規劃的路徑向右移動，到達最右側任意節點結束。途中每個節點處，登山者可以向右上方或右下方走，但是不能往回走。

這樣，圖 20.2 中的數字便有了另外一層內涵——登山者到達對應節點的可能路徑。

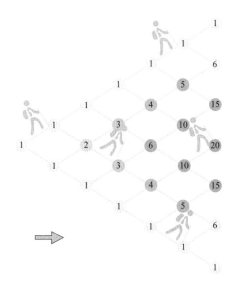

▲ 圖 20.2　巴斯卡三角逆時鐘旋轉 90。得到一個二元樹

二元樹原理

下面解釋一下二元樹的原理。

如圖 20.3 所示，當 $n = 1$ 時，二元樹叫作**一步二叉樹** (one-step binomial tree)。也就是說，登山者從初始點出發，只有兩條路徑到達兩個不同的終點。

▲ 圖 20.3　$n = 1$，向上、向下走的路徑

如圖 20.4 所示，$n = 2$ 時，二元樹為**兩步二元樹** (two-step binomial tree)。從起點到終點，一共有 4 條路徑，二項式係數 1、2、1 則相當於到達對應 A、B、C 終點的可能路徑數量。

當二元樹的層數不斷增多，到達終點的路徑的數量呈現指數增長趨勢。

如圖 20.5(a) 所示，$n = 3$ 時，路徑數量為 $8 (= 1 + 3 + 3 + 1 = 2^3)$；如圖 20.5(b) 所示，$n = 4$ 時，路徑數量為 $16 (= 1 + 4 + 6 + 4 + 1 = 2^4)$；如圖 20.5(c) 所示，$n = 5$ 時，路徑數量為 $32 (= 1 + 5 + 10 + 10 + 5 + 1 = 2^5)$。

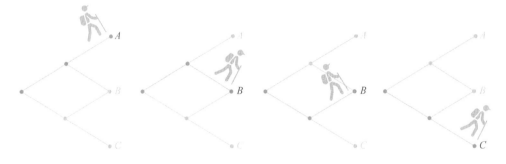

▲ 圖 20.4　n = 2，通向最終節點路徑

這個結果也不難理解，二元樹每增加一層，登山者就多一次二選一的機會。從路徑數量角度講，就是再乘以 2。

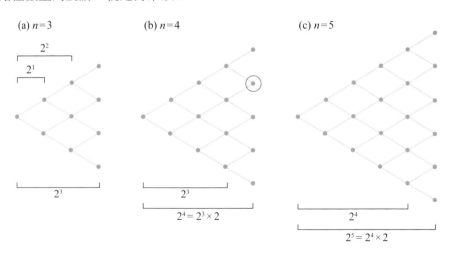

▲ 圖 20.5　n = 3、4、5，通向最終節點路徑

　　圖 20.6 所示為 4 條到達圖 20.5(b) 二元樹畫紅圈終點節點路徑。4 這個結果與組合數有著密切關系。下面我們探討一下如何用組合數解釋到達不同終點路徑數。

▲ 圖 20.6　四條到達同一終點節點的路徑

組合數

　　利用**水平橫條圖** (horizontal bar graph) 視覺化圖 20.5 所示的二元樹路徑數。如圖 20.7 所示，$n = 3$ 時，到達二元樹終點節點的路徑分別有 1、3、3、1 條，總共有 8 條路徑，寫成組合數為

$$C_3^0 + C_3^1 + C_3^2 + C_3^3 = 1 + 3 + 3 + 1 = 8 = 2^3 \qquad (20.1)$$

　　大家可能會問，組合數在這裡扮演的角色是什麼？

　　很容易理解，登山者在圖 20.7 所示二元樹需要做三次「 向上走或向下走」的決策。

　　C_3^0 可以視為，3 次決策中 0 次向下；C_3^1 可以視為，3 次決策中 1 次向下；C_3^2 可以理解為，3 次決策中 2 次向下；C_3^3 可以視為，3 次決策中 3 次向下。

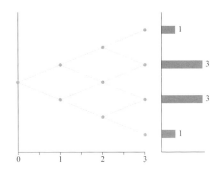

▲ 圖 20.7　$n = 3$ ，二元樹路徑數分佈

如圖 20.8 所示，$n = 4$ 時，到達二元樹終點節點的路徑分別有 1 、4 、6 、4 、1 條，總共有 16 條路徑，同理有

$$C_4^0 + C_4^1 + C_4^2 + C_4^3 + C_4^4 = 1 + 4 + 6 + 4 + 1 = 16 = 2^4 \qquad (20.2)$$

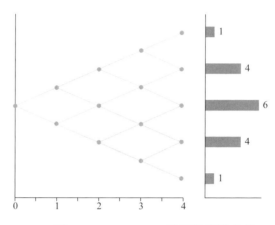

▲ 圖 20.8　n = 4 ，二元樹路徑數分佈

也就是說，這種情況登山者面臨 4 次「二選一」的決策。

如圖 20.9 所示，$n = 5$ 時，登山者有 5 次「二選一」決策，到達二元樹終點節點的路徑分別有 1、 5 、10 、10 、5 、1 條，總共有 32 條路徑，有

$$C_5^0 + C_5^1 + C_5^2 + C_5^3 + C_5^4 + C_5^5 = 1 + 5 + 10 + 10 + 5 + 1 = 32 = 2^5 \qquad (20.3)$$

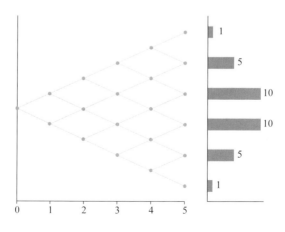

▲ 圖 20.9　n = 5 ，二元樹路徑數分佈

從機率統計角度，圖 20.9 右側的長條圖常被稱作**頻數長條圖** (frequency histogram)。頻數也稱次數，是對總資料按某種標準進行分組，統計出各個組內含個體的個數。

巴斯卡三角和二元樹表現出來的規律像極了老子所言：「道生一，一生二，二生三，三生萬物。」

程式檔案 Bk3_Ch20_ 1.py 中 Bk3_Ch20_1_A 部分繪製圖 20.7 ~ 圖 20.9。

20.3 拋硬幣：正反面機率

確定與隨機

在自然界和社會實踐活動中，人類遇到的各種現象可以分為兩大類：確定現象，隨機現象。

隨機現象的準確定義是：在一定條件下，出現的可能結果不止一個，事前無法確切知道哪一個結果一定會出現，但大量重複試驗中其結果又具有統計規律的現象稱為隨機現象。

一年二十四節氣輪替，太陽東升西落，這是確定性現象。某一年是乾旱少雨，還是洪澇災害頻發，某一天是否會下雨，什麼時候下雨，降水量多大，這些事情的結果都是隨機的。

天地不仁，以萬物為芻狗——感覺這句就是在說隨機性。

但是，隨機之中有確定。舉個例子，拋一枚硬幣，誰也不能準確預測硬幣落地時是正面還是反面朝上。但是，大量拋硬幣，卻發現硬幣的正反面平均值有一定的規律。

人類雖然不能百分之百準確預測明年今天的晴雨狀況。但是，透過研究大量氣象資料，我們可以找到降水的週期性規律，並在一定範圍內預測降水量。

在微觀、少量、短期尺度上，我們看到的更多的是不確定、不可預測、隨機；但是，站在巨觀、大量、更長的時間尺度上，我們可以發現確定、模式、規律。

隨機試驗

隨機試驗 (random experiment) 是在相同條件下對某隨機現象進行的大量重複觀測。隨機試驗需要滿足下列三個條件：

① 可重複，在相同條件下試驗可以重複進行；
② 結果集合明確，每次試驗的可能結果不止一個，並且能事先明確試驗的所有可能結果；
③ 單次試驗結果不確定，進行一次試驗之前不能確定哪一個結果會出現，但必然出現結果集合中的一個。

給定一個隨機試驗，所有的結果組成的集合為樣本空間 Ω 。樣本空間 Ω 中的每一個元素為一個樣本點。

機率

機率 (probability) 反映隨機事件出現的可能性大小。

給定任意一個事件 A，$\Pr(A)$ 為事件 A 發生的**機率** (the probability of event A occurring)。

本書機率記法，$\Pr$ 為正體。

對於任意事件 A，A 發生的機率滿足

$$\Pr(A) \geqslant 0 \tag{20.4}$$

整個樣本空間 Ω 的機率為 1 ，即

$$\Pr(\Omega) = 1 \tag{20.5}$$

空集 $\varnothing$ 不包含任何樣本點，也稱做不可能事件，因此對應的機率為 0 ，即

$$\Pr(\varnothing) = 0 \tag{20.6}$$

通俗地講，一定會發生的事情，機率值為 1(100%)；一定不會發生的事情，機率值為 0(0%)。不一定會發生的事情，機率值在 0 到 1 之間。這就是量化「可能性」的基礎。

等可能

等可能性是指設一個試驗的所有可能發生的結果有 n 個，它們都是隨機事件，每次試驗有且只有其中的結果出現。

如果每個結果出現的機會均等，那麼說這 n 個事件的發生是等可能試驗的結果。設樣本空間 Ω 由 n 個等可能的試驗結果組成，事件 A 的機率為

$$\Pr(A) = \frac{n_A}{n} \tag{20.7}$$

其中：n_A 為含於事件 A 的試驗結果數量。

這種基本事件個數有限且等可能的機率模型，稱為古典機率模型。所謂機率模型是對不確定現象的數學描述。

拋硬幣

舉最簡單的例子，拋一枚硬幣，1 代表落地結果為正面、0 代表結果為反面。拋一枚硬幣的可能結果樣本空間 Ω 為

$$\Omega = \{0, 1\} \tag{20.8}$$

根據生活常識，如果硬幣質地均勻。獲得正面和反面的機率相同均為 1/2，即等可能，則有

$$\Pr(0) = \Pr(1) = \frac{1}{2} \tag{20.9}$$

連續拋 100 枚硬幣，並記錄每次硬幣正 (1)、反面 (0) 結果。圖 20.10 為每一次試驗硬幣正反面結果以及累計結果的平均值變化。可以發現，隨著拋硬幣的次數不斷增多，硬幣正反面平均值越來越靠近 1/2。

Bk3_Ch20_2.py 繪製圖 20.10。

在 Bk3_Ch20_2.py 基礎上，我們做了一個 App 展示採用不同隨機數發生器種子得到不同試驗結果。請參考 Streamlit_Bk3_Ch20_2.py。

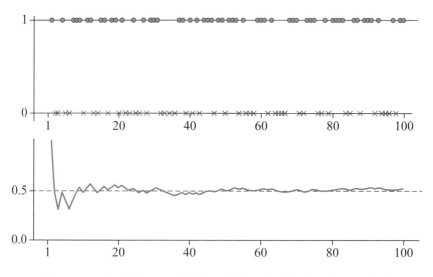

▲ 圖 20.10　拋硬幣 100 次試驗，硬幣正反面結果，以及平均值變化

20.4　聊聊機率：向上還是向下

本節引入機率，給巴斯卡三角增添一個新角度。

登山者在二元樹始點或中間節點時，都會面臨「向上」或「向下」這種二選一的抉擇。如果登山者透過拋硬幣，決定每一步的行走路徑——正面，向右上走；反面，向右下走。

生活經驗告訴我們，如果硬幣質地均勻，拋硬幣時獲得正面和反面的可能性相同。這個可能性，就是上一節提到的機率。

對於圖 20.11(a)，當登山者位於紅色點 ●，他透過拋一枚硬幣決定向上走和向下走的機率 (可能性) 相同，均為 0.5(50%)。

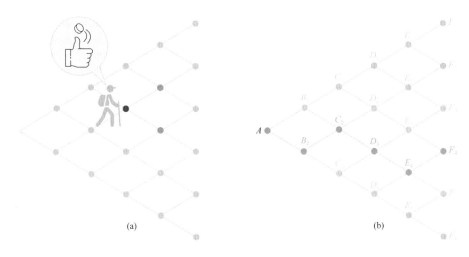

(a)　　　　　　　　　　(b)

▲ 圖 20.11　二元樹路徑與可能性

等可能角度

　　透過本章前文學習，大家已經清楚圖 20.11(b) 所示的二元樹一共有 32 條路徑。顯然，從初始點到某一特定終點節點，登山者採用任意路徑的可能性相同。也就是說圖 20.11(b) 中 $A \to B_2 \to C_2 \to D_3 \to E_4 \to F_4$ 這條路徑被採納的機率 (可能性) 為

$$\mathrm{Pr}\left(A \to B_2 \to C_2 \to D_3 \to E_4 \to F_4\right) = \frac{1}{32} = 0.03125 = 3.125\% \qquad (20.10)$$

二選一角度

　　再換一個角度，登山者在 A、B、C、D、E 這 5 個節點都面臨二選一的抉擇，而選擇向上或向下的機率均為 1/2；因此，登山者選擇圖 20.11(b) 中 $A \to B_2 \to C_2 \to D_3 \to E_4 \to F_4$ 路徑的機率為

$$\mathrm{Pr}\left(A \to B_2 \to C_2 \to D_3 \to E_4 \to F_4\right) = \left(\frac{1}{2}\right)^5 = \frac{1}{32} = 0.03125 = 3.125\% \qquad (20.11)$$

結果與式 (20.10) 完全一致。

組合數

　　圖 20.11(b) 所示二元樹從起點 A 到終點 ($F_1 \sim F_6$) 一共有 32 條路徑，而到達 F_4 點一共有 10 條路徑。 也就是說從 A 點出發，最終到達 F_4 點的機率為

$$\Pr(F_4) = \frac{C_5^3}{2^5} = \frac{10}{32} = 0.3125 = 31.25\% \tag{20.12}$$

　　同理，我們可以計算得到到達 F_1、F_2、F_3、F_5、F_6 這幾個終點的機率為

$$\begin{aligned}
\Pr(F_1) &= \frac{C_5^0}{2^5} = \frac{1}{32} = 0.03125 \\
\Pr(F_2) &= \frac{C_5^1}{2^5} = \frac{5}{32} = 0.15625 \\
\Pr(F_3) &= \frac{C_5^2}{2^5} = \frac{10}{32} = 0.3125 \\
\Pr(F_5) &= \frac{C_5^4}{2^5} = \frac{5}{32} = 0.15625 \\
\Pr(F_6) &= \frac{C_5^5}{2^5} = \frac{1}{32} = 0.03125
\end{aligned} \tag{20.13}$$

　　舉個例子，從 A 點出發，不管中間走哪條路線，到達 F_2 的機率為 15.625%。

　　這些機率值求和，得到結果為 1；這就是說，按照既定規則，登山者從起點出發，必然到達終點。1 量化了「必然」這一論述，即

$$\begin{aligned}
\left(\frac{1}{2}+\frac{1}{2}\right)^5 &= C_5^0\left(\frac{1}{2}\right)^5 + C_5^1\left(\frac{1}{2}\right)^5 + C_5^2\left(\frac{1}{2}\right)^5 + C_5^3\left(\frac{1}{2}\right)^5 + C_5^4\left(\frac{1}{2}\right)^5 + C_5^5\left(\frac{1}{2}\right)^5 \\
&= \frac{1}{32} + \frac{5}{32} + \frac{10}{32} + \frac{10}{32} + \frac{5}{32} + \frac{1}{32} \\
&= 0.03125 + 0.15625 + 0.3125 + 0.3125 + 0.15625 + 0.03125 = 1
\end{aligned} \tag{20.14}$$

機率長條圖

　　將上述機率值作成水平橫條圖，放在二元樹路徑的右側，我們得到圖 20.12 所示圖形。

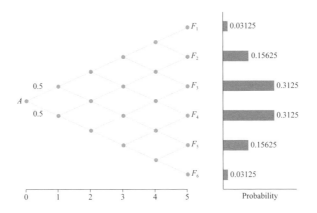

▲ 圖 20.12　$n = 5$，到達二元樹終點節點機率分佈，向上、向下機率均為 0.5

　　這種長條圖被稱作**機率長條圖** (probability histogram)。大家可能已經發現，圖 20.9 所示的頻數直方圖結果除以總數 32，就得到圖 20.12 這幅機率長條圖。也就是說，頻數長條圖和機率長條圖可以很容易地進行相互轉化。注意，長條圖可以用來展示頻數、機率值、機率密度值。

20.5 一枚質地不均勻的硬幣

　　前文假設硬幣質地均勻，即拋一枚硬幣獲得正面或背面朝上的機率相同，均為 0.5(50%)；但是，假設一種情況，硬幣質地不均勻，拋這枚硬幣時，得到正面的可能性為 60%，反面的可能性為 40%。

　　下面計算一下拋這枚硬幣決定在圖 20.11 所示二元樹中登山者從起點到達終點的選取不同路徑的可能性。

　　在五次「二選一」的決策中，向上走的可能性為 0.6，向下走的可能性為 0.4，利用組合數容易得到，到達 F_1、F_2、F_3、F_4、F_5、F_6 對應的機率分別為

$$\Pr(F_1) = C_5^0 \times 0.6^5 \times 0.4^0 = 0.07776$$
$$\Pr(F_2) = C_5^1 \times 0.6^4 \times 0.4^1 = 0.2592$$
$$\Pr(F_3) = C_5^2 \times 0.6^3 \times 0.4^2 = 0.3456$$
$$\Pr(F_4) = C_5^3 \times 0.6^2 \times 0.4^3 = 0.2304$$
$$\Pr(F_5) = C_5^4 \times 0.6^1 \times 0.4^4 = 0.0768$$
$$\Pr(F_6) = C_5^5 \times 0.6^0 \times 0.4^5 = 0.01024$$

(20.15)

到達 F_1、F_2、F_3、F_4、F_5、F_6 對應的機率之和仍然為 1，即

$$
\underbrace{\left(0.6+0.4\right)^5 = \mathrm{C}_5^0 \times 0.6^5 \times 0.4^0}_{\Pr(F_1)} + \underbrace{\mathrm{C}_5^1 \times 0.6^4 \times 0.4^1}_{\Pr(F_2)} + \underbrace{\mathrm{C}_5^2 \times 0.6^3 \times 0.4^2}_{\Pr(F_3)}
$$

$$
+ \underbrace{\mathrm{C}_5^3 \times 0.6^2 \times 0.4^3}_{\Pr(F_4)} + \underbrace{\mathrm{C}_5^4 \times 0.6^1 \times 0.4^4}_{\Pr(F_5)} + \underbrace{\mathrm{C}_5^5 \times 0.6^0 \times 0.4^5}_{\Pr(F_6)} \tag{20.16}
$$

$$
= 0.07776 + 0.2592 + 0.3456 + 0.2304 + 0.0768 + 0.01024 = 1
$$

但是對比圖 20.12 和圖 20.13，容易發現登山者傾向於「向上走」；這顯然是因為硬幣不均勻，拋硬幣得到正面的機率高於反面導致的。而且圖 20.13 右側的機率長條圖不再對稱。

如果我們恰好能夠找到另外一枚質地不均勻的硬幣，拋這枚硬幣時，得到正面的可能性為 30%，反面的可能性為 70%。登山者透過拋這枚硬幣確定向上走或向下走，如圖 20.14 所示，登山者會更傾向於向下走。

> 這一節的內容，實際上就是二項式分佈 (binomial distribution)。機率是資料科學和機器學習中重要的板塊。

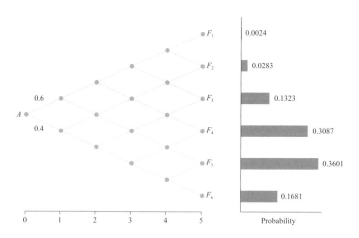

▲ 圖 20.13　$n = 5$，到達二元樹終點節點機率分佈，向上、向下機率分別為 0.6、0.4

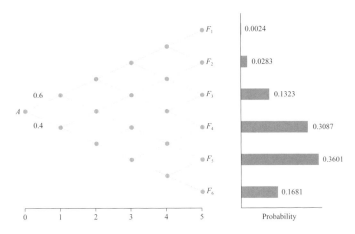

▲ 圖20.14　　$n = 5$，到達二元樹終點節點機率分佈，向上、向下機率分別為0.3 、0.7

程式檔案 Bk3_Ch20_ 1.py 中 Bk3_Ch20　1　B 部分繪製圖 20.12~ 圖 20.14 。
請讀者修改程式中的 p 值。

在 Bk3_Ch20_ 1.py 基礎上，我們做了一個 App 展示不同機率值對到達終點
不同點機率的影響。請參考 Streamlit_Bk3_Ch20_ 1.py。

▌20.6 隨機中有規律

本節還是用二元樹來探討隨機和確定之間的辯證關係。

在替定的二元樹網格中，登山者在不同節點「隨機」確定向上走、向下走，
得到的結果就是一種**隨機漫步** (random walk)。

圖 20.15 所示為 20 步二元樹網格，根據前文所介紹，我們知道從起點到終
點，這個網格對應220(1048576) 條路徑。圖 20.15 四幅圖舉出的是登山者「可能」
走的 2、4、8、16 條隨機路徑。

隨著路徑數量增多，我們似乎可以預感，到達終點時登山者在中間的可能
性會高於兩端。

　　為了驗證這一直覺，並相對準確地確定登山者到達終點位置的規律，我們不斷增加隨機路徑的數量，並根據終點位置繪製頻率長條圖。如圖 20.16 所示為 50、100、5000 條隨機路徑條件下，登山者終點位置機率長條圖。

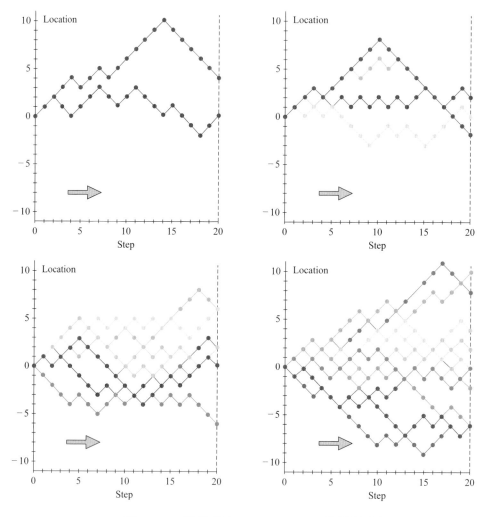

▲ 圖 20.15　隨機漫步，2、4、8、16 條隨機路徑

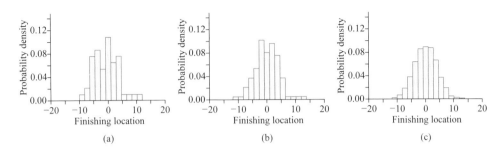

▲ 圖 20.16　隨機漫步結束位置機率長條圖，50、100、5000 條路徑縱軸為機率
　　　　　　密度

實際上，二元樹網格限制了登山者向上或向下運動的步幅。更進一步，如果我們放開二元樹網格的限制，讓登山者按照某種規律自行決定向上或向下的步幅，就可以得到圖 20.17 所示的結果。

單看圖中任意一條或幾條路徑，我們很難抓住任何規律；但是隨著隨機路徑的數量不斷增多，運動的規律就不言自明了。

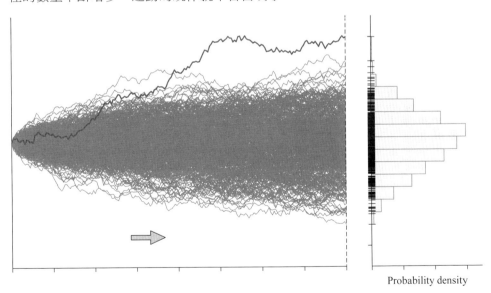

▲ 圖 20.17　不受二元樹網格限制的隨機漫步

生活中，這種隨機中存在規律的情況不勝列舉。

舉個例子，圖 20.18 左圖所示為一段時間內某檔股票的日收益率，紅線以上為股價上漲，紅線以下為股價下跌。單看某幾天的股價漲跌很難把握住規律。但是，把一段時間內股價的日收益率資料繪製成長條圖，如圖 20.18 右圖所示，我們就可以發現股價漲跌規律的端倪。

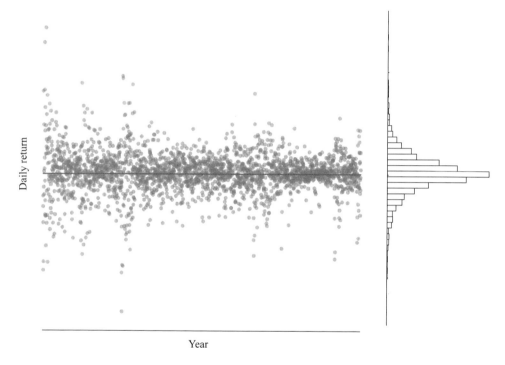

▲　圖 20.18　股價日收益率和一段時間內的分佈情況

當然，為了得出更有意義的結論，我們還需要掌握更多的機率統計工具。

高斯分佈

觀察圖 20.16、圖 20.17、圖 20.18 所示的長條圖，似乎某種神秘的規律或一條神秘的曲線呼之欲出。這就是「宇宙終極分佈」——**高斯分佈** (Gaussian distribution)。

高斯分佈是許多機率分佈中較為常用的一種。所謂**機率分佈** (probability distribution) 描述的是隨機變數設定值的機率規律。

高斯分佈的**機率密度函式** (probability density function, PDF) 曲線解析式為

$$f_X(x) = \frac{1}{\sigma\sqrt{2\pi}} \exp\left(\frac{-1}{2}\left(\frac{x-\mu}{\sigma}\right)^2\right) \tag{20.17}$$

其中：μ 為平均值；σ 為標準差。下一章我們將介紹平均值和標準差。

滿足式 (20.17) 的高斯分佈常記做 $N(\mu, \sigma^2)$。連續型隨機變數的機率密度函式 PDF 描述隨機變數的在某個確定的設定值點附近的可能性的函式。

式 (20.17) 實際上就是本書第 12 章介紹過的高斯函式透過函式變換得到的解析式。

圖 20.19 所示為三個不同參數的一元高斯分佈機率密度函式曲線。高斯分佈，形態上極富美感；公式優雅精巧，包含數學中兩個重要無理數 π 和 e 。高斯分佈可以解釋自然界很多紛繁複雜的規律；有人說，高斯分佈似乎代表著宇宙幕後的終極秩序。

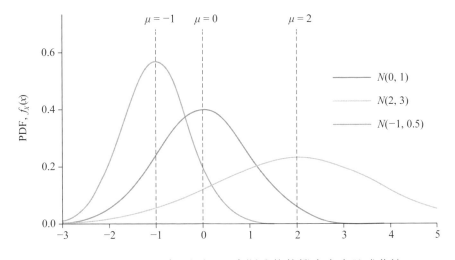

▲ 圖 20.19　三個不同一元高斯分佈的機率密度函式曲線

　　本書前文利用巴斯卡三角，將算數、代數、幾何、數列等數學知識聯繫起來，本章又將巴斯卡三角的觸角伸到二元樹、機率和隨機等概念；這正是叢書的重要目的之一——打破數學板塊之間的門檻，將它們有機聯結起來。

　　希望大家透過本章的學習，能夠獲得有關機率和隨機的直觀感受。隨著，本書內容的不斷深入，大家不僅能夠獲得解釋隨機現象的數學工具，還能將它們用在解決資料科學和機器學習的具體問題中去。

Fundamentals of Statistics

統計入門

以鳶尾花資料為例

有朝一日，對於所有人，統計思維就像讀寫能力一樣重要。

Statistical thinking will one day be as necessary for efficient citizenship as the ability to read and write.

——赫伯特 · 喬治 · 威爾斯（*H. G. Wells*）| 英國科幻小說家 | *1866-1946*

- eaborn.heatmap() 繪製熱圖
- eaborn.histplot() 繪製頻率 / 機率長條圖
- eaborn.pairplot() 繪製成對分析圖
- eaborn.lineplot() 繪製線圖

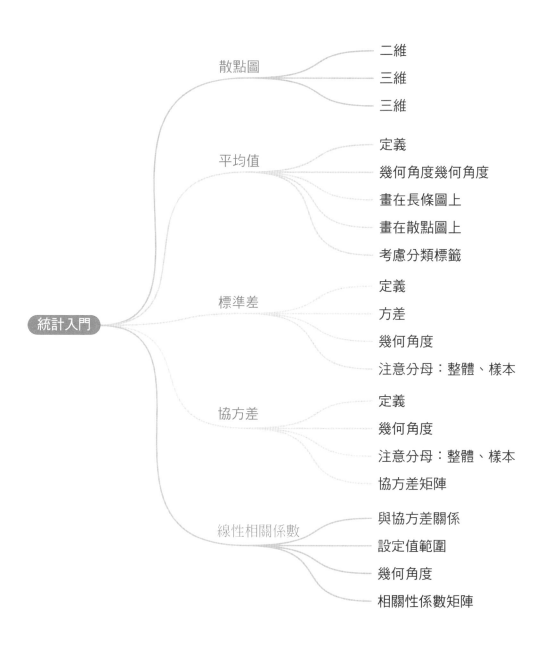

21.1 統計的前世今生：強國知十三數

現在，「機率」和「統計」兩個詞如影隨形。統計搜集、整理、分析、研究資料，從而尋找規律。機率論是統計推斷的基礎，它基於特定條件，機率量化事件的可能性，如圖 21.1 所示。

現代統計學的主要數學基礎是機率論；但是，統計的出現遠早於機率。透過上一章的學習，我們了解了機率出生草莽；但是，統計學卻是銜玉而生。

統計學的初衷就是為國家管理提供可靠資料。英文中 statistics 是源於現代拉丁語 statisticum collegium(國會)。

▲ 圖 21.1　統計和機率關係

中國戰國時期思想家商鞅 (390 B.C.-338 B.C.) 提出「強國知十三數」，他為秦國制定的統計內容包含「十三數」──「竟內倉、口之數，壯男、壯女之數，老、弱之數，官、士之數，以言說取食者之數，利民之數，馬、牛、芻槁之數。欲強國，不知國十三數，地雖利，民雖眾，國愈弱至削。」

簡單說，商鞅認為和國家存亡攸關的統計數字包括糧倉、金庫、壯年男子、壯年女子、老年人、 體弱者、官吏、士卒、遊說者、工商業者、牲畜和飼料。芻槁 (chú gǎo) 為飼養牲畜的草料。

商鞅強調統計數字對王朝興亡至關重要。他說：「數者，臣主之術而國之要也。故萬國失數而國不危，臣主失數而不亂者，未之有也。」大意是，統計數字是治國之術和國家根本；沒有統計數字，君主便無法治國理政，國家就要危亂。

阿拉伯學者**肯迪** (Al-Kindi, 801 - 873) 創作的《密碼破譯》(*Manuscript on Deciphering Cryptographic Messages*) 一書中，介紹如何使用統計資料和頻率分析進行密碼破譯。肯迪和本書前文介紹的**花拉子密** (Muhammad ibn Musa al-Khwarizmi) 都供職於巴格達「**智慧宮** (House of Wisdom)」。

英國經濟學家約翰・**葛蘭特** (John Graunt, 1620-1674) 在 1663 年發表了《對死亡率表的自然與政治觀察》(*Natural and Political Observations Made Upon the Bills of Mortality*)，被譽為人口統計學的開山之作，他本人也常被稱作「人口統計學之父」。

本章內容以鳶尾花資料為例，用最少的公式，儘量從幾何視覺化角度給大家介紹統計的入門知識。

21.2 散點圖：當資料遇到座標系

本書第 1 章以表格的形式介紹過鳶尾花資料。有了座標系，類似於鳶尾花這樣的樣本資料就可以在紙面飛躍。本節介紹樣本資料重要的視覺化方案之一——**散點圖** (scatter plot)。散點圖將二維樣本資料以點的形式展現在直角座標系上。

圖 21.2(a) 所示為鳶尾花資料中花萼長度和花萼寬度兩個特徵的散點圖。散點圖中每一個點代表一朵鳶尾花，水平座標值代表花萼長度，垂直座標值代表花萼寬度。

我們知道鳶尾花資料集一共有 150 個資料點，分成三大類，也就是對應 3 個不同的標籤。在圖 21.2(a) 所示散點圖的基礎上，用不同顏色區分分類標籤，我們可以得到圖 21.2(b)。

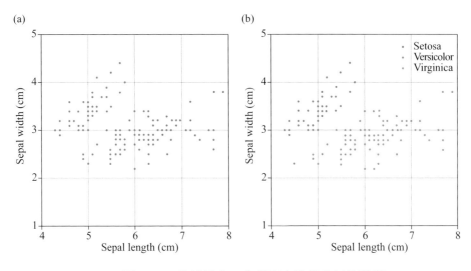

▲ 圖 21.2　花萼長度、花萼寬度特徵資料散點圖

　　我們也可以在三維直角座標系中繪製散點圖。圖 21.3(a) 所示為花萼長度、花萼寬度、花瓣長度三個特徵的散點圖。

　　在圖 21.3(a) 的基礎上，如果加上分類標籤，我們便可以得到圖 21.3(b) 所示的影像。

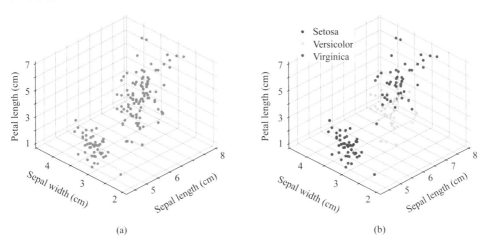

▲ 圖 21.3　花萼長度、花萼寬度、花瓣長度散點圖

成對特徵散點圖

　　大家可能會問，鳶尾花有 4 個特徵 (花萼長度、花萼寬度、 花瓣長度、花瓣寬度)；有沒有什麼視覺化方案能夠展示所有的特徵？

　　答案是成對特徵散點圖。

　　如圖 21.4 所示，16 幅子圖被安排成 4 × 4 矩陣的形式。其中，12 幅散點圖為成對特徵關係，對角線上的 4 幅影像叫作**機率密度估計** (probability density estimation) 曲線。

◀

簡單來說，機率密度估計曲線展示資料分佈情況，類似於上一章介紹的頻率長條圖。

散點圖的作用

　　利用散點圖，我們可以發現資料的集中、分佈程度，如資料主要集中在哪些區域。

　　散點圖也會揭示不同特徵之間可能存在的量化關係，比如圖 21.4 中花瓣長度和寬度資料關係似乎能夠用一條直線來表達。這就是**線性回歸** (linear regression) 的想法。

　　此外，我們還可以利用散點圖發現資料是否存在離群值。**離群值** (outlier) 指的是，和其他資料相比，資料中有一個或幾個樣本數值差異較大。

　　本節採用視覺化的方式來描繪資料，實際應用中，我們經常需要量化資料的集中、分散程度，以及不同特徵之間的關係。這

　　就需要大家了解平均值、方差、標準差、協方差、相關性這些概念。這是本章後續要介紹的內容。

程式檔案 Bk3_Ch21_ 1.py 中 Bk3_Ch21_1_A 部分繪製本節影像。

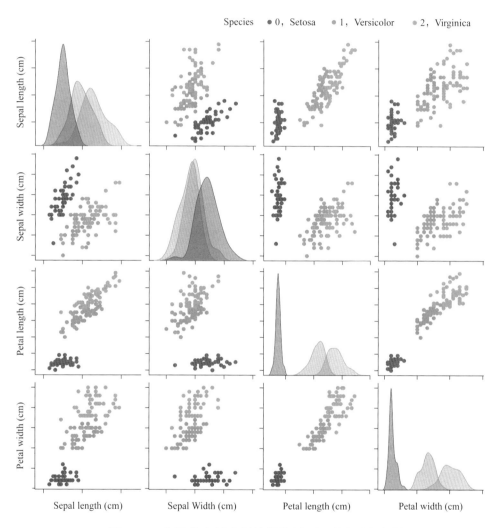

▲ 圖 21.4　鳶尾花資料成對特徵散點圖 (考慮分類標籤)

21.3　平均值：集中程度

大家對平均值這個概念應該並不陌生。

平均值 (average 或 mean)，也叫平均值或**算數平均數** (arithmetic average 或 arithmetic mean)。平均值代表一組資料的集中趨勢。

平均值對應的運算是：一組資料中所有資料先求和，再除以這組資料的個數。比如，鳶尾花花萼特征資料 $\{x^{(1)}, x^{(2)},..., x^{(150)}\}$ 有 150 個值，它們的平均值為

$$\mu_1 = \frac{1}{n}\left(\sum_{i=1}^{n} x_1^{(i)}\right) = \frac{x_1^{(1)} + x_1^{(2)} + \cdots + x_1^{(150)}}{150} \tag{21.1}$$

從幾何角度講，如圖 21.5 所示，算數平均值相當於找到一個平衡點。

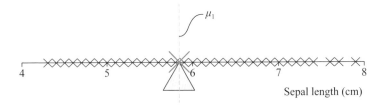

▲ 圖 21.5　平均值相當於找到資料的平衡點

以鳶尾花為例，它的樣本資料在花萼長度、花萼寬度、花瓣長度和花瓣寬度四個特徵的平均值分別為

$$\mu_1 = 5.843, \quad \mu_2 = 3.057, \quad \mu_3 = 3.758, \quad \mu_4 = 1.199 \tag{21.2}$$

⚠

注意：在計算這四個平均值時，我們並沒有考慮鳶尾花的分類標籤。

圖 21.6 所示為鳶尾花四個特徵均值在頻數長條圖上的位置。

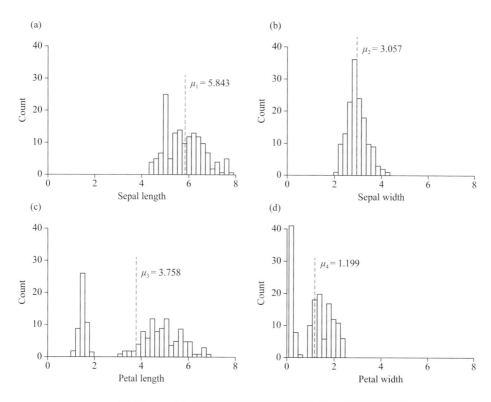

▲ 圖 21.6　鳶尾花四個特徵資料平均值在長條圖位置

考慮分類

當然，我們在計算平均值的時候，也可以考慮分類。

以鳶尾花資料為例，很多應用場合需要計算滿足某個條件的平均值，如標籤為 virginica 樣本資料的花萼長度。

在圖 21.4 的基礎上，我們可以三類不同標籤筆樣本資料平均值位置視覺化，這樣便得到圖 21.7 。圖 21.7 中 ×、×、× 分別代表 setosa 、versicolor 、virginica 三個不同標籤平均值的位置。

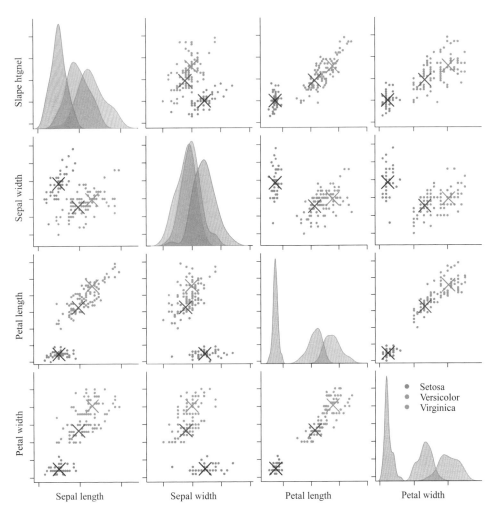

▲　圖 21.7　　平均值在散點圖上的位置，考慮分類標籤

程式檔案 Bk3_Ch21_1.py 中 Bk3_Ch21_1_B 部分計算平均值並繪製圖 21.6。

21.4　標準差：離散程度

　　標準差 (standard deviation) 描述一組數值以平均值 μ 為基準的分散程度。如果資料為樣本，如鳶尾花花萼資料 $\{x^{(1)}, x^{(2)},..., x^{(150)}\}$ 標準差為

$$\sigma_1 = \sqrt{\frac{1}{150-1}\sum_{i=1}^{150}\left(x_1^{(i)} - \mu_1\right)^2} \tag{21.3}$$

⚠

注意：式 (21.3) 根號內分式的分母為 (150 - 1)，不是 150。

標準差的平方為**方差** (variance)，即

$$\mathrm{var}\left(X_1\right) = \sigma_1^2 = \frac{1}{150-1}\sum_{i=1}^{150}\left(x_1^{(i)} - \mu_1\right)^2 \tag{21.4}$$

如圖 21.8 所示，$x_1^{(i)} - \mu_1$ 代表 $x_1^{(i)}$ 與 μ_1 的距離；而 $(x_1^{(i)} - \mu_1)^2$ 代表以 $|x_1^{(i)} - \mu_1|$ 為邊長的正方形的面積。式 (21.4) 相當於這些正方形面積求平均值。

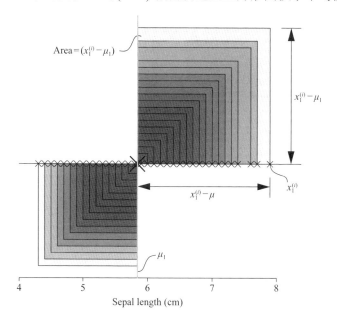

▲ 圖 21.8　幾何角度看方差

⚠

注意：標準差的單位與樣本資料相同；但是，方差的單位是樣本資料單位的平方。比如，鳶尾花花萼長度的單位是公分 (cm)，因此這個特徵上樣本資料的標準差對應的單位也是公分 (cm)，而方差的單位是平方公分 (cm²)。所以在同一幅圖上，我們常會看到 μ、$\mu \pm \sigma$、$\mu \pm 2\sigma$、$\mu \pm 3\sigma$ 等。

計算鳶尾花樣本資料四個特徵的標準差為

$$\sigma_1 = 0.825, \quad \sigma_2 = 0.434, \quad \sigma_3 = 1.759, \quad \sigma_4 = 0.759 \tag{21.5}$$

式 (21.5) 中這些數值的單位都是公分 cm。

圖 21.9 所示為鳶尾花四個特徵資料平均值 μ、標準差 $\mu \pm \sigma$ 在頻數長條圖上的位置。

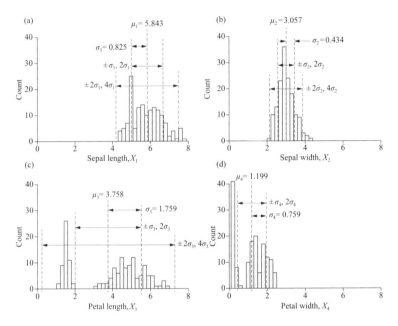

▲ 圖 21.9 鳶尾花四個特徵資料平均值、標準差在長條圖位置

程式檔案 Bk3_Ch21_1.py 中 Bk3_Ch21_1_C 部分計算標準差並繪製圖 21.9。

21.5 協方差：聯合變化程度

協方差 (covariance) 描述的是隨機變數聯合變化程度。通俗地講，以圖 21.4 中花瓣長度和寬度資料關係為例，我們發現如果樣本資料的花瓣長度越長，其花瓣寬度有很大可能也越寬。這就是聯合變化。而協方差以量化的方式來定量分析這種聯合變化程度。

定義第 i 朵花的花萼長度和花萼寬度的設定值為 $(x_1^{(i)}, x_2^{(i)})(i = 1, ..., 150)$，花萼長度和寬度的協方差為

$$\mathrm{cov}\left(X_1, X_2\right) = \frac{1}{150-1}\sum_{i=1}^{150}\left(x_1^{(i)} - \mu_1\right)\left(x_2^{(i)} - \mu_2\right) \tag{21.6}$$

如圖 21.10 所示，從幾何角度，$(x_1^{(i)} - \mu_1)(x_2^{(i)} - \mu_2)$ 相當於以 $(x_1^{(i)} - \mu_1)$ 和 $(x_1^{(i)} - \mu_2)$ 為邊的矩形面積。

⚠

注意：這個面積有正負。

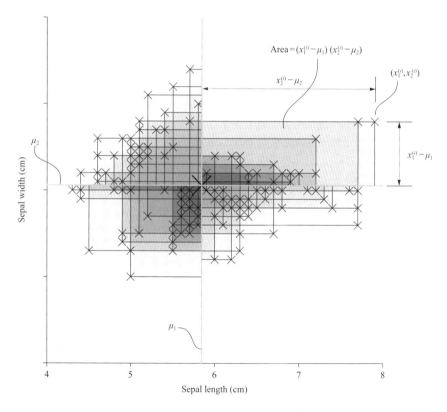

▲ 圖 21.10 幾何角度看協方差

當 $(x_2^{(i)} - \mu_1)$ 與 $(x_1^{(i)} - \mu_2)$ 同號時，面積為正，對應圖 21.10 中的紅色矩形。也就是說，紅色矩形越多說明花萼長度越長，花萼寬度越寬；或，花萼長度越短，花萼寬度越窄。

當 $(x_1^{(i)} - \mu_1)$ 與 $x_1^{(i)} - \mu_2)$ 異號時，面積為負，對應圖 21.10 中的藍色矩形。藍色矩形越多說明，花萼長度越長，花萼寬度越窄；花萼長度越短，花萼寬度越寬。

這些矩形的面積的平均值便是協方差。同樣在計算協方差時，對於樣本，分母為 $n - 1$；對於總體，分母為 n。

可以這樣理解，當 X_1 和 X_2 聯合變化越強時，某個顏色 (紅色或藍色) 的矩形面積之和越大；當 X_1 和 X_2 聯合變化弱的時候，紅色和藍色矩形面積之和越趨向於 0，也就是顏色越「平衡」。

協方差矩陣

以鳶尾花為例，對於不同成對的特徵，我們可以獲得下列 6(對應組合數 C_4^2)) 個協方差值，即

$$
\begin{aligned}
\mathrm{cov}(X_1, X_2) &= -0.042 \\
\mathrm{cov}(X_1, X_3) &= 1.274 \\
\mathrm{cov}(X_1, X_4) &= 0.516 \\
\mathrm{cov}(X_2, X_3) &= -0.330 \\
\mathrm{cov}(X_2, X_4) &= -0.122 \\
\mathrm{cov}(X_3, X_4) &= 1.296
\end{aligned}
\tag{21.7}
$$

可以想像，如果我們有更多的特徵，成對協方差值也會不計其數。整理和儲存這些資料需要很好的結構。矩陣就是最好的解決辦法。

由方差和協方差組成的矩陣叫作**協方差矩陣** (covariance matrix)，也叫方差——**協方差矩陣** (variance- covariance matrix)。

以鳶尾花四個特徵為例，這個協方差矩陣為 4 × 4 矩陣，即

$$
\boldsymbol{\varSigma} = \begin{bmatrix}
\mathrm{cov}(X_1, X_1) & \mathrm{cov}(X_1, X_2) & \mathrm{cov}(X_1, X_3) & \mathrm{cov}(X_1, X_4) \\
\mathrm{cov}(X_2, X_1) & \mathrm{cov}(X_2, X_2) & \mathrm{cov}(X_2, X_3) & \mathrm{cov}(X_2, X_4) \\
\mathrm{cov}(X_3, X_1) & \mathrm{cov}(X_3, X_2) & \mathrm{cov}(X_3, X_3) & \mathrm{cov}(X_3, X_4) \\
\mathrm{cov}(X_4, X_1) & \mathrm{cov}(X_4, X_2) & \mathrm{cov}(X_4, X_3) & \mathrm{cov}(X_4, X_4)
\end{bmatrix}
\tag{21.8}
$$

協方差矩陣為方陣。矩陣中對角線上的元素為方差。

也就是說，某個隨機變數和自身求協方差，得到的就是方差，即

$$\operatorname{cov}(X_1, X_1) = \operatorname{var}(X_1) \tag{21.9}$$

協方差矩陣中非對角線上元素為協方差。容易知道

$$\operatorname{cov}(X_i, X_j) = \operatorname{cov}(X_j, X_i) \tag{21.10}$$

這就解釋了為什麼協方差矩陣為對稱矩陣。

對於鳶尾花資料，它的協方差矩陣 Σ 的具體值為

$$\Sigma = \begin{bmatrix} \underline{0.686} & -0.042 & 1.274 & 0.516 \\ -0.042 & \underline{0.190} & -0.330 & -0.122 \\ 1.274 & -0.330 & \underline{3.116} & 1.296 \\ \underline{0.516} & \underline{-0.122} & \underline{1.296} & \underline{0.581} \end{bmatrix} \begin{matrix} \leftarrow \text{Sepal length, } X_1 \\ \leftarrow \text{Sepal width, } X_2 \\ \leftarrow \text{Petal length, } X_3 \\ \leftarrow \text{Petal width, } X_4 \end{matrix} \tag{21.11}$$

$\underset{\text{Sepal length, } X_1}{} \quad \underset{\text{Sepal width, } X_2}{} \quad \underset{\text{Petal length, } X_3}{} \quad \underset{\text{Petal width, } X_4}{}$

圖 21.11 所示為鳶尾花資料協方差矩陣熱圖。

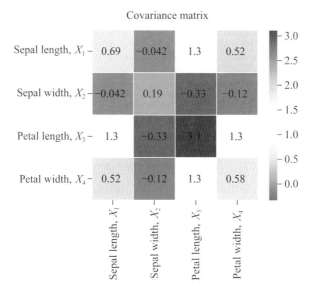

▲ 圖 21.11　鳶尾花資料協方差矩陣熱圖

考慮標籤

當然，在計算協方差時，我們也可以考慮資料標籤。圖 21.12 所示為三個不同標籤資料各自的協方差矩陣熱圖。

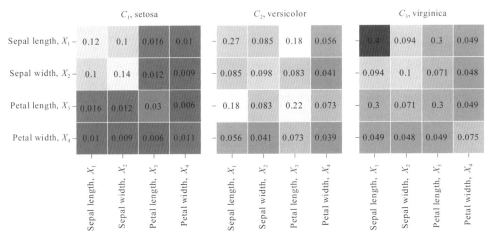

▲ 圖 21.12　協方差矩陣熱圖 (考慮分類)

程式檔案 Bk3_Ch21_1.py 中 Bk3_Ch21_1_D 部分繪製本節熱圖。

21.6　線性相關係數：線性關係強弱

有了上一節的協方差，我們就可以定義**線性相關係數** (linear correlation coefficient 或 correlation coefficient)。線性相關係數也叫**皮爾遜相關係數** (Pearson correlation coefficient)，它刻畫隨機變數線性關係的強度，具體定義為

$$\rho_{1,2} = \mathrm{corr}\left(X_1, X_2\right) = \frac{\mathrm{cov}\left(X_1, X_2\right)}{\sigma_1 \sigma_2} \tag{21.12}$$

其中：ρ 的設定值範圍為 [-1, 1]。觀察式 (21.12)，可以發現 ρ 相當於協方差歸一化。也相當於對兩個隨機變數的 Z 分數求協方差，即

$$\rho_{1,2} = \mathrm{corr}\left(X_1, X_2\right) = \mathrm{cov}\left(\frac{X_1 - \mu_1}{\sigma_1}, \frac{X_2 - \mu_2}{\sigma_2}\right) \tag{21.13}$$

歸一化的線性相關係數比協方差更適合橫向比較。

採用與圖 21.10 一樣的幾何角度，我們來看一下在不同相關性係數條件下，紅色和藍色矩形面積的特徵。

如圖21.13所示，當 $\rho = 0.9$ 時，矩形的顏色幾乎都是紅色；當 ρ 逐步減小到 0.3 時，紅色矩形依然主導，但是藍色矩形不斷變多，也就是紅藍色趨於均衡。

相反，當 $\rho = -0.9$ 時，矩形的顏色中藍色居多，而且面積和的比例明顯佔壓倒性優勢；當 ρ 逐步增大到 -0.3 時，紅色矩形增多，面積增大。

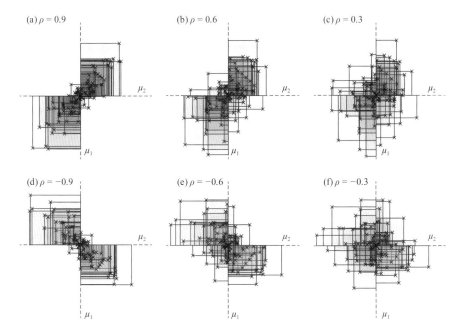

▲ 圖 21.13　幾何角度看相關性係數

某個隨機變數和自身求線性關係係數，結果為 1，即

$$\mathrm{corr}\left(X_1, X_1\right) = \frac{\mathrm{var}\left(X_1\right)}{\sigma_1 \sigma_1} = 1 \tag{21.14}$$

容易知道，下式成立，即

$$\mathrm{corr}\left(X_i, X_j\right) = \mathrm{corr}\left(X_j, X_i\right) \tag{21.15}$$

相關性係數矩陣

　　類似上一節講過的協方差矩陣，而相關性係陣列成的矩陣叫作**相關性係數矩陣 (correlation matrix)p**。以鳶尾花四個特徵為例，其相關性係數矩陣為 4×4，即

$$
P = \begin{bmatrix} 1 & \rho_{1,2} & \rho_{1,3} & \rho_{1,4} \\ \rho_{2,1} & 1 & \rho_{2,3} & \rho_{2,4} \\ \rho_{3,1} & \rho_{3,2} & 1 & \rho_{3,4} \\ \rho_{4,1} & \rho_{4,2} & \rho_{4,3} & 1 \end{bmatrix} \tag{21.16}
$$

　　線性相關性係數的主對角元素為 1，這是因為隨機變數和自身的線性相關係數為 1；非對角線元素為成對相關性係數。

　　鳶尾花資料的相關性係數矩陣 p 具體為

$$
P = \begin{bmatrix} 1.000 & -0.118 & 0.872 & 0.818 \\ -0.118 & 1.000 & -0.428 & -0.366 \\ 0.872 & -0.428 & 1.000 & 0.963 \\ \underline{0.818} & \underline{-0.366} & \underline{0.963} & \underline{1.000} \end{bmatrix} \begin{matrix} \leftarrow \text{Sepal length}, X_1 \\ \leftarrow \text{Sepal width}, X_2 \\ \leftarrow \text{Petal length}, X_3 \\ \leftarrow \text{Petal width}, X_4 \end{matrix} \tag{21.17}
$$

$\underset{\text{Sepal length}, X_1}{} \quad \underset{\text{Sepal width}, X_2}{} \quad \underset{\text{Petal length}, X_3}{} \quad \underset{\text{Petal width}, X_4}{}$

　　圖 21.14 所示為 p 的熱圖。觀察相關性係數矩陣 p，可以發現花萼長度 X_1 與花萼寬度 X_2 線性負相關，花瓣長度 X_3 與花萼寬度 X_2 線性負相關，花瓣寬度 X_4 與花萼寬度 X_2 線性負相關。

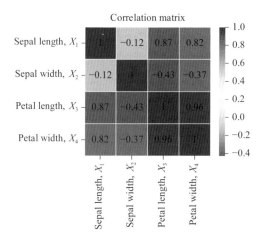

▲ 圖 21.14　鳶尾花資料相關性係數矩陣熱圖

　　當然，鳶尾花資料集樣本數量有限，透過樣本資料得出的結論遠不足以推而廣之。

考慮標籤

　　圖 21.15 所示為考慮分類標籤條件下的協方差矩陣熱圖。

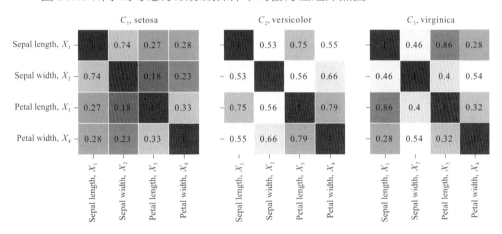

▲ 圖 21.15　相關性係數矩陣熱圖 (考慮分類標籤)

程式檔案 Bk3_Ch21_1.py 中 Bk3_Ch21_1_E 部分繪製本節熱圖。

在 Bk3_Ch21_1.py 基礎上，我們做了一個 App 以鳶尾花資料為例展示如何用 Plotly 繪製具有互動性質的統計圖像。請參考 Streamlit_Bk3_Ch21_1.py。

　　機率統計是數學中很大的版塊，本書用兩章的內容浮光掠影地介紹了機率統計的入門知識，目的是讓大家了解機率統計中的重要概念，並建立它們與其他數學知識的聯繫。

　　機率統計，特別是多元機率統計，是資料科學和機器學習很多演算法中重要的數學工具。

線性代數

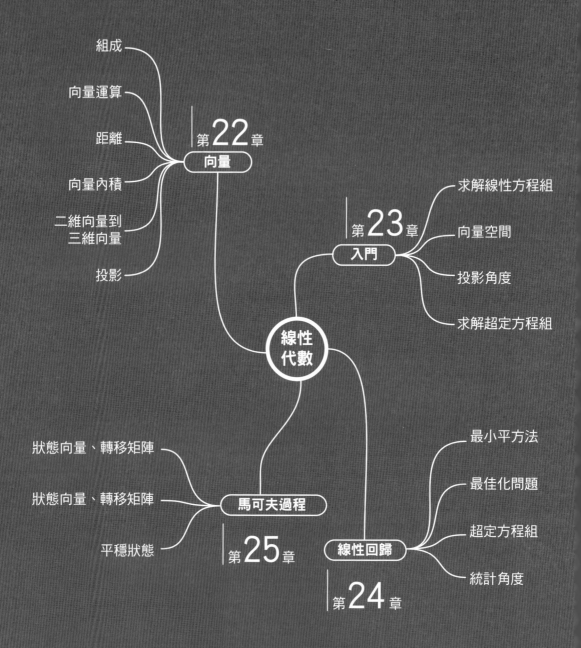

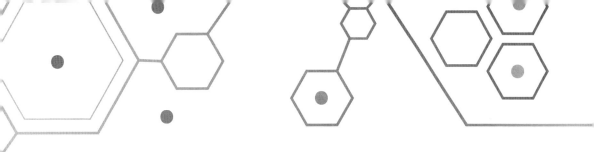

Vectors Meet Coordinate Systems

向量

向量遇見座標系

曾幾何時,代數與幾何形單影隻、踽踽獨行;它們各自蝸步難移、難成大器。然而,代數與幾何結合之後,便珠聯璧合、琴瑟和鳴;兩者取長補短、激流勇進、日臻完美。

As long as algebra and geometry proceeded along separate paths, their advance was slow and their applications limited. But when these sciences joined company, they drew from each other fresh vitality and thenceforward marched on at a rapid pace toward perfection.

——約瑟夫 • 拉格朗日(*Joseph Lagrange*)| 法國籍義大利裔數學家和天文學家 | *1736-1813*

- matplotlib.pyplot.annotate() 在平面座標系標注
- matplotlib.pyplot.quiver() 繪製箭頭圖
- numpy.arccos() 反餘弦
- numpy.degrees() 將弧度轉化為角度
- numpy.dot() 計算向量純量積。值得注意的是,如果輸入為一維陣列,numpy.dot() 輸出結果為純量積;如果輸入為矩陣,numpy.dot() 輸出結果為矩陣乘積,相當於矩陣運算元 @
- numpy.linalg.norm() 計算範數

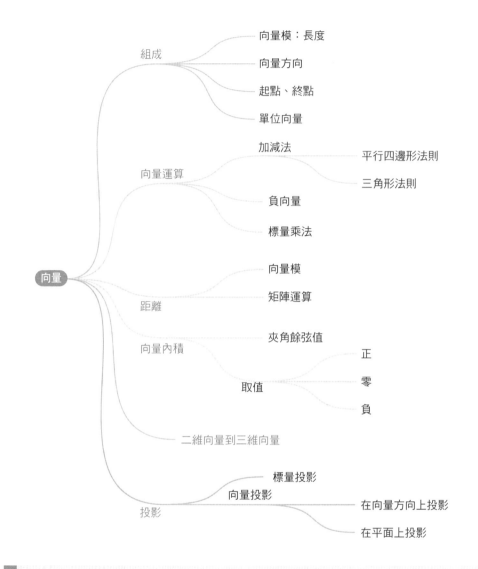

22.1 向量：有大小、有方向

向量極簡史

　　很多數學工具在發明的時候，並沒有具體的用途。科學史上經常發生的情況是，幾十年之後、甚至幾百年之後，科學家應用某個被塵封的數學工具，完成了科學技術的巨大飛躍。本書前文介紹的圓錐曲線就是很好的例子。

但是，也有部分數學工具是為了更進一步地描述其他學科發現的新理論而創造發展的，比如向量。

向量的發明經過了漫長的 200 年。幾乎難以想像，現在大家熟知的向量記法和運算規則，竟然是在 19 世紀末才加入數學這個大家庭的。

1865 年開始，蘇格蘭數學物理學家**麥克斯威** (James Clerk Maxwell) 逐步提出了將電、磁場、光統一起來的麥克斯威方程式組。為了更好描述麥克斯威方程式組，美國科學家 Josiah Willard Gibbs 和英國科學家 Oliver Heaviside 分別獨立發明了向量的現代記法。

向量是一行或一列數字

本書第 1 章就介紹了向量。從資料角度，向量無非就是一列或一行數字。如圖 22.1 所示，資料矩陣 X 的每一行是一個行向量，代表一個觀察值；X 的每一列為一個列向量，代表某個特徵上的所有資料。

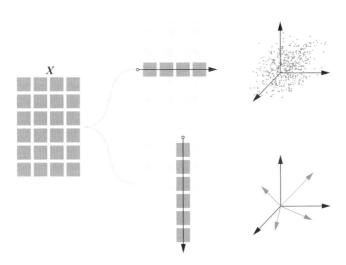

▲ 圖 22.1　觀察資料的兩個角度

向量的幾何意義

但是有了座標系，向量便不再是無趣的數字，它們化身成一支支離弦之箭，在空間騰飛。

向量 (vector) 是既有長度又有方向的量 (a quantity that possesses both magnitude and direction)。物理學中，**位移** (displacement)、**速度** (velocity)、**加速度** (acceleration)、**力** (force) 等物理量都是向量。

如圖 22.2 所示，位移向量的大小代表前進的距離大小，而向量的方向代表位移方向。

與向量相對的是純量。**純量** (scalar, scalar quantity) 是有大小沒有方向的量，用實數表示。

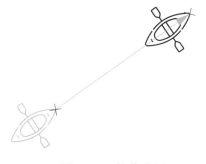

▲ 圖 22.2　位移向量

向量定義

給定一個列向量 a，如

$$a = \begin{bmatrix} 4 \\ 3 \end{bmatrix} \tag{22.1}$$

如圖 22.3 所示，向量 a 可以表達為一個帶箭頭的線段，它以原點 $O(0, 0)$ 為起點指向終點 $A(4, 3)$。因此，向量 a 也可以寫作 $\overrightarrow{OA}$，即

$$\overrightarrow{OA} = \begin{bmatrix} 4 \\ 3 \end{bmatrix} - \begin{bmatrix} 0 \\ 0 \end{bmatrix} = \begin{bmatrix} 4 \\ 3 \end{bmatrix} \tag{22.2}$$

本書很少使用 $\overrightarrow{OA}$ 這種向量記法，我們一般使用斜體、粗體小寫字母來代表向量，如 a、x、x_1、$x^{(1)}$ 等。

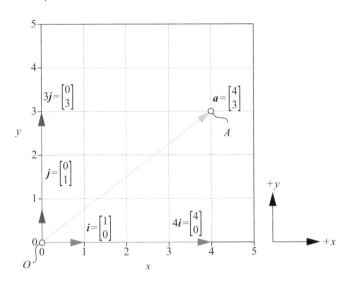

▲ 圖 22.3　平面直角座標系，向量 a 的定義

向量模

如圖 22.3 所示，向量 $\boldsymbol{a}$ 的長度就是線段 OA 的長度，即

$$\|\boldsymbol{a}\| = \sqrt{4^2 + 3^2} = 5 \tag{22.3}$$

$\|\boldsymbol{a}\|$ 用於計算向量 $\boldsymbol{a}$ 的長度，$\|\boldsymbol{a}\|$ 叫向量模，也叫 L^2 範數。L^2 範數是 L^p 範數的一種。

向量分解

類似物理學中力的分解，一個向量可以寫成若干向量之和。比如，向量 $\boldsymbol{a}$ 可以寫成兩個向量的和，如

$$a = 4i + 3j = 4 \times \begin{bmatrix} 1 \\ 0 \end{bmatrix} + 3 \times \begin{bmatrix} 0 \\ 1 \end{bmatrix} = \begin{bmatrix} 4 \\ 3 \end{bmatrix} \tag{22.4}$$

其中：i 和 j 常被稱作橫軸和縱軸上的單位向量，具體定義為

$$i = \begin{bmatrix} 1 \\ 0 \end{bmatrix}, \quad j = \begin{bmatrix} 0 \\ 1 \end{bmatrix} \tag{22.5}$$

單位向量 (unit vector) 是指模 (長度) 等於 1 的向量，即

$$\|i\| = 1, \quad \|j\| = 1 \tag{22.6}$$

本書後續也會使用 e_1 和 e_2 代表橫軸縱軸的單位向量。

任何非零向量除以自身的模，得到向量方向上的單位向量。式 (22.1) 中向量 a 的單位向量為

$$\frac{a}{\|a\|} = \frac{1}{5} \times \begin{bmatrix} 4 \\ 3 \end{bmatrix} = \begin{bmatrix} 0.8 \\ 0.6 \end{bmatrix} \tag{22.7}$$

Bk3_Ch22_1.py 繪製圖 22.3。

22.2 幾何角度看向量運算

有了平面直角座標系，向量的加法、減法和純量乘法會更容易理解。

向量加法

圖 22.4 所示 a 和 b 兩個向量相加對應的等式為

$$a + b = \begin{bmatrix} 4 \\ 1 \end{bmatrix} + \begin{bmatrix} 1 \\ 3 \end{bmatrix} = \begin{bmatrix} 5 \\ 4 \end{bmatrix} \tag{22.8}$$

如圖 22.4 所示，從幾何角度來看，a 和 b 兩個向量相加相當於物理學中兩個力的合成。

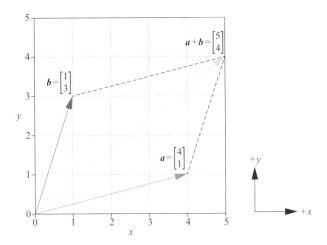

圖 22.4 *a* 和 *b* 兩個向量相加

正四邊形和三角形法則

平面直角座標系上,兩個向量相加有兩種方法 —— **正四邊形法則** (parallelogram law)、**三角形法則** (triangle law)。

圖 22.5(a) 所示為平行四邊形法則。將向量 *a* 和 *b* 平移至公共起點,以 *a* 和 *b* 的兩條邊作平行四邊形,*a* + *b* 為公共起點所在平行四邊形的對角線。

三角形法則更為常用。如圖 22.5(b) 所示,在平面內,將向量 *a* 和 *b* 首尾相連,*a* + *b* 的結果為向量 *a* 的起點與向量 *b* 的終點相連組成的向量。也就是說 *a* + *b* 始於 *a* 的起點,指向 *b* 的終點。

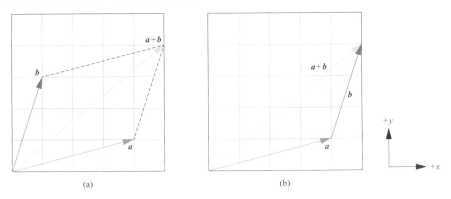

▲ 圖 22.5 平行四邊形法則和三角形法則計算 *a* 和 *b* 兩個向量相加

n 個向量相加，如 $a_1 + a_2 + ... + a_n$，將它們首尾相連，第一個向量 a_1 的起點與最後一個向量 a_n 的終點相連組成的向量就是這幾個向量的和。圖 22.6 所示為採用三角形法則計算 5 個向量相加。

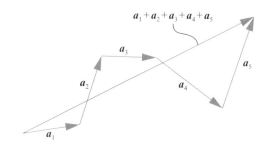

▲ 圖 22.6　三角形法則計算 5 個向量相加

向量減法

a 和 b 兩個向量相減，有

$$a - b = \begin{bmatrix} 4 \\ 1 \end{bmatrix} - \begin{bmatrix} 1 \\ 3 \end{bmatrix} = \begin{bmatrix} 3 \\ -2 \end{bmatrix} \tag{22.9}$$

從幾何角度，也可以用三角形法則來求解。如圖 22.7 所示，將 a 和 b 兩個向量平移至公共起點，以 a 和 b 作為兩邊建構三角形，向量 a 和 b 的終點連線為第三條邊。這個三角形的第三邊就是 $a - b$ 的結果，$a - b$ 的方向為由減向量 b 的終點指向被減向量 a 的終點。

此外，$a - b$ 可以視作 a 和 $-b$ 相加。$-b$ 叫作 b 的負向量。

從數字角度，b 和 $-b$ 對應元素為相反數。從幾何角度來看，b 和 $-b$ 大小相同、方向相反。也就是說，b 和 $-b$ 起點、終點存在相互調換關係。

純量乘法

圖 22.8 所示 a 的兩個純量乘法為

$$0.5a = 0.5 \times \begin{bmatrix} 2 \\ 2 \end{bmatrix} = \begin{bmatrix} 1 \\ 1 \end{bmatrix}, \quad 2a = 2 \times \begin{bmatrix} 2 \\ 2 \end{bmatrix} = \begin{bmatrix} 4 \\ 4 \end{bmatrix} \tag{22.10}$$

從幾何角度，向量的純量乘法就是向量的縮放——長度縮放，方向不變或反向。

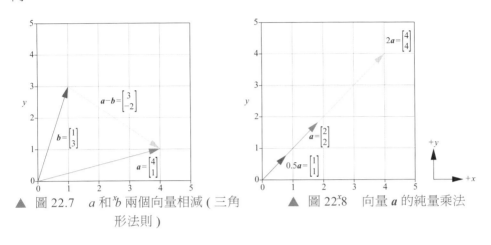

▲ 圖 22.7　a 和 b 兩個向量相減 (三角形法則)

▲ 圖 22.8　向量 a 的純量乘法

Bk3_Ch22_2.py 繪製圖 22.4、圖 22.7、圖 22.8。

22.3 向量簡化距離運算

本書第 7 章介紹計算兩點之間的距離，我們管它叫歐氏距離。本節引入向量，讓距離計算變得更加直觀。

畢氏定理擴展

先看第一種解釋。如圖 22.9 所示，給定 $A(x_A, y_A)$ 和 $B(x_B, y_B)$ 兩點，以 B 為起點、A 為終點的向量 $\overrightarrow{BA}$ 可以寫做

$$\overrightarrow{BA} = \begin{bmatrix} x_A - x_B \\ y_A - y_B \end{bmatrix} \tag{22.11}$$

根據畢氏定理，$\overrightarrow{BA}$ 的向量模便對應 AB 線段的長度，即

$$\left\| \overrightarrow{BA} \right\| = \sqrt{\left(x_A - x_B\right)^2 + \left(y_A - y_B\right)^2} = \sqrt{\left(4-1\right)^2 + \left(1-3\right)^2} = \sqrt{13} \tag{22.12}$$

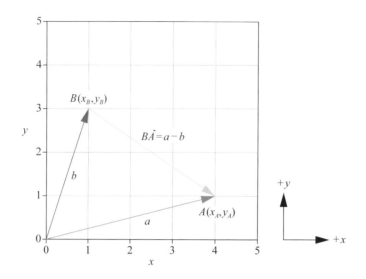

▲　圖 22.9　計算 A 和 B 距離，即 AB 長度

向量模

從另外一個角度，將 A 和 B 的座標寫成向量 $\boldsymbol{a}$ 和 $\boldsymbol{b}$，線段 AB 長度等價於 $\boldsymbol{a}$ - $\boldsymbol{b}$ 的模，即

$$d = \|\boldsymbol{a} - \boldsymbol{b}\| = \sqrt{(\boldsymbol{a} - \boldsymbol{b}) \cdot (\boldsymbol{a} - \boldsymbol{b})} \tag{22.13}$$

代入圖 22.9 中的具體值，$\boldsymbol{a}$ - $\boldsymbol{b}$ 為

$$\boldsymbol{a} - \boldsymbol{b} = \begin{bmatrix} 4 \\ 1 \end{bmatrix} - \begin{bmatrix} 1 \\ 3 \end{bmatrix} = \begin{bmatrix} 3 \\ -2 \end{bmatrix} \tag{22.14}$$

將式 (22.14) 代入式 (22.13)，得到線段 AB 長度為

$$d = \|\boldsymbol{a} - \boldsymbol{b}\| = \sqrt{3^2 + (-2)^2} = \sqrt{13} \tag{22.15}$$

如果 $\boldsymbol{a}$、$\boldsymbol{b}$ 均為列向量，用矩陣乘法來寫式 (22.13)，可以得到

$$d = \sqrt{(\boldsymbol{a} - \boldsymbol{b})^{\mathrm{T}} (\boldsymbol{a} - \boldsymbol{b})} = \sqrt{\begin{bmatrix} 3 \\ -2 \end{bmatrix}^{\mathrm{T}} \begin{bmatrix} 3 \\ -2 \end{bmatrix}} = \sqrt{13} \tag{22.16}$$

22.4 向量內積與向量夾角

給定向量 a 和 b 為

$$a = \begin{bmatrix} a_1 \\ a_2 \\ \vdots \\ a_n \end{bmatrix}, \quad b = \begin{bmatrix} b_1 \\ b_2 \\ \vdots \\ b_n \end{bmatrix} \tag{22.17}$$

根據本書第 2 章所講，向量 a 和 b 內積為

$$a \cdot b = a_1 b_1 + a_2 b_2 + \cdots + a_D b_D = \sum_{i=1}^{D} a_i b_i \tag{22.18}$$

有了幾何角度，向量 a 和 b 的內積有了一個新的定義方式，即

$$a \cdot b = \|a\|\|b\|\cos\theta \tag{22.19}$$

如圖 22.10 所示，a 和 b 的內積為 a 的模乘向量 b 在向量 a 方向上投影的分量值。b 在 a 方向上投影的分量值為 $\|b\|\cos\theta$, 這個值也叫 b 在 a 方向上的**純量投影** (scalar projection)。

此外，也可以視為，a 在 b 方向上的投影分量值 $\|a\|\cos\theta$, $\|a\|\cos\theta$ 再乘 b 得到內積結果 $\|a\|\ \|b\|\ \cos\theta$。本章後文會專門講解純量投影。

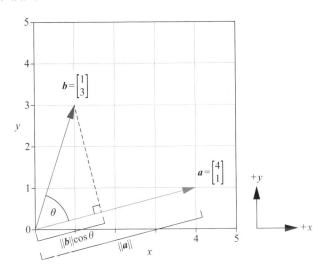

▲ 圖 22.10　內積的定義

向量夾角

這樣，向量 a 和 b 的夾角 θ 的餘弦值可以透過下式求得，即

$$\cos\theta = \frac{a \cdot b}{\|a\|\|b\|} \tag{22.20}$$

舉個例子，圖 22.4 中向量 a 和 b 夾角的餘弦值為

$$\cos\theta = \frac{a \cdot b}{\|a\|\|b\|} = \frac{1\times 4 + 3\times 1}{\sqrt{10}\sqrt{17}} \approx 0.537 \tag{22.21}$$

透過反餘弦求得 a 和 b 夾角角度約為 $\theta = 57.53°$。

Bk3_Ch22_3.py 程式計算 a 和 b 夾角角度 θ。

內積正、負、零

如圖 22.11 所示，兩個向量內積結果為正，說明向量夾角在 0° ～ 90°(包括 0°，不包括 90°)。內積結果為 0，說明兩個向量垂直。

內積結果為負，說明向量夾角在 90° ～ 180°(包括 180°, 不包括 90°)。

在平面直角座標系中，i 和 j 相互垂直，因此兩者內積為 0 ，即有

$$i \cdot j = \begin{bmatrix} 1 \\ 0 \end{bmatrix} \cdot \begin{bmatrix} 0 \\ 1 \end{bmatrix} = i^T j = \begin{bmatrix} 1 & 0 \end{bmatrix} @ \begin{bmatrix} 0 \\ 1 \end{bmatrix} = 0 \tag{22.22}$$

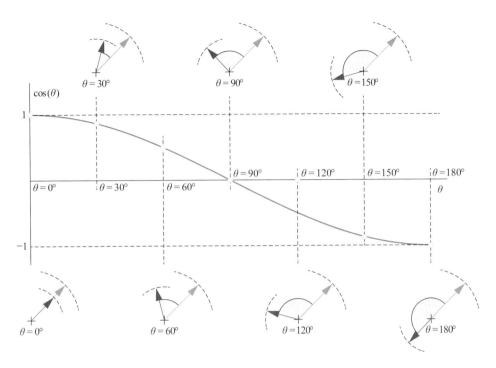

▲ 圖 22.11　向量夾角和餘弦值關係

22.5 二維到三維

　　本章前文定義 i 和 j 為二維平面直角座標系橫軸和縱軸上的單位向量，在它們的基礎上各加一行 0 就可以得到三維座標系的橫軸和縱軸單位向量，即

$$i = \begin{bmatrix} 1 \\ 0 \\ 0 \end{bmatrix}, \; j = \begin{bmatrix} 0 \\ 1 \\ 0 \end{bmatrix} \tag{22.23}$$

　　另外，再加一個表達 z 軸正方向的單位向量 k 有

$$k = \begin{bmatrix} 0 \\ 0 \\ 1 \end{bmatrix} \tag{22.24}$$

利用 i、j、k 也可以在三維直角座標系中建構圖 22.3 所示的向量 a，則有

$$a = 4i + 3j = 4 \times \begin{bmatrix} 1 \\ 0 \\ 0 \end{bmatrix} + 3 \times \begin{bmatrix} 0 \\ 1 \\ 0 \end{bmatrix} = \begin{bmatrix} 4 \\ 3 \\ 0 \end{bmatrix} \tag{22.25}$$

具體如圖 22.12 所示。向量 a「趴」在了 xy 平面上。

投影

圖 22.13 所示為三維直角座標系中向量 c 和 a 的關係為

$$c = a + 5k = \begin{bmatrix} 4 \\ 3 \\ 0 \end{bmatrix} + 5 \times \begin{bmatrix} 0 \\ 0 \\ 1 \end{bmatrix} = \begin{bmatrix} 4 \\ 3 \\ 5 \end{bmatrix} \tag{22.26}$$

觀察圖 22.13 所示關係，發現向量 a 相當於 c 在 xy 平面的投影。通俗地講，在向量 c 正上方點一盞燈，在水平面內的影子就是 a。這就是我們在本書第 3 章介紹的**投影** (projection)。

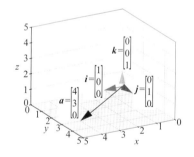

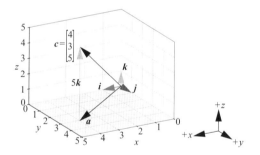

▲ 圖 22.12　三維直角座標系，向量 a 的定義

▲ 圖 22.13　三維直角座標系，向量 a 和向量 c 的關係

值得注意的是，向量 c 和 a 之差為 $5k$，而 $5k$ 垂直於 xy 平面。也就是說，$5k$ 垂直於 i，同時垂直於 j，即 $5k$ 與 i 內積為 0，$5k$ 與 j 內積為 0，即

$$5k \cdot i = \begin{bmatrix} 0 \\ 0 \\ 5 \end{bmatrix} \cdot \begin{bmatrix} 1 \\ 0 \\ 0 \end{bmatrix} = 0, \quad 5k \cdot j = \begin{bmatrix} 0 \\ 0 \\ 5 \end{bmatrix} \cdot \begin{bmatrix} 0 \\ 1 \\ 0 \end{bmatrix} = 0 \tag{22.27}$$

Bk3_Ch22_4.py 繪製圖 22.13。

22.6 投影：影子的長度

投影分為兩種——**純量投** (scalar projection) 和**向量投影** (vector projection)。

純量投影

向量純量投影的結果為純量。

利用向量內積的計算原理，向量 $\boldsymbol{b}$ 在向量 $\boldsymbol{a}$ 方向上投影得到的線段長度就是純量投影，即

$$\|\boldsymbol{b}\|\cos\theta = \|\boldsymbol{b}\|\frac{\boldsymbol{a}\cdot\boldsymbol{b}}{\|\boldsymbol{a}\|\|\boldsymbol{b}\|} = \frac{\boldsymbol{a}\cdot\boldsymbol{b}}{\|\boldsymbol{a}\|} \tag{22.28}$$

如圖 22.14 所示，$\boldsymbol{b}$ 在 $\boldsymbol{a}$ 方向上的純量投影為

$$\|\boldsymbol{b}\|\cos\theta = \frac{7}{\sqrt{17}} \tag{22.29}$$

$\boldsymbol{a}$ 在 $\boldsymbol{b}$ 方向上的純量投影為

$$\|\boldsymbol{a}\|\cos\theta = \frac{\boldsymbol{a}\cdot\boldsymbol{b}}{\|\boldsymbol{b}\|} = \frac{7}{\sqrt{10}} \tag{22.30}$$

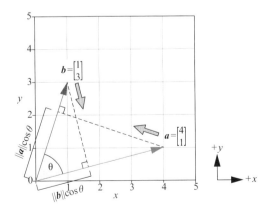

▲ 圖 22.14　純量投影

向量投影

向量投影則是在純量基礎上，加上方向。也就是說 b 在 a 方向上純量投影，再乘以 a 的單位向量，即

$$\operatorname{proj}_a b = \|b\|\cos\theta\,\frac{a}{\|a\|} = \frac{a\cdot b}{\|a\|}\frac{a}{\|a\|} \tag{22.31}$$

特別地，如果 v 為單位向量，則 a 在 v 方向上純量投影為

$$\|a\|\cos\theta = \frac{a\cdot v}{\|v\|} = a\cdot v \tag{22.32}$$

如圖 22.15 所示，a 在單位向量 v 方向上的向量投影為

$$\operatorname{proj}_v a = \left(\|a\|\cos\theta\right)v = \left(a\cdot v\right)v \tag{22.33}$$

本書裡面最常見的就是上述投影規則。若 a 和 v 均為列向量，則可以用矩陣乘法規則重新寫式 (22.33) 為

$$\operatorname{proj}_v a = \left(a^{\mathrm{T}}v\right)v = \left(v^{\mathrm{T}}a\right)v \tag{22.34}$$

投影是線性代數中有關向量最重要的幾何操作，沒有之一。投影會經常出現在本書不同板塊中。本節會多花一些筆墨和大家聊聊向量投影，給大家建立更加直觀的印象。

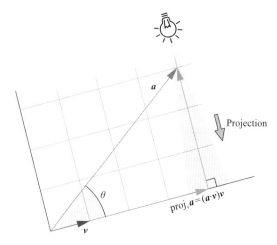

▲ 圖 22.15　正交投影的意義

二維向量投影

如圖 22.16 所示，向量 a 在 i 方向上的向量投影為

$$\text{proj}_i\, a = \left(\begin{bmatrix} 4 \\ 3 \end{bmatrix} \cdot \begin{bmatrix} 1 \\ 0 \end{bmatrix} \right) i = 4i = \begin{bmatrix} 4 \\ 0 \end{bmatrix} \qquad (22.35)$$

其中：i 就是單位向量。

用矩陣乘法計算式 (22.35)，有

$$\text{proj}_i\, a = \left(\begin{bmatrix} 4 \\ 3 \end{bmatrix}^{\text{T}} @ \begin{bmatrix} 1 \\ 0 \end{bmatrix} \right) i = \left(\begin{bmatrix} 1 \\ 0 \end{bmatrix}^{\text{T}} @ \begin{bmatrix} 4 \\ 3 \end{bmatrix} \right) i = 4i$$

$$= i \left(i^{\text{T}} @ \begin{bmatrix} 4 \\ 3 \end{bmatrix} \right) = i @ i^{\text{T}} @ \begin{bmatrix} 4 \\ 3 \end{bmatrix} = \begin{bmatrix} 1 & 0 \\ 0 & 0 \end{bmatrix} \begin{bmatrix} 4 \\ 3 \end{bmatrix} = \begin{bmatrix} 4 \\ 0 \end{bmatrix} \qquad (22.36)$$

◀ 我們會給上式 $i @ i^{\text{T}}$ 一個全新的名字——張量積。

a 在 j 方向上向量投影為

$$\text{proj}_j\, a = \left(\begin{bmatrix} 4 \\ 3 \end{bmatrix} \cdot \begin{bmatrix} 0 \\ 1 \end{bmatrix} \right) j = 3j = \begin{bmatrix} 0 \\ 3 \end{bmatrix} \qquad (22.37)$$

用矩陣乘法計算有

$$\text{proj}_j\, a = \left(\begin{bmatrix} 4 \\ 3 \end{bmatrix}^{\text{T}} @ \begin{bmatrix} 0 \\ 1 \end{bmatrix} \right) j = \left(\begin{bmatrix} 0 \\ 1 \end{bmatrix}^{\text{T}} @ \begin{bmatrix} 4 \\ 3 \end{bmatrix} \right) j = 3j$$

$$= j \left(j^{\text{T}} @ \begin{bmatrix} 4 \\ 3 \end{bmatrix} \right) = j @ j^{\text{T}} @ \begin{bmatrix} 4 \\ 3 \end{bmatrix} = \begin{bmatrix} 0 & 0 \\ 0 & 1 \end{bmatrix} \begin{bmatrix} 4 \\ 3 \end{bmatrix} = \begin{bmatrix} 0 \\ 3 \end{bmatrix} \qquad (22.38)$$

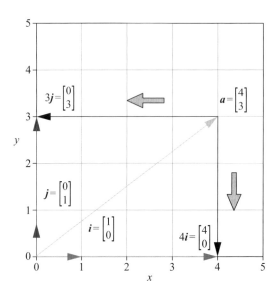

▲ 圖 22.16　a 分別在 i 和 j 方向上向量投影

三維向量投影

我們再看三維向量投影。如圖 22.17 所示，c 在 i 方向上純量投影為

$$\text{proj}_i\, c = \left(\begin{bmatrix} 4 \\ 3 \\ 5 \end{bmatrix} \cdot \begin{bmatrix} 1 \\ 0 \\ 0 \end{bmatrix} \right) i = 4i = \begin{bmatrix} 4 \\ 0 \\ 0 \end{bmatrix} \tag{22.39}$$

用矩陣乘法寫式 (22.39)，得到

$$\text{proj}_i\, c = \left(\begin{bmatrix} 4 & 3 & 5 \end{bmatrix} @ \begin{bmatrix} 1 \\ 0 \\ 0 \end{bmatrix} \right) i = \left(\begin{bmatrix} 1 & 0 & 0 \end{bmatrix} @ \begin{bmatrix} 4 \\ 3 \\ 5 \end{bmatrix} \right) i = 4i$$

$$= i \left(i^{\text{T}} @ \begin{bmatrix} 4 \\ 3 \\ 5 \end{bmatrix} \right) = i @ i^{\text{T}} @ \begin{bmatrix} 4 \\ 3 \\ 5 \end{bmatrix} = \begin{bmatrix} 1 & 0 & 0 \\ 0 & 0 & 0 \\ 0 & 0 & 0 \end{bmatrix} \begin{bmatrix} 4 \\ 3 \\ 5 \end{bmatrix} = \begin{bmatrix} 4 \\ 0 \\ 0 \end{bmatrix} \tag{22.40}$$

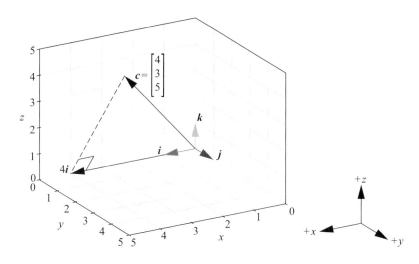

▲ 圖 22.17　向量 c 在向量 i 方向上投影

如圖 22.18 所示，c 在 j 方向上純量投影為

$$\text{proj}_j\, c = \left(\begin{bmatrix} 4 \\ 3 \\ 5 \end{bmatrix} \cdot \begin{bmatrix} 0 \\ 1 \\ 0 \end{bmatrix} \right) j = 3j = \begin{bmatrix} 0 \\ 3 \\ 0 \end{bmatrix} \tag{22.41}$$

同樣，用矩陣乘法寫式 (22.41)，得到

$$\text{proj}_j\, c = \left(\begin{bmatrix} 4 & 3 & 5 \end{bmatrix} @ \begin{bmatrix} 0 \\ 1 \\ 0 \end{bmatrix} \right) j = \left(\begin{bmatrix} 0 & 1 & 0 \end{bmatrix} @ \begin{bmatrix} 4 \\ 3 \\ 5 \end{bmatrix} \right) j = 3j$$

$$= j \left(j^{\mathrm{T}} @ \begin{bmatrix} 4 \\ 3 \\ 5 \end{bmatrix} \right) = j @ j^{\mathrm{T}} @ \begin{bmatrix} 4 \\ 3 \\ 5 \end{bmatrix} = \begin{bmatrix} 0 & 0 & 0 \\ 0 & 1 & 0 \\ 0 & 0 & 0 \end{bmatrix} \begin{bmatrix} 4 \\ 3 \\ 5 \end{bmatrix} = \begin{bmatrix} 0 \\ 3 \\ 0 \end{bmatrix} \tag{22.42}$$

如圖 22.19 所示，c 在 k 方向上純量投影為

$$\text{proj}_k\, c = \left(\begin{bmatrix} 4 \\ 3 \\ 5 \end{bmatrix} \cdot \begin{bmatrix} 0 \\ 0 \\ 1 \end{bmatrix} \right) k = 5k = \begin{bmatrix} 0 \\ 0 \\ 5 \end{bmatrix} \tag{22.43}$$

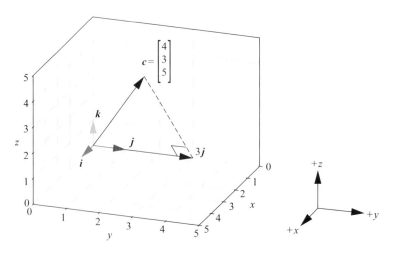

▲ 圖 22.18　向量 c 在向量 j 方向上投影

用矩陣乘法寫式 (22.43)，得到

$$
\begin{aligned}
\text{proj}_k\, c &= \left(\begin{bmatrix} 4 & 3 & 5 \end{bmatrix} @ \begin{bmatrix} 0 \\ 0 \\ 1 \end{bmatrix} \right) k = \left(\begin{bmatrix} 0 & 0 & 1 \end{bmatrix} @ \begin{bmatrix} 4 \\ 3 \\ 5 \end{bmatrix} \right) k = 5k \\[2mm]
&= k \left(k^{\mathrm{T}} @ \begin{bmatrix} 4 \\ 3 \\ 5 \end{bmatrix} \right) = k @ k^{\mathrm{T}} @ \begin{bmatrix} 4 \\ 3 \\ 5 \end{bmatrix} = \begin{bmatrix} 0 & 0 & 0 \\ 0 & 0 & 0 \\ 0 & 0 & 1 \end{bmatrix} \begin{bmatrix} 4 \\ 3 \\ 5 \end{bmatrix} = \begin{bmatrix} 0 \\ 0 \\ 5 \end{bmatrix}
\end{aligned}
$$

(22.44)

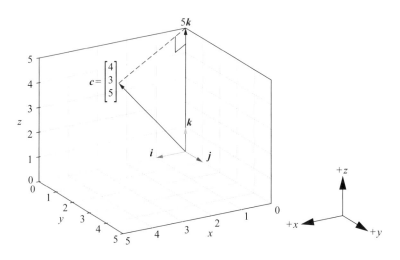

▲ 圖 22.19　向量 c 在向量 k 方向上投影

平面投影

本節最後聊一下三維向量在各個平面的投影。

以圖 22.20 為例，因為 i 和 j 張起了 xy 平面，向量 c 在 xy 平面投影，相當於向量 c 分別在 i 和 j 向量上投影，再合成。

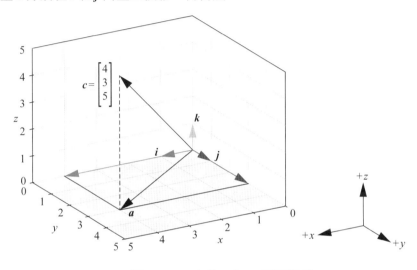

▲ 圖 22.20　向量 c 在 xy 平面投影

換個角度求解這個問題。c 在 xy 平面上投影為 a，則有

$$a = xi + yj \tag{22.45}$$

其中：x 和 y 為未知量。為了求解 x 和 y，我們需要建構兩個等式。

首先計算 $c - a$，有

$$c - a = \begin{bmatrix} 3 \\ 4 \\ 5 \end{bmatrix} - (xi + yj) = \begin{bmatrix} 3 \\ 4 \\ 5 \end{bmatrix} - x\begin{bmatrix} 1 \\ 0 \\ 0 \end{bmatrix} - y\begin{bmatrix} 0 \\ 1 \\ 0 \end{bmatrix} = \begin{bmatrix} 3-x \\ 4-y \\ 5 \end{bmatrix} \tag{22.46}$$

根據前文分析，我們知道 $c - a$ 分別垂直於 i 和 j，這樣我們可以建構兩個等式，即

$$(c-a)\cdot i = 0$$
$$(c-a)\cdot j = 0$$

(22.47)

將式 (22.46) 代入式 (22.47) 得到

$$\begin{bmatrix} 3-x \\ 4-y \\ 5 \end{bmatrix} \cdot \begin{bmatrix} 1 \\ 0 \\ 0 \end{bmatrix} = 0, \quad \begin{bmatrix} 3-x \\ 4-y \\ 5 \end{bmatrix} \cdot \begin{bmatrix} 0 \\ 1 \\ 0 \end{bmatrix} = 0$$

(22.48)

整理得到方程式組，並求解 x 和 y，得

$$\begin{cases} 3-x=0 \\ 4-y=0 \end{cases} \Rightarrow \begin{cases} x=3 \\ y=4 \end{cases}$$

(22.49)

這樣計算得到，c 在 xy 平面上投影為 $a = 3i + 4j$。

圖 22.21 和圖 22.22 所示分別為向量 c 在 yz 和 xz 平面的投影，請讀者自行計算投影結果。

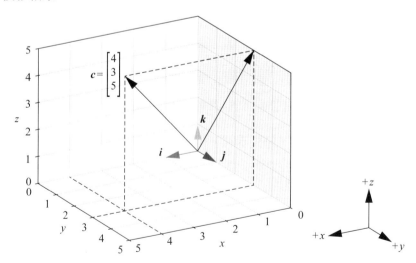

▲ 圖 22.21　向量 c 在 yz 平面投影

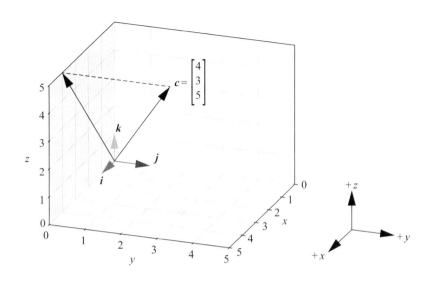

▲ 圖 22.22　向量 *c* 在 *xz* 平面投影

　　向量是線性代數中的多面手，它可以是一行或一列數，也可以是矩陣的一行或一列；有了座標系，向量和空間中的點、線等元素建立了連線，這時向量搖身一變，變成了有方向的線段。

　　正是因為向量有幾何內涵，線性代數的知識都可以用幾何角度來理解。有向量的地方，就有幾何。本書介紹在線性代數知識時都會舉出幾何角度，請大家格外留意。

　　下面，請大家準備開始本書最後「雞兔同籠三部曲」的學習之旅。

Fundamentals of Linear Algebra

雞兔同籠 1

之從《孫子算經》到線性代數

這就是數學：她提醒你無形靈魂的存在；她指定數學發現以生命；她喚醒沉睡的心靈；她淨化蒙塵的心智；她給思想以光輝；她滌蕩與生俱來的蒙昧與無知。

This, therefore, is mathematics: she reminds you of the invisible form of the soul; she gives life to her own discoveries; she awakens the mind and purifies the intellect; she brings light to our intrinsic ideas; she abolishes oblivion and ignorance which are ours by birth.

——普羅克洛（*Proclus*）| 古希臘哲學家 | *412 B.C.-485 B.C.*

- matplotlib.pyplot.quiver() 繪製箭頭圖
- numpy.column_stack() 將兩個矩陣按列合併
- numpy.linalg.inv() 矩陣求逆
- numpy.linalg.solve() 求解線性方程式組
- numpy.matrix() 建立矩陣
- sympy.solve() 求解符號方程式組
- sympy.solvers.solveset.linsolve() 求解符號線性方程式組

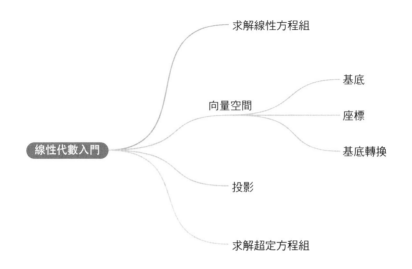

23.1　從雞兔同籠說起

雲山青青，風泉泠泠，山色可愛，泉聲可聽。土地平曠，屋舍儼然，阡陌交通，雞犬相聞。

崇山峻嶺之中，茂林修竹深處，有個小村，村中有五十餘戶人家。大夥兒甘其食，美其服，安其居，樂其俗。黃髮垂髫，怡然自樂。

村民善養雞兔，又善籌算。在這個與世隔絕的小村莊，雞兔同籠這樣的經典數學問題，代代流傳，深入人心。村民中有個農夫，他特別癡迷數學。最近他手不釋卷地閱讀一本叫《線性代數》的舶來經典。

本書最後三章同大家探討村民在養雞養兔遇到的數學問題，講講農夫如何用學到的線性代數工具幫助大夥兒解決這些問題。

雞兔同籠原題

如圖 23.1 所示，《孫子算經》中雞兔同籠問題這樣說：「今有雉兔同籠，上有三十五頭，下有九十四足，問雉兔各幾何？」

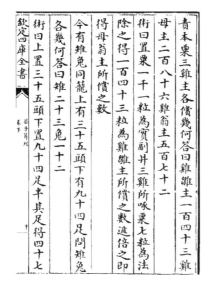

▲ 圖 23.1 　《孫子算經》 中的雞兔同籠問題 (來源：https://cnkgraph.com/)

本書前文建構二元一次方程組，用代數方法解決雞兔同籠問題，有

$$\begin{cases} x_1 + x_2 = 35 \\ 2x_1 + 4x_2 = 94 \end{cases}$$
(23.1)

其中：x_1 為雞的數量；x_2 為兔的數量。

求得籠子裡有 23 隻雞，12 隻兔，即

$$\begin{cases} x_1 = 23 \\ x_2 = 12 \end{cases}$$
(23.2)

此外，本書之前也介紹過利用座標系圖解雞兔同籠問題。

線性方程式組

農夫決定用自己剛剛學過的線性代數知識解決「雞兔同籠」這個數學問題。

式 (23.1) 中第一個等式寫成矩陣運算形式，得到

$$1 \cdot x_1 + 1 \cdot x_2 = 35 \quad \Rightarrow \quad \begin{bmatrix} 1 & 1 \end{bmatrix} \begin{bmatrix} x_1 \\ x_2 \end{bmatrix} = \begin{bmatrix} 35 \end{bmatrix}$$
(23.3)

式 (23.1) 第二個等式也寫成類似形式，有

$$2 \cdot x_1 + 4 \cdot x_2 = 94 \quad \Rightarrow \quad \begin{bmatrix} 2 & 4 \end{bmatrix} \begin{bmatrix} x_1 \\ x_2 \end{bmatrix} = \begin{bmatrix} 94 \end{bmatrix} \tag{23.4}$$

結合式 (23.3) 和式 (23.4)，農夫便用矩陣形式寫出了雞兔同籠問題的線性方程式組為

$$\begin{cases} 1 \cdot x_1 + 1 \cdot x_2 = 35 \\ 2 \cdot x_1 + 4 \cdot x_2 = 94 \end{cases} \quad \Rightarrow \quad \begin{bmatrix} 1 & 1 \\ 2 & 4 \end{bmatrix} \begin{bmatrix} x_1 \\ x_2 \end{bmatrix} = \begin{bmatrix} 35 \\ 94 \end{bmatrix} \tag{23.5}$$

式 (23.5) 可以寫成

$$Ax = b \tag{23.6}$$

其中

$$A = \begin{bmatrix} 1 & 1 \\ 2 & 4 \end{bmatrix}, \quad x = \begin{bmatrix} x_1 \\ x_2 \end{bmatrix}, \quad b = \begin{bmatrix} 35 \\ 94 \end{bmatrix} \tag{23.7}$$

x 為未知變陣列成的列向量；A 為方陣且可逆；x 可以利用下式求得，即

$$x = A^{-1}b \tag{23.8}$$

代入具體數值計算得到 x，得到

$$x = \begin{bmatrix} 1 & 1 \\ 2 & 4 \end{bmatrix}^{-1} \begin{bmatrix} 35 \\ 94 \end{bmatrix} = \begin{bmatrix} 2 & -0.5 \\ -1 & 0.5 \end{bmatrix} \begin{bmatrix} 35 \\ 94 \end{bmatrix} = \begin{bmatrix} 23 \\ 12 \end{bmatrix} \tag{23.9}$$

Bk3_Ch23_1.py 完成上述運算。

23.2 「雞」向量與「兔」向量

農夫觀察矩陣 A，發現它是由兩個列向量左右排列建構而成的，即

$$A = \begin{bmatrix} 1 & 1 \\ 2 & 4 \end{bmatrix} \begin{matrix} \text{Head} \\ \text{Feet} \end{matrix} \tag{23.10}$$

由此，農夫將矩陣 A 寫成 a_1 和 a_2 兩個左右排列的列向量，即

$$A = \begin{bmatrix} a_1 & a_2 \end{bmatrix} \tag{23.11}$$

農夫特別好奇 a_1 和 a_2 這兩個向量的具體含義，他決定深入分析一番。

農夫認為 a_1 代表一隻雞，特徵是一個頭、兩隻腳，即

$$a_1 = \begin{bmatrix} \overset{\text{\# head}}{1} \\ \overset{\text{\# feet}}{2} \end{bmatrix} \tag{23.12}$$

a_2 代表一隻兔，特徵是有一個頭、四隻腳，即

$$a_2 = \begin{bmatrix} \overset{\text{\# head}}{1} \\ \overset{\text{\# feet}}{4} \end{bmatrix} \tag{23.13}$$

農夫決定管 a_1 叫「雞向量」，a_2 叫「兔向量」。

圖 23.2 所示為雞向量 a_1 和兔向量 a_2。圖 23.2 中座標軸的橫軸為頭的數量，縱軸為腳的數量。圖 23.3 和圖 23.4 中 e_1 代表「頭」向量，e_2 代表「腳」向量。顯然，e_1 是橫軸單位向量，e_2 是縱軸單位向量。

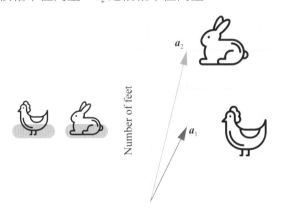

▲ 圖 23.2 雞向量 a_1 和兔向量 a_2

分解

如圖 23.3 所示，雞向量 $\boldsymbol{a}_1$ 可以寫成

$$\boldsymbol{a}_1 = \begin{bmatrix} \overset{\text{\# head}}{\overset{\wedge}{1}} \\ \underset{\wedge}{\underset{\text{\# feet}}{2}} \end{bmatrix} = \begin{bmatrix} 1 & 0 \\ 0 & 1 \end{bmatrix} \begin{bmatrix} 1 \\ 2 \end{bmatrix} = \begin{bmatrix} \boldsymbol{e}_1 & \boldsymbol{e}_2 \end{bmatrix} \begin{bmatrix} 1 \\ 2 \end{bmatrix} = \boldsymbol{e}_1 + 2\boldsymbol{e}_2 \tag{23.14}$$

如圖 23.4 所示，兔向量 $\boldsymbol{a}_2$ 可以寫成

$$\boldsymbol{a}_2 = \begin{bmatrix} \overset{\text{\# head}}{\overset{\wedge}{1}} \\ \underset{\wedge}{\underset{\text{\# feet}}{4}} \end{bmatrix} = \begin{bmatrix} 1 & 0 \\ 0 & 1 \end{bmatrix} \begin{bmatrix} 1 \\ 4 \end{bmatrix} = \begin{bmatrix} \boldsymbol{e}_1 & \boldsymbol{e}_2 \end{bmatrix} \begin{bmatrix} 1 \\ 4 \end{bmatrix} = \boldsymbol{e}_1 + 4\boldsymbol{e}_2 \tag{23.15}$$

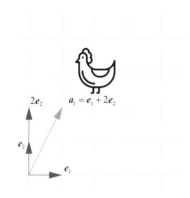

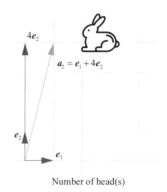

▲ 圖 23.3　雞向量 $\boldsymbol{a}_1$ 　　　　　　　　　▲ 圖 23.4　兔向量 $\boldsymbol{a}_2$

再談雞兔同籠

回到雞兔同籠問題，x_1 代表雞的數量，x_2 為兔的數量。農夫將 $\boldsymbol{A} = [\boldsymbol{a}_1, \boldsymbol{a}_2]$ 代入，得到

$$\underbrace{\begin{bmatrix} 1 & 1 \\ 2 & 4 \end{bmatrix}}_{\boldsymbol{a}_1 \quad \boldsymbol{a}_2} \begin{bmatrix} x_1 \\ x_2 \end{bmatrix} = \underbrace{\begin{bmatrix} 35 \\ 94 \end{bmatrix}}_{\boldsymbol{b}} \tag{23.16}$$

通俗地講，式 (23.16) 代表 x_1 份 $\boldsymbol{a}_1$ 和 x_2 份 $\boldsymbol{a}_2$ 組合，得到 $\boldsymbol{b}$ 向量。

為了方便視覺化，農夫將向量 $\boldsymbol{b}$ 改為以下具體值。也就是雞兔同籠問題條件變為：雞兔同籠有 3 個頭、8 隻腳。

農夫把線性方程式組寫成

$$\begin{bmatrix} 1 & 1 \\ 2 & 4 \end{bmatrix} \begin{bmatrix} x_1 \\ x_2 \end{bmatrix} = \begin{bmatrix} 3 \\ 8 \end{bmatrix}$$

(23.17)

農夫此刻在思考這個問題，x 和 b 具體代表什麼？

式 (23.17) 等式左邊的列向量 $x = [x_1, x_2]^\mathrm{T}$ 代表雞兔數量，而式 (23.17) 右側 b 代表頭、腳數量。

座標系角度

從座標系的角度來看，x 在「雞—兔系」中，而 b 在「頭—腳系」中。

圖 23.5 中左側方格就是「頭—腳系」，而圖 23.5 右側平行四邊形網格便是「雞—兔系」。

「頭—腳系」中，「頭」向量 e_1 和「腳」向量 e_2 張成了方格面。通俗地講，在「頭—腳系」中，農夫看到的是雞兔的頭和腳數。

「雞—兔系」中，「雞」向量 a_1 和「兔」向量 a_2，張成了平行四邊形網格。在「雞—兔系」中，農夫認為自己關注的是雞兔的具體只數。

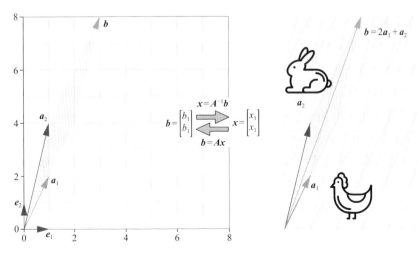

▲ 圖 23.5 「頭—腳系」和「雞—兔系」相互轉換

A 作為橋樑，完成從「雞——兔系」x 向「頭——腳系」b 轉換，有

$$x \to b : Ax = b \tag{23.18}$$

反方向來看，A^{-1} 完成「頭——腳」b 向「雞——兔」x 轉換，有

$$b \to x : A^{-1}b = x \tag{23.19}$$

Bk3_Ch23_2.py 繪製圖 23.5。

在 Bk3_Ch23_2.py 基礎上，我們做了一個 App 用來視覺化矩陣 A 對網格形狀的影響。請參考 Streamlit_Bk3_Ch23_2.py。

23.3 那幾隻毛絨耳朵

農夫看了看同處一籠的雞兔，突然發現在頭、腳之外，赫然獨立幾隻可愛至極的毛絨耳朵。

他突然想到，除了查頭數、腳數之外，查毛絨耳朵的數量應該更容易確定兔子的數量！雖然從生理學角度，雞也有耳朵，但是極不容易被發現。

加了毛絨耳朵這個特徵之後，二維向量就變成了三維向量。

雞向量 a_1 變為

$$a_1 = \begin{bmatrix} 1 \\ 2 \\ 0 \end{bmatrix} \tag{23.20}$$

兔向量 a_2 變為

$$a_2 = \begin{bmatrix} 1 \\ 4 \\ 2 \end{bmatrix} \tag{23.21}$$

在平面直角座標系中，升起了第三個維度——毛絨耳朵數量，農夫便得到如圖 23.6 所示的三維直角座標系。其中，e_3 代表「毛絨耳朵」向量。

圖 23.6 中，一隻雞一個頭、兩隻腳、沒有毛絨耳朵，因此雞向量 a_1 為

$$a_1 = e_1 + 2e_2 \qquad (23.22)$$

觀察圖 23.6，雞向量 a_1 還「趴」在水平面上，這是因為雞沒有毛絨耳朵！

一隻兔有一個頭、四隻腳、兩個毛絨耳朵，a_2 寫成

$$a_2 = e_1 + 4e_2 + 2e_3 \qquad (23.23)$$

而兔向量 a_2 還已經「立」在水平面之外，就是因為那兩隻毛絨耳朵 (擼擼)。

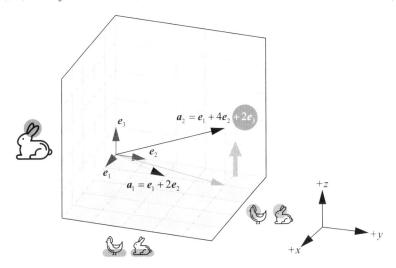

▲ 圖 23.6 三維直角座標系中的雞向量 a_1 和兔向量 a_2

計算頭、腳、毛絨耳朵數量

如果給定一籠雞兔的雞和兔的數量，讓大家求解頭、腳、毛絨耳朵數量，就是從「雞—兔系」到「頭—腳—毛絨耳朵系」的轉化。

假設有雞 10 隻 (x_1)、兔 5 隻 (x_2)，可以透過下式計算頭、腳和毛絨耳朵數量，即

$$b = \begin{bmatrix} a_1 & a_2 \end{bmatrix} x = \begin{bmatrix} 1 & 1 \\ 2 & 4 \\ 0 & 2 \end{bmatrix} \begin{bmatrix} 10 \\ 5 \end{bmatrix} = \begin{bmatrix} 15 \\ 40 \\ 10 \end{bmatrix} \tag{23.24}$$

這樣，透過上述計算，農夫便完成了從「雞一兔系」到「頭一腳一毛絨耳朵系」的轉換。這個過程是從二維到三維，相當於「升維」。

23.4「雞兔」套餐

村子裡來個小販賣小雞和小兔，但可惜不單獨售賣。

小販提供兩種套餐捆綁銷售：A 套餐，3 雞 1 兔；B 套餐，1 雞 2 兔，如圖 23.7 所示。

這可難壞了農夫，因為他想買 10 隻雞、10 隻兔。該怎麼組合 A、B 兩種套餐呢？

農夫想了想，發現這不就是個「雞兔同籠」問題的升級版嘛！下面，農夫決定用線性代數這個萬能工具試試看。

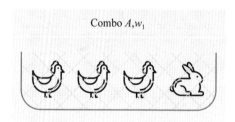 

▲ 圖 23.7　雞兔 A、B 套餐

A-B 套餐系

農夫將 A、B 套餐記做列向量 w_1 和 w_2，具體設定值為

$$\mathbf{w}_1 = \begin{bmatrix} 3 \\ 1 \end{bmatrix}, \quad \mathbf{w}_2 = \begin{bmatrix} 1 \\ 2 \end{bmatrix} \tag{23.25}$$

農夫想買 10 隻雞、10 隻兔，記做 $\mathbf{a}$，有

$$\mathbf{a} = \begin{bmatrix} 10 \\ 10 \end{bmatrix} \tag{23.26}$$

令所需套餐 A 的數量為 x_1，套餐 B 的數量為 x_2，建構等式

$$x_1\mathbf{w}_1 + x_2\mathbf{w}_2 = x_1\begin{bmatrix} 3 \\ 1 \end{bmatrix} + x_2\begin{bmatrix} 1 \\ 2 \end{bmatrix} = \begin{bmatrix} 10 \\ 10 \end{bmatrix} \tag{23.27}$$

即

$$\begin{bmatrix} 3 & 1 \\ 1 & 2 \end{bmatrix}\begin{bmatrix} x_1 \\ x_2 \end{bmatrix} = \begin{bmatrix} 10 \\ 10 \end{bmatrix} \tag{23.28}$$

如圖 23.8 所示為向量 $\mathbf{a}$ 在「雞—兔系」到「A-B 套餐系」的不同意義。圖 23.8(a) 舉出的是雞兔數量，圖 23.8(b) 展示的是套餐數量。

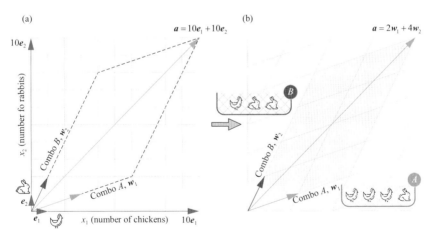

▲ 圖 23.8　向量 $\mathbf{a}$ 在「雞—兔系」到「A-B 套餐系」的不同意義

這樣農夫求得向量 $\mathbf{x}$ 為

$$\begin{bmatrix} x_1 \\ x_2 \end{bmatrix} = \begin{bmatrix} 3 & 1 \\ 1 & 2 \end{bmatrix}^{-1} @ \begin{bmatrix} 10 \\ 10 \end{bmatrix} = \begin{bmatrix} 0.4 & -0.2 \\ -0.2 & 0.6 \end{bmatrix} @ \begin{bmatrix} 10 \\ 10 \end{bmatrix} = \begin{bmatrix} 2 \\ 4 \end{bmatrix} \tag{23.29}$$

線性組合

也就是說，農夫可以買 2 份 *A* 套餐、4 份 *B* 套餐，這樣可以一共買到 10 隻雞、10 隻兔，對應算式為

$$2\boldsymbol{w}_1 + 4\boldsymbol{w}_2 = 2 \times \begin{bmatrix} 3 \\ 1 \end{bmatrix} + 4 \times \begin{bmatrix} 1 \\ 2 \end{bmatrix} = \begin{bmatrix} 10 \\ 10 \end{bmatrix} \tag{23.30}$$

翻閱《線性代數》，農夫發現式 (23.30) 這個等式就叫**線性組合** (linear combination)。書上管 $\boldsymbol{w}_1$ 和 $\boldsymbol{w}_2$ 叫作**基底** (basis)，寫成 $\{\boldsymbol{w}_1, \boldsymbol{w}_2\}$。也就是說，圖 23.9 左圖的基底為 $\{\boldsymbol{a}_1, \boldsymbol{a}_2\}$，右圖的基底為 $\{\boldsymbol{w}_1, \boldsymbol{w}_2\}$。

通俗地講，就是用 2 份 $\boldsymbol{w}_1$ 向量、4 份 $\boldsymbol{w}_2$ 向量混合得到向量 $\boldsymbol{a}$。透過線性組合的向量仍在平面之內。

如圖 23.9 所示，農夫發現，如果只看網格的話，式 (23.30) 中數學運算完成了「雞—兔系」到「*A-B* 套餐系」的座標系的轉化。

(10, 10) 是向量 $\boldsymbol{a}$ 在「雞—兔系」的座標。

而 2 份 *A* 套餐、4 份 *B* 套餐相當於 (2, 4) 是向量 $\boldsymbol{a}$ 在「*A-B* 套餐系」的座標。

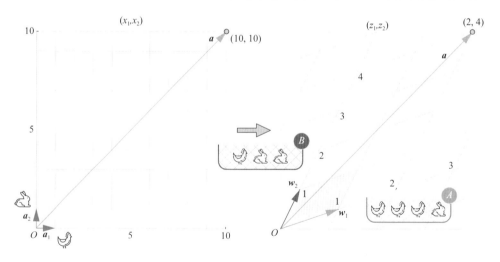

▲ 圖 23.9　座標系轉換，「雞—兔系」到「*A-B* 套餐系」

基底變換

農夫回想，不管是從「頭、腳系」到「雞─兔系」，還是從「雞─兔系」到「*A-B* 套餐系」，都叫作**基底變換** (change of basis)。

對於向量 a，在基底 $\{a_1, a_2\}$ 下，座標值為 $[x_1, x_2]^T$，有

$$a = x = Ix = \begin{bmatrix} a_1 & a_2 \end{bmatrix} \begin{bmatrix} x_1 \\ x_2 \end{bmatrix} = x_1 a_1 + x_2 a_2 \tag{23.31}$$

也就是

$$a = \begin{bmatrix} 1 & 0 \\ 0 & 1 \end{bmatrix} \begin{bmatrix} 10 \\ 10 \end{bmatrix} = \begin{bmatrix} 10 \\ 10 \end{bmatrix} \tag{23.32}$$

同一個向量 a，在基底 $\{w_1, w_2\}$ 下，座標值為 $[z_1, z_2]^T$，得到

$$a = Wz = \underbrace{\begin{bmatrix} w_1 & w_2 \end{bmatrix}}_{W} \underbrace{\begin{bmatrix} z_1 \\ z_2 \end{bmatrix}}_{z} = z_1 w_1 + z_2 w_2 \tag{23.33}$$

即

$$a = \underbrace{\begin{bmatrix} 3 & 1 \\ 1 & 2 \end{bmatrix}}_{W} \underbrace{\begin{bmatrix} 2 \\ 4 \end{bmatrix}}_{z} = \begin{bmatrix} 10 \\ 10 \end{bmatrix} \tag{23.34}$$

聯立式 (23.31) 和式 (23.33) 得到

$$x = Wz \tag{23.35}$$

即

$$\begin{bmatrix} x_1 \\ x_2 \end{bmatrix} = \underbrace{\begin{bmatrix} w_1 & w_2 \end{bmatrix}}_{W} \begin{bmatrix} z_1 \\ z_2 \end{bmatrix} \tag{23.36}$$

新座標 z，可以透過下式得到，即

$$z = W^{-1} x \tag{23.37}$$

也就是說，W 是新舊座標轉換的橋樑。如圖 23.9 所示，轉換前後，網格形狀發生了變化，但是平面還是那個平面。

「線性代數真是有趣、有用！」農夫喃喃自語。

Bk3_Ch23_3.py 繪製本節兩個座標系網格影像。

23.5　套餐轉換：基底轉換

前來買雞兔的村民在小販周圍越聚越多，大家都說套餐 A 和 B 組合太煩瑣，紛紛抱怨。

為了方便村民買雞兔，小販推出兩個新套餐 C 和 D：套餐 C，兩隻小雞；套餐 D，兩隻小兔。也就是說，雞兔都是成對販售。

農夫決定用剛剛學過的基底轉換想法來看看這個新基底。

令第三個基底 $\{v_1, v_2\}$ 代表「C-D 套餐系」。在基底 $\{v_1, v_2\}$ 中，向量 a 可以寫成

$$a = Vs = \underbrace{\begin{bmatrix} v_1 & v_2 \end{bmatrix}}_{V} \underbrace{\begin{bmatrix} s_1 \\ s_2 \end{bmatrix}}_{s} = s_1 v_1 + s_2 v_2 \tag{23.38}$$

如圖 23.10 所示。

聯立式 (23.33) 和式 (23.38)，得到

$$Wz = Vs \tag{23.39}$$

也就是說，s 可以透過下式得到，即

$$s = V^{-1}Wz \tag{23.40}$$

而 V 為

$$V = \underbrace{\begin{bmatrix} v_1 & v_2 \end{bmatrix}}_{V} = \begin{bmatrix} 2 & 0 \\ 0 & 2 \end{bmatrix} \tag{23.41}$$

這樣，向量 a 從 $\{w_1, w_2\}$ 基底到 $\{v_1, v_2\}$ 基底，新座標 s 為

$$s = \underbrace{\begin{bmatrix} 2 & 0 \\ 0 & 2 \end{bmatrix}}_{V}^{-1} \underbrace{\begin{bmatrix} 3 & 1 \\ 1 & 2 \end{bmatrix}}_{W} \underbrace{\begin{bmatrix} 2 \\ 4 \end{bmatrix}}_{z} = \begin{bmatrix} 5 \\ 5 \end{bmatrix} \tag{23.42}$$

也就是說，農夫想要買 10 隻雞、10 隻兔的話，需要 5 份套餐 C 和 5 份套餐 D。

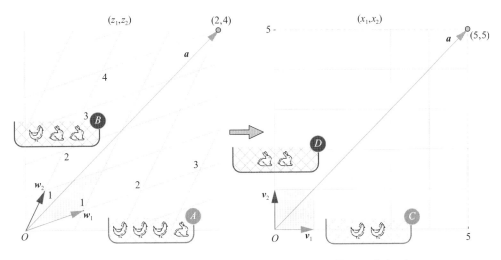

▲ 圖 23.10　套餐轉換，「A-B 套餐系」到「C-D 套餐系」

23.6 豬引發的投影問題

農夫突然改了主意，他對小販說，我想買 10 隻雞、10 隻兔，還要買 5 頭豬！小販很無奈，說小豬早就賣完了。

農夫略有所思，說了句：「我和你之間，存在 5 隻豬的距離。」

從向量角度，農夫自己想買 10 隻雞、10 隻兔、5 隻豬，可以寫成向量 y，則有

$$y = \begin{bmatrix} 10 \\ 10 \\ 5 \end{bmatrix} \tag{23.43}$$

然而，小販提供的「A-B 套餐」只能滿足農夫部分需求，記做向量 $\boldsymbol{a}$，有

$$\boldsymbol{a} = x_1\boldsymbol{w}_1 + x_2\boldsymbol{w}_2 = x_1\begin{bmatrix} 3 \\ 1 \\ 0 \end{bmatrix} + x_2\begin{bmatrix} 1 \\ 2 \\ 0 \end{bmatrix} = \begin{bmatrix} 10 \\ 10 \\ 0 \end{bmatrix} \tag{23.44}$$

農夫的需求 $\boldsymbol{y}$ 和 $\boldsymbol{a}$ 的「差距」記做 ε，計算得到具體值為

$$\varepsilon = \boldsymbol{y} - \boldsymbol{a} = \begin{bmatrix} 10 \\ 10 \\ 5 \end{bmatrix} - \begin{bmatrix} 10 \\ 10 \\ 0 \end{bmatrix} = \begin{bmatrix} 0 \\ 0 \\ 5 \end{bmatrix} \tag{23.45}$$

垂直

如圖 23.11 所示，容易發現 ε 垂直於 $\boldsymbol{w}_1$、$\boldsymbol{w}_2$、$\boldsymbol{a}$。下面，農夫用剛學的向量內積證明一下。

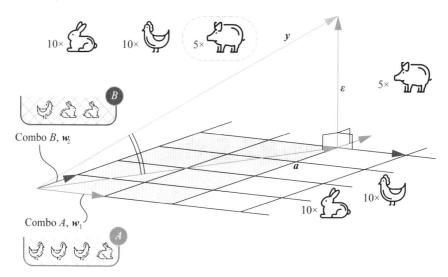

▲ 圖 23.11　農夫的需求和小販提供的「A-B 套餐」平面存在 5 隻豬的距離

首先，ε 垂直於 $\boldsymbol{w}_1$，有

$$\boldsymbol{w}_1 \cdot \varepsilon = \begin{bmatrix} 3 \\ 1 \\ 0 \end{bmatrix} \cdot \begin{bmatrix} 0 \\ 0 \\ 5 \end{bmatrix} = 3\times0 + 1\times0 + 0\times5 = 0 \tag{23.46}$$

ε 垂直於 w_2，有

$$w_2 \cdot \varepsilon = \begin{bmatrix} 1 \\ 2 \\ 0 \end{bmatrix} \cdot \begin{bmatrix} 0 \\ 0 \\ 5 \end{bmatrix} = 1 \times 0 + 2 \times 0 + 0 \times 5 = 0 \qquad (23.47)$$

ε 垂直於 a，有

$$a \cdot \varepsilon = \begin{bmatrix} 10 \\ 10 \\ 0 \end{bmatrix} \cdot \begin{bmatrix} 0 \\ 0 \\ 5 \end{bmatrix} = 10 \times 0 + 10 \times 0 + 0 \times 5 = 0 \qquad (23.48)$$

也就是說，ε 垂直於 w_1 和 w_2 張成的平面。從投影的角度來看，向量 y 在「A-B 套餐」平面的投影為 a。

「真是有向量的地方，就有幾何啊！」這是農夫自己學習線性代數悟出的真諦。

23.7 黃鼠狼驚魂夜：「雞飛兔脫」與超定方程式組

夜黑風高，農夫突然聽到雞叫犬吠！他趕緊撿了件衣服披在身上，提起油燈，奪門而出。在趕去雞窩的路上，他發現了黃鼠狼的腳印，「大事不妙！」

農夫慌忙跑到雞兔窩，看到雞飛兔跳、驚慌失措。

擔心黃鼠狼抓走了雞兔，農夫心急如焚，他舉高油燈，湊近籠子，數了又數。幾遍下來，數字都對不上，自己更是頭暈眼花。

他找來隔壁的甲、乙、丙、丁四人，讓甲、乙數頭，讓丙、丁數腳。過了一陣，甲說有 30 個頭，乙說有 35 個頭；丙說有 90 隻腳，丁說有 110 隻腳。

這可難壞了農夫，他可怎麼估算雞兔各自的數量？他決定也用線性代數工具試試。

農夫先列出來方程式組：

$$\begin{cases} x_1 + x_2 = 30 \\ x_1 + x_2 = 35 \\ 2x_1 + 4x_2 = 90 \\ 2x_1 + 4x_2 = 110 \end{cases} \qquad (23.49)$$

農夫首先拿出圖解法這個利器！

圖 23.12 所示為四條直線對應的影像，發現它們一共存在 4 個交點，沒有一組確切解。

從代數角度，上述方程式組叫作**超定方程式組** (overdetermined system)。兩個方程式兩個未知數，顯然所需的方程式組遠超未知數數量。

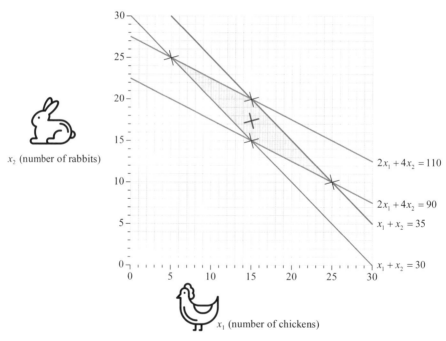

▲ 圖 23.12 超定方程式組影像

農夫將式 (23.49) 寫成矩陣的形式,得到

$$
\begin{bmatrix} 1 & 1 \\ 1 & 1 \\ 2 & 4 \\ 2 & 4 \end{bmatrix}_{A} \underbrace{\begin{bmatrix} x_1 \\ x_2 \end{bmatrix}}_{x} = \underbrace{\begin{bmatrix} 30 \\ 35 \\ 90 \\ 110 \end{bmatrix}}_{b}
\tag{23.50}
$$

也就是說

$$
Ax = b \tag{23.51}
$$

其中:A 不是方陣,顯然不存在反矩陣。

在《線性代數》這本經典中,農夫發現了一個全新的解法。他將式 (23.51) 左右分別乘以 A^{T},得到

$$
A^{\mathrm{T}} A x = A^{\mathrm{T}} b \tag{23.52}
$$

此時,$A^{\mathrm{T}} A$ 為 2×2 方陣,且存在反矩陣。

這樣,式 (23.52) 可以整理為

$$
x = \left(A^{\mathrm{T}} A \right)^{-1} A^{\mathrm{T}} b \tag{23.53}
$$

農夫發現這個解恰好在圖 23.12 四個交點組成平行四邊形的中心位置,「神奇,真是神奇!」

$$
x = \left(\begin{bmatrix} 1 & 1 \\ 1 & 1 \\ 2 & 4 \\ 2 & 4 \end{bmatrix}^{\mathrm{T}} \begin{bmatrix} 1 & 1 \\ 1 & 1 \\ 2 & 4 \\ 2 & 4 \end{bmatrix} \right)^{-1} \begin{bmatrix} 1 & 1 \\ 1 & 1 \\ 2 & 4 \\ 2 & 4 \end{bmatrix}^{\mathrm{T}} \begin{bmatrix} 30 \\ 35 \\ 90 \\ 110 \end{bmatrix} = \begin{bmatrix} 10 & 18 \\ 18 & 34 \end{bmatrix}^{-1} \begin{bmatrix} 465 \\ 865 \end{bmatrix} = \begin{bmatrix} 15 \\ 17.5 \end{bmatrix}
\tag{23.54}
$$

Bk3_Ch23_4.py 完成上述矩陣運算。

　　微風絲絲縷縷，細雨點點滴滴。

　　微風夾著細雨，掠過田間地頭，搖晃著楊柳梢，吹洗一池荷花。楊柳依依，荷風香氣。

　　微風輕輕悄悄地劃過雞舍兔籠，踮著腳尖走過睡熟的牧童。微風看了一眼燈下苦讀的農夫，舞動著農夫書桌上跳躍的燭火。

　　折騰了一天一夜，小村似乎安靜下來。

　　殊不知，大風起兮雲飛揚，遠處一場風暴正在醞釀。

　　未完待續。

A Story of OLS Linear Regression

雞兔同籠 2

之 線 性 回 歸 風 暴

只有帶著對數學純粹的愛去接近她，數學才會向你展開它
的神秘所在。

Mathematics reveals its secrets only to those who approach it with pure
love, for its own beauty.

——阿基米德（*Archimedes*）| 古希臘數學家、物理學家 | *287 B.C. - 212 B.C.*

- matplotlib.pyplot.contour() 繪製等高線圖
- matplotlib.pyplot.scatter() 繪製散點圖
- numpy.array() 建立 array 資料型態
- numpy.linalg.inv() 矩陣求逆
- numpy.linalg.solve() 求解線性方程式組
- numpy.linspace() 產生連續均勻向量數值
- numpy.meshgrid() 建立網格化資料
- numpy.random.randint() 產生隨機整數
- numpy.random.seed() 設定初始化隨機狀態
- plot_wireframe() 繪製三維單色線方塊圖
- seaborn.scatterplot() 繪製散點圖
- sympy.abc 引入符號變數
- sympy.diff() 求解符號導數和偏導解析式
- sympy.evalf() 將符號解析式中的未知量替換為具體數值
- sympy.simplify() 簡化代數式
- sympy.solvers.solve() 符號方程式求根
- sympy.symbols() 定義符號變數
- sympy.utilities.lambdify.lambdify() 將符號代數式轉化為函式

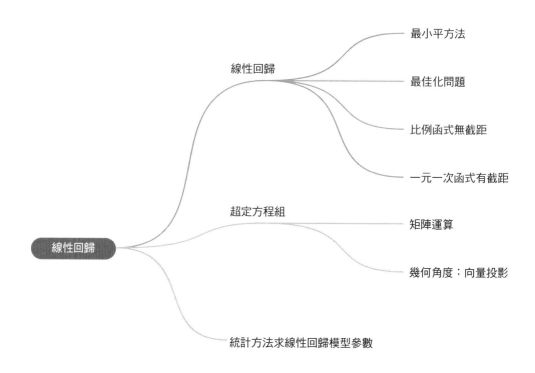

24.1 雞兔數量的有趣關係

清江一曲抱村流，長夏江村事事幽。

舶來的線性代數知識悄悄地改變著小村，村民們凡事都要用這個數學工具探究一番。

大家這次盯上了一個養雞養兔的小妙招。老人常言「兩雞一兔，百毒不入」。也就是說，不管最開始養多少雞兔，當雞兔大概達到 2:1 這個比例時，便達到某種神奇的平衡，雞兔都健健康康。

農夫決定一探究竟，他搜集村中 20 位養雞大戶的雞兔數量，總結在表 24.1 中。

→ 表 24.1　20 戶農戶雞兔數量關係

養雞數量	x	32	110	71	79	45	20	56	55	87	68	87	63	31	88	44	33	57	16	22	52
養兔數量	y	22	53	39	40	25	15	34	34	52	41	43	33	24	52	20	18	33	12	11	28

　　將表 24.1 資料以散點方式繪製在方格紙上得到圖 24.1。老農隱隱覺得這個 2:1 的比例關係好像的確存在。

　　但是，農夫並不滿足於此，他想找到雞兔達到平衡時確切的數學關係。於是乎，他想到了比例函式和一元函式，決心探究一番。

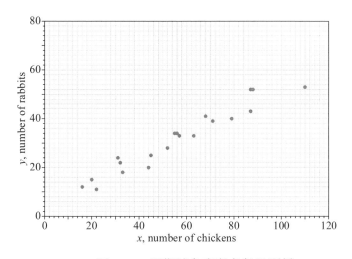

▲ 圖 24.1　平衡時各家雞兔數量關係

24.2 試試比例函式：*y = ax*

觀察圖 24.1，農夫首先想到用比例函式。

假設平衡時雞兔數量似乎呈現某種比例關係

$$\hat{y} = ax \tag{24.1}$$

其中：a 為比例係數。為了區分資料 y，$\hat{y}$ 上加了個帽子表示預測。

農夫在方格紙上，用紅筆劃出一系列透過原點的斜線，得到圖 24.2 所示影像。

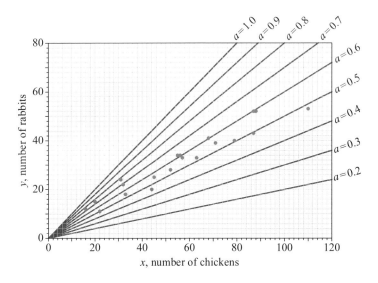

▲ 圖 24.2　平衡時各家雞兔數量好像呈現某種比例關係

老農先是覺得 a 取 0.5 比較好，但是又覺得 a 取 0.6 也不差。他隱約覺得 a 應該在 0.5 和 0.6 之間。如何找到合理的 a 值呢？這個問題讓他陷入了沉思。

顯然，他需要找到一條紅線足夠靠近圖 24.2 所有散點。那麼，問題來了——如何量化「足夠靠近」？

他決定先找幾個值試試看。

a= 0.4

農夫先試了比例值 $a = 0.4$ ，這時比例函式為

$$\hat{y} = 0.4x \tag{24.2}$$

將 $x = 110$(雞的數量) 代入式 (24.2)，得到 44(兔的數量) 這個預測值，即

$$\hat{y}\big|_{x=110} = 0.4 \times 110 = 44 \tag{24.3}$$

當 x = 110 時，真實值 y 和預測值 $\hat{y}$ 兩者的誤差 e 為

$$e|_{x=110} = y - \hat{y} = 53 - 44 = 9 \qquad (24.4)$$

農夫覺得從這個誤差值入手，可能會找到合適的 a 值，並確定一條合理的比例函式。

於是乎，農夫開始計算 $\hat{y} = 0.4x$ 這個比例函式條件下圖 24.1 中每個點的誤差值。

最後，他得到圖 24.3 。圖 24.3 中，垂直黃色線段代表實際資料和比例函式估值之間的誤差，也就是不同 x 對應的 e。

農夫翻閱舶來的數學典籍，發現了**最小平方法** (Least Squares 或 Least Squares Estimator)。仔細研讀後，他決定拿來一試。

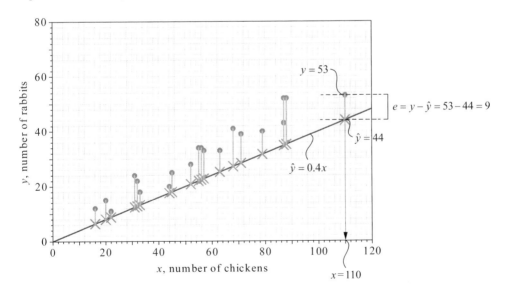

▲ 圖 24.3　$a = 0.4$ 時實際資料和比例函式估值之間的誤差

24.3　最小平方法

書上寫道：「最小平方法透過最小化誤差的平方和，尋找資料的最佳回歸參數匹配。」

誤差平方和最小化

農夫已經獲得了一系列 e 值，只需要對 e 平方！

他把計算得到的分步資料記錄在表 24.2 中。表第一行、第二行數值分別為雞、兔實際數量，第三行為 $\hat{y} = 0.4x$ 估算得到的兔子數量，第四行為誤差 $e = y - \hat{y}$，即實際兔數減去估算兔數，第五行為誤差的平方值 e_2。表 24.2 第五行 e_2 求和得到的誤差平方和為 1756.28。

→ 表 24.2　a 取 0.4 時，估計值、誤差、誤差平方

養雞數量 x	32	110	71	79	45	20	56	55	87	68	87	63	31	88
養兔數量 y	22	53	39	40	25	15	34	34	52	41	43	33	24	52
$\hat{y} = 0.4x$ 估算兔數	12.8	44	28.4	31.6	18	8	22.4	22	34.8	27.2	34.8	25.2	12.4	35.2
誤差 e	9.2	9	10.6	8.4	7	7	11.6	12	17.2	13.8	8.2	7.8	11.6	16.8
誤差平方 e^2	84.6	81	112.3	70.5	49	49	134.5	144	295.8	190.4	67.2	60.8	134.5	282.2

農夫突然意識到，e_2 不就是以 e 的絕對值為邊長的正方形面積嘛！真是「行到水窮處，坐看雲起時。」

有了這個幾何角度，他繪製獲得了圖 24.4 。圖 24.4 中所有的正方形的邊長為不同 x 位置時誤差 e 的絕對值。將這些藍色正方形面積相加得到面積和，即誤差之和，有

$$\sum_{i=1}^{20} \left(e^{(i)}\right)^2 = \sum_{1}^{20} \left(y^{(i)} - \hat{y}^{(i)}\right)^2 = \sum_{1}^{20} \left(y^{(i)} - ax^{(i)}\right)^2 \tag{24.5}$$

找到讓上式值最小的 a，就可以讓圖 24.4 中正方形的面積之和最小。

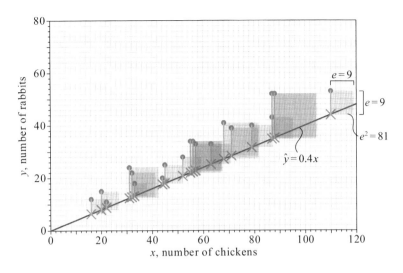

▲ 圖 24.4　$a = 0.4$ 時視覺化誤差平方

a= 0.5

他決定再試幾個值，如 $a = 0.5$ 時，比例函式為

$$\hat{y} = 0.5x \tag{24.6}$$

表 24.3 舉出了 a 取 0.5 時，不同 x 對應的估計值 、誤差 e、誤差平方 e_2。

經過計算可以發現式 (24.6) 這個比例函式模型條件下，誤差平方和為 422。

從幾何角度來看，圖 24.5 中的正方形面積之和看上去確實比圖 24.4 要小。

→ 表 24.3　a 取 0.5 時，估計值、誤差、誤差平方

養雞數量 x	32	110	71	79	45	20	56	55	87	68	87	63	31	88
養兔數量 y	22	53	39	40	25	15	34	34	52	41	43	33	24	52
$\hat{y}=0.5x$ 估算兔數	16	55	35.5	39.5	22.5	10	28	27.5	43.5	34	43.5	31.5	15.5	44
誤差 e	6	-2	3.5	0.5	2.5	5	6	6.5	8.5	7	-0.5	1.5	8.5	8
誤差平方 e^2	36	4	12.25	0.25	6.25	25	36	42.25	72.25	49	0.25	2.25	72.25	64

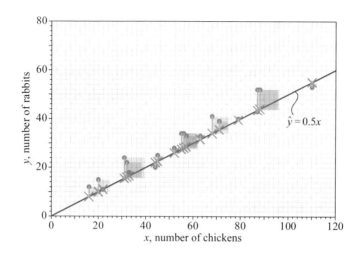

▲ 圖 24.5　a = 0.5 時，視覺化誤差平方

a = 0.6

農夫又試了試 *a* = 0.6，比例函式為

$$\hat{y} = 0.6x \tag{24.7}$$

經過表 24.4 計算求得誤差平方和為 396.28。圖 24.6 所示為視覺化誤差平方和。農夫感覺到，似乎在 0.5 和 0.6 之間存在一個更好的 *a*，能夠讓誤差平方和最小。但是，這樣徒手計算，一個一個值地算，終究不是辦法。

➜ 表 24.4　a 取 0.6 時，估計值、誤差、誤差平方

養雞數量 x	32	110	71	79	45	20	56	55	87	68	87	63	31	88
養兔數量 y	22	53	39	40	25	15	34	34	52	41	43	33	24	52
$\hat{y} = 0.6x$ 估算兔數	19.2	66	42.6	47.4	27	12	33.6	33	52.2	40.8	52.2	37.8	18.6	52.8
誤差 e	2.8	-13	-3.6	-7.4	-2	3	0.4	1	-0.2	0.2	-9.2	-4.8	5.4	-0.8
誤差平方 e^2	7.84	169	12.96	54.76	4	9	0.16	1	0.04	0.04	84.64	23.04	29.16	0.64

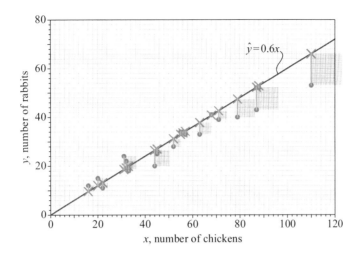

▲ 圖 24.6　$a = 0.6$ 時，視覺化誤差平方

目標函式

　　觀察式 (24.5)，他發現 $x^{(i)}$ 和 $y^{(i)}$ 都是給定數值，而式中唯一的變數就是 a。也就是說，把 a 視為一個未知數，式 (24.5) 可以寫成一個函式 $f(a)$，有

$$f\left(a\right) = \sum_{1}^{20}\left(y^{(i)} - ax^{(i)}\right)^2 \tag{24.8}$$

　　而最小化誤差對應的就是讓上述函式值取得最小值！農夫想到這裡，高興得不住拍手。

　　農夫把所有的 $x^{(i)}$ 和 $y^{(i)}$ 代入上式，整理並得到函式具體解析式為

$$f\left(a\right) = 65428a^2 - 72228a + 20179 \tag{24.9}$$

　　他驚奇地發現，竟然獲得了一元二次函式！這個函式，我懂啊！

　　如圖 24.7 所示，這個一元二次函式的影像是一條開口朝上的拋物線，具有凸性。顯然，函式在對稱軸處取得最小值。而式 (24.9) 這個一元二次函式就是最佳化問題中的目標函式，最佳化變數為 a。

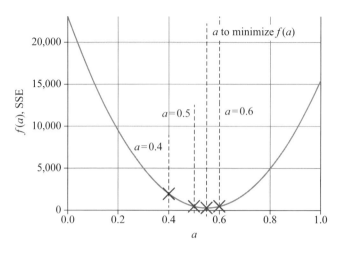

▲ 圖 24.7　函式 $f(a)$ 影像

解析法求解最佳化問題

利用導數這個數學工具，對 $f(a)$ 求一階導數，得到 $f'(a)$ 為

$$f'(a) = 130856a - 72228 \tag{24.10}$$

令 $f'(a) = 0$ 得到 $f(a)$ 取得最小值時 a 的值，記做 $a*$，有

$$a* = \frac{18057}{32714} \approx 0.552 \tag{24.11}$$

這個 $a*$ 就是農夫要找的最佳 a 值，它讓誤差平方和最小。

此時，對應的最佳比例函式為

$$\hat{y} = 0.552x \tag{24.12}$$

帶回檢驗

農夫決定用「土辦法」再算算 $a*$ 對應的估計值、誤差、誤差平方這幾個數值，他獲得了表 24.5 中的資料。

此時，誤差平方和為 245.32，明顯小於 $a = 0.5$ 或 $a = 0.6$ 這兩種情況。

他不忘繪製圖 24.6，看看正方形的面積到底怎樣。

➜ 表 24.5　a 取 0.552 時，估計值、誤差、誤差平方

養雞數量 x	32	110	71	79	45	20	56	55	87	68	87	63	31	88
養兔數量 y	22	53	39	40	25	15	34	34	52	41	43	33	24	52
$\hat{y} = 0.552x$ 估算兔數	17.6	60.5	39.1	43.5	24.8	11.0	30.8	30.3	47.9	37.4	47.9	34.7	17.1	48.4
誤差 e	4.4	-7.5	-0.1	-3.5	0.2	4.0	3.2	3.7	4.1	3.6	-4.9	-1.7	6.9	3.6
誤差平方 e^2	19.2	56.9	0.0	12.1	0.1	15.9	10.1	13.9	16.9	12.8	23.9	2.8	48.1	12.7

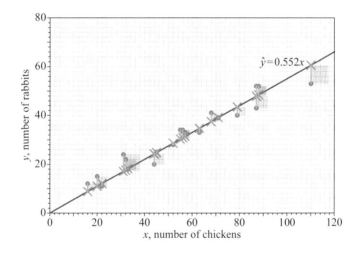

▲ 圖 24.8　$a = 0.552$ 時，視覺化誤差平方

農夫如獲至寶，不住地說：「最小平方方法，好！真好！」

他回過頭再次翻閱數學典籍，又仔仔細細把最小平方方法反覆研讀幾遍。興奮之餘，他想讓自己的數學模型再複雜一點，決定試試一元一次函式。

Bk3_Ch24_1.py 繪製本節影像，並求解最最佳化問題。

24.4 再試試一次函式：$y = ax + b$

農夫知道，比例函式透過原點，也就是縱軸截距為 0。而一元函式則沒有這個限制。

他決定試一下下面這個一元函式，看看是否有更好的結果，即

$$\hat{y} = ax + b \tag{24.13}$$

這個一元函式對應的誤差平方和為

$$\sum_{i=1}^{20} \left(e^{(i)}\right)^2 = \sum_{1}^{20}\left(y^{(i)} - \hat{y}^{(i)}\right)^2 = \sum_{1}^{20}\left(y^{(i)} - ax^{(i)} - b\right)^2 \tag{24.14}$$

其中：$x^{(i)}$ 和 $y^{(i)}$ 為給定的樣本資料。也就是說，上式有兩個引數，有兩個需要最佳化的參數 a、b。

農夫還是決定暴力求解一番，將 $x^{(i)}$ 和 $y^{(i)}$ 代入式 (24.14)，整理並得到二元函式 $f(a, b)$ 的解析式，得到

$$f(a,b) = 65428a^2 + 1784ab - 72228a + 14b^2 - 1014b + 20179 \tag{24.15}$$

「這不就是二元二次函式，我也懂啊！幾何角度來看，這個二元二次函式不就是個開口朝上的旋轉橢圓面嘛！」農夫再次驚歎數學的精妙！同時，他繪製出了圖 24.9 所示的拋物曲面。

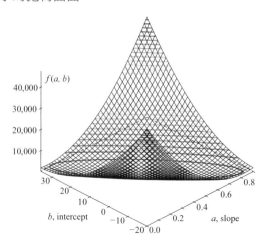

▲ 圖 24.9　誤差平方和 $f(a, b)$ 隨 a、b 變化建構的開口向上拋物曲面

用偏導求極值點

計算 $f(a, b)$ 最小值極值點處，利用 $f(a, b)$ 對 a、b 求偏導為 0 為條件，建構兩個等式，有

$$\begin{cases} \dfrac{\partial f}{\partial a} = 130856a + 1784b - 72228 = 0 \\ \dfrac{\partial f}{\partial b} = 1784a + 28b - 1014 = 0 \end{cases} \tag{24.16}$$

聯立等式，求得最佳解為

$$\begin{cases} a^* = \dfrac{513}{1157} \approx 0.4434 \\ b^* = \dfrac{18429}{2314} \approx 7.9641 \end{cases} \tag{24.17}$$

圖 24.10 告訴我們這個最佳解就在旋轉橢圓中心位置。農夫看著圖 24.10，嘴裡叨叨著：「橢圓真是個好東西！哪都離不開它！」

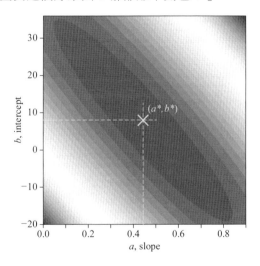

▲ 圖 24.10 $f(a, b)$ 平面等高線和最佳解位置

式 (24.17) 對應的一次函式為

$$\hat{y} = 0.4434x + 7.9641 \tag{24.18}$$

這就是農夫要找的最佳一次函式！

帶回檢驗

農夫還是想用「土辦法」再驗算一遍！

他用式 (24.18) 一步步仔細運算，並將分步結果記錄在表 24.6 中。農夫最終求得誤差平方和為 128.67 ，這比之前的比例函式對應的最小誤差平方和還要小。

他不怕麻煩，又畫了圖 24.11 。圖 24.11 中，一次函式的截距為正。

➜ 表 24.6　a = 0.4434、b = 7.9641 時，估計值、誤差、誤差平方

養雞數量 x	32	110	71	79	45	20	56	55	87	68	87	63	31	88
養兔數量 y	22	53	39	40	25	15	34	34	52	41	43	33	24	52
$\hat{y}= 0.4434x + 7.9641$	19.9	57.8	38.8	42.7	26.2	14.0	31.5	31.1	46.6	37.4	46.6	34.9	19.4	47.1
誤差 e	2.1	4.8	0.2	−2.7	1.2	1.0	2.5	2.9	5.4	3.6	−3.6	−1.9	4.6	4.9
誤差平方 e^2	4.5	23.1	0.0	7.5	1.4	0.9	6.0	8.7	28.9	13.1	13.1	3.8	21.3	23.9

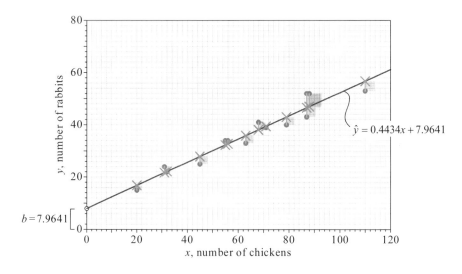

▲ 圖 24.11　$a = 0.4434$ 、$b = 7.9641$ 時，視覺化誤差平方

Bk3_Ch24_2.py 繪製本節影像，並求解最佳化問題。

在 Bk3_Ch24_2.py 基礎上，我們做了一個 App，大家可以輸入不同的一次函式 a 和 b 兩個參數，繪製直線並與線性回歸直線比較誤差結果。請參考 Streamlit_Bk3_Ch24_2.py。

24.5 再探黃鼠狼驚魂夜：超定方程式組

突然間，一道靈光閃過！

農夫回想，那夜黃鼠狼來偷雞抓兔，鄰居甲、乙、丙、丁四人數頭數、腳數時，為了估算雞兔數量，他採用的舶來線性代數典籍中的超定方程式組的求解方法。

回過頭來看自己手中的線性回歸問題：「這不也是一個超定方程式組嗎？」

比例函式

他立刻攤開紙，把表 24.1 中的資料寫成列向量形式，得到

$$x = \begin{bmatrix} 32 \\ 110 \\ \vdots \\ 52 \end{bmatrix}, \quad y = \begin{bmatrix} 22 \\ 53 \\ \vdots \\ 28 \end{bmatrix} \tag{24.19}$$

農夫將比例函式模型寫成

$$y = ax \tag{24.20}$$

即

$$\underbrace{\begin{bmatrix} 22 \\ 53 \\ \vdots \\ 28 \end{bmatrix}}_{y} = a \underbrace{\begin{bmatrix} 32 \\ 110 \\ \vdots \\ 52 \end{bmatrix}}_{x} \tag{24.21}$$

只有一個未知數 a，但是方程式組有 20 個方程式，這顯然也是一個超定方程式組！

農夫頓時興奮起來，他用黃鼠狼驚魂夜一模一樣的方法求解

$$a = \left(\boldsymbol{x}^{\mathrm{T}}\boldsymbol{x}\right)^{-1}\boldsymbol{x}^{\mathrm{T}}\boldsymbol{y} \tag{24.22}$$

實際上，$\boldsymbol{x}^{\mathrm{T}}\boldsymbol{x}$ 是一個 1×1 矩陣，也就是一個數字，即純量。它的逆就是 $\boldsymbol{x}^{\mathrm{T}}\boldsymbol{x}$ 這個數字的倒數。將 $\boldsymbol{x}$ 和 $\boldsymbol{y}$ 具體數值代入式 (24.22)，得到

$$a = \left(\begin{bmatrix} 32 \\ 110 \\ \vdots \\ 52 \end{bmatrix}^{\mathrm{T}} @ \begin{bmatrix} 32 \\ 110 \\ \vdots \\ 52 \end{bmatrix}\right)^{-1} @ \begin{bmatrix} 32 \\ 110 \\ \vdots \\ 52 \end{bmatrix}^{\mathrm{T}} @ \begin{bmatrix} 22 \\ 53 \\ \vdots \\ 28 \end{bmatrix} = 0.552 \tag{24.23}$$

農夫驚呼：「得來全不費工夫啊！」這個結果和他用最小平方法得到結果完全一致。

一元函式

靈光再現，他立刻疾步多取回些紙筆，將一元函式這個模型也寫成矩陣形式，得到

$$\underbrace{\begin{bmatrix} 22 \\ 53 \\ \vdots \\ 28 \end{bmatrix}}_{y} = a \underbrace{\begin{bmatrix} 32 \\ 110 \\ \vdots \\ 52 \end{bmatrix}}_{x} + b \underbrace{\begin{bmatrix} 1 \\ 1 \\ \vdots \\ 1 \end{bmatrix}}_{\boldsymbol{1}} \tag{24.24}$$

即

$$\hat{\boldsymbol{y}} = a\boldsymbol{x} + b\boldsymbol{1} \tag{24.25}$$

其中：$\boldsymbol{1}$ 叫作全 1 列向量。

只有兩個未知數 a、b，但是方程式組有 20 個方程式，這明顯也是一個超定方程式組。

將式 (24.25) 寫成

$$\hat{\boldsymbol{y}} = \underbrace{\begin{bmatrix} \boldsymbol{1} & \boldsymbol{x} \end{bmatrix}}_{X} \begin{bmatrix} b \\ a \end{bmatrix} \tag{24.26}$$

令

$$X = \begin{bmatrix} 1 & x \end{bmatrix} = \begin{bmatrix} 1 & 32 \\ 1 & 110 \\ \vdots & \vdots \\ 1 & 52 \end{bmatrix} \tag{24.27}$$

式 (24.26) 寫入成

$$\hat{y} = X \begin{bmatrix} b \\ a \end{bmatrix} \tag{24.28}$$

求解超定方程式組，得到

$$\begin{bmatrix} b \\ a \end{bmatrix} = \left(X^\mathrm{T} X \right)^{-1} X^\mathrm{T} y \tag{24.29}$$

將 X 和 y 具體數值代入式 (24.29)，得到

$$\begin{bmatrix} b \\ a \end{bmatrix} = \left(\begin{bmatrix} 1 & 32 \\ 1 & 110 \\ \vdots & \vdots \\ 1 & 52 \end{bmatrix}^\mathrm{T} @ \begin{bmatrix} 1 & 32 \\ 1 & 110 \\ \vdots & \vdots \\ 1 & 52 \end{bmatrix} \right)^{-1} @ \left(\begin{bmatrix} 1 & 32 \\ 1 & 110 \\ \vdots & \vdots \\ 1 & 52 \end{bmatrix}^\mathrm{T} @ \begin{bmatrix} 22 \\ 53 \\ \vdots \\ 28 \end{bmatrix} \right) = \begin{bmatrix} 14 & 892 \\ 892 & 65428 \end{bmatrix}^{-1} \begin{bmatrix} 507 \\ 36114 \end{bmatrix} = \begin{bmatrix} 7.9641 \\ 0.4434 \end{bmatrix} \tag{24.30}$$

幾何角度

農夫突然想起自己悟出的一句線性代數真經，凡是有向量的地方，就有幾何！

上述解法肯定可以透過幾何角度解釋。如圖 24.12 所示，將 y 向量向 x 和 1 張成的平面 H 投影，得到結果為向量 $\hat{y}$；而誤差 ε 可以寫成

$$\varepsilon = y - \hat{y} = y - (ax + b1) \tag{24.31}$$

誤差 ε 顯然垂直於 H，即 ε 分別垂直 1 和 x。

也就是說

$$\begin{aligned}
\boldsymbol{\varepsilon} \perp \boldsymbol{1} &\Rightarrow \boldsymbol{1}^{\mathrm{T}}\boldsymbol{\varepsilon} = 0 \Rightarrow \boldsymbol{1}^{\mathrm{T}}\big(\boldsymbol{y} - (a\boldsymbol{x} + b\boldsymbol{1})\big) = 0 \\
\boldsymbol{\varepsilon} \perp \boldsymbol{x} &\Rightarrow \boldsymbol{x}^{\mathrm{T}}\boldsymbol{\varepsilon} = 0 \Rightarrow \boldsymbol{x}^{\mathrm{T}}\big(\boldsymbol{y} - (a\boldsymbol{x} + b\boldsymbol{1})\big) = 0
\end{aligned} \tag{24.32}$$

以上兩式合併得到

$$\underbrace{\begin{bmatrix} \boldsymbol{1} & \boldsymbol{x} \end{bmatrix}}_{x}^{\mathrm{T}} \left(\boldsymbol{y} - \boldsymbol{X}\begin{bmatrix} b \\ a \end{bmatrix} \right) = \boldsymbol{0} \tag{24.33}$$

整理得到

$$\boldsymbol{X}^{\mathrm{T}}\boldsymbol{X}\begin{bmatrix} b \\ a \end{bmatrix} = \boldsymbol{X}^{\mathrm{T}}\boldsymbol{y} \tag{24.34}$$

等式左右分別左邊乘以 $\boldsymbol{X}^{\mathrm{T}}\boldsymbol{X}$ 的逆，不就獲得了式 (24.29) 嘛！

「嗟夫！我的神仙姑奶奶！」這個結果讓農夫驚呆了半晌。

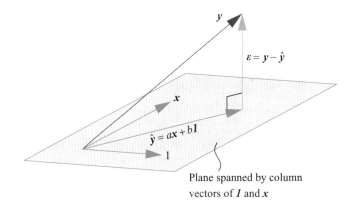

▲ 圖 24.12 幾何角度解釋一元最小平方結果，二維平面

代回檢驗

醒過神來，他把比例函式和一次函式對應的影像都畫在一幅圖上，如圖 24.13 所示。「朝聞道夕死可矣！」

線性代數的魅力讓農夫徹底折服。

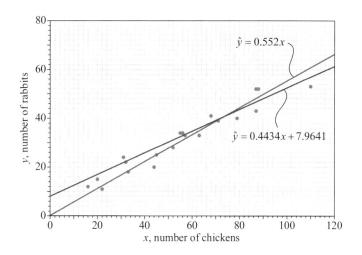

▲ 圖 24.13　比較比例模型和線性模型

Bk3_Ch24_3.py 求解本節最佳化問題，並繪製圖 24.13。

24.6 統計方法求解回歸參數

　　突然間，農夫想起數學典籍中一個有趣的公式，它趕忙取來典籍，找到這個公式，即

$$y = \rho_{X,Y} \frac{\sigma_Y}{\sigma_X}(x - \mu_x) + \mu_Y = \underbrace{\rho_{X,Y} \frac{\sigma_Y}{\sigma_X}}_{a} x + \underbrace{\left(-\rho_{X,Y} \frac{\sigma_Y}{\sigma_X}\mu_x + \mu_Y\right)}_{b} \tag{24.35}$$

　　其中：μ_X 為 X 平均值；μ_Y 為 Y 平均值；σ_X 為 X 的標準差；σ_Y 為 Y 的標準差；$\rho_{X,Y}$ 為 X 和 Y 的相關性係數。農夫意識到，從統計角度，也可以用式 (24.35) 計算一元一次線性回歸模型。

　　他趕緊利用表 24.1 中的資料計算得到平均值、標準差和相關性係數等值，有

$$\begin{cases} \mu_X = 63.714 \\ \mu_Y = 36.214 \end{cases}, \quad \begin{cases} \sigma_X = 25.712 \\ \sigma_Y = 11.826 \end{cases}, \quad \rho_{X,Y} = 0.96397 \tag{24.36}$$

這樣可以計算得到參數 a 和 b 為

$$a = \rho_{X,Y} \frac{\sigma_Y}{\sigma_X} = 0.96397 \times \frac{11.826}{25.712} = 0.4434$$

$$b = -\rho_{X,Y} \frac{\sigma_Y}{\sigma_X} \mu_X + \mu_Y = -0.96397 \times \frac{11.826}{25.712} \times 63.714 + 36.214 = 7.9641$$

(24.37)

這和前面的幾種方法結果完全吻合！農夫頓悟，原來最小平方法線性回歸是幾何、向量、最佳化、機率統計的完美合體！

他不忘繪製圖 24.14 這幅圖，農夫發現圖中回歸直線透過 (μ_X, μ_Y) 這點。農夫又發現了圖 24.15 這幅圖。據書上所講，圖中橢圓和二**元高斯分佈** (bivariate Gaussian distribution)、**條件機率** (conditional probability) 都有密切關係。農夫感慨：「書山有路啊，學海無涯啊！」

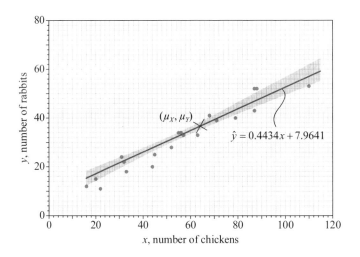

▲ 圖 24.14　利用統計方法獲得線性模型

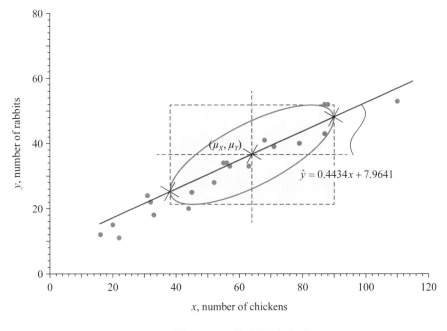

▲ 圖 24.15 條件機率角度

Bk3_Ch24_4.py 程式繪製圖 24.14。

農夫落筆剎那，毫無防備之間，黑雲壓城城欲摧。

農夫趕忙起身關緊門窗，只見窗外雲浪翻騰，道道電光從西方洶洶而來！閃電撕開天幕，大有列缺霹靂、丘巒崩摧之狀。

暫態，天河傾注，拳頭大的雨滴敲擊著大地，沖刷每一條溝壑，滌蕩每一片浮塵。

農夫卻毫無懼色，他喜出望外，仰天長嘯道：「天上之水啊！上善若水啊！好水，好水！」

未完待續。

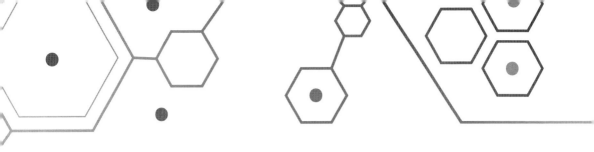

Probability Meets Linear Algebra

25 雞兔同籠 3

雞兔互變之馬可夫奇妙夜

我們必須知道，我們終將知道。

Wir müssen wissen. Wir werden wissen.

We must know. We shall know.

——大衛 · 希伯特（*David Hilbert*）| 德國數學家 | *1862 - 1943*

- numpy.diag() 以一維陣列的形式傳回方陣的對角線元素，
  或將一維陣列轉換成對角陣
- numpy.linalg.eig() 特徵值分解
- numpy.linalg.inv() 矩陣求逆
- numpy.matrix() 建構二維矩陣
- numpy.meshgrid() 產生網格化資料
- numpy.vstack() 垂直堆疊陣列
- seaborn.heatmap() 繪製熱圖

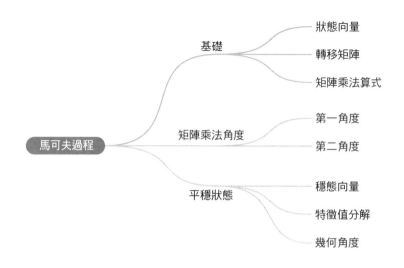

25.1　雞兔互變奇妙夜

怪哉，怪哉！

接連數月，村民發現一件奇事——夜深人靜時，同籠雞兔竟然互變！一些小兔變成小雞，而一些小雞變成小兔。

村民奔相走告，大家都驚呼：「我們都瘋了！」

而一眾村民中，農夫則顯得處變不驚。在農夫眼裡，村裡發生的雞兔互變像極了老子說的「禍兮，福之所倚；福兮，禍之所伏」。

農夫對村民說：「大家不要怕，恐懼都是來自於未知。我們必須知道，我們終將知道！福禍相生，是福不是禍，是禍躲不過。」

面對這個雞兔互變的怪相，農夫決定用線性代數這個利器探究一番。

雞兔互變過程圖

農夫先是連續幾日統計村裡的雞兔數量，他有個意想不到的發現——每晚有 30% 的小雞變成小兔，其他小雞不變；與此同時，每晚有 20% 小兔變成小雞，其餘小兔不變。變化前後雞兔總數不變。

他先畫了圖 25.1 這幅圖，用來描述雞兔互變的比例。這個比例也就是機率值，即發生變化的可能性。

矩陣乘法

農夫想試試用矩陣乘法來描述這一過程。

第 k 天，雞兔的比例用列向量 $\boldsymbol{\pi}(k)$ 表示，比如

$$\boldsymbol{\pi}(k) = \begin{bmatrix} 0.3 \\ 0.7 \end{bmatrix} \tag{25.1}$$

其中：$\boldsymbol{\pi}(k)$ 第一行元素代表小雞的比例 (0.3, 30%)；$\boldsymbol{\pi}(k)$ 第二行元素代表小兔的比例 (0.7, 70%)。

第 $k + 1$ 天，雞兔的比例用列向量 $\boldsymbol{\pi}(k+1)$ 表示。雞兔互變的比例寫成方陣 $\boldsymbol{T}$，這樣 $k \to k + 1$ 變化過程可以寫成

$$k \to k+1: \quad \boldsymbol{T}\boldsymbol{\pi}(k) = \boldsymbol{\pi}(k+1) \tag{25.2}$$

農夫翻閱線性代數典籍時發現 $\boldsymbol{T}$ 和 $\boldsymbol{\pi}$ 都有自己專門的名稱：$\boldsymbol{T}$ 叫**轉移矩陣** (transition matrix)；列向量 $\boldsymbol{\pi}$ 叫作**狀態向量** (state vector)。

而整個雞兔互變的過程也有自己的名稱——**馬可夫過程** (Markov process)。

轉移矩陣

雞兔互變中，轉移矩陣 $\boldsymbol{T}$ 為

$$\boldsymbol{T} = \begin{bmatrix} 0.7 & 0.2 \\ 0.3 & 0.8 \end{bmatrix} \tag{25.3}$$

圖 25.2 所示為轉移矩陣 *T* 每個元素的具體含義。

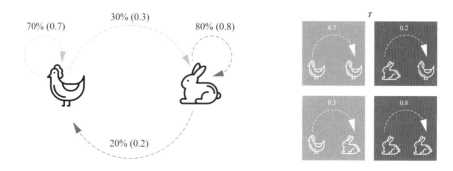

▲ 圖 25.1　雞兔互變的比例　　　　▲ 圖 25.2　轉移矩陣 *T*

圖 25.3 所示為用矩陣運算描述 $k \rightarrow k+1$ 雞兔互變過程。

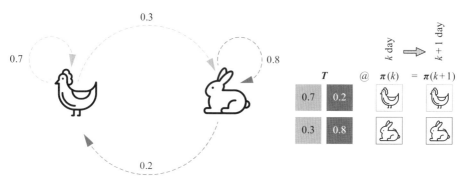

▲ 圖 25.3　用矩陣運算描述雞兔互變

農夫注意到 *T* 矩陣的每一列機率值相加為 1。也就是，這個 2 × 2 的方陣 *T* 還可以寫成

$$T = \begin{bmatrix} p & q \\ 1-p & 1-q \end{bmatrix}$$ (25.4)

其中：$p = 0.7$；$q = 0.2$。

代入具體數值

農夫假設，第 k 天雞兔的比例為 60% 和 40%，$\boldsymbol{\pi}(k)$ 為

$$\pi(k) = \begin{bmatrix} 0.6 \\ 0.4 \end{bmatrix} \tag{25.5}$$

第 $k+1$ 天，雞兔比例為

$$k \to k+1: \quad \underset{T}{\underbrace{\begin{bmatrix} 0.7 & 0.2 \\ 0.3 & 0.8 \end{bmatrix}}} \underset{\pi(k)}{\underbrace{\begin{bmatrix} 0.6 \\ 0.4 \end{bmatrix}}} = \begin{bmatrix} 0.5 \\ 0.5 \end{bmatrix} = \pi(k+1) \tag{25.6}$$

農夫想到這一計算可以用熱圖表達，於是他畫了圖 25.4 所示的熱圖。

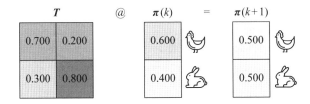

▲ 圖 25.4　第 k 天→ 第 $k+1$ 天，狀態轉換運算熱圖

而第 $k+2$ 天狀態向量 $\pi(k+2)$ 和第 $k+1$ 天狀態向量 $\pi(k+1)$ 關係為

$$k+1 \to k+2: \quad T\pi(k+1) = \pi(k+2) \tag{25.7}$$

聯立式 (25.7) 和式 (25.8)，得到第 $k+2$ 天狀態向量 $\pi(k+2)$ 與第 k 天狀態向量 $\pi(k)$ 的關係為

$$k \to k+2: \quad T^2\pi(k) = \pi(k+2) \tag{25.8}$$

圖 25.5 所示為第 k 天到第 $k+2$ 天，狀態轉換運算熱圖。

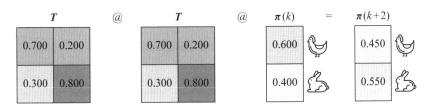

圖 25.5　第 k 天→ 第 $k+2$ 天，狀態轉換運算熱圖

另一種形式

農夫在查詢參考書時發現，也有很多典籍用行向量表達狀態向量，即對等式 (25.1) 左右轉置，有

$$\boldsymbol{\pi}(k)^{\mathrm{T}}\boldsymbol{T}^{\mathrm{T}}=\boldsymbol{\pi}(k+1)^{\mathrm{T}} \tag{25.9}$$

這樣，式 (25.6) 可以寫成

$$\boldsymbol{\pi}(k+1)^{\mathrm{T}}=\begin{bmatrix}0.6 & 0.4\end{bmatrix}\begin{bmatrix}0.7 & 0.3 \\ 0.2 & 0.8\end{bmatrix}=\begin{bmatrix}0.5 & 0.5\end{bmatrix} \tag{25.10}$$

這種情況，轉移矩陣的每一行機率值相加為 1。對應的矩陣運算熱圖如圖 25.6 所示。

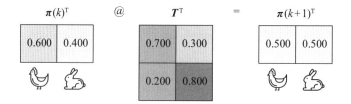

▲ 圖 25.6　第 k 天→ 第 k + 1 天，狀態轉換運算熱圖 (注意狀態向量為行向量)

Bk3_Ch25_ 1.py 計算狀態向量轉化，並繪製圖 25.4 和圖 25.5 兩幅熱圖。

25.2 第一角度：「雞 / 兔→雞」和「雞 / 兔→兔」

農夫想到自己學習矩陣乘法時，書上講過矩陣乘法有兩個主要角度。他想先用矩陣乘法第一角度來分析式 (25.2) 的矩陣運算式。

他把 $\boldsymbol{T}$ 寫成兩個行向量 $\boldsymbol{t}^{(1)}$ 和 $\boldsymbol{t}^{(2)}$ 上下疊加，代入式 (25.2) 得到

$$\underbrace{\begin{bmatrix}\boldsymbol{t}^{(1)} \\ \boldsymbol{t}^{(2)}\end{bmatrix}}_{\boldsymbol{T}}\boldsymbol{\pi}(k)=\begin{bmatrix}\boldsymbol{t}^{(1)}\boldsymbol{\pi}(k) \\ \boldsymbol{t}^{(2)}\boldsymbol{\pi}(k)\end{bmatrix}=\underbrace{\begin{bmatrix}\pi_1(k+1) \\ \pi_2(k+1)\end{bmatrix}}_{\boldsymbol{\pi}(k+1)} \tag{25.11}$$

雞 / 兔→雞

農夫發現只看式 (25.11) 第一行運算的話，它代表的轉化是「雞 / 兔→ 雞」，如圖 25.7 所示。

$$\left[t^{(1)}\right]\pi(k) = \left[t^{(1)}\pi(k)\right] = \left[\pi_1(k+1)\right] \tag{25.12}$$

也就是說，上式代表第 k 天的雞、兔，在第 $k+1$ 天變為雞。

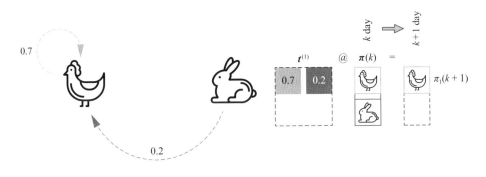

▲ 圖 25.7　雞 / 兔→雞

代入具體值，得到

$$\begin{bmatrix} 0.7 & 0.2 \end{bmatrix} @ \underbrace{\begin{bmatrix} 0.6 \\ 0.4 \end{bmatrix}}_{\pi(k)} = \begin{bmatrix} 0.5 \end{bmatrix} \tag{25.13}$$

第 k 天的雞兔的比例分別為 60% 和 40%，到了 $k+1$ 天，雞的比例為 50%。圖 25.8 所示為上述運算的熱圖。

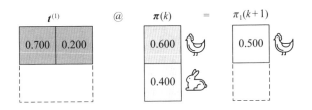

▲ 圖 25.8　第 k 天→ 第 $k+1$ 天，雞 / 兔→雞

雞 / 兔→兔

　　圖 25.9 所示為式 (25.11) 第二行運算，它代表「雞 / 兔→兔」。也就是說，第 k 天的雞、兔，第 $k+1$ 天變為兔，即

$$\begin{bmatrix} \\ t^{(2)} \end{bmatrix} \boldsymbol{\pi}(k) = \begin{bmatrix} \\ t^{(2)}\boldsymbol{\pi}(k) \end{bmatrix} = \begin{bmatrix} \\ \pi_2(k+1) \end{bmatrix} \tag{25.14}$$

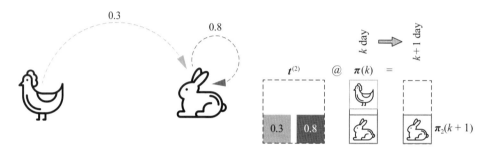

▲ 圖 25.9　雞 / 兔→兔

　　圖 25.10 所示為第 k 天的雞兔的比例分別為 60% 和 40%，到了 $k+1$ 天，兔的比例也為 50%，即

$$\begin{bmatrix} 0.3 & 0.8 \end{bmatrix} @ \underbrace{\begin{bmatrix} 0.6 \\ 0.4 \end{bmatrix}}_{\boldsymbol{\pi}(k)} = \begin{bmatrix} 0.5 \end{bmatrix} \tag{25.15}$$

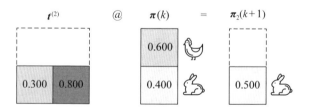

▲ 圖 25.10　第 k 天→ 第 $s+1$ 天，雞 / 兔→雞

　　這就是利用矩陣乘法第一角度來分析狀態轉化運算。

25.3 第二角度：「雞→雞 / 兔」和「兔→雞 / 兔」

農夫繼續用矩陣乘法第二角度分析式 (25.2) 的矩陣運算式。

他將轉移矩陣 T 寫成左右排列列向量 t_1 和 t_2，代入式 (25.2) 展開得到

$$\underbrace{\begin{bmatrix} t_1 & t_2 \end{bmatrix}}_{T} \underbrace{\begin{bmatrix} \pi_1(k) \\ \pi_2(k) \end{bmatrix}}_{\pi(k)} = \pi_1(k)t_1 + \pi_2(k)t_2 = \underbrace{\begin{bmatrix} \pi_1(k+1) \\ \pi_2(k+1) \end{bmatrix}}_{\pi(k+1)} \tag{25.16}$$

其中：π_1 為雞的比例；π_2 為兔的比例。

矩陣乘法第二角度將矩陣乘法 $T\pi(k) = \pi(k+1)$ 轉化為矩陣加法 $\pi_1(k)t_1 + \pi_2(k)t_2$。農夫考慮分別分析 $\pi_1(k)t_1$ 和 $\pi_2(k)t_2$ 代表的具體含義。

式 (25.16) 這個式子讓農夫看著頭大，他決定代入具體雞兔數值。

雞→雞 / 兔

假設第 k 天，雞兔的比例仍為 60% 、40% ，有

$$\pi(k) = \begin{bmatrix} \pi_1(k) \\ \pi_2(k) \end{bmatrix} = \begin{bmatrix} 0.6 \\ 0.4 \end{bmatrix} \tag{25.17}$$

▲ 圖 25.11　雞→雞 / 兔

如圖 25.11 所示，$\pi_1(k)t_1$ 代表「雞→ 雞 / 兔」。第 k 天，雞的比例為 0.6 ，這些雞在第 $k+1$ 天變成佔整體比例 0.42 的雞和 0.18 的兔，即

$$\pi_1(k)\boldsymbol{t}_1 = 0.6 \times \begin{bmatrix} 0.7 \\ 0.3 \end{bmatrix} = \begin{bmatrix} 0.42 \\ 0.18 \end{bmatrix} \tag{25.18}$$

圖 25.12 所示為式 (25.18) 的運算熱圖。

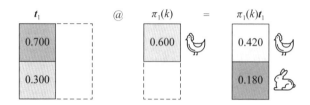

▲ 圖 25.12　第 k 天→ 第 $k+1$ 天，雞→雞 / 兔

兔→雞 / 兔

如圖 25.13 所示，$\pi_2(k)\boldsymbol{t}_2$ 代表「兔→雞 / 兔」。第 k 天，兔的比例為 0.4 ，這些兔在第 $k+1$ 天變成佔整體比例 0.08 的雞和 0.32 的兔，即

$$\pi_2(k)\boldsymbol{t}_2 = 0.4 \times \begin{bmatrix} 0.2 \\ 0.8 \end{bmatrix} = \begin{bmatrix} 0.08 \\ 0.32 \end{bmatrix} \tag{25.19}$$

圖 25.14 所示熱圖對應式 (25.19) 的運算。

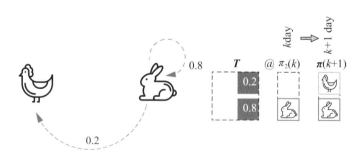

▲ 圖 25.13　兔→雞 / 兔

如圖 25.15 熱圖所示，將式 (25.18) 和式 (25.19) 相加，得到第 $k+1$ 天狀態向量 $\boldsymbol{\pi}(k+1)$ 為

$$\boldsymbol{\pi}(k+1) = \begin{bmatrix} 0.42 \\ 0.18 \end{bmatrix} + \begin{bmatrix} 0.08 \\ 0.32 \end{bmatrix} = \begin{bmatrix} 0.5 \\ 0.5 \end{bmatrix} \tag{25.20}$$

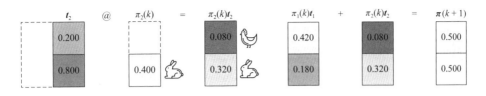

▲ 圖 25.14　第 k 天 → 第 $k+1$ 天，兔 → 雞 / 兔　　▲ 圖 25.15　第 k 天 → 第 $k+1$ 天，雞 / 兔 → 雞 / 兔

這就是利用矩陣乘法第二角度來分析狀態轉化運算。

25.4　連續幾夜雞兔轉換

農夫把自己所學所想和村民分享後，大家都覺得線性代數有趣，認為農夫的分析有道理。大家紛紛加入農夫成立的「線代探秘小組」，學線代、用線代，並繼續探究雞兔互變這個疑難雜症。

有「線代探秘小組」成員發現，雖然連日來各家雞兔互變沒有停止，但是全村的雞兔比例似乎達到了某種平衡。真是丈二和尚摸不著頭腦！

農夫想用線性代數方法來看看連續幾晚雞兔互變有何有趣特徵。

第 0 天，為初始狀態，記做 $\boldsymbol{\pi}(0)$。

第 1 天，狀態向量 $\boldsymbol{\pi}(1)$ 為

$$0 \to 1: \quad \boldsymbol{T\pi}(0) = \boldsymbol{\pi}(1) \tag{25.21}$$

第 2 天，狀態向量 $\boldsymbol{\pi}(2)$ 與 $\boldsymbol{\pi}(0)$ 的關係為

$$0 \to 2: \quad \boldsymbol{T\pi}(1) = \boldsymbol{T}^2\boldsymbol{\pi}(0) = \boldsymbol{\pi}(2) \tag{25.22}$$

第 3 天，狀態向量 $\boldsymbol{\pi}(3)$ 與 $\boldsymbol{\pi}(0)$ 的關係為

$$0 \to 3: \quad \boldsymbol{T\pi}(2) = \boldsymbol{T}^3\boldsymbol{\pi}(0) = \boldsymbol{\pi}(3) \tag{25.23}$$

這樣 $0 \to k$ 變化過程可以寫成

$$0 \to k: \quad \boldsymbol{T}^k\boldsymbol{\pi}(0) = \boldsymbol{\pi}(k) \tag{25.24}$$

12 夜

農夫想算算連續 12 夜，在不同雞兔初始比例狀態 $\pi(0)$ 條件下，雞兔達到平衡時比例特點。

圖 25.16 所示的五種情況為雞的初始比例更高，經過連續 12 夜的變化，農夫發現雞兔的比例都達到了 40%、60%，也就是 4:6。

$\pi(0)$	$\pi(1)$	$\pi(2)$	$\pi(3)$	$\pi(4)$	$\pi(5)$	$\pi(6)$	$\pi(7)$	$\pi(8)$	$\pi(9)$	$\pi(10)$	$\pi(11)$	$\pi(12)$
1.000	0.700	0.550	0.475	0.437	0.419	0.409	0.405	0.402	0.401	0.401	0.400	0.400
0.000	0.300	0.450	0.525	0.563	0.581	0.591	0.595	0.598	0.599	0.599	0.600	0.600

$\pi(0)$	$\pi(1)$	$\pi(2)$	$\pi(3)$	$\pi(4)$	$\pi(5)$	$\pi(6)$	$\pi(7)$	$\pi(8)$	$\pi(9)$	$\pi(10)$	$\pi(11)$	$\pi(12)$
0.900	0.650	0.525	0.462	0.431	0.416	0.408	0.404	0.402	0.401	0.400	0.400	0.400
0.100	0.350	0.475	0.538	0.569	0.584	0.592	0.596	0.598	0.599	0.600	0.600	0.600

$\pi(0)$	$\pi(1)$	$\pi(2)$	$\pi(3)$	$\pi(4)$	$\pi(5)$	$\pi(6)$	$\pi(7)$	$\pi(8)$	$\pi(9)$	$\pi(10)$	$\pi(11)$	$\pi(12)$
0.800	0.600	0.500	0.450	0.425	0.412	0.406	0.403	0.402	0.401	0.400	0.400	0.400
0.200	0.400	0.500	0.550	0.575	0.588	0.594	0.597	0.598	0.599	0.600	0.600	0.600

$\pi(0)$	$\pi(1)$	$\pi(2)$	$\pi(3)$	$\pi(4)$	$\pi(5)$	$\pi(6)$	$\pi(7)$	$\pi(8)$	$\pi(9)$	$\pi(10)$	$\pi(11)$	$\pi(12)$
0.700	0.550	0.475	0.438	0.419	0.409	0.405	0.402	0.401	0.401	0.400	0.400	0.400
0.300	0.450	0.525	0.562	0.581	0.591	0.595	0.598	0.599	0.599	0.600	0.600	0.600

$\pi(0)$	$\pi(1)$	$\pi(2)$	$\pi(3)$	$\pi(4)$	$\pi(5)$	$\pi(6)$	$\pi(7)$	$\pi(8)$	$\pi(9)$	$\pi(10)$	$\pi(11)$	$\pi(12)$
0.600	0.500	0.450	0.425	0.412	0.406	0.403	0.402	0.401	0.400	0.400	0.400	0.400
0.400	0.500	0.550	0.575	0.588	0.594	0.597	0.598	0.599	0.600	0.600	0.600	0.600

▲ 圖 25.16　連續 12 夜雞兔互變比例，雞的初始比例更高

這個結果讓農夫和「線代探秘小組」組員都眼前一亮！

而圖 25.17 對應的一種情況是，雞兔的初始比例相同，都是 50%；12 夜之後，雞兔比例還是 40%、60%。

圖 25.18 所示的五種情況是，初始狀態 $\pi(0)$ 時，兔的比例更高。有趣的是，12 夜之後，雞兔比例最終還是達到 40%、60%。

農夫覺得可以初步得出結論，在替定的轉移矩陣 $\boldsymbol{T}$ 前提下，不管雞兔初始比例 $\pi(0)$ 如何，結果都達到了一定的平衡，也就是 $\boldsymbol{T}\pi(n) = \boldsymbol{T}\pi(n+1)$，簡記為

$$\boldsymbol{T}\pi = \pi \tag{25.25}$$

$\pi(0)$	$\pi(1)$	$\pi(2)$	$\pi(3)$	$\pi(4)$	$\pi(5)$	$\pi(6)$	$\pi(7)$	$\pi(8)$	$\pi(9)$	$\pi(10)$	$\pi(11)$	$\pi(12)$
0.500	0.450	0.425	0.412	0.406	0.403	0.402	0.401	0.400	0.400	0.400	0.400	0.400
0.500	0.550	0.575	0.588	0.594	0.597	0.598	0.599	0.600	0.600	0.600	0.600	0.600

▲ 圖 25.17　連續 12 夜雞兔互變比例，雞和兔的初始比例一樣高

$\pi(0)$	$\pi(1)$	$\pi(2)$	$\pi(3)$	$\pi(4)$	$\pi(5)$	$\pi(6)$	$\pi(7)$	$\pi(8)$	$\pi(9)$	$\pi(10)$	$\pi(11)$	$\pi(12)$
0.400	0.400	0.400	0.400	0.400	0.400	0.400	0.400	0.400	0.400	0.400	0.400	0.400
0.600	0.600	0.600	0.600	0.600	0.600	0.600	0.600	0.600	0.600	0.600	0.600	0.600

$\pi(0)$	$\pi(1)$	$\pi(2)$	$\pi(3)$	$\pi(4)$	$\pi(5)$	$\pi(6)$	$\pi(7)$	$\pi(8)$	$\pi(9)$	$\pi(10)$	$\pi(11)$	$\pi(12)$
0.300	0.350	0.375	0.387	0.394	0.397	0.398	0.399	0.400	0.400	0.400	0.400	0.400
0.700	0.650	0.625	0.613	0.606	0.603	0.602	0.601	0.600	0.600	0.600	0.600	0.600

$\pi(0)$	$\pi(1)$	$\pi(2)$	$\pi(3)$	$\pi(4)$	$\pi(5)$	$\pi(6)$	$\pi(7)$	$\pi(8)$	$\pi(9)$	$\pi(10)$	$\pi(11)$	$\pi(12)$
0.200	0.300	0.350	0.375	0.387	0.394	0.397	0.398	0.399	0.400	0.400	0.400	0.400
0.800	0.700	0.650	0.625	0.613	0.606	0.603	0.602	0.601	0.600	0.600	0.600	0.600

$\pi(0)$	$\pi(1)$	$\pi(2)$	$\pi(3)$	$\pi(4)$	$\pi(5)$	$\pi(6)$	$\pi(7)$	$\pi(8)$	$\pi(9)$	$\pi(10)$	$\pi(11)$	$\pi(12)$
0.100	0.250	0.325	0.362	0.381	0.391	0.395	0.398	0.399	0.399	0.400	0.400	0.400
0.900	0.750	0.675	0.638	0.619	0.609	0.605	0.602	0.601	0.601	0.600	0.600	0.600

$\pi(0)$	$\pi(1)$	$\pi(2)$	$\pi(3)$	$\pi(4)$	$\pi(5)$	$\pi(6)$	$\pi(7)$	$\pi(8)$	$\pi(9)$	$\pi(10)$	$\pi(11)$	$\pi(12)$
0.000	0.200	0.300	0.350	0.375	0.388	0.394	0.397	0.398	0.399	0.400	0.400	0.400
1.000	0.800	0.700	0.650	0.625	0.613	0.606	0.603	0.602	0.601	0.600	0.600	0.600

▲ 圖 25.18　連續 12 夜雞兔互變比例，兔的初始比例更高

求解平衡狀態

農夫把式 (25.25) 代入式 (25.4)，得到

$$\begin{bmatrix} p & q \\ 1-p & 1-q \end{bmatrix}\begin{bmatrix} \pi_1 \\ \pi_2 \end{bmatrix} = \begin{bmatrix} \pi_1 \\ \pi_2 \end{bmatrix} \tag{25.26}$$

另外，狀態向量本身元素相加為 1 ，由此農夫得到兩個等式

$$\begin{cases} p\pi_1 + q\pi_2 = \pi_1 \\ \pi_1 + \pi_2 = 1 \end{cases} \tag{25.27}$$

求解二元一次線性方程式組得到

$$\begin{cases} \pi_1 = \dfrac{q}{1-p+q} \\ \pi_2 = \dfrac{1-p}{1-p+q} \end{cases} \tag{25.28}$$

農夫記得他假設 $p = 0.7$，$q = 0.2$，代入式 (25.28) 得到

$$\begin{cases} \pi_1 = 0.4 \\ \pi_2 = 0.6 \end{cases} \tag{25.29}$$

也就雞兔互變平衡時，穩態向量元為 π

$$\pi = \begin{bmatrix} \pi_1 \\ \pi_2 \end{bmatrix} = \begin{bmatrix} 0.4 \\ 0.6 \end{bmatrix} \tag{25.30}$$

這和農夫之前做的模擬實驗結果完全一致！真可謂「山重水複疑無路，柳暗花明又一村」。也就是說，T 乘上式 (25.30) 中的穩態向量 π，結果還是穩態向量 π，即

$$T\pi = \pi \quad \Rightarrow \quad \underbrace{\begin{bmatrix} 0.7 & 0.2 \\ 0.3 & 0.8 \end{bmatrix}}_{T}\underbrace{\begin{bmatrix} 0.4 \\ 0.6 \end{bmatrix}}_{\pi} = \underbrace{\begin{bmatrix} 0.4 \\ 0.6 \end{bmatrix}}_{\pi} \tag{25.31}$$

農夫突然記起這就是前幾日他讀到的**特徵值分解** (eigen decomposition) ！書上反覆提到特徵值分解的重要性，農夫今天也見識到這個數學利器的偉力。

Bk3_Ch25_2.py 繪製本節 11 幅熱圖。

在 Bk3_Ch25_2.py 基礎上，我們做了一個 App 用熱圖展示不同的初始狀態
到穩態向量的演變過程。請參考 Streamlit_Bk3_Ch25_2.py。

25.5 有向量的地方，就有幾何

農夫學習線性代數時，總結了幾句真經。其中一句就是——有向量的地方，
就有幾何。

他決定透過幾何這個角度來看看狀態向量的變化。

農夫把圖 25.16、圖 25.17、圖 25.18 對應的 11 種狀態向量的初始值畫在平
面直角座標系中，用「有方向的線段」代表具體向量數值。在他畫的圖 25.19 所
示的 11 幅子圖中，紫色向量代表雞兔初始比例狀態 $\pi(0)$，紅色向量代表經過 12
夜雞兔互變後 $\pi(12)$ 的位置。

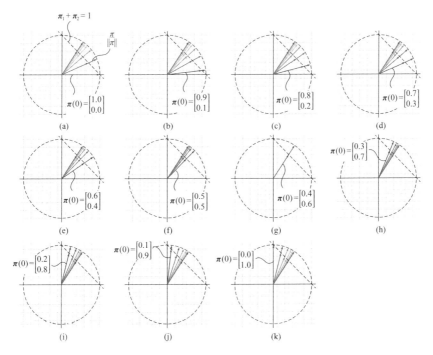

▲ 圖 25.19　連續 12 夜雞兔互變比例 (幾何角度)

農夫發現不管初始比例狀態 $\pi(0)$ 如何，也就是紫色向量位於任何方位，經過 12 夜持續變化，紅色向量 $\pi(12)$ 的位置幾乎完全一致。

特別地，如圖 25.19(g) 所示，當初始比例 $\pi(0)$ 就是穩態向量時，有

$$\pi(0) = \begin{bmatrix} 0.4 \\ 0.6 \end{bmatrix} \tag{25.32}$$

轉移矩陣 T 沒有改變 $\pi(0)$ 的方向。農夫查閱典籍發現，這個向量也有自己的名字，它叫作 T 的**特徵向量** (eigenvector)。

而且，他發現變化過程，向量終點都落在一條直線上。這條直線代表——雞、兔比例之和為 1。

農夫在圖 25.19 中還畫了另外一組向量，這些向量都是**單位向量** (unit vector)，對應

$$\frac{\pi}{\|\pi\|} \tag{25.33}$$

這一組向量終點都落在單位圓上，因為它們的模都是 1。

Bk3_Ch25_3.py 繪製圖 25.19。

在 Bk3_Ch25_3.py 基礎上，我們做了一個 App 用箭頭圖展示不同的初始狀態到穩態向量的演變過程。請參考 Streamlit_Bk3_Ch25_3.py。

25.6 彩蛋

至此，小村村民心中的一塊大石頭算是落地了。對於「雞兔互變」這個奇事，大夥兒也都見怪不怪了！

前後腳的事，村民發現雞兔互變也停了。笑容在大夥兒臉上綻開，農夫把全村老少都邀到自家菜園，要好好歡慶一番！

大夥兒都沒閑著，摘果蔬，網肥魚，蒸白飯，擺桌椅，取美酒，嘉賓紛遝，鼓瑟吹笙，烹羊宰牛且為樂，會須一飲三百杯……

這陣仗嚇壞了的一籠雞兔，它們蜷縮一團，瑟瑟發抖。農夫見狀，擼著一隻毛絨兔耳朵說：「你們這次立了大功，留著過年吧！」

歡言酌春酒，摘我園中蔬。微雨從東來，好風與之俱。

變與不變

書到用時方恨少，腹有詩書氣自華，農夫這次讓大夥兒理解了這兩句話的精髓。

經過這場線性代數風暴之後，小村村民白天田間耕作時都會懷揣一本數學典籍，一得片刻休息，大夥兒分秒必爭、手不釋卷。夜深人靜時，焚膏繼晷、挑燈夜讀者甚多。學數學，用數學，成了小村新風尚。

大夥兒似乎也不再懼怕未知，因為「我們必須知道，我們終將知道」。

漸漸地，這個曾經與世隔絕的小村處處都在變化，村民們也都肉眼可見地變化。你讓我說，小村和村民哪裡發生了變化？我也說不上。反正，時時刻刻都在變化，感覺一切都在變得更好。

而不變的是，小村還是那個小村，村民還是我們這五十幾戶村民。

雲山青青，風泉泠泠。山色依舊可愛，泉聲更是可聽。

(鏡頭拉遠拉高) 一川松竹任橫斜，有人家，被雲遮。

東風升，雲霧騰。

紫氣東來，祥雲西至。

雞兔同籠引發的思想風暴，似乎給這個沉睡數百年的村莊帶來了什麼，也似乎帶走了什麼。好像什麼都沒有發生，又好像要發生什麼。

往時曾發生的，來日終將發生。

MEMO

MEMO

MEMO

深智數位
股份有限公司